普通高等教育农业农村部"十三五"规划教材
面向21世纪课程教材
Textbook Series for 21st Century
全国高等农业院校优秀教材

植 物 学

第 二 版

张宪省　主编

中国农业出版社

第二版编写人员

主　　编　张宪省（山东农业大学）

副 主 编　（按参编章次先后排序）
　　　　　李兴国（山东农业大学）
　　　　　初庆刚（青岛农业大学）
　　　　　王瑞云（山西农业大学）
　　　　　王艳辉（河北农业大学）
　　　　　叶永忠（河南农业大学）
　　　　　彭卫东（山东农业大学）

参编人员　（按参编章次先后排序）
　　　　　高新起（山东农业大学）
　　　　　王　芳（山东农业大学）
　　　　　曹玉芳（青岛农业大学）
　　　　　谭玲玲（青岛农业大学）
　　　　　程志娟（山东农业大学）
　　　　　苏英华（山东农业大学）
　　　　　赵翔宇（山东农业大学）
　　　　　魏东伟（河南农业大学）
　　　　　衣艳君（青岛农业大学）
　　　　　张艳敏（山东农业大学）

第一版编写人员

主　　编　张宪省（山东农业大学）
　　　　　贺学礼（西北农林科技大学）

副 主 编　（按参编章次先后排序）
　　　　　杨晓玲（山西农业大学）
　　　　　陶世蓉（莱阳农学院）
　　　　　刘贵林（河北农业大学）
　　　　　杨好伟（河南农业大学）
　　　　　彭卫东（山东农业大学）

参编人员　（按参编章次先后排序）
　　　　　李兴国（山东农业大学）
　　　　　姜在民（西北农林科技大学）
　　　　　郭金耀（山西农业大学）
　　　　　初庆刚（莱阳农学院）
　　　　　王艳辉（河北农业大学）
　　　　　李贺敏（河南农业大学）
　　　　　张艳敏（山东农业大学）

第二版前言

DI`ERBAN QIANYAN

　　本教材作为"面向21世纪课程教材"初版于2003年，迄今已十年有余。第一版教材在体系安排和内容方面有所创新，注重以植物的个体发育和系统演化为主线编排内容，受到广大读者和同行专家的好评。先后获全国高等农业院校优秀教材奖（2005年）和山东省高等学校优秀教材一等奖（2008年），并被多所高等院校指定为本科教材和考研首选参考用书。

　　历经十余年的教学实践，面对日新月异的学科进展，我们强烈地意识到必须对第一版教材进行全方位的修订，力争使教材质量有大幅度提升，教材风格有较全面改观，以适应学科和社会发展。为此，本版教材主要在以下方面做了修订：

　　1. 将重要插图更换为彩照和彩图，并根据修订内容新增部分彩色插图，以利于使用者更好地理解教材内容。这是本版教材的最大特色。

　　2. 将学科近年的研究成果及时添加到教材中。例如，在根、茎的顶端分生组织部分引入了有关干细胞的概念和内容；在细胞有丝分裂部分增加了胞质分裂过程的新进展；叶的形态部分新增关于极性的概念；在花器官的发育部分，在原来ABC模型的基础上增加对ABCDE模型的介绍，及时反映了在花器官发育的遗传调控方面取得的研究成果。

　　3. 对教材内容进行了适当的删减。鉴于多数院校已开设生态学课程的现状，故删除第一版教材中的第十二章、第十三章和第十四章。

　　4. 对一些基本概念、基本理论存在的缺陷进行了修正和完善。

　　5. 进一步强化植物发育的概念。

　　在教材修订编写过程中，自始至终得到中国农业出版社的指导和支持。第二版教材的编写体现了来自华北五所高等农业院校植物学教学一线优秀教师的集体智慧。我们希望通过这次修订，能使本教材更好地服务于高等院校的植物学教学。限于编写时间紧迫以及对学科进展的理解水平有限，缺点错误仍然在所难免，欢迎同仁及读者提出宝贵意见，以便下次修订时加以完善。

本教材共分11章。绪论、第八章由张宪省、高新起编写；第一章由李兴国、王芳编写；第二章由初庆刚编写；第三章由曹玉芳编写；第四章由谭玲玲、程志娟编写；第五章由王瑞云、苏英华编写；第六章由王艳辉、赵翔宇编写；第七章由叶永忠、魏东伟编写；第九章由曹玉芳、李兴国编写；第十章由叶永忠、魏东伟、衣艳君编写；第十一章由彭卫东、张艳敏编写。全书由张宪省、李兴国、彭卫东负责统稿。

本书部分文字材料和原始图片引自国内外已出版的植物学教材、其他教学参考书以及科技文献，在此一并表示诚挚的谢忱！

编　者

2014年5月于泰安

第一版前言

　　植物学是以形态、解剖和系统分类为主要内容的一门基础学科，发展历史悠久，同时又是近代迅速发展的学科之一。特别是近几十年来，以分子生物学为代表的微观领域和以生态学与生物多样性为代表的宏观领域的快速发展，促进了植物科学的各分支学科的相互交叉、相互渗透和相互融合，使得人们对植物生命活动的内在联系和本质问题有了比较深入的认识，过去看似彼此相对孤立的形态、解剖和分类学知识逐步统一到植物的个体发育和系统发育这两条主线上来，这就促使我们有必要从新的视角和新的高度上重新审视、选择、组织植物学的教学内容，修正或删去一些过时的概念和理论，并将植物学各分支学科的新进展、新成果反映到教材中去，为此，我们组织编写了这本植物学教材。

　　本教材在参考了国内外一些有影响的教材，充分吸收其优点的同时，着重注意了以下几点：

　　注重植物学基本概念、基本理论的系统性和完整性，充分体现作为基础课教材所应具备的特点。尊重目前多数高等农林院校植物学教材的内容体系，即按照细胞、组织、被子植物的个体发育、植物的各大类群、种子植物分类、最后是生态部分。对于同学比较熟悉的被子植物先介绍，这比较符合人们的认知规律。

　　尽量以植物的个体发育和系统演化为主线去组织教材内容。在被子植物的形态、结构部分，适当删减描述性内容，同时适当增加植物发育生物学内容的比重，力求引导学生从动态的角度学习植物学的基础知识和了解本学科的发展动态。植物各大类群部分，紧紧围绕植物的系统演化这条主线，重点介绍各代表类群的生活史，目的是使学生在学完植物学后，对整个植物界有一个全面的认识，摒弃了过去某些教材对经济价值相对较小的孢子植物介绍过于简单的做法。此外，对模式植物拟南芥、水稻、小麦等作重点介绍。

　　随着经济的不断发展，人类所面临的诸如资源的开发与保护等方面的矛盾越来越突出，掌握生态学知识对于实施可持续发展的战略具有不可替代的地位。因此我们在本教材中增加了植物与环境、植物在自然界的分布、植物资源的保护与利用等生态学方面的内容。

教材内容的叙述尽可能精练，重概念、原理，避免过多的名词术语。重要的名词术语均列出英文，所涉及的植物名称多同时列出学名。大量采用插图，便于加深对内容的理解。每章后有内容提要和复习思考题。

在教材编写过程中，自始至终得到中国农业出版社的指导和支持。本教材的编写集中了华北六所高等农林院校的优秀教师，它们均在植物学教学、科研一线工作多年，有丰富的教学经验。但由于编写时间紧迫，教材中难免存在一些缺点和错误，敬请使用人员提出宝贵意见，以便今后进一步修订和提高。

本教材共分14章。绪论、第八章、第九章由张宪省、李兴国编写；第一章由姜在民编写；第二章、第三章由杨晓玲、郭金耀编写；第四章由陶世蓉编写；第五章由初庆刚编写；第六章、第七章由刘贵林编写；第八章由王艳辉编写；第十章由杨好伟、李贺敏编写；第十一章由贺学礼编写；第十二章由彭卫东编写；第十三章、第十四章由张艳敏编写。全书由张宪省、贺学礼、彭卫东负责统稿。

本书许多材料和图片引自国内外已出版的植物学教材和其他教学参考书，在此一并表示衷心的感谢！

编　者

2003年5月于泰安

目 录

MULU

绪 论

植物学（botany）是以植物为研究对象，主要研究植物的形态结构和功能、生长发育的基本特性、植物多样性及植物与环境之间的关系。通过学习植物学，可以理解和欣赏植物的结构、功能和多样性，了解植物的起源和进化。同时，植物学知识对于解决目前人类面临的食物短缺、环境污染、地球变暖、臭氧层的破坏等重大问题是必不可少的。

一、植物的多样性

地球上的生命诞生于35亿年前，经过漫长的进化过程，形成了目前的约200万种生物，其中属植物界的有50余万种。

不同种类植物的形态、结构、生活习性和对环境的适应性各不相同，千差万别。有的植物体微小，结构简单，仅由单细胞组成；有的由一定数量的细胞聚成群体；多数植物的细胞之间联系紧密，形成多细胞植物体，其中较进化的已有维管系统的分化，形成根、茎、叶等器官。最进化的类型——种子植物，还能通过产生种子繁殖后代。

从营养方式来看，绝大多数植物种类，其细胞中都含有叶绿素，能够进行光合作用，自制养料，它们被称为绿色植物，也称光能自养植物。非绿色植物中也有少数种类，如硫细菌、铁细菌，可以借氧化无机物获得能量而自行制造食物，属于化能自养植物。而有些植物寄生在其他植物上靠吸取寄主的有机营养物质生活，如寄生于大豆上的菟丝子，称为寄生植物。还有些植物如许多菌类，它们生长在死亡的有机体上，通过对有机物的分解作用而摄取所需的养料，称为腐生植物。寄生植物和腐生植物也称为异养植物。

植物的寿命在不同种类中长短不一，有的细菌仅生活20 ~ 30 min，即可分裂而产生新个体。一年生和二年生的种子植物分别在一年中或跨越两个年份，而完成生命周期，它们都为草本植物，如水稻、小麦、拟南芥等。多年生的种子植物有草本（如草莓、韭菜）和木本两种类型（如苹果、松），其中木本植物的寿命较长，有的可达数百年或上千年。地球上的植物分布极广，无论平原、高山、荒漠、海洋，或赤道、极地等，都有不同的植物种类生长繁衍。

植物种类的丰富多样是植物有机体在与环境长期的相互作用下，通过遗传和变异，适应和自然选择而形成的。植物进化仍在进行，新的种类仍会出现。同时，人类的活动对植物的进化和生存已产生重要影响。保护好生态环境，对植物的生存十分重要。

二、植 物 界

植物虽然多种多样，但仍具有共同的基本特征。首先，植物细胞有细胞壁，具有比较稳定的形态；其次，多数植物含有叶绿体，能进行光合作用（photosynthesis），即能借助于太阳能，把简单的无机物质制造成复杂的有机物质，进行自养生活；再次，大多数植物个体终生具有分生组织，在植物个体发育过程中，能不断地产生新器官；最后，植物不同于动物，对于外界环境的变化影响一般不能迅速做出运动反应，而往往只在形态上出现长期适应的变化，如高山极地植物，通常植株矮小，呈匍匐状或莲座状，便是对紫外光、大风和低温的形态适应。

尽管多数植物有明显不同于动物的形态特征和生长发育规律，但就少数低等植物而言，其与动物的界限又不十分明确，因此很难给植物一个准确而又具有普遍适用性的定义，原因在于生物学家对植物界范围的划分有不同看法。

18世纪瑞典的博物学家林奈（C. Linnaeus）将生物区分为动物界（Animalia）和植物界（Plantae）两界，后者包括菌类植物、藻类植物、地衣类植物、苔藓植物、蕨类植物和种子植物六大类群。随着人们对自然界认识水平的不断提高，生物学家先后将生物划分为三界系统（原生生物界、植物界和动物界）、四界系统（原生生物界、真菌界、植物界和动物界）、五界系统（原核生物界、原生生物界、真菌界、植物界和动物界），甚至六界、八界系统。其中五界系统在目前流行较为广泛，在该系统中，原核生物界（Monera）包括具有原核细胞结构的细菌和蓝藻；原生生物界（Protista）包括兼具植物和动物特征的裸藻、黏菌等及其他单细胞生物；真菌界（Fungi）由具有异养特性的真菌所组成；植物界的范围被大大缩小，它包括光合自养（个别也有异养的如菟丝子、列当等）由多细胞构成的复杂有机体。陆续提出的生物不同的分界，反映了人们对生物进化以及生物界各类型之间的实质联系在认识上的逐渐深化。

考虑到许多植物学书籍仍按二界系统划分植物界范围，本书仍采用二界系统。

三、植物的重要性

（一）推动地球和生物的发展

大约在47亿年前，地球形成的初期，地球上并无生命，以后地球表面产生了大气层。早期的大气层中，只有水、二氧化碳、甲烷、硫、氮、氨等，尚缺少与生命关系非常重要的游离分子氧。因此，当时出现的原始生命很可能是通过化能合成或异养的生活方式获得能量。当含光合色素的蓝藻和其他原始植物在海洋出现后，才能以大气中的二氧化碳为碳源，以水中的氢离子为还原剂，利用光能进行光合作用而制造有机物，并释放出氧，使大气中氧的含量逐渐增加，从而影响到植物和动物的进化和发展，最终植物从海洋走向陆地，进化出具有根、茎、叶分化的复杂植物有机体。随着植物种类和数量的增加，环境条件进一步改善，因此逐渐形成了丰富多彩的生物世界。

（二）合成有机物质，贮存能量

地球上的绿色植物合成有机物质的能力十分惊人。据估计地球上的自养植物每年约同化 2×10^{11} t 碳素，如以葡萄糖计算，每年同化的碳素相当于4 000亿~5 000亿 t 有机物质。这些有机物质不仅是组成植物体本身和进行各种生命活动的物质基础，也直接或间接地作为人类或全部动物赖以生存的食物。植物在进行光合作用将二氧化碳合成有机物质的同时，把太阳投射到地球表面的部分光能转变成化学能贮存于有机物中。绿色植物是自然界中的第一生产力，当人类、动物食用绿色植物时，或异养生物从绿色植物躯体上或死后残骸上摄取养料时，贮存物质被分解利用，能量再度释放出来，为生命活动提供能源。存在于地下的煤炭、石油、天然气也主要由远古绿色植物遗体经地质矿化而形成，都是人类生活的重要能源物资。

随着不可再生能源资源的逐步减少，人们在寻找和开发新的可再生能源资源时，再度提出绿色植物是最大限度地利用太阳能、转化太阳能的最理想的天然工厂。

（三）促进物质循环，维持生态平衡

自然界的物质始终处于不断运动之中。当生物形成之后，出现了有机物的合成与分解，使其与无机界紧密联系起来，形成物质循环（图绪论-1）。

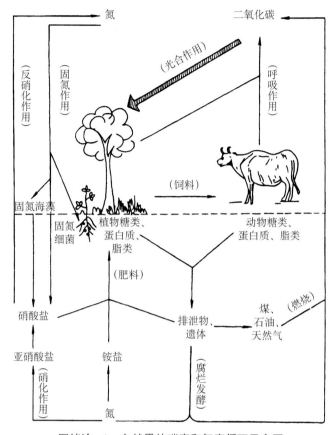

图绪论-1 自然界的碳素和氮素循环示意图

对于各种物质的循环。植物起着非常重要的作用。最为突出的是绿色植物在光合过程中释放氧气，不断补充动植物呼吸和物质燃烧及分解时对氧的消耗，维持了自然界中氧的相对平衡，保证了生物生命活动的正常进行。

碳是生物的基本元素。绿色植物进行光合作用时，需要吸收大量的二氧化碳作为合成有机物的原料。而二氧化碳的补充，主要的来源又是依靠非绿色植物对生物尸体分解时释放出的大量二氧化碳，另外还有部分来自工业燃烧、火山爆发以及动植物的呼吸释放出的二氧化碳。长期以来，空气中的二氧化碳含量相对稳定地维持在0.03%的水平。现代工业的迅速发展，有机物的大量燃烧，同时植物覆盖率的逐渐下降，使得空气中的二氧化碳含量有所增高。由此，已导致大气层温度升高，产生所谓的"温室效应"。加强植物资源的保护与合理开发利用，积极开展森林、植被的营造，扩大植物的覆盖率，对于避免二氧化碳浓度增加所带来的不良后果具有十分重要的意义。

植物对氮素的循环亦起着重要作用。固氮细菌和固氮蓝藻能将游离于空气中的分子态氮固定，转化成为植物能够吸收利用的含氮化合物。绿色植物吸收这些含氮化合物，进而合成蛋白质，建造自身或贮存于体内。动物摄食植物，又转变为动物蛋白质。当动植物死亡后，经非绿色植物的分解作用而放出氨，其中一部分氨成为铵盐为植物再吸收，而另一部分氨经工业氧化或土壤中广泛存在的硝化细菌的硝化作用，形成硝酸盐，而成为植物的主要可用氮源。硝酸盐也可由反硝化细菌的反硝化作用，恢复形成游离氮或氧化亚氮，再释放回大气。

氮素与农业生产的关系十分密切。土壤中氮素的含量尚不能满足农作物生长的需要，因此，人工施用氮肥是增加作物产量的有效措施之一。

自然界中还有许多其他元素，如磷、钾、铁、钙、镁等以及微量元素，也多从土壤中被吸入植物体内，经过一系列的辗转变化，又重返土壤。总之，在物质循环过程中，只有通过植物、动物和微生物等生物群体的共同参与，才能使物质的合成和分解、吸收和释放协调进行，维持生态的平衡。

（四）人类赖以生存的物质基础

植物是人类赖以生存的物质基础，是发展国民经济的重要资源。在人类生活中，衣食住行等方面都离不开植物。农业、林业生产中的所有栽培对象，如粮食作物、油料作物、纤维作物、糖料作物、蔬菜作物、果树、饮料作物、观赏植物和药用植物等均属植物资源。即使是各种家畜、家禽、鱼类等的养殖，也需要植物作为饲料来源。在工业方面，无论是食品工业、油脂工业、制糖工业、制药工业、建筑工业、纺织工业和造纸工业等，甚至冶金工业、煤炭工业和石油工业都需要植物作为原料或参与作用。此外，植物对于水土保持、土壤改良和空气净化等也十分重要。

四、植物学发展简史及今后的发展趋势

植物学的发展是随着人类利用植物的生产实践活动而逐渐发展起来的。人类从食用植物到尝试百草医治疾病，逐渐积累有关植物的知识，如识别植物的形态特征、生活习性及其与环境的关系等，于是植物学得以逐渐形成。

我国是世界上研究植物最早的国家之一。远在商代就开始种植麦、黍、稻和粟。我国古代著名的植物书籍包括晋代的《南方草本状》、后汉的《区种法》、后魏的《齐民要术》、元代的《农书》、明代的《本草纲目》和清代的《植物名实图考》等，其中明代李时珍所著《本草纲目》，详细描述药物1 892种，其中有植物1 195种，是研究我国植物的一部经典性著作。

国外植物科学的发展主要是在18世纪以后，西方资本主义的快速发展推动了植物学的进展。18世纪瑞典博物学家林奈首创双名法（binominal nomenclature），该命名法为植物分类奠定了重要基础。19世纪英国达尔文（C. R. Darwin）的《物种起源》，提出进化论的观点，对植物科学的迅速发展起着十分重要的推动作用。19世纪德国的施莱登（M. J. Schleiden）和施旺（T. A. H. Schwann）创立细胞学说，证明了生物在结构上和起源上的同一性，为以后深入研究生命现象提供了重要基础。继而，恩格勒（A. Engler）和普兰特莱（Prantl）在《自然植物科志》中，提出了试图反映植物类群亲缘进化关系的植物分类系统，将植物界分为13门，其中11门是低等植物，第13门是被子植物。

以后随着农业和经济的发展，人们从不同层次、不同角度对植物的形态结构、生长发育特点及其与环境的关系进行静态的描述，逐渐形成比较完整的植物学。根据侧重点的不同，植物学又分为许多分支学科，如植物形态学（plant morphology）、植物解剖学（plant anatomy）、植物胚胎学（plant embryology）、植物分类学（plant taxonomy）、植物生理学（plant physiology）和植物生态学（plant ecology）等。植物科学经过19世纪和20世纪初期的发展，由描述植物学时期发展到主要以实验方法了解植物生命活动过程的实验植物学时期。

20世纪60年代以来，由于研究方法和实验技术的不断创新，植物学得到迅猛发展。在

微观方面，由细胞水平进入亚细胞、分子水平，对植物体的结构与机能有了更深入的了解，在光合作用、生物固氮、呼吸作用和离子吸收等许多工作上获得了重大突破，特别在确认DNA是遗传的分子基础，并阐明了DNA的双螺旋结构之后，人们开始从分子水平上认识植物。在宏观方面，已由植物的个体生态进入到种群、群落以及生态系统的研究，甚至采用卫星遥感技术研究植物群落在地球表面的空间分布和演化规律，进行植物资源调查。

最近十几年，植物学的各个领域不断地与相邻学科，如生物化学（biochemistry）、遗传学（genetics）、细胞生物学（cell biology）和发育生物学（developmental biology）等相互渗透，一些传统学科间的界限越来越淡化，尤其是分子生物学的迅速崛起，对植物学的发展已产生重大影响，致使边缘学科和新的综合性研究领域层出不穷。可以预计，随着模式植物拟南芥、水稻等植物基因组计划的完成和基因功能的阐明，人们对植物的生长发育、遗传、进化及植物与环境之间的关系等问题的认识，将产生革命性的变化。植物学与其他有关学科之间，将在新的水平上进一步相互交叉、融合，向着综合性的方向发展，植物学还将在更高层次上和更广的范围内，探索植物生命的奥秘和发展的规律。

五、学习植物学的目的和方法

植物学属于基础研究的范畴，研究植物学的目的是认识和揭开植物生命活动的客观规律，以便人类利用植物、改造植物和保护植物，使之更好地服务于人类。

植物学在农业院校中是一门涉及专业面最广的重要基础课程。在学习作物、果树、蔬菜、花卉、茶桑、树木以及其他经济植物时，需要掌握植物学的基本知识；生物技术、防治病虫和改良土壤，其最终目的是种植的农作物达到优质高产；家禽家畜的饲养以及农产品加工，分别需要植物作为饲料或原料；其他如环境保护、资源开发利用等也与植物密切相关。上述诸方面均需具备植物学的基本知识。因此，学习植物学能为学好有关后续课程和专业课程以及从事农业生产和科学研究提供必要的植物学基本理论、基本知识和实验技术。

本教材是为了适应21世纪经济社会对农业和生命科学人才的需求而编写的，主要考虑植物学的系统性和科学性，同时适当兼顾农业院校的特点和教学要求。教材力求阐明植物学的基本知识和基本理论，加强理论联系实际，反映本学科的发展水平。教材内容以被子植物为重点，阐述了植物体的结构基础（细胞、组织），以及植物个体发育过程中，营养器官和生殖器官的形态发生及胚胎形成的基本特点，介绍了植物的多样性与分类的基础知识，植物界的系统进化，对被子植物的主要分科进行了描述。认真掌握教材内容，对于学好植物学课程是十分重要的。

学习植物学时，应该以辩证的观点去分析有关内容。植物体的结构基础——细胞与细胞之间、细胞与组织之间、组织与组织之间、组织与器官之间、各器官之间、形态结构与生理功能之间、营养生长与生殖发育之间以及植物与环境之间都是相互联系、相互制约的关系，同时又各具特点。植物体及其细胞、组织和器官的形态结构与它们所承担的生理功能是相一致的。植物个体生命周期的完成，需要经历一系列的生长发育过程，在认识植物的形态结构建成和功能变化的规律时，要特别注意建立动态发展的观点。植物种类繁多，类群复杂，它们是在自然界中经过长期演化而来的，应贯穿由低级到高级的系统进化观念去理解植物的多样性。在学习植物学过程中，要善于运用观察比较和实验的研究方法，尤其要重视理论联系实际，加强实验观察和技能的训练，以增加感性认识，加深理解。同时还要主动增强自学意识，使植物学的知识能达到较高的广度和深度。

本 章 提 要

植物学是以植物为研究对象，主要研究植物的形态结构和功能、生长发育特性、植物多样性及植物与环境之间的关系。

植物的多样性主要体现在形态结构、生活习性和对环境的适应性各不相同。植物种类的丰富多样是植物有机体在与环境长期的相互作用下，通过遗传和变异，适应和自然选择而形成的。植物进化仍在进行，新的种类仍会出现。人类的活动对植物进化和生存已产生重要影响。

不同种类的植物具有共同的基本特征：①植物细胞有细胞壁，具有比较稳定的形态；②多数植物含有叶绿体，能进行光合作用，进行自养生活；③大多数植物个体终生具有分生组织，在植物个体发育过程中，能不断地产生新器官；④植物不同于动物，对于外界环境的变化影响一般不能迅速做出运动反应，而往往只在形态上出现长期适应的变化。生物学家先后将生物划分为二界系统、三界系统、四界系统、五界系统，甚至六界系统、八界系统，其中五界系统（原核生物界、原生生物界、真菌界、植物界和动物界）在目前流行较广，在该系统中，原核生物界包括具有原核细胞结构的细菌和蓝藻；原生生物界包括兼具植物和动物特征的裸藻、黏菌及其他单细胞生物等；真菌界由具有异养特性的真菌所组成；植物界的范围只包括光合自养、由多细胞构成的复杂有机体。

植物的作用主要表现在：推动地球和生物的发展；合成有机物质，贮存能量；促进物质循环，维持生态平衡。在物质循环过程中，通过植物、动物和微生物等生物群体的共同参与，才能使物质的合成和分解、吸收和释放协调进行。

植物学的发展是随着人类利用植物的生产实践活动而逐渐发展起来的。人类从食用植物到尝试百草医治疾病，逐渐积累有关植物的知识，于是植物学得以逐渐形成。植物科学经过19世纪和20世纪初期的发展，由描述植物学时期发展到实验植物学时期。最近十几年，植物科学的各个领域不断地与相邻学科相互渗透，一些传统学科间的界限越来越淡化，尤其是分子生物学的迅速崛起，对植物学的发展已产生重大影响，致使边缘学科和新的综合性研究领域层出不穷。

植物科学属于基础研究的范畴。研究植物学的目的是认识和揭示植物生命活动的客观规律，以便人类利用植物、改造植物和保护植物，使之更好地服务于人类。

复 习 思 考 题

1. 地球上的生命是如何产生的？有哪些主要因素影响地球上生命的起源？生物进化是否仍在进行？

2. 自养植物与异养植物的主要区别是什么？各自在地球上的作用如何？

3. 您认为"五界系统"划分的优缺点是什么？有无更好的划分方法？

4. 什么是植物？动植物有何主要区别？

5. 您认为今后植物科学的发展趋势如何？

6. 怎样才能学好植物学？

第一章　植物细胞

植物有机体，无论是高大的乔木、低矮的草本，还是微小的藻类植物都是由细胞组成的。细胞具有精密的结构，是生命活动的基本单位。因此，研究植物的生命活动和演化规律，必须首先认识植物细胞。

第一节　细胞的基本特征

一、细胞的基本概念

细胞是生物有机体的基本结构单位。单细胞生物体只由一个细胞构成，而高等植物体则由许多形态结构和功能不同的细胞组成。细胞也是代谢和功能的基本单位。虽然细胞的形态各有不同，但每一个生活的细胞都具有各自完备的装置以满足自身生命活动的需要。细胞还是有机体生长发育的基础。生物有机体通过细胞的分裂、生长和分化完成个体的生长发育。细胞又是遗传的基本单位。无论是低等生物还是高等生物的细胞，都包含全套的遗传信息，具有遗传上的全能性。

根据细胞在结构、遗传方式和进化程度上的差异，将细胞分为原核细胞（prokaryotic cell）和真核细胞（eukaryotic cell）（表1-1）。原核细胞通常体积很小，直径为0.2 ~ 10 μm；没有典型的细胞核，其遗传物质通常集中在细胞中部的某一区域，没有核膜包被；没有以膜为基础的细胞器。由原核细胞构成的生物称原核生物，主要包括支原体、衣原体、立克次体、细菌、放线菌和蓝藻等。相比之下，真核细胞具有典型的细胞核结构；具有以膜为基础的多种细胞器，各种代谢活动在不同的细胞器中进行，或由几种细胞器协同完成。由真核细胞构成的生物称真核生物，包括高等植物和绝大多数低等植物。

表1-1　原核细胞与真核细胞的主要差别

要　点	原核细胞	真核细胞
大小	大多数很小（0.2 ~ 10 μm）	大多数较大（10 ~ 100 μm）
细胞核	无膜包围，称为拟核	有双层膜包围
核仁	无	有
染色体	多为环状DNA分子，裸露或结合少量蛋白质	核中的DNA分子呈线性，与组蛋白结合
细胞分裂	二分或出芽	有丝分裂或减数分裂
内膜	无独立的内膜	有内膜，分化成细胞器
细胞骨架	无	普遍存在
核糖体	70 S	80 S
营养方式	吸收，有的可进行光合作用	吸收，光合作用，内吞
细胞壁成分	肽聚糖、蛋白质、脂多糖、脂蛋白	纤维素、半纤维素、果胶质等

二、植物细胞的基本特征

植物细胞的体积通常很小。在种子植物中，细胞直径一般为 10 ~ 100 μm。但亦有特殊细胞超出这个范围，如棉花种子的表皮毛细胞有的长达70 mm，成熟的西瓜果实和番茄果实的果肉细胞，其直径约1 mm，苎麻属（*Boehmeria*）植物茎中的纤维细胞长达550 mm。细胞与外界的物质交换与其表面积关系密切。细胞的体积越小，其相对表面积就越大。这有利于物质的迅速交换和内部转运。

植物细胞的形状是多种多样的，有球形、多面体形、长方体形和长棱形等（图1-1）。单细胞的藻类植物形状常近似球形。在多细胞植物体内，由于相互挤压，细胞往往形成多面体形。种子植物的细胞具有精细的分工，形状变化多端。例如，输送水分和养料的细胞（导管分子和筛管分子）呈长管状，并连接成相通的"管道"，以利于物质的运输；起支持作用的细胞（纤维）一般呈长棱形，并聚集成束，加强支持的功能；幼根表皮细胞常向着土壤延伸出细管状突起

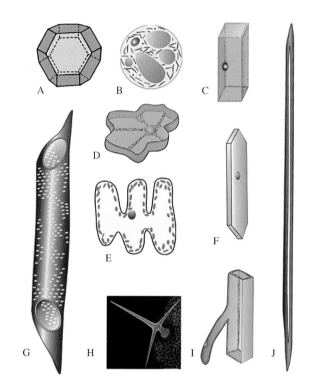

图1-1 种子植物各种形状的细胞
A.十四面体形的细胞 B.球形的果肉细胞 C.长方体形细胞 D.不规则性状的表皮细胞 E.小麦叶肉细胞 F.纺锤形细胞 G.管状的导管分子 H.拟南芥叶表皮上分枝的表皮毛细胞 I.根毛细胞 J.长棱形的纤维

（根毛），以扩大吸收表面积。细胞形状的多样性，反映了细胞功能的多样性。

第二节 植物细胞的基本结构和功能

真核植物细胞由细胞壁（cell wall）和原生质体（protoplast）两大部分组成。有的细胞中还含有一些贮藏物质和代谢产物，称为后含物。原生质体由原生质（protoplasma）组成。原生质是组成细胞生命物质的总称，是物质的概念；而原生质体是组成细胞的一个形态结构单位，是指活细胞中细胞壁以内各种结构的总称，是细胞内各种代谢活动进行的场所。原生质体包括细胞膜（cell membrane）、细胞质（cytoplasm）和细胞核（nucleus）等结构。

用光学显微镜可以观察到植物细胞的细胞壁、细胞质、细胞核和液泡等结构。细胞质中的质体易于观察；用一定的方法制备样品，还能在光学显微镜下观察到高尔基体、线粒体等细胞器。这些可在光学显微镜下观察到的细胞结构称为显微结构。而只有在电子显微镜下才能观察到的细胞内的精细结构称为超微结构（图1-2和图1-3）。

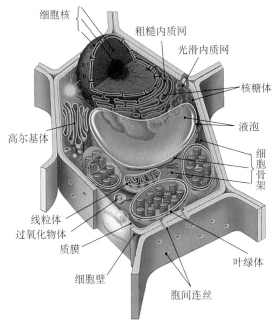

图1-2 植物细胞的超微结构图解

细胞核 粗糙内质网 光滑内质网 核糖体 液泡 细胞骨架 高尔基体 线粒体 过氧化物体 质膜 细胞壁 胞间连丝 叶绿体

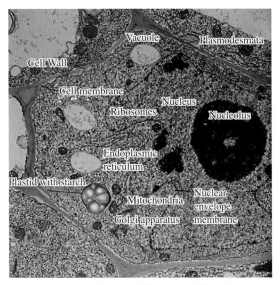

图1-3 植物细胞的电子显微镜照片
Cell wall. 细胞壁 Cell membrane. 细胞膜
Endoplasmic reticulum. 内质网 Golgi apparatus. 高尔基体
Mitochondria. 线粒体 Nuclear envelope membrane. 核膜
Nucleolus. 核仁 Nucleus. 细胞核 Plasmodesmata. 胞间连丝
Plastid with starch. 具淀粉粒的质体 Ribosome. 核糖体
Vacuole. 液泡
（引自 http://ccber.ucsb.edu）

一、原生质体

（一）质膜

质膜（plasma membrane）又称细胞膜，包围在原生质体的表面。细胞内还有构成各种细胞器的膜。细胞所有的膜统称为生物膜。

在电子显微镜下，质膜呈现暗—明—暗3个层次，厚约8.0 nm。其中内层和外层厚约2.5 nm，中间的透明层厚2.5 ~ 3.5 nm（图1-4）。这种在电子显微镜下具3层结构的膜称为单位膜。

1. 质膜的分子结构 对生物膜的分子结构的研究曾提出了许多模型理论。其中，Jon Singer 和 Garth Nicolson 1972年提出的流动镶嵌模型（fluid-mosaic model）学说得到广泛的支持。该学说认为，生物膜主要由脂类和蛋白质分子组成；膜外表还常含有糖类，形成糖脂和糖蛋白；构成膜的脂类和蛋白质分子具有一定的流动性（图1-5）。

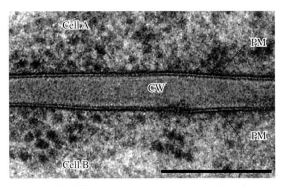

图1-4 拟南芥（*Arabidopsis thaliana*）根内皮层细胞质膜电子显微镜照片
[细胞（Cell）A 和 Cell B 为相邻的两个细胞。CW，细胞壁；PM，质膜。标尺为250 nm。]

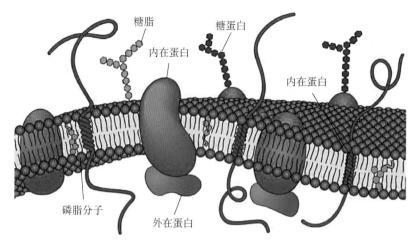

图1-5　质膜结构模型

（1）脂双层。生物膜的骨架是磷脂双分子层，或称脂双层。磷脂分子的亲水端分布在脂双层的表面，疏水的脂肪酸链则藏在脂双层的内部。疏水的脂肪酸链有屏障作用，使膜两侧的水溶性物质（包括离子与亲水的小分子）一般不能自由通过，这对维持细胞正常结构和细胞内环境的稳定是很重要的。

（2）膜蛋白。膜上含有许多蛋白质。有些蛋白质分布在膜的内外表面，称为外在蛋白或周边蛋白；有些蛋白质不同程度地嵌入脂双层的内部，其中多数横跨膜的两侧，称为内在蛋白。膜是不对称的，其内表面和外表面具有不同功能的蛋白质。膜的许多重要功能是由蛋白质分子来执行的。有些膜蛋白可作为"载体"而将物质输入或运出细胞，有些是特异的酶，还有些是生物活性物质的受体。

（3）膜糖。除了脂类和蛋白质以外，膜的表面还有糖类分子称膜糖。膜糖是由葡萄糖、半乳糖等数种单糖连成的寡糖链。膜糖大多与蛋白质分子相结合成为糖蛋白，也可与脂类分子结合而成糖脂。糖蛋白与细胞识别有关。

（4）细胞膜的流动性。流动性是生物膜结构的基本特征之一。膜的流动性实际是指在膜内部的分子运动性。适宜的流动性是实现生物膜正常功能的必要条件。

2. 质膜的功能　质膜位于细胞原生质体的表面，具有选择透性，能控制细胞与细胞、细胞与外界环境之间的物质交换以维持细胞内环境的相对稳定。此外，质膜上还存在激素的受体和有关细胞识别的位点。所以，质膜在细胞识别、细胞间的信号转导和新陈代谢的调控等过程中起重要作用。

（二）细胞质

真核细胞的质膜以内，细胞核以外的部分称为细胞质。细胞质包括胞基质和细胞器。细胞器具有一定的形态、结构和功能，分布在胞基质中。

1. 细胞器　细胞器（organelle）是存在于细胞质中具有一定的形态、结构与生理功能的微小结构，大多数细胞器是由膜所包被的。细胞器通常包括以下类型。

（1）质体。质体（plastid）是植物细胞特有的细胞器。根据所含色素及结构的不同，成熟质体可分为叶绿体、有色体与白色体3种。

①叶绿体：叶绿体（chloroplast）含有叶绿素（chlorophyll）、叶黄素（xanthophyll）和胡萝卜素（carotene），是进行光合作用的主要场所，普遍存在于植物的绿色细胞中。叶绿素

是主要的光合色素，直接参与光合作用，其他两类色素不能直接参与光合作用，只能将吸收的光能传递给叶绿素，起辅助光合作用的功能。植物叶片的颜色，与细胞叶绿体中这3种色素的比例有关。一般情况下，叶绿素占绝对优势，叶片呈绿色。

叶绿体的形状、数目和大小随不同植物和不同细胞而异，如衣藻中有1个杯状的叶绿体；水绵细胞中有1～4条带状的叶绿体，螺旋环绕；高等植物细胞中叶绿体通常呈椭圆形或凸透镜形，数目较多，少者20个，多者可达100个以上，典型叶绿体的长轴5～10 μm，短轴2～4 μm。

电子显微镜下叶绿体表面由两层膜包被，内部是电子密度较低的基质（stroma），其间悬浮着复杂的由单位膜所围成的扁圆状或片层状的囊，称为类囊体（thylakoid）（图1-6）。其中一些扁圆状的类囊体有规律地叠置在一起，称为基粒（granum）。形成基粒的类囊体也称基粒片层。基质类囊体或基质片层（stroma lamellae）呈条状或不规则形状，连接于基粒之间，其内腔与相邻基粒的类囊体腔是相通的。一般一个叶绿体中含有40～80个基粒，而一个基粒由5～50个基粒类囊体组成。光合作用的色素和电子传递系统位于类囊体膜上。

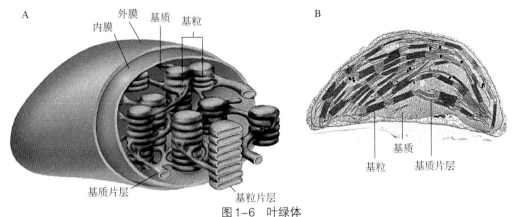

图1-6　叶绿体
A. 超微结构模型　B. 梯牧草叶绿体的电子显微镜照片

叶绿体基质中有数目不等的环状DNA（如拟南芥叶肉细胞的每个叶绿体通常含有10～500个环状DNA分子），能编码自身的部分蛋白质，而叶绿体发育和光合作用所需的蛋白质主要由核基因编码；具有核糖体，能合成自身的蛋白质。叶绿体中的核糖体为70S，与原核细胞的核糖体相同。叶绿体中常含有淀粉粒和质体小球。

②有色体：有色体（chromoplast）是仅含有胡萝卜素与叶黄素的质体。成熟的红、黄色水果如番茄、辣椒以及秋天叶色变黄主要是因为细胞中含有大量有色体。有些植物的花、果等因含有色体而具有鲜艳的颜色，吸引昆虫传粉，或吸引动物协助散布果实或种子。有色体中能积累脂类。

③白色体：白色体（leucoplast）不含任何色素，普遍存在于植物贮藏细胞中。根据其贮藏物质的不同可分为三类：贮藏淀粉的称为造粉体或称淀粉体（amyloplast），贮藏蛋白质的称蛋白体（proteoplast），贮藏脂类的称造油体（elaioplast）。

质体是从原质体（proplastid）发育形成的。原质体存在于茎顶端分生组织的细胞中，具双层膜，内部有少量的小泡。当叶原基分化出来时，原质体内膜向内折叠伸出膜片层系统。在光下，这些片层系统继续发育并合成叶绿素，发育成为叶绿体（图1-7）。在黑暗中萌发或生长的植株，质体内部发育出一些管状的膜结构（原片层体）。黄化的植株照光后，能够合成叶绿素，片层系统也充分发育，黄化的质体转变成为叶绿体（图1-7）。

在某些情况下，一种质体可从另一种质体转化而来。例如，马铃薯块茎中的造粉体在光照条件下可以转变为叶绿体而呈现绿色；果实成熟时叶绿体可转变为有色体，果实则由绿转为红、黄或橙黄色。有色体还可从造粉体通过淀粉消失、色素沉积而形成，如德国鸢尾（*Iris germanica*）的花瓣。有色体也可转变为叶绿体，如胡萝卜根经光照可由黄色转变为绿色。质体的分化有时是可以逆转的。当组织脱分化而成为分生组织状态时，叶绿体和造粉体都可转变为原质体。

质体通过二分裂（binary fission）的方式增殖。首先质体的中部缢缩变成哑铃形。此后收缩进一步加剧，形成联系2个子质体的狭长隔膜。最终隔膜断裂，子质体的膜重新封闭，形成2个新质体。利用电子显微镜技术可观察到质体分裂缢缩过程中存在环状结构——质体分裂环。质体分裂的过程和分子调控机制与原核细胞类似。

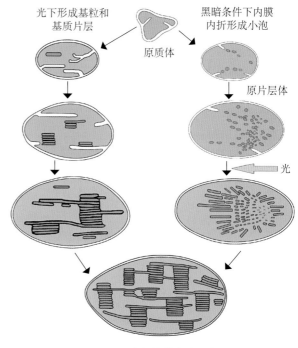

图1-7 叶绿体的发育图解

细胞内质体的分化和转化与环境条件有关，最明显的例子是光照影响叶绿体的形成，但这不是绝对的，一直处于光照下的花瓣，并不形成叶绿体。同样，根细胞内不形成叶绿体也并非仅仅是由于它生长在黑暗环境的缘故。质体的发育受它们所在细胞的控制，不同基因的表达决定着该细胞中质体的类型。

（2）线粒体。线粒体（mitochondrion）普遍存在于真核细胞内，是细胞内的"动力工厂"。贮藏在营养物质中的能量在线粒体中经氧化磷酸化作用转化为细胞可利用的化学能——ATP，一部分以热能的形式消散。

线粒体形态多种多样，如圆球形、椭圆形和圆柱形等。它的形态与细胞类型和生理状况密切相关。在光学显微镜下观察时，大多数的线粒体呈线状或颗粒状。线粒体的大小也随细胞类型不同而异，一般直径0.5～1.0 μm，长2～3 μm。线粒体在不同类型细胞中的数目差异也很大，玉米根冠的一个细胞内可有100～300个线粒体，而单细胞的鞭毛藻（*Chromulina pusilla*）只有一个线粒体。

电子显微镜下观察，线粒体由外膜（outer membrane）、内膜（inner membrane）和基质（matrix）组成（图1-8）。外膜平滑，内膜向腔内突出形成嵴（cristae），使内膜面积增加。嵴的数目与细胞功能状态密切相关。一般说来，需要能量较多的细胞，不仅线粒体数目较多，嵴的数目也较多。嵴表面有许多圆球形颗粒。研究证明，它是ATP合酶（ATP synthase，又称F_0-F_1 - ATP酶），是一个多组分的复合物，是氧化磷酸化的关键装置。内膜内侧，即嵴之间的胶状物质称为基质，内含许多蛋白质、酶类、脂类、RNA和氨基酸等。内外膜之间的空隙为膜间隙，内含许多可溶性酶类、底物和辅助因子。

此外，线粒体基质中也含有环状的DNA分子和核糖体，编码和合成自身的部分蛋白质。与质体相似的是，线粒体的分裂也经过缢缩过程。

质体和线粒体的核糖体均与细胞质中的80S核糖体不同，更像细菌的核糖体；均具有环状DNA分子；分裂方式也与细菌类似。这反映出它们可能起源于原核生物。

（3）内质网。内质网（endoplasmic reticulum，ER）是由一层膜围成的小管、小囊或扁囊构成的网状系统（图1-9和图1-10），主要有两种类型，即粗糙内质网（rough endoplasmic reticulum，rER）和光滑

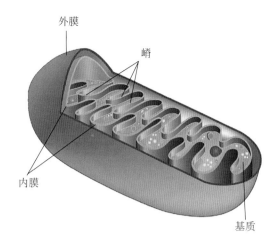

图1-8　线粒体三维结构模式图

内质网（smooth endoplasmic reticulum，sER）。粗糙内质网主要由扁平的囊组成，膜的外表面附有核糖体，主要功能与蛋白质的合成、修饰、加工和运输有关。光滑内质网的膜呈管状，无核糖体附着，与脂类和糖类的合成关系密切。

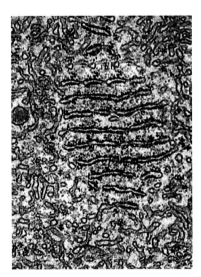

图1-9　粗糙内质网和光滑内质网的电子显微镜照片
rER.粗糙内质网　sER.光滑内质网

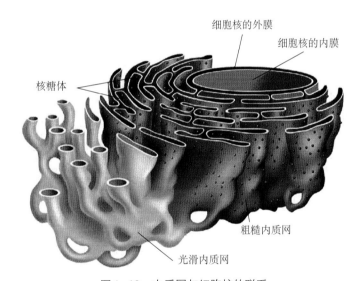

图1-10　内质网与细胞核的联系

内质网的膜可与细胞核的外膜相连接，内质网腔与核周腔相通（图1-10）。同时，内质网也可与质膜、液泡和线粒体相连，有的还随同胞间连丝穿过细胞壁，与相邻细胞的内质网发生联系（图1-11）。因此内质网构成了一个从细胞核到质膜，以及与相邻细胞直接相通的膜系统。它不仅是细胞内的通信系统，而且还有把蛋白质、脂类等物质运送到细胞的各个部分的功能。

（4）高尔基体。高尔基体（Golgi apparatus）是与植物细胞的分泌作用有关的细胞器。每个高尔基体一般由4～8个扁囊（或称潴泡cisternae）平行排列在一起成摞存在（图1-12

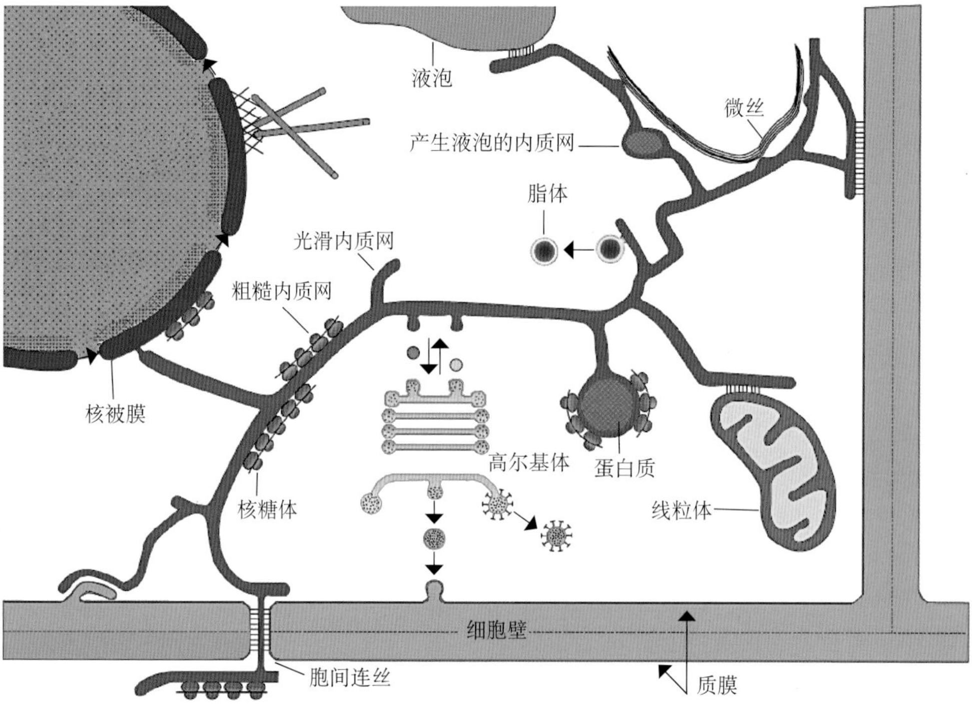

液泡

微丝

产生液泡的内质网

脂体

光滑内质网

粗糙内质网

核被膜

高尔基体

蛋白质

核糖体

线粒体

细胞壁

胞间连丝

质膜

图1-11　内质网和细胞内其他组分以及相邻细胞间的联系

（依Esau改绘）

和图1-13）。每个扁囊由一层膜围成，中间是腔，边缘分枝成许多小管，周围有很多囊泡，它们是由扁囊边缘"出芽"脱落形成的。高尔基体常略呈弯曲状，一面凹，一面凸。这两个面和中间的扁囊在形态、化学组成和功能上都不相同。凸面又称形成面（forming face），多与内质网膜相联系，接近凸面的扁囊的形态及染色性质与内质网膜相似；凹面又称成熟面（maturing face）。扁囊膜的形态与化学组成与质膜类似；中间的扁囊与凹凸两面的扁囊在所含的酶和功能上也有区别。

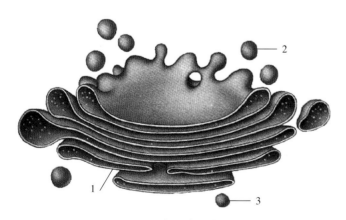

图1-12　高尔基体的结构

1. 扁囊　2. 高尔基体小泡　3. 来自内质网的小泡

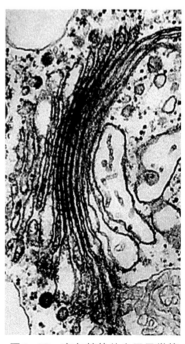

图1-13　高尔基体的电子显微镜照片

高尔基体主要参与植物细胞中多糖和糖蛋白的合成与分泌（图1-14和图1-23）。细胞壁内非纤维素多糖在高尔基体内合成，包装在囊泡内运往质膜，小泡膜与质膜融合，内含的多糖掺入到细胞壁中；高尔基体内还可进行糖蛋白的合成、加工和分泌。细胞壁内的伸展蛋白是在核糖体上合成肽链后进入内质网腔，进行羟基化，通过内质网上脱落下来的囊泡运往高尔基体的凸面，将泡内的物质注入扁囊腔，完成糖基化，再由凹面脱落下来的囊泡运至质膜，进入细胞壁。

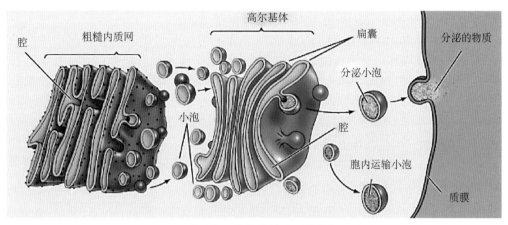

图1-14 内质网、高尔基体和质膜的相互关系

（5）液泡。成熟的植物细胞具有一个大的中央液泡（vacuole），是植物细胞区别于动物细胞的一个显著特征。分生组织中的幼小细胞，具有多个小而分散的液泡，细胞成长过程中，这些小液泡逐渐合并，发育成数个或一个很大的中央液泡，占据细胞中央90％以上的空间，而将细胞质和细胞核挤到细胞的周边（图1-15）。

液泡由一层液泡膜（tonoplast或vacuole membrane）包围，其内充满了称为细胞液的液体，细胞液是成分复杂的水溶液，其中溶有多种无机盐、氨基酸、有机酸、糖类、脂类、生物碱、酶、鞣酸和色素等复杂的成分。细胞液成分和浓度随植物种类和细胞类型不同而有区别，如甜菜根的液泡中含有大量蔗糖，许多果实的液泡中含有大量的有机酸，烟草的液泡中含有烟碱，咖啡中含有咖啡碱。有些细胞液泡中还含有多种色素，如花青素等，可使花或植物茎叶等具有红、蓝、紫等色。

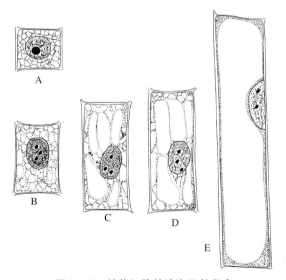

植物液泡的功能主要有以下几点：①维持细胞的水势和膨压。②与植物的抗旱、抗寒性有关。③隔离有害物质，避免细胞受害。如草酸是新陈代谢过程中的副产品，对细胞有害，在液泡中形成草酸钙结晶而不溶于水，减轻了对植物的毒害作用。④参与细胞内物质的生化循环。在电子显微镜下观察

图1-15 植物细胞的液泡及其发育
（A～E示液泡发育过程）

发现，液泡中常有残破的线粒体、质体和内质网等细胞器片段，可能是被吞噬进去，经过水解酶分解，作为组建新细胞器的原料。这表明液泡具有溶酶体的性质。⑤防御作用。不少植物液泡中积累有大量苦味的酚类化合物、生氰糖苷及生物碱等，这些物质可阻止食草动物的吃食。许多植物液泡中还有几丁质酶，它能分解破坏真菌的细胞壁，当植物体遭真菌侵害时，几丁质酶合成增加，对病原体有一定的杀伤作用。

液泡的发生与内质网和高尔基体有关。茎尖和根尖分生组织细胞有许多小型的原液泡（provacuole）。它来源于内质网，这种内质网位于高尔基体附近，又由于它产生的原液泡具有溶酶体性质，因此称为高尔基体—内质网—溶酶体系统。

（6）溶酶体和圆球体。溶酶体（lysosome）是由单层膜包围的具有囊泡状结构的细胞器，主要由高尔基体和内质网分离的小泡生成。内部富含多种水解酶，可以分解所有生物大分子。溶酶体可通过膜的内陷，将细胞质中的生物大分子甚至衰老的细胞器吞噬，在溶酶体内消化分解；在植物发育进程中，有一些细胞会逐步正常地死亡。这是在基因控制下，溶酶体膜破裂，将其中的水解酶释放到细胞内，引起细胞自身溶解死亡的过程。例如，在导管和纤维成熟时，原生质体最后完全解体消失，该过程与溶酶体的作用密切相关。

圆球体（spherosome）是膜包被的球状小体。在电子显微镜下，圆球体的膜只有一条电子不透明带，因此可能只是单位膜的一半。圆球体能积累脂肪，起贮存细胞器的作用；圆球体还含有脂肪酶，在一定条件下，可将脂肪水解成甘油和脂肪酸，因此也具有溶酶体性质。

（7）微体。微体（microbody）是由单层膜包被的圆球形小体，有时含有蛋白质晶体。植物体内的微体有两种类型：一种是过氧化物酶体（peroxisome）；另一种是乙醛酸循环体（glyoxysome）。过氧化物酶体参与光呼吸作用。乙醛酸循环体参与脂肪转化成糖的反应。

（8）核糖体。核糖体（ribosome）或称核糖核蛋白体，呈颗粒状，无膜包围。它的主要成分是RNA和蛋白质，由大小两个亚基组成（图1-16）。小亚基识别mRNA的密码子，并与之结合；大亚基含有转肽酶，催化肽链合成。

由于多个核糖体能结合到一个mRNA分子，可形成多聚核糖体（polyribosome）。在真核细胞内，很多核糖体附着在内质网膜表面，构成粗糙内质网；还有不少核糖体游离在细胞质中。已发现的核糖体有两种类型：70S和80S（S为沉降系数，S值越大，说明颗粒沉降速度越快）。70S核糖体广泛存在于各类原核细胞中和真核细胞的线粒体和叶绿体内。真核细胞细胞质内的核糖体为80S。

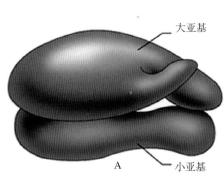
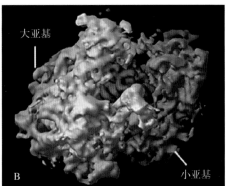

图1-16　核糖体的结构
A.模式图　B.晶体结构图

(9) 微管、微丝和中间纤维。微管（microtubule）、微丝（microfilament）和中间纤维（intermediate filament）分别由不同蛋白质分子以不同方式装配成直径不同的纤维，相互连接形成具柔韧性及刚性的三维网状结构，因此称作细胞骨架（cytoskeleton）。它们把细胞质中的各种细胞器及膜结构相对固定在一定的位置，使细胞内的代谢活动有条不紊地进行。在细胞及细胞内组分的运动、细胞分裂、细胞壁的形成、信号转导以及细胞核对整个细胞生命活动的调节中具有重要作用。

①微管：微管为中空的管状结构，直径为24 ～ 26 nm，中间空腔直径15 nm，由微管蛋白和微管结合蛋白组成。微管蛋白是构成微管的主要蛋白，包括 α 微管蛋白和 β 微管蛋白，二者连接在一起形成二聚体，进而装配成中空的管状结构（图1-17）。

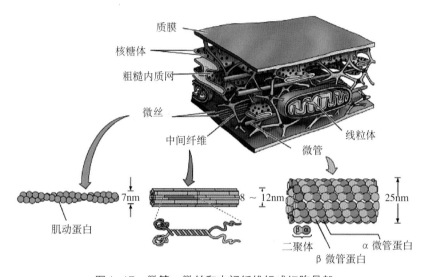

图1-17 微管、微丝和中间纤维组成细胞骨架

细胞内微管可以不断地装配和解聚。低温和化学药剂如秋水仙素和黄草消（又称氨磺乐灵，oryzalin）能明显地抑制微管聚合，而紫杉醇促进微管装配。

微管的生理功能主要有以下几方面：首先，微管相当于细胞的内骨骼，能维持细胞的形状。研究发现呈纺锤状的植物精子具有与细胞长轴平行的微管，当用秋水仙素处理后，微管被破坏，精子变成球形。人们认为微管起骨架作用，保持原生质体一定的形状。其次，微管参与细胞壁形成和生长。在细胞分裂时，由微管组成的成膜体，指导含多糖的高尔基体小泡向新细胞壁的方向运动，在赤道面汇集，最后融合形成细胞板。微管在质膜下的排列方向，又决定着细胞壁上纤维素微纤丝的沉积方向。并且，在细胞壁进一步增厚时，微管集中的部位与细胞壁增厚的部位是相应的，提示细胞壁的增厚可能也受微管的控制。再次，微管与细胞运动及细胞器的运动有直接关系。植物细胞的纤毛与鞭毛是由微管组成的，细胞器的运动以及细胞分裂时染色体的运动，都受微管或由微管构成的纺锤丝的控制。最后，微管为细胞内物质长距离的定向运输提供轨道并参与物质的运动。

②微丝：微丝是由肌动蛋白组成的直径约7 nm的细丝。比较传统的模型认为，每一个肌动蛋白分子（G-actin）近球形，两根由肌动蛋白单体连成的链互相盘绕起来成右手螺旋（图1-17）。微丝在细胞内很容易聚合和解聚。一些特异性药物如细胞松弛素B和细胞松弛素D能特异性破坏微丝，鬼笔环肽可稳定微丝和促进微丝聚合。

微丝的肌动蛋白可以和肌球蛋白结合。肌球蛋白具有ATP酶活性，能水解ATP，将化学能直接转换为机械能，引起运动。微丝的主要作用包括参与维持细胞形状、细胞质流动、染色体运动、胞质分裂、物质运输以及与膜有关的一些重要生命活动如内吞作用和外排作用等。

③中间纤维：中间纤维是直径8～12 nm的中空管状蛋白质丝，由于其直径在微管和微丝之间，故称为中间纤维（图1-17）。它们在细胞质中形成精细发达的纤维网络，外与细胞质膜相连，中间与微管、微丝和细胞器相连，内与细胞核内的核纤层相连。因此，中间纤维在细胞形态的形成和维持、细胞内颗粒运动、细胞连接及细胞器和细胞核定位等方面有重要作用。

2. **胞基质**　质膜以内呈均匀半透明的液态胶状物质称为胞基质（cytoplasmic matrix）。细胞核和各种细胞器分布于其中，主要成分有小分子物质，如水、无机离子、糖类、氨基酸、核苷酸和溶解其中的气体等，还有蛋白质和RNA等大分子。在生活细胞中，胞基质处于不断地运动状态。它能带动其中的细胞器，在细胞内做有规则的持续的流动。在具有单个大液泡的细胞中，胞基质常常围绕着液泡朝一个方向做循环流动。而在具有多个液泡的细胞中，不同区域的细胞质可以有不同的流动方向。胞质运动在促进细胞内物质转运、加强细胞器之间的相互联系和增强细胞新陈代谢活动等方面起重要作用。

（三）细胞核

细胞核贮存着细胞发育的遗传信息，并通过细胞分裂将遗传信息传递给子细胞；它通过基因表达控制细胞的生命活动。通常每个细胞只含一个核，双核或多核现象多见于藻类、真菌和维管植物的分泌组织和绒毡层等的细胞中。细胞核由核被膜、染色质、核仁和核基质组成（图1-18A和图1-18B）。

1. **核被膜**　核被膜（nuclear envelope）由内外两层膜组成。外膜表面附着有大量核糖体，内质网常与外膜相通连。内膜和染色质紧密接触。两层膜之间的间隙称为核周腔，与内质网腔连通。核被膜并非完全连续，其内、外膜在一定部位相互融合，形成许多环形开口称为核孔（nuclear pore）。它具有复杂的结构，又称为核孔复合体（nuclear pore complex）（图1-19和图1-20），是细胞核与细胞质间物质运输的通道。此外，核被膜的内膜内侧有一层由中间纤维网络组成的蛋白质网络结构，称为核纤层（nuclear lamina）。核纤层为核膜和染色质提供了结构支架，并介导核膜与染色质之间的相互作用。核纤层还参与细胞有丝分裂过程中核膜的解体和重组。

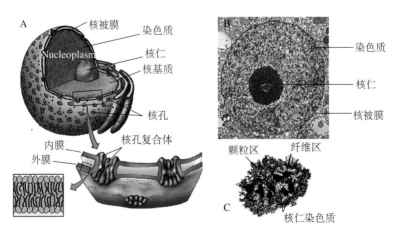

图1-18　细胞核的结构

A．细胞核结构模式图（注意外膜和内膜均为单位膜）　B．玉米（*Zea mays*）根尖分生区细胞核的电子显微镜照片
C.核仁结构的电子显微镜照片

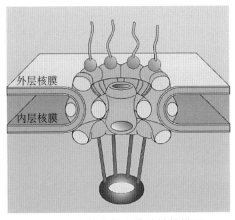

外层核膜

内层核膜

图1-19　核孔复合体的结构模型

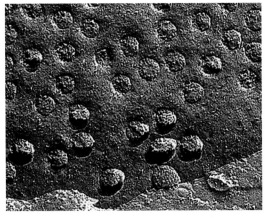

图1-20　核孔在核被膜上的分布

2. 染色质　染色质（chromatin）是间期细胞核内DNA、组蛋白、非组蛋白和少量RNA组成的线性复合物，是间期细胞核遗传物质的存在形式。染色质按形态与染色性能分为常染色质（euchromatin）和异染色质（heterochromatin）。用碱性染料染色时，前者染色较浅，后者染色较深。在间期中异染色质丝折叠、压缩程度高，呈卷曲凝缩状态，在电子显微镜下表现为电子密度高，色深。异染色质区域基因的表达水平低或不表达。常染色质是伸展开的、未凝缩的呈电子透亮状态的区段，是基因活跃表达的区域。在细胞分裂过程中，染色质形成短而粗的染色体。

3. 核仁　核仁（nucleolus）是细胞核中椭圆形或圆形的颗粒状结构，没有膜包围。蛋白质合成旺盛的细胞，常有较大的或较多的核仁。一般细胞核有核仁1～2个，也有多个的。核仁是rRNA合成加工和装配核糖体亚单位的重要场所。在电子显微镜下，可将核仁分为3个区：纤维区、颗粒区和核仁染色质（图1-18C）。

4. 核基质　核内充满着一个主要由纤维蛋白组成的网络状结构，称为核基质（nuclear matrix）。也有人称为核骨架（nuclear skeleton）。核基质为细胞核内组分提供了结构支架，使核内的各项活动得以有序地进行，可能在真核细胞的DNA复制、RNA转录与加工、染色体构建等生命活动中具有重要作用。

二、细　胞　壁

植物细胞的原生质体外具有细胞壁，是植物细胞区别于动物细胞的又一显著特征。细胞壁具有支持和保护其内原生质体的作用，同时还能防止细胞吸涨而破裂。在多细胞植物体中，细胞壁保持植物体的正常形态，影响植物的许多生理活动。因此细胞壁对于植物的生命活动有重要意义。

细胞壁在植物细胞的生长，物质的吸收、运输、分泌，机械支持，细胞间的相互识别，细胞分化防御及信号传递等生理活动中都具有重要作用。

（一）细胞壁的结构与组成

1. 细胞壁的化学成分　高等植物细胞壁的主要成分是多糖和蛋白质，多糖包括纤维素、半纤维素和果胶质。植物体不同细胞的细胞壁成分有所不同，如在多糖组成的细胞壁加入了其他的成分，如木质素、脂类化合物（角质、木栓质和蜡质等）和矿物质（碳酸钙、硅的氧化物等）。

纤维素是细胞壁中最重要的成分，是由多个葡萄糖分子以 β-（1，4）糖苷键连接的 D-葡聚糖，含有不同数量的葡萄糖单位，从几百到上万个不等。纤维素分子以伸展的长链形式存在。数条平行排列纤维素链形成分子团，称微团（micella），多个微团长链再形成微纤丝（microfibril）（图1-21）。许多微纤丝聚合成光学显微镜下可见的大纤丝。平行排列的纤维素分子链之间和链内均有大量的氢键，使之具有晶体性质，有高度的稳定性和抗化学降解的能力。

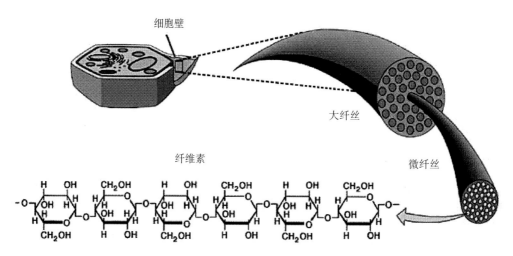

图1-21　细胞壁的结构

半纤维素（hemicellulose）是存在于纤维素分子间的一类基质多糖，它的种类很多，非常复杂，其成分与含量随植物种类和细胞类型不同而异。根据其化学组成中主要单糖的成分，可以分为木葡聚糖、木聚糖、半乳聚糖和甘露聚糖等。其中，木葡聚糖是一种主要的半纤维素成分。

果胶（pectin）是胞间层和双子叶植物初生壁的主要化学成分，单子叶植物细胞壁中含量较少。它是一类重要的基质多糖，也是一种可溶性多糖，包括果胶酸钙和果胶酸钙镁，由 D-半乳糖醛酸、鼠李糖、L-阿拉伯糖和 D-半乳糖等通过 α-（1，4）糖苷键连接组成线状长链。

胼胝质（callose）是 β-（1，3）葡聚糖，广泛存在于植物的花粉母细胞、花粉管、筛板、柱头和胞间连丝等处。它是一些细胞壁中的正常成分，也是一种伤害反应的产物，如植物韧皮部受伤后，筛板上即形成胼胝质堵塞筛孔，花粉管中形成胼胝质常常是不亲和反应的产物。

已有的研究表明，在质膜上，3种纤维素合成酶组装成六聚体形式的复合体。在此基础上，6个纤维素合成酶复合体排列成莲座状；每个莲座状结构合成36条纤维素分子，平行排列组成微纤丝（图1-22）。微管引导纤维素合成酶复合体在质膜上移动，

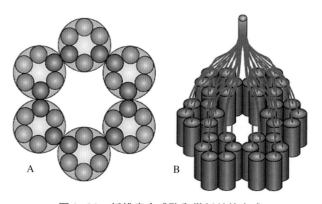

图1-22　纤维素合成酶和微纤丝的合成
A. 蓝色、褐色和黄色的球体代表3种纤维素合成酶
B. 每个莲座状结构合成36条纤维素分子

从而控制微纤丝的延伸和沉积方向；半纤维素和果胶质等基质多糖是由高尔基体合成和分泌的（图1-23）。合成胼胝质的酶复合体也位于质膜上。

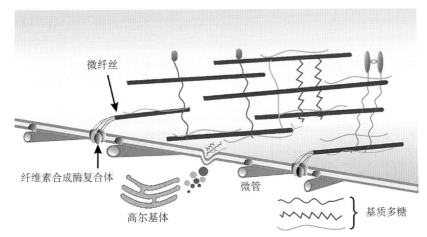

图1-23　微纤丝排列方向及基质多糖合成
（微管与微纤丝平行排列。基质多糖由高尔基体合成后分泌到质膜外方，参与细胞壁的形成。）

　　细胞壁内的蛋白质占细胞壁干重的5%～10%。它们主要是结构蛋白（如伸展蛋白）和酶蛋白。伸展蛋白的前体由细胞质以垂直于细胞壁平面的方向分泌到细胞壁中，进入细胞壁的伸展蛋白前体之间以异二酪氨酸为连接形成伸展蛋白网，经向的纤维素网和纬向的伸展蛋白网相互交织（图1-24）。细胞壁中的酶大多数是水解酶类，另外还有氧化还原酶等。细胞壁酶的功能是多种多样的，如半乳糖醛酸酶水解细胞壁中的

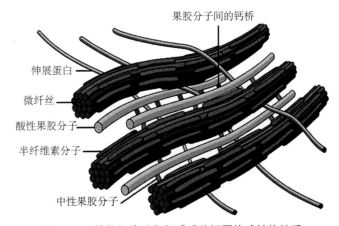

图1-24　植物细胞壁各组成成分间网络式结构关系
（引自 Alberts 等）

果胶物质使果实软化，花粉细胞壁中的酶则对于花粉管顺利通过柱头和花柱至关重要。此外，凝集素是一类能与糖结合的蛋白质，参与植物对细菌、真菌和病毒等的防御作用。

　　2. 细胞壁的层次结构　植物细胞壁的厚度变化很大，这与各类细胞在植物体中的作用和细胞的年龄有关。根据细胞壁形成的时间和化学成分的不同可将其分成3层：胞间层、初生壁和次生壁（图1-25）。

　　（1）胞间层。胞间层（middle lamella）位于细胞壁的最外面，主要由果胶类物质组成，有很强的亲水性和可塑性，多细胞植物依靠它使相邻细胞粘连在一起。果胶易被酸或酶分解，从而导致细胞分离。

　　（2）初生壁。初生壁（primary wall）是细胞生长过程中或细胞停止生长前由原生质体分泌形成的细胞壁层。初生壁较薄，1～3μm。除纤维素、半纤维素和果胶外，初生壁中还有多种酶类和糖蛋白。微纤丝呈网状，非纤维素多糖和糖蛋白将纤维素的微纤丝交联在

一起。通常初生壁生长时并不是均匀增厚的，其上常有初生纹孔场。

（3）次生壁。次生壁（secondary wall）是在细胞停止生长、初生壁不再增加表面积后，由原生质体代谢产生的壁物质沉积在初生壁的内侧而形成的壁层。次生壁较厚，5～10μm。植物体内一些具有支持作用的细胞，还有起输导作用的细胞会形成次生壁，以增强机械强度，这些细胞的原生质体也往往死去，留下厚的细胞壁执行支持植物体的功能。次生壁中纤维素含量高，微纤丝排列比初生壁致密，有一定的方向性（图1-26）。果胶质极少，基质主要是半纤维素，也不含有糖蛋白和各种酶，因此比初生壁坚韧，延展性差。

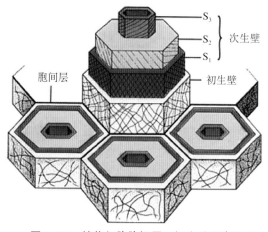

图1-25 植物细胞胞间层、初生壁和次生壁的组成与结构

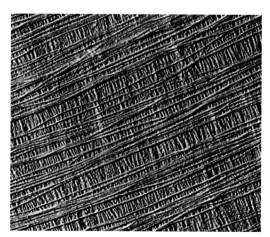

图1-26 次生壁微纤丝的排列

由于次生壁的微纤丝排列有一定的方向性，次生壁通常分3层，即内层（S_3）、中层（S_2）和外层（S_1）（图1-25）。各层纤维素微纤丝的排列方向各不相同，这种层层叠加的结构使细胞壁的强度大大增加。

3. **细胞壁的生长和特化** 纤维素的微纤丝形成细胞壁的骨架，组成细胞壁的其他物质如果胶、半纤维素、胼胝质、蛋白质、水、栓质和木质等填充入各级微纤丝的网架中。细胞壁的生长包括壁的面积增长和厚度增长。初生壁形成阶段，不断沉积增加微纤丝和其他壁物质使细胞壁的面积扩大。壁的增厚生长则常以内填和附着方式进行。内填方式是新的壁物质插入原有的结构中，附着生长则是新的壁物质成层地附着在内表面。

由于细胞在植物体内担负的机能不同，在形成次生壁时，原生质体常分泌不同性质的化学物质填充在细胞壁内，与纤维素密切结合而使细胞壁的性质发生各种变化。常见的变化有：

（1）木质化。木质素（lignin）填充到细胞壁中的变化称木质化（lignification）。木质素是苯丙烷衍生物单位构成的一类聚合物，是一种亲水性的物质，与纤维素结合在一起。细胞壁木质化以后硬度增加，加强了机械支持作用，同时木质化的细胞仍可透过水分，木本植物体内即含有大量细胞壁木质化的细胞（如导管、管胞和木纤维等）。

（2）角质化。角质化（cutinication）是细胞壁上增加角质（cutin）的变化。角质是一种脂类化合物。角质化的细胞壁不易透水。这种变化大都发生在植物体表面的表皮细胞，角质还常在表皮细胞外形成角质膜，以防止水分过分地蒸腾、机械损伤和微生物的侵害。

（3）栓质化。细胞壁中增加栓质（suberin）的变化称栓质化（suberization）。栓质也是一种脂类化合物，栓质化后的细胞壁失去透水和透气的能力。因此，栓质化的细胞原生质体大都解体而成为死细胞。栓质化细胞一般分布在植物老茎及老根的外层，以防止水分蒸腾，保护植物免受恶劣条件的侵害。

（4）矿质化。细胞壁中增加矿质的变化称矿质化（mineralization）。最普通的有钙或二氧化硅（SiO_2），多见于茎叶的表层细胞。矿化的细胞壁硬度增大，从而增加植物的支持力，并保护植物不易受到动物的侵害。禾本科植物如玉米、稻、麦和竹子等的茎叶非常坚硬锋利，就是由于细胞壁内含有SiO_2的缘故。

（二）纹孔与胞间连丝

1. 初生纹孔场　细胞壁在生长时并不是均匀增厚的。在细胞的初生壁上有一些明显凹陷的较薄区域称初生纹孔场（primary pit field）。初生纹孔场中集中分布有一些小孔，其上有胞间连丝穿过（图1-27）。

2. 胞间连丝　穿过细胞壁上的小孔连接相邻细胞的细胞质丝称胞间连丝（plasmodesma），胞间连丝多分布在初生纹孔场上，细胞壁的其他部位也有胞间连丝。在电子显微镜下，胞间连丝是直径约40 nm的细管状结构（图1-28）。根据胞间连丝的超微结构模型（图1-29），胞间连丝是贯穿细胞壁的管状结构，周围衬有质膜，与两侧细胞的质膜相连。中央有压缩内质网（appressed ER）或称连丝微管（desmotubule）通过。压缩内质网与质膜之间为细胞质通道。

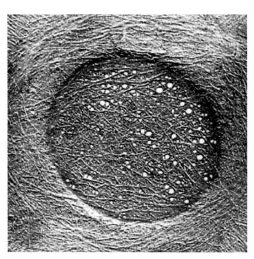

图1-27　初生纹孔场顶面观
[胞间连丝从小孔（白色圆点）处穿过。]

物质通过细胞质通道进行运输。胞间连丝两端变窄，形成颈区（neck region）。胼胝质在颈区积累，控制物质的运输。胞间连丝沟通了相邻的细胞，一些物质和信息可以经胞间连丝传递。所以植物细胞虽有细胞壁，实际上它们是彼此连成一个统一的整体，物质可从这里穿行。一些植物病毒也是通过胞间连丝而扩大感染的。

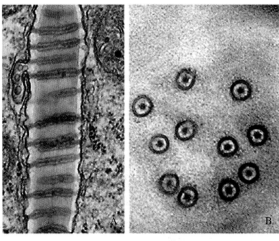

图1-28　胞间连丝的电子显微镜照片
A.纵切面观　B.横切面观

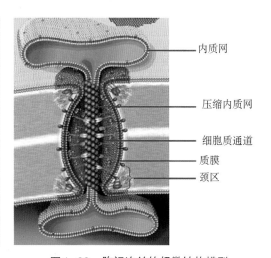

内质网

压缩内质网

细胞质通道

质膜

颈区

图1-29　胞间连丝的超微结构模型

3. **纹孔** 次生壁形成时，往往在原有的初生纹孔场处不形成次生壁，这种无次生壁的较薄区域称为纹孔（pit）（图1-30和图1-31）。纹孔也可在没有初生纹孔场的初生壁上出现，有些初生纹孔场则可完全被次生壁所覆盖。相邻细胞壁上的纹孔常成对形成，两个成对的纹孔合称纹孔对（pit-pair）。若只有一侧的壁具有纹孔，这种纹孔就称为盲纹孔。

纹孔如在初生纹孔场上形成，一个初生纹孔场上可有几个纹孔。一个纹孔是由纹孔腔和纹孔膜组成，纹孔腔是由次生壁围成的腔，它的开口朝向细胞腔，腔底的初生壁和胞间层部分就是纹孔膜。根据次生壁增厚情况的不同，纹孔分成单纹孔（simple pit）和具缘纹孔（bordered pit）两种类型。它们的区别是具缘纹孔周围的次生壁突出于纹孔腔上，形成一个穹形的边缘，从而使纹孔口明显变小（图1-31A和图1-31B）。而单纹孔的次生壁没有这种突出的边缘（图1-30）。纹孔是细胞壁较薄的区域，有利于细胞间的沟通和水分的运输。某些细胞中胞间连丝较多地出现在纹孔内，有利于细胞间物质交换。

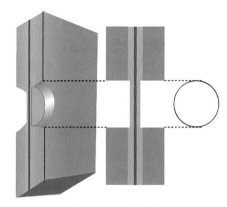

图1-30 单纹孔

裸子植物孔纹管胞壁上的具缘纹孔，在其纹孔膜中央，有一圆形增厚部分，称为纹孔塞，其周围部分较薄，呈网状，称为塞缘（图1-31）。水分通过塞缘空隙在管胞间流动，若水流速度过快，就会将纹孔塞推向一侧，使纹孔口部分或完全堵塞，以调节水流速度。

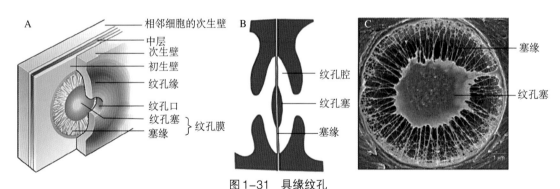

图1-31 具缘纹孔
A.剖面模式图 B.侧面示意图 C.纹孔膜顶面观电子显微镜照片

三、后 含 物

后含物（ergastic substance）是植物细胞原生质体代谢过程中的产物，包括贮藏的营养物质、代谢废弃物和植物次生物质。它们可以在细胞生活的不同时期产生和消失。

后含物种类很多，有糖类（碳水化合物）、蛋白质、脂肪及其有关的物质（角质、栓质、蜡质和磷脂等），还有成结晶的无机盐和其他有机物，如单宁、树脂、树胶、橡胶和植物碱等。这些物质有的存在于原生质体中，有的存在于细胞壁上。许多后含物对人类具有重要的经济价值。

（一）淀粉

淀粉（starch）是细胞中碳水化合物最普遍的贮藏形式，在细胞中以颗粒状态存在，称为淀粉粒。所有的薄壁细胞中都有淀粉粒的存在，尤其在各类贮藏器官中更为集中，如种子的胚乳和子叶，植物的块根、块茎、球茎和根状茎都含有丰富的淀粉粒。

淀粉是由质体合成的，光合作用过程中产生的葡萄糖，可以在叶绿体中聚合成淀粉，暂时贮藏，以后又可分解成葡萄糖，转运到贮藏细胞中，由造粉体重新合成淀粉粒。造粉体在形成淀粉粒时，由一个中心开始，从内向外层层沉积充满整个造粉体。这一中心便形成了淀粉粒的脐点。一个造粉体可含一个或多个淀粉粒。许多植物的淀粉粒，在显微镜下可以看到围绕脐点有许多亮暗相间的轮纹。

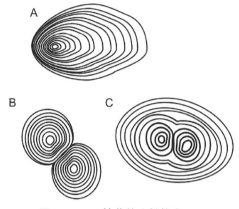

图1-32 马铃薯的淀粉粒类型
A.简单淀粉粒 B.复合淀粉粒 C.半复合淀粉粒

淀粉粒在形态上有3种类型：简单淀粉粒，只有一个脐点，无数轮纹围绕这个脐点；复合淀粉粒，具有两个以上的脐点，各脐点分别有各自的轮纹环绕；半复合淀粉粒，具有两个以上的脐点，各脐点除有本身的轮纹环绕外，外面还包围着共同的轮纹（图1-32）。

（二）蛋白质

细胞内贮藏的蛋白质与构成细胞原生质的蛋白质不同，贮藏蛋白质是没有生命的，呈比较稳定的状态。蛋白质的一种贮藏形式是结晶状，结晶的蛋白质因具有晶体和胶体的二重性，因此称拟晶体。蛋白质拟晶体有不同的形状，但常呈方形，如在马铃薯块茎上近外围的薄壁细胞中，就有这种方形结晶的存在。贮藏蛋白质的另一种形式是糊粉粒，可在液泡中形成，是一团无定形的蛋白质，常为被一层膜包裹成圆球状的颗粒。

糊粉粒较多地分布于植物种子的胚乳或子叶中，有时它们集中分布在某些特殊的细胞层中。例如，谷类种子胚乳最外面的一层或几层细胞中，含有大量糊粉粒，特称为糊粉层（图1-33）。在许多豆类种子（如大豆、花生等）子叶的薄壁细胞中，普遍具有糊粉粒，这种糊粉粒以无定形蛋白质为基础，另外包含一个或几个拟晶体。蓖麻胚乳细胞中的糊粉粒，除拟晶体外还含有磷酸盐球形体（图1-34）。

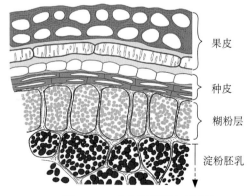

图1-33 小麦颖果横切面局部

果皮
种皮
糊粉层
淀粉胚乳

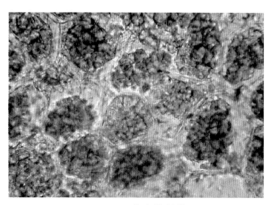

图1-34 蓖麻糊粉粒

（三）脂肪和油

脂肪和油类（oil）是含能量最高而体积小的贮藏物质。在常温下为固体的称为脂肪，液体的则称为油类。它们常成为种子、胚和分生组织细胞中的贮藏物质（图1-35），以固体或油滴的形式存在于细胞质中，有时在叶绿体内也可看到。

脂肪和油类在细胞中的形成可以有多种途径，如质体和圆球体都能积聚脂类物质，发育成油滴。

（四）晶体

植物细胞中，无机盐常形成各种形状的晶体。最常见的是草酸钙晶体，少数植物中也有碳酸钙晶体。它们一般被认为是新陈代谢的废弃物，形成晶体后便避免了对细胞的毒害。

根据晶体的形状可以分为单晶、针晶和簇晶3种。单晶呈棱柱状或角锥状。针晶是两端尖锐的针状，并常集聚成束。簇晶是由许多单晶联合成的复式结构，呈球状，每个单晶的尖端都突出于球的表面（图1-36）。

晶体在植物体内分布很普遍，在各类器官中都能看到。各种植物以及一个植物体不同部分的细胞中含有的晶体，在大小和形状上，有时有很大的区别。晶体是在液泡中形成的。

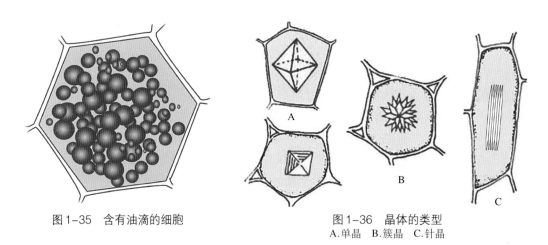

图1-35　含有油滴的细胞

图1-36　晶体的类型
A.单晶　B.簇晶　C.针晶

（五）次生代谢物质

植物次生代谢物质（secondary product）是植物体内合成的，在植物细胞的基础代谢活动中似乎没有明显作用的一类化合物。但这类物质对于植物往往具有重要的生态学意义，如阻止其他生物侵害、吸引传粉媒介等作用。

1. **酚类化合物**　植物中酚类化合物包括酚、单宁和木质素等。单宁又称鞣质，是一种无毒、不含氮的水溶性酚类化合物，广泛存在于植物的根、茎、叶、树皮和果实中，如柿、石榴的果实中，柳、桉、栎和胡桃等的树皮中。它存在于细胞质、液泡或细胞壁中，在光学显微镜下是一些黄、红或棕色粒状物。具涩味，遇铁盐呈蓝色至黑色。单宁在植物生活中有防腐、保护作用，能使蛋白质变性，当动物摄食含单宁的植物时，可将动物唾液中蛋白质沉淀，使动物感觉这种植物味道不好而拒食。工业上用于制革，药用上有抑菌和收敛止血的作用。酚类化合物还能强烈吸收紫外线，可使植物免受紫外线伤害。

2. **生物碱**　生物碱（alkaloid）是在植物体中形成的一类含氮的碱性有机化合物，生物碱在植物界分布很广，含生物碱较多的科有：罂粟科、茄科、防己科、茜草科、毛茛科、小檗科、豆科、夹竹桃科和石蒜科等。亲缘关系相近的植物，常含化学结构相同或类似的生物碱，一种植物中所含的生物碱也常不止一种。

生物碱有多方面的用途，金鸡纳树（*Cinchona ledgeriana*）树皮中所含的奎宁碱是治疗疟疾的特效药，烟碱有驱虫作用，因而几乎没有昆虫光顾含烟碱的植物。吗啡、小檗碱、莨菪碱和阿托平等都有驱虫作用。作为外源试剂，烟碱可抗生长素，抑制叶绿素合成；秋水仙素可与微管结合，使纺锤体不能形成，促使正在分裂的细胞形成多倍体，育种工作者常用它作为产生多倍体的试剂。

3. **类黄酮**　类黄酮（flavonoid）是植物体内一类重要次生代谢物质，常见的类黄酮化合物花青素与植物颜色有密切关系，主要分布于花和果实细胞的液泡内，为水溶性色素。花青素在不同pH条件下颜色也不同，当细胞液酸性时呈橙红，中性时呈紫色，碱性时则呈蓝色。

类黄酮除了在植物颜色方面有作用外，还有吸引动物以利传粉和受精，保护植物免受紫外线灼伤，防止病原微生物侵袭等功能。

4. **苷**　苷（glucoside）通常是指糖和某些有机化合物结合的产物，又称配糖体。例如，苦杏仁中的苦杏仁苷是由葡萄糖、苯甲醛和氰氢酸结合而成，可能是营养物质的一种贮藏形式。多种苷对人类疾病有治疗作用。生氰糖苷能够产生氢氰酸。氢氰酸是呼吸作用的抑制剂，植物细胞遭受破坏时会在有关酶的作用下产生氢氰酸，致使侵害它的生物死亡。

第三节　细胞的增殖、生长与分化

细胞增殖是生命的主要特征，植物个体的生长以及个体的繁衍均以细胞增殖为基础。对于单细胞植物而言，细胞增殖可以增加个体的数量；对于多细胞有机体来说，细胞增殖与细胞增大构成了有机体生长的主要方式。细胞增殖即细胞数目的增加是通过细胞分裂来进行的。细胞分裂的方式分为有丝分裂、减数分裂和无丝分裂3种。在有丝分裂和减数分裂过程中，细胞核内发生极其复杂的变化，形成染色体等一系列结构。而无丝分裂则是一种简单的分裂形式。

一、细胞周期与细胞增殖

细胞周期（cell cycle）是指从一次细胞分裂结束开始到下一次细胞分裂结束之间细胞所经历的全部过程。细胞周期可划分为间期和分裂期。分裂间期（interphase）是从前一次分裂结束到下一次分裂开始的一段时间。间期细胞核结构完整，细胞进行着一系列复杂的生理代谢活动，特别是DNA的复制，为细胞分裂做准备。根据在不同时期合成的物质不同，可以把分裂间期进一步分成3个时期，即从有丝分裂完成到DNA合成之前的间隙期（gap 1 phase，G_1期），DNA合成期（synthesis phase，S期），从有丝分裂完成到有丝分裂开始的第二个间隙期（gap 2 phase，G_2期）。G_2期主要合成新的RNA和蛋白质。从染色体的凝集、分离到平均分配到2个子细胞为止，即有丝分裂期（mitosis phase，M期），由两个主要的事件组成：核分裂和细胞质分裂（胞质分裂，cytokinesis）（图1-37）。M期又可以分为前期（prophase）、中期（metaphase）、后期（anaphase）和末期（telophase）。由于外界环境因素和内部发育信

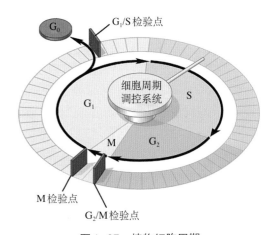

图1-37　植物细胞周期

号的影响，细胞可以停止分裂，并处于不分裂的静止状态。处于不分裂状态的细胞称为静止期（G₀ phase，G₀期）。G₀期的细胞较小，物质代谢的降解趋势增强。如果给予适当的刺激，G₀期的细胞会重新进入细胞分裂期。

（一）细胞周期的调控

细胞周期受到严格调控。在真核细胞中控制细胞周期事件的时序性和协调性调控网络，称为细胞周期调控系统（cell-cycle control system）。目前公认的细胞周期调控模式是细胞周期在不同时相的多个检验点（checkpoint）上受到调节，其中 G_1/S、G_2/M 和 M 期的中期/后期的交界处 3 个检验点最为重要（图1-37）。细胞调控系统的核心成分是细胞周期蛋白依赖性激酶（cyclin-dependent kinase，CDK）。CDK 必须与细胞周期蛋白（cyclin）形成复合体才具有活性。细胞周期的不同阶段细胞产生不同类型的 cyclin，阶段性地形成特定的 CDK-cyclin 复合体，使细胞周期从一个时期到下一个时期有序进行。例如，在 G_1 期，CDK 与 G_1/S 和 S 期细胞周期蛋白形成复合物，驱动细胞通过 G_1/S 检验点，进入 S 期。

（二）细胞周期的时间

不同细胞的细胞周期所经历的时间不同。绝大多数真核生物有丝分裂的细胞周期从几个小时到几十个小时不等。例如，蚕豆根尖细胞的周期约为 16.5 h，其中 G_1 期 3.5 h，S 期 8.3 h，G_2 期 2.8 h，M 期 1.9 h。

二、有丝分裂

有丝分裂（mitosis）是一种最普遍的分裂方式，植物器官的生长一般都是以这种方式进行的。在有丝分裂过程中，因细胞核中出现染色体（chromosome）与纺锤丝（spindle fiber），故称有丝分裂。有丝分裂主要发生在植物根尖、茎尖及生长快的幼嫩部位的细胞中。植物生长主要靠有丝分裂增加细胞的数量。

（一）染色体和纺锤体

1. 染色体的结构 染色体是真核细胞有丝分裂或减数分裂过程中，由染色质聚缩而成的棒状结构，是细胞有丝分裂时遗传物质存在的特定形式，由染色质经多级盘绕、折叠、压缩和包装形成的。

在 S 期，由于每个 DNA 分子复制成为两条，每个染色体实际上含有两条并列的染色单体（chromatid），每一染色单体含 1 条 DNA 双链分子。两条染色单体在着丝粒（centromere）部位结合。着丝粒位于染色体的一个缢缩部位，即主缢痕（primary constriction）中。着丝粒是异染色质（主要为重复序列）。在每一着丝粒的外侧还有蛋白质复合体结构，称为动粒（kinetochore），也称着丝点，与纺锤丝相连。着丝粒和主缢痕在各染色体上的位置对于每种生物的每一条染色体来说是确定的，或是位于染色体中央而将染色体分成称为臂的两部分，或是偏于染色体的一侧，甚至近于染色体的一端（图1-38）。

染色质中的 DNA 长链经四级螺旋，最终盘绕形成染色体，其长度被压缩了上万倍，这有利于细胞分裂中染色体的平均分配。

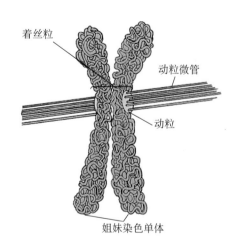

图1-38 染色体结构模式图

2. **纺锤体**　有丝分裂时，细胞中出现了由大量微管组成的、形态为纺锤状的结构，称纺锤体（spindle）。这些微管呈细丝状，称纺锤丝。组成纺锤体的纺锤丝有些是从纺锤体一极伸向另一极的，称连续纺锤丝（continuous fiber）或极间微管（polar microtubule）。它们不与着丝点相连（图1-39）；还有一些纺锤丝一端和纺锤体的极（pole）连接，另一端与染色体着丝点相连，称为染色体牵丝（chromosomal fiber），也称动粒微管（kinetochore microtubule）。

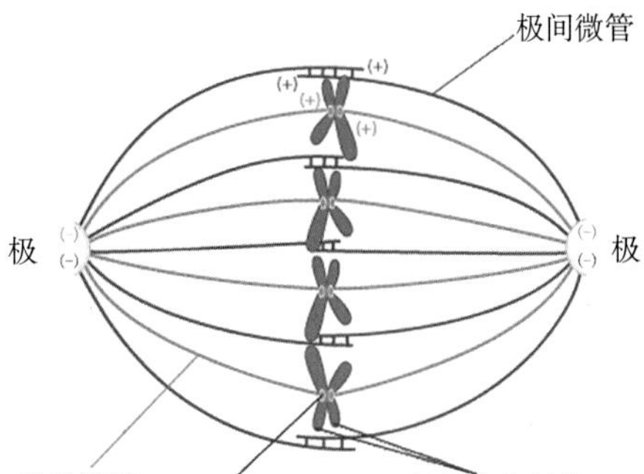

图1-39　纺锤体

（二）有丝分裂的过程

1. 细胞核分裂

（1）前期。前期（prophase）的主要特征是染色质逐渐凝聚成染色体。最初，染色质呈细长的丝状结构，以后逐渐缩短、变粗，成为一个个形态上可辨认的棒状结构，即染色体。每一个染色体由两条染色单体组成，它们通过着丝点连接在一起。染色体在核中凝缩的同时，核膜周围的细胞质中出现大量微管，最初的纺锤体开始形成。到前期的最后阶段，核仁变得模糊以至最终消失；与此同时，核膜也开始破碎成零散的小泡，最后全面瓦解。

（2）中期。中期（metaphase）细胞特征是染色体排列在细胞中央的赤道板（equatorial plate）上，纺锤体形成。此时，由纺锤丝构成的纺锤体结构清晰可见。染色体继续浓缩变短，在动粒微管的牵引下，向着细胞的中央移动，最后染色体的着丝点排列在赤道板上，而染色体的其余部分在两侧任意浮动。中期的染色体缩短到最粗短的程度，是观察研究染色体的最佳时期。

（3）后期。后期（anaphase）染色体分裂成两组子染色体，并分别朝两极运动。当所有染色体排列在赤道板上后，构成每条染色体的两个染色单体从着丝粒处裂开，分成两条独立的子染色体（daughter chromosome）；紧接着子染色体分成两组，分别在染色体牵丝的牵引下，向两极运动。这种染色体运动是动粒微管末端解聚和极间微管延长的结果。

（4）末期。末期（telophase）的主要特征是到达两极的染色体弥散成染色质，核膜、核仁重新出现。染色体到达两极后，纺锤体开始解体，染色体成为密集的一团，并开始解螺旋，逐渐变成细长分散的染色质丝；与此同时，核膜、核仁重新出现，形成子细胞核。至此，细胞核分裂结束（图1-40）。

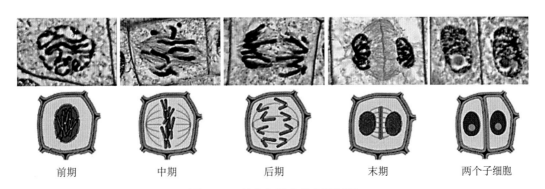

前期　　　　　　中期　　　　　　后期　　　　　　末期　　　　　　两个子细胞

图1-40　植物细胞有丝分裂过程

2. **细胞质分裂** 胞质分裂是在两个新的子核之间形成新细胞壁，把母细胞分隔成两个子细胞的过程。一般情况下，胞质分裂通常在核分裂后期之末，染色体接近两极时开始，这时在赤道板两侧，由密集的、短的微管相对呈圆盘状排列，构成一桶状结构，称为成膜体（phragmoplast）。此后一些高尔基体小泡和内质网小泡在赤道板上聚集，破裂释放果胶类物质，融合于成膜体两侧形成细胞板（cell plate）（图1-41），细胞板在成膜体的引导下向外生长直至与母细胞的侧壁相连。小泡膜形成子细胞的质膜，小泡融合时，其间往往有一些管状内质网穿过，形成贯穿两个子细胞之间的胞间连丝。胞间层形成后，子细胞原生质体开始沉积初生壁物质到胞间层的内侧，同时也沿各个方向沉积新的细胞壁物质，使整个外部的细胞壁连成一体（图1-42）。

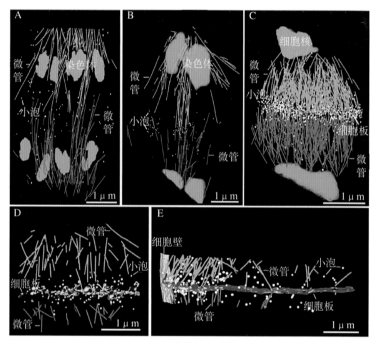

图1-41 成膜体与细胞板的形成
A. 后期末 B. 成膜体开始形成
C ~ E. 高尔基小泡和内质网小泡聚集融合于成膜体两侧形成细胞板

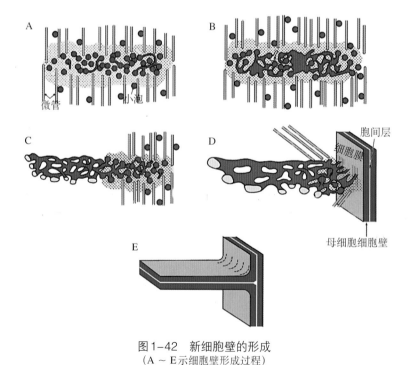

图1-42 新细胞壁的形成
（A ~ E示细胞壁形成过程）

有丝分裂是植物中普遍存在的一种细胞分裂方式，在有丝分裂过程中，由于每次核分裂前都进行一次染色体复制，分裂时，每条染色体分裂为两条子染色体，平均地分配给两个子细胞，这样就保证了每个子细胞具有与母细胞相同数量和类型的染色体。因此每一子细胞就有着和母细胞同样的遗传特性。在多细胞植物生长发育过程中，进行无数次的细胞分裂，每次都按同样的方式进行，这样有丝分裂就保持了细胞遗传上的稳定性。

三、减数分裂

减数分裂（meiosis）是与生殖细胞或性细胞形成有关的一种分裂。减数分裂是一种特殊的有丝分裂，即在连续两次核分裂中，DNA只复制一次，因此，所形成的子细胞染色体较母细胞染色体数减少一半，由$2n$变成n。故雌、雄配子的染色体数都是n。植物的有性生殖过程必须经过两性配子的结合。这样融合后的细胞——合子，染色体又恢复原来的数目$2n$。减数分裂全过程包括两次连续的分裂，即减数第一次分裂和减数第二次分裂。在减数第一次分裂的前期出现同源染色体配对的现象。

1. **第一次分裂——减数分裂Ⅰ**　包括前期Ⅰ、中期Ⅰ、后期Ⅰ、末期Ⅰ共4个时期，其中前期经历时间最长，变化最大（图1-43）。

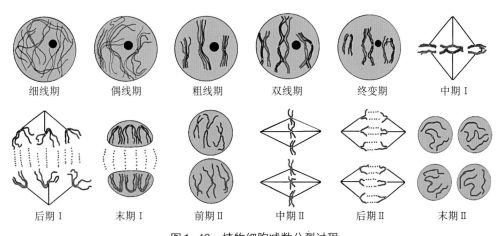

图1-43　植物细胞减数分裂过程

（1）前期Ⅰ。又分以下5个时期。

细线期（leptotene），染色体开始出现，成极细的线状，由于此时DNA和组蛋白的合成早已完成，所以此时的染色体实际已包括两个染色单体，但在光学显微镜下还难以分辨。

偶线期（zygotene），分别来自父本和母本的同源染色体间部分区域发生联会（synapsis），主要由联会复合体（synaptonemal complex）蛋白使得染色体黏在一起（图1-44）。

粗线期（pachytene），配对完成后，染色体逐渐变粗变短，同时，成对的同源染色体各自纵裂，每一同源染色体形成两条染色单体，因而每对同源染色体含有两对姐妹染色单体。这一时期同源染色体上的一条染色单体与另一条同源染色体上的染色单体发生交叉，并在交叉部位两条非姐妹染色单体发生断裂，互换染色体片段，从而改变了原来的基因组合，使后代发生变异。

双线期（diplotene），同源染色体趋于分开，由于交叉常常发生在不止一个位点，因此这时可以看到同源染色体在一处或多处相连（交叉）。

终变期（diakinesis），染色体更为缩短，并移向核的周围，核仁、核膜逐渐消失。

（2）中期I。与有丝分裂一样，中期I的特点也是染色体排列到细胞的赤道板上，但由于在前期I发生了同源染色体的联会，因而在减数分裂I的中期，同源染色体不分开，仍是成对地排列到细胞中央。

（3）后期I。由于染色体牵丝的牵引，两条同源染色体（各含两条染色单体）分别向细胞两极移动，结果使细胞两极各有一组染色体。

（4）末期I。染色体解螺旋变细，但不完全伸展，仍然保持可见的染色体形态，每个子核中染色体数目只有母细胞的一半。

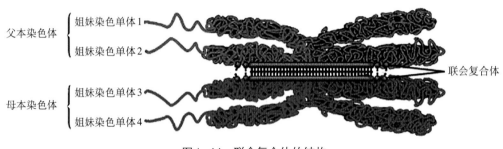

父本染色体 { 姐妹染色单体1
姐妹染色单体2

母本染色体 { 姐妹染色单体3
姐妹染色单体4

联会复合体

图1-44 联会复合体的结构

2. 减数第二次分裂——减数分裂Ⅱ 在第一次分裂结束后，经过短暂的间期便开始了减数第二次分裂。它实际上就是一般的有丝分裂，也分4个时期，即前期Ⅱ、中期Ⅱ、后期Ⅱ和末期Ⅱ。前期Ⅱ时间较短，中期Ⅱ染色体排在赤道面上并形成纺锤体，后期Ⅱ着丝点彼此分开，两组子染色体分别向两极移动，末期Ⅱ染色体弥散成染色质，核膜重建，最后细胞板出现，形成4个结合在一起的子细胞，称四分体（tetrad）。每个子细胞的染色体数为单倍数（n）。

减数分裂的特点总结如下：① 减数分裂只发生在植物的生殖过程中。② 减数分裂形成的子细胞内染色体数目是母细胞的一半。③ 减数分裂由两次连续的分裂来完成，故形成4个子细胞称为四分体。④ 减数分裂过程中，染色体有配对、交换和分离等现象。

减数分裂具有重要的生物学意义，它是有性生殖的前提，保证后代染色体数目维持不变。经减数分裂的细胞染色体为n，即只有一个染色体组称为单倍体。经雌雄细胞结合，染色体又恢复为两个染色体组，细胞中含有两个染色体组的个体称为二倍体，以$2n$表示。

四、无丝分裂

相对于有丝分裂和减数分裂，无丝分裂的过程比较简单。细胞分裂开始时，细胞核伸长，中部凹陷，最后中间分开，形成两个细胞核，在两核中间产生新壁形成两个细胞。无丝分裂有各种方式，如横缢、纵缢和出芽等。无丝分裂多见于低等植物中，在高等植物中也比较普遍，如在胚乳发育过程中和愈伤组织形成时均有无丝分裂发生。

五、生长与分化

（一）植物细胞的生长

细胞生长是指细胞分裂后形成的子细胞体积和重量的增加，其表现形式为细胞重量增加的同时，细胞体积亦增大。细胞生长是植物个体生长发育的基础，对单细胞植物而言，细胞的生长就是个体的生长，而多细胞植物体的生长则依赖于细胞的生长和细胞数量的增加。

植物细胞的生长包括原生质体生长和细胞壁生长两个方面。原生质体生长过程中最为显著的变化是细胞液泡化程度增加，最后形成中央大液泡，细胞质的其余部分则变成一薄层紧贴于细胞壁，细胞核也移至侧面；此外，原生质体中的其他细胞器在数量和分布上也发生着各种复杂的变化。细胞壁的生长包括表面积的增加和厚度加厚，原生质体在细胞生长过程中不断分泌壁物质，使细胞壁随原生质体长大而延伸，同时壁的厚度和化学组成也发生相应的变化。

植物细胞的生长是有一定限度的，当体积达到一定大小后，便会停止生长。细胞最后的大小，随植物细胞的类型而异，即受遗传因子的控制。同时，细胞的生长和细胞的大小也受环境条件的影响。

（二）植物细胞的分化

多细胞植物体的不同细胞往往执行不同的功能，与之相适应，细胞常常在形态和结构上表现出相应的变化。例如，茎、叶表皮细胞执行保护功能，其表皮细胞形成明显的角质层以加强保护作用；叶肉细胞中发育形成了大量的叶绿体以适应光合作用的需要；输导水分的细胞发育成长管状、侧壁加厚、中空以利于水分的输导。这些细胞最初都是由合子分裂、生长和发育而成。这种在个体发育过程中，细胞在形态、结构和功能上的特化过程，称为细胞分化（cell differentiation）（图1-45）。植物的进化程度愈高，植物体结构愈复杂，细胞分工就愈细，细胞的分化程度也愈高。细胞分化使多细胞植物体中的细胞功能趋于专门化，这样有利于提高各种生理功能的效率。

细胞分化是一个非常复杂的过程，它涉及许多调节和控制因素，因为组成同一植物体的所有细胞均来自于受精卵，它们具有相同的遗传组成，但它们为什么会分化成不同的形态？是哪些因素在控制？这是发育生物学研究领域吸引人们注意的热点问题之一。目前对植物个体发育过程中某些特殊类型细胞的分化和发育机制已经有了一定程度的了解。细胞的极性化通常是细胞分化的首要条件，极性是指细胞（或器官或植株）的一端与另一端在结构与生理上的差异，常表现为细胞内两端细胞质浓度不均等。极性的建立常引起细胞不均等分裂，即两个大小不同的细胞产生，这为它们今后的分化奠定了基础。一般认为细胞分化可能有下列原因：① 外界环境条件的诱导，如光照、温度和湿度等；② 细胞在植物体中存在的位置以及细胞间相互作用；③ 发育信号，如生长素和细胞分裂素是启动细胞分化

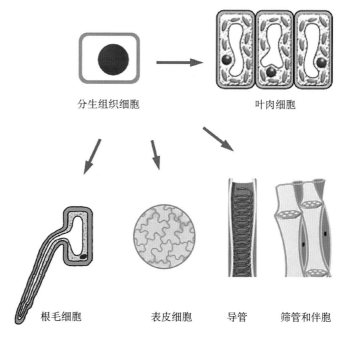

分生组织细胞　　　　　叶肉细胞

根毛细胞　　　　表皮细胞　　　　导管　　　筛管和伴胞

图 1-45　植物的细胞分化

的关键激素。但从总体上看，目前对植物细胞分化的机制和规律、各种影响因素的作用机理和效应还了解较少。

（三）细胞的全能性

植物细胞全能性的概念是1902年由德国著名植物学家Haberlandt首先提出的。他认为高等植物的器官和组织可以不断分割直至单个细胞，每个细胞都具有进一步分裂和发育的能力。

植物细胞全能性是指单个体细胞经过诱导，能分化发育成一株完整的植物，并且具有母体植物的全部遗传信息。植物体的所有细胞都来源于一个受精卵的分裂。当受精卵分裂时，染色体进行复制。分裂形成的两个子细胞里均含有和受精卵同样的遗传物质——染色体。因此，经过不断地细胞分裂所形成的成千上万个子细胞，尽管它们在分化过程中会形成不同器官或组织，但它们具备相同的基因组成，都携带着亲本的全套遗传信息，即在遗传上具有"全能性"。因此，只要培养条件适合，离体培养的细胞就有发育成一株植物的潜在能力（图1-46）。细胞与组织培养技术的发展和应用，从实验基础上有力地验证了植物细胞"全能性"的理论。

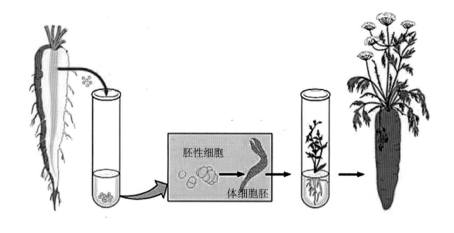

胚性细胞

体细胞胚

图1-46　植物细胞全能性

✏ **本 章 提 要**

细胞是生物有机体的基本结构单位。除病毒外，一切有机体都是由细胞组成的。细胞也是生物有机体代谢和功能的基本单位。细胞还是有机体生长发育的基础。同时又是遗传的基本单位，具有遗传上的全能性。

根据细胞在结构、代谢和遗传活动上的差异，可以把细胞分为原核细胞和真核细胞两大类。原核细胞没有典型的细胞核，没有分化出以膜为基础的具有特定结构和功能的细胞器。而真核细胞具有典型的细胞核结构，同时还分化出以膜为基础的多种细胞器。由原核细胞构成的生物称原核生物；由真核细胞构成的生物称真核生物，高等植物和绝大多数低等植物均由真核细胞构成。

生活细胞中有生命活动的物质总称为原生质，是由多种无机物和有机物组成，主要包括水、无机盐、核酸、蛋白质、脂类和糖类等几大类。原生质具有重要的理化性质，表现在原生质的胶体性质、原生质的黏性和弹性以及原生质的液晶性质；原生质最重要的生理特性是具有生命现象，即具有新陈代谢的能力。

植物细胞的体积通常很小。在种子植物中，细胞直径一般为 $10 \sim 100 \mu m$。植物细胞的形状是多种多样的，有球状体、多面体、纺锤形和柱状体等。植物细胞以细胞壁、液泡和质体等一些特有的细胞结构区别于动物细胞。

真核植物细胞由细胞壁和原生质体两大部分组成。原生质体是指活细胞中细胞壁以内各种结构的总称，是细胞内各种代谢活动进行的场所，包括细胞膜、细胞质和细胞核等结构。

质膜包围在原生质体的表面，主要是由脂类、蛋白质分子组成。目前，质膜结构的流动镶嵌模型得到广泛的支持，即磷脂双分子层组成质膜的骨架，蛋白质分布在膜的内外表面或程度不同地嵌入脂双层的内部，两类分子在膜内可以各种形式运动。质膜能控制细胞与外界环境之间的物质交换，同时在细胞识别、细胞间的信号转导和新陈代谢的调控等过程中具有重要的作用。

细胞质由细胞器和细胞质基质两部分组成。细胞器包括质体（叶绿体、有色体和白色体）、线粒体、内质网、高尔基体、液泡、溶酶体、圆球体、微体和核糖体等。各种细胞器在结构和功能上是密切相连的。细胞质基质是细胞中各种复杂代谢活动进行的场所，它为各个细胞器执行功能提供必需的物质和介质环境；胞质运动有利于细胞内物质的转运，促进了细胞器之间生理上的相互联系。

真核细胞的细胞质内普遍存在细胞骨架，包括微管系统、微丝系统和中间纤维系统。它们在细胞形状的维持、细胞及细胞器的运动、细胞分裂、细胞壁的形成、信号转导以及细胞核对整个细胞生命活动的调节中具有重要作用。

细胞核是细胞遗传与代谢的控制中心，由核被膜、染色质、核仁和核基质组成。核被膜由内外两层膜组成。外膜常与内质网相连。两层膜之间的核周腔与内质网腔连通。核被膜上有许多核孔，是细胞核与细胞质间物质运输的通道。内膜内侧具有核纤层。染色质是由DNA、组蛋白、非组蛋白和少量RNA组成的线性复合物，是间期细胞核遗传物质的存在形式，可分为常染色质和异染色质。核仁呈颗粒状结构，没有膜包围，是rRNA合成加工和装配核糖体亚单位的重要场所。核基质是由纤维蛋白组成的网络状结构，为细胞核内各组分提供结构支架，有利于核内各项活动的有序进行。

细胞壁具有支持和保护其内的原生质体的作用，其主要成分是多糖和蛋白质，多糖包括纤维素、半纤维素和果胶质，纤维素是其主要物质。有时细胞壁中会加入木质素，脂类化合物（角质、木栓质和蜡质等）和矿物质（碳酸钙、硅的氧化物等）。细胞壁可分成3层：胞间层、初生壁和次生壁。其上常常有纹孔和胞间连丝。

后含物是植物细胞中的一些贮藏物质或代谢产物。种类很多，有糖类、蛋白质、脂肪、角质、栓质、蜡质、无机盐结晶、单宁、树脂和植物碱等。

细胞分裂是植物个体生长发育的基础，植物细胞分裂的方式分为有丝分裂、减数分裂和无丝分裂3种。植物细胞从一次细胞分裂结束开始到下一次细胞分裂结束之间细胞所经历的全部过程称细胞周期，可划分为分裂间期和分裂期，分裂间期进一步分成G_1期、S期和G_2期3个时期。

细胞生长是指在细胞分裂后形成的子细胞体积和重量的增加，是植物个体生长发育的基础，包括原生质体生长和细胞壁生长两个方面。细胞分化则是指在植物个体发育过程中，细胞在形态、结构和功能上的特化过程。它为植物个体发育过程中组织和器官的形成奠定了基础。细胞生长和分化同步进行，不可分割。

复习思考题 —————————————————————

1. 真核细胞与原核细胞有哪些不同?

2. 植物细胞有哪些基本特征?

3. 细胞膜的结构和化学组成是怎样的? 有何功能?

4. 植物细胞器有哪几种? 简述其结构和功能。

5. 细胞核由哪几部分构成? 简述各部分的结构和作用。

6. 何为细胞骨架? 它们在细胞中的作用有哪些? 怎样证明细胞骨架的存在?

7. 组成细胞壁的化学成分有哪些? 它们是怎样构成细胞壁的? 细胞壁有哪几层? 各有何特点?

8. 植物细胞中哪些结构保证了多细胞植物体中细胞之间进行有效的物质和信息传递?

9. 何谓后含物? 细胞后含物对植物有何重要意义?

10. 细胞周期分哪几个阶段? 各阶段有何特点? 控制细胞周期的因素是什么?

11. 比较细胞有丝分裂与减数分裂。它们各有何意义?

12. 怎样理解细胞生长和细胞分化? 细胞分化在植物个体发育和系统发育中有什么意义?

第二章　植物组织

第一节　植物组织及其形成

一、组织的概念

在长期进化过程中，植物体由单细胞逐渐演化为多细胞结构。多细胞植物，特别是种子植物长期适应复杂环境，其体内分化出许多形态结构不同，且担负不同生理功能的细胞组合。把形态、结构相似，在个体发育中由相同来源的（即由同一个或同一群分生细胞分化而来的）细胞群所组成的结构和功能单位，称为组织（tissue）。

二、组织的形成

组织是细胞生长、分化的结果，是植物体复杂化和完善化的产物。其形成过程贯穿由受精卵开始，经胚胎阶段，直至植株成熟的整个过程。通常，植物进化程度越高，其体内各种生理分工越精细，组织分化越明显，内部结构也就越复杂。植物组织细胞的形态结构适应于生理功能。例如，表皮细胞扁平，细胞外壁强烈角质化，可防止体内水分过度散失；又如，叶片的叶肉细胞含有叶绿体，能进行光合作用。说明功能决定形态，形态适应于功能。

第二节　植物组织的类型

根据组织的发育程度、生理功能和形态结构的不同，将植物组织分为分生组织和成熟组织。分生组织具有不断分裂产生新细胞的特性，是其他各种组织的来源。成熟组织由分生组织产生的细胞经过生长、分化而成，其中分化程度较低的组织类型，如薄壁组织具有潜在的分裂能力。成熟组织又分为保护组织、薄壁组织、机械组织、输导组织和分泌结构。

一、分生组织

植物胚胎发育的早期阶段，所有胚性细胞均能分裂，但随着胚进一步生长发育，细胞分裂逐渐局限于植物体的特定部分。在成熟植物体中，这些存在于特定部位，并能继续分裂活动细胞的组合称为分生组织（meristem）。

分生组织细胞代谢活跃，有旺盛的分裂能力；细胞排列紧密，细胞体积较小；细胞壁较薄，由果胶质、纤维素构成；细胞核相对体积较大，细胞质浓；原生质体分化程度较低或未分化，虽有较多的细胞器和膜系统，但液泡较小或不明显，质体处于前质体阶段；缺乏贮藏物质。分生组织的活动直接关系到植物体的生长发育，在植物个体发育过程中起着重要作用。

根据分生组织发生的来源和性质可分为原分生组织、初生分生组织和次生分生组织。

原分生组织：原分生组织（promeristem）来源于胚胎或成熟植物体中转化形成的胚性原始细胞。细胞较小，近于等直径，细胞核相对体积大，细胞质浓，细胞器丰富，有很强的持续分裂能力，存在于根尖、茎尖分生区的前端等，是产生其他组织的最初来源（图2-1）。

初生分生组织：初生分生组织（primary meristem）是由原分生组织衍生而来，位于原分生组织的后方，这些细胞一方面继续分裂，但分裂速度减慢，另一方面细胞已开始分化为原表皮（protoderm）、原形成层（procambium）和基本分生组织（ground meristem）。原表皮位于最外围，主要进行径向分裂；原表皮之内是基本分生组织，基本分生组织所占比例最大，它进行各个方向的分裂，以增加分生组织的体积；原形成层细胞分布在基本分生组织之中。初生分生组织是原分生组织和成熟组织之间的过渡类型（图2-1）。

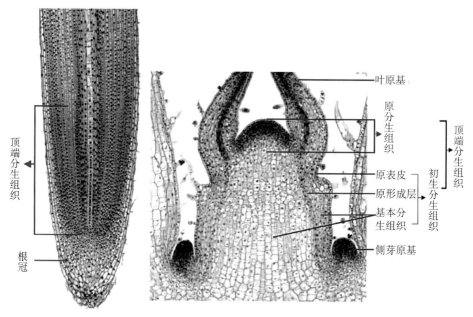

图2-1　根尖和茎尖纵切面

A.洋葱根尖纵切面（示根的顶端分生组织）　B.彩叶草茎尖纵切面（示茎的顶端分生组织）

次生分生组织：次生分生组织（secondary meristem）起源于成熟组织，是由某些成熟组织经过脱分化（dedifferentiation）重新恢复分裂能力而来。在茎的横切面上，细胞呈扁平长形，细胞明显液泡化。分布部位与器官的长轴平行。束间形成层（图2-2）和木栓形成层（图2-3）是典型的次生分生组织。

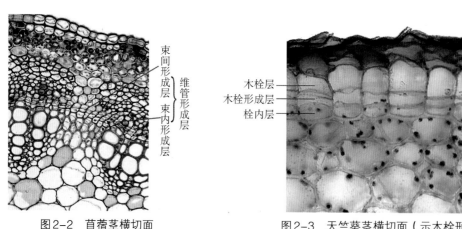

图2-2　苜蓿茎横切面　　　　　图2-3　天竺葵茎横切面（示木栓形成层）

根据分生组织在植物体中的分布位置，可分为顶端分生组织、侧生分生组织和居间分生组织。

顶端分生组织：顶端分生组织（apical meristem）位于根和茎主轴的顶端和各级侧枝、侧根的顶端，包括最前端的原分生组织和紧接其后由原分生组织衍生来的初生分生组织（图2-1）。根顶端的分生组织称为根端分生组织（root apical meristem），它是根进行顶端生长的基础；而茎顶端的分生组织称为茎端分生组织（shoot apical meristem）。茎端分生组织是茎进行顶端生长以及叶和芽形成的基础。

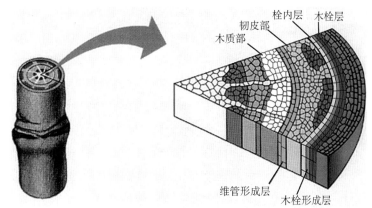

图2-4　侧生分生组织

侧生分生组织：侧生分生组织（lateral meristem）包括维管形成层（vascular meristem）（图2-2和图2-4）和木栓形成层（cork cambium）（图2-3和图2-4），它们分布于植物体根、茎的周围，平行排列于所在器官的近边缘（图2-4）。侧生分生组织细胞有不同程度的液泡化，同时还有核糖体、高尔基体和内质网等细胞器。维管形成层分裂产生的细胞，向内分化产生次生木质部，向外分化产生次生韧皮部，是根、茎增粗的主要来源；木栓形成层分裂产生的细胞，形成木栓层和栓内层，最终形成覆盖于根、茎外表的周皮（periderm）。

居间分生组织：居间分生组织（intercalary meristem）存在于茎、叶、子房柄和花梗等器官中的成熟组织之间，是顶端分生组织衍生而遗留在某些器官的局部区域的初生分生组织。它只能保持一定时间的分生能力，以后则完全转变为成熟组织。

禾本科植物茎（图2-5）的节间基部以及葱、韭和松叶的基部均有居间分生组织分布。小麦、水稻等禾谷类作物的拔节、抽穗就是这种分生组织的细胞旺盛分裂和迅速生长的结果。茎秆倒伏后，能逐渐恢复向上生长，也与这种分生组织的活动有关。另有一些植物的居间分生组织是由已分化的薄壁组织恢复分裂而来。例如，花生的"入土结实"现象，是由于花生受精后，位于子房基部的薄壁组织细胞恢复分裂能力，使雌蕊柄伸长，将子房推入土中而发育成果实。它的居间分生组织的发生，似带有次生分生组织的性质。居间分生组织的细胞，核大，细胞质浓，液泡化明显，主要进行横向分裂，使器官纵向伸长。

近年来，已发现多个决定分生组织特征的关键基因，如在拟南芥中，发现 *SHOOT MERISTEMLESS*（*STM*）是决定茎端分生组织特征的关键基因。该基因的失活导致茎尖不能形成茎端分生组织。植物茎端分生组织的维持是多个基因相互作用的结果。

图2-5　小麦节间基部的居间分生组织

二、成熟组织及其功能

分生组织衍生的大部分细胞，不再进行分裂，经过生长和分化，逐渐转变为成熟组织（mature tissue）。成熟组织在生理和结构上具有一定的稳定性，一般情况下，不再分裂。但因其分化程度不同，有些成熟组织细胞仍具有一定的分裂潜能，在一定条件下，可通过脱分化恢复分裂而转变为分生组织。

细胞的分化过程包括细胞内化学成分的变化、质体的转变、新陈代谢产物的积累和细胞壁不同程度的加厚等。为适应特定的生理功能，某些细胞出现更为明显的特化，如细胞壁显著加厚，细胞伸长成管状或原生质体消失成为死细胞等。因而，就形成了各种不同的成熟组织。

（一）薄壁组织

薄壁组织（parenchyma tissue）是植物体内分布很广、占有量大的一类组织。在植物体各器官中均含有这种组织，从而成为植物体的基本部分，所以又称为基本组织。它们担负着吸收、同化、贮藏、通气和传递等营养功能，因此又称营养组织。

薄壁组织虽有多种形态，但皆由薄壁细胞所组成。这类细胞含有质体、线粒体、内质网和高尔基体等细胞器，液泡较大，排列疏松，胞间隙明显，细胞壁薄，仅有初生壁。薄壁组织分化程度较低，具有潜的分裂能力，在一定条件下可经脱分化，激发分裂潜能，进而转化为分生组织。根据薄壁组织的主要生理功能，又将其分为以下5种组织。

1.同化组织　同化组织（assimilating tissue）的细胞中含有大量叶绿体，能够进行光合作用，制造有机物，叶片中叶肉细胞为典型的同化组织（图2-6）（详见第六章）。茎的幼嫩部分和幼嫩的果实也有这种组织。

2.吸收组织　吸收组织（absorptive tissue）具有吸收水分和营养物质的生理功能，并将吸收的物质转送到输导组织中。根尖的根毛区的表皮，其细胞壁和角质膜都较薄，而且有的表皮细胞外壁向外突出形成许多根毛（详见第四章），属吸收组织（图2-7）。根毛可从土壤中吸收水分和无机养分。

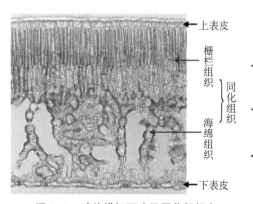

图2-6　叶片横切面（示同化组织）

上表皮

栅栏组织 ⎱ 同化组织

海绵组织

下表皮

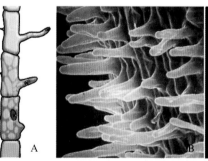
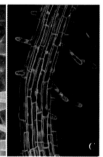

图2-7　吸收组织
A.根毛形成　B.根毛区扫描电子显微镜照片
C.拟南芥根毛区荧光显微照片

3.贮藏组织　贮藏组织（storage tissue）具有贮藏营养物质的功能。这种组织主要存在于块根、块茎、果实和种子中以及根、茎的皮层和髓（图2-8）。贮藏组织细胞大而近等径。贮藏的营养物质主要有淀粉、蛋白质和脂肪等。

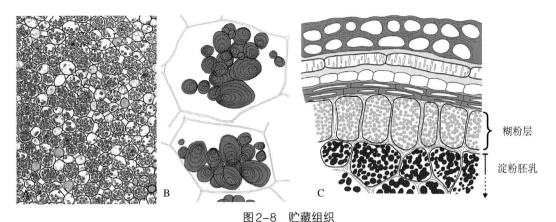

图2-8 贮藏组织
A.毛茛根的皮层细胞（示细胞内紫色的淀粉粒） B.马铃薯块茎贮藏组织细胞（示细胞内的淀粉粒）
C.小麦颖果横切面局部（示贮藏蛋白质的糊粉层和贮藏淀粉粒的胚乳细胞）

贮藏组织有时可特化为贮水组织。旱生多汁植物，如仙人掌、芦荟，以及盐生肉质植物，如猪毛菜等，它们的茎或叶中，除绿色同化组织外，还存在一些无叶绿体而充满水分的薄壁细胞，形成了贮水组织。贮水组织可贮藏较多的水分，使植物在干旱条件下能正常生长。

4.通气组织 通气组织（ventilating tissue）的功能为贮存和输导气体，水生植物和湿生植物常有通气组织。通气组织的胞间隙非常发达或形成大的气腔，或形成曲折的贯通气道，蓄含大量空气，如莲藕、菖蒲、水稻和刺果泽泻属（*Echinodorus*）等（图2-9）。它们分布在植物体内各种组织之间，有利于光合作用、呼吸作用过程中气体的交换，有利于贮藏营养物质，同时也可以有效地抵抗水生环境中所受到的机械应力。水稻的根中和茎的基部通气组织发达，并与叶鞘的气道相连。水稻叶鞘和叶片中的通气腔，其横隔由1~2层扁平的星形细胞群组成，它们能保证空气自由通过，但对内聚力较强的水却有阻止作用。这是对湿生条件的适应。

5.传递细胞 传递细胞（transfer cell）是一些特化的薄壁细胞，具有细胞壁向内生长的特性和发达的胞间连丝以及适应于短途运输的生理功能。

传递细胞最显著的特征是由非木质化的细胞壁向内生长，突入细胞腔内，形成许多不规则的突起（图2-10），常为乳突状、指状、丝状或分枝状，曲折多褶；细胞质膜紧贴并覆盖这种内突生长物，形成壁—膜器结构。这样，使得细胞质膜表面积大为增加，有利于细胞对物质的吸收与传递。

图2-9 刺果泽泻属茎横切面局部

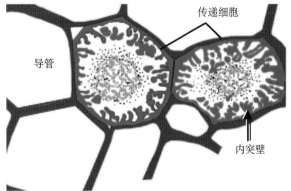

图2-10 木质部中的传递细胞（示细胞壁内突生长）

传递细胞具有较大的细胞核，较浓的细胞质以及丰富的线粒体、内质网、高尔基体和核糖体等细胞器；壁—膜器形成时，质膜上有强烈的腺苷三磷酸酶活性反应，显示了代谢活跃的特性。因此，传递细胞可视为是适应短途装卸溶质的特殊有效形式。

传递细胞在植物体中常发生于溶质大量集中、短途转运能力强的部位。例如，表皮组织内的各种腺细胞、茎节和子叶节木质部薄壁细胞和韧皮部薄壁细胞。叶片小脉的伴胞与维管束鞘也可发育成传递细胞。在生殖器官，如某些植物的花药绒毡层、珠被绒毡层、胚囊中的助细胞和反足细胞等处都有传递细胞的形成。可见传递细胞在植物体内分布是相当广泛的。

关于传递细胞的生理功能，从结构特征和分布规律及实验证明，叶小脉中传递细胞为叶肉和输导组织之间物质运输的桥梁。维管束中的木质部传递细胞能从导管内上升的汁液中，有选择地吸收含氮物质，并把它运往韧皮部细胞。在生殖器官中，如绒毡层细胞、助细胞等形成的传递细胞都有利于物质的吸收与转运。

（二）输导组织

输导组织（conducting tissue）是植物体内长途运输水溶液和同化产物的组织，其主要特征是细胞呈长管形，细胞间以不同方式相连接，形成贯穿植物体内的输导系统。

输导组织根据结构与所运输的物质不同，可分为两大类：一类是运输水分和无机盐类的导管和管胞；另一类是运输有机同化物的筛管和筛胞。

1.导管　导管（vessel）存在于被子植物的木质部中，它们是由许多管状的、细胞壁木质化的死细胞纵向连接而成。组成导管的每一个细胞称为导管分子（vessel element）。幼期的导管分子比较狭小，含有原生质体，并可见到微管、内质网和高尔基体等细胞器。随着细胞长度的延伸和直径的增粗，细胞核也略增大，出现大液泡，在微管集中分布的部位逐渐形成各种花纹状的次生壁，导管的端壁处无次生壁加厚，其初生壁稍有增厚。不久，导管分子发生胞溶现象，原生质体被分解消化（图2-11）。水解酶对未被木质化次生壁覆盖的初生壁处，也部分地进行消化。除去了非纤维素的组成成分，留下纤维素的细微构架。导管分子端壁的初生壁逐渐解体消失，形成不同形式的穿孔，有的成为大的单穿孔，有的成为数孔组成的复穿孔。具有穿孔的端壁称为穿孔板（图2-12）。穿孔的形成及原生质体消失使导管成为中空的连续长管，这样有利于水分及无机盐的纵向运输。导管还可通过侧壁上的纹孔或未增厚的部分与毗邻的细胞进行横向运输。

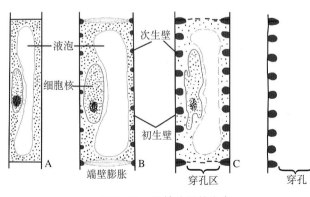

图2-11　导管分子的发育

A.导管分子的前身，无次生壁形成　B.细胞体积增至最大程度，细胞核增大，次生壁开始沉积　C.次生壁加厚完成，液泡膜破裂，细胞核变形，壁端处部分解体　D.导管分子成熟，原生质体消失，次生加厚壁之间的初生壁已部分水解，两端形成穿孔

图2-12　导管分子的端壁及穿孔

A.天竺葵属（Pelargonium）导管的单穿孔

B.杜鹃花属（Rhododendron）导管的阶梯状复穿孔和穿孔板

导管分子的形态及其端壁穿孔的类型，常随植物种类而不同。在系统演化上，端壁具有单穿孔的较复穿孔的更进化。

导管形成时，由于次生壁的增厚方式不同，导管侧壁上呈现出各种花纹。根据这一特征，导管可分为下列5种类型（图2-13）：

①环纹导管直径较小，在导管侧壁上，每隔一定的距离，有环状增厚的木质化次生壁（其余未加厚的初生壁部分，还保持较大的伸延性）。

②螺纹导管直径稍大，其木质化增厚的细胞壁呈螺旋带状绕加在导管内的初生壁上。

③梯纹导管管径较螺纹导管粗，侧壁上的次生壁增厚部分，呈横条状突起，未增厚的部分呈扁孔状，两者相间排列，呈现梯状花纹。

④网纹导管管径较大，侧壁上的次生壁增厚部分，相互交错连接成网状，网眼为未增厚部分，且网眼大小不等，呈现网状花纹。

⑤孔纹导管管径较粗，侧壁除具缘纹孔外，全部增厚并木质化。

图2-13　导管的类型
A.环纹导管　B.螺纹导管　C.梯纹导管
D.网纹导管　E.孔纹导管
（李兴国　绘制）

环纹导管和螺纹导管是器官形成初期出现的，一般存在于原生木质部中。它们的管径较小，输水能力较弱，未增厚部分可以适应器官的生长而伸延。在器官继续生长过程中，这两种导管常常遭到破坏。

梯纹导管、网纹导管和孔纹导管在器官发育过程中，出现较晚，是在伸长生长停止以后分化形成的。它们分布于后生木质部和次生木质部中。一般管径较大，输导效率高，为被子植物主要的输水组织。

导管的长度一般由几厘米至1m，藤本植物有长达几米的导管。这种长形而连贯的导管是比较完善的输导结构，但其输导功能并不能永久保持，随着植物的生长和新导管的产生，老的导管失去功能，而由新的导管曲折连接进行输水。有些较老的导管其周围的薄壁组织细胞或射线细胞体积增大，从导管侧壁上未增厚的部分或纹孔处向导管腔内生长，形成大小不等的囊状突出物。初期，细胞质和细胞核流入其中，后来则常为单宁、树脂、树胶和淀粉等所填充，以致将导管管腔堵塞。这种堵塞导管的囊状突出物称为侵

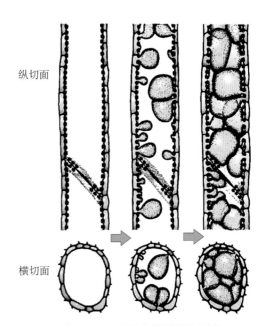

纵切面

横切面

图2-14　导管中侵填体的形成

填体（图2-14）。侵填体在木本植物中相当普遍，如刺槐、榆树、核桃和栎类等树木老的木质部中常有侵填体。一些草本植物如南瓜、甘蔗中也存在。侵填体的形成，能阻止病菌的侵害，增加了抗腐力，增强了木材的坚实度和耐水性。

2.管胞　管胞（tracheid）是绝大部分蕨类植物和裸子植物的唯一输水结构。多数被子植物中，管胞和导管可同时存在于木质部中。管胞是两端尖斜、长梭形的细胞。细胞壁明显增厚，并木质化，成熟后原生质体解体，仅存细胞壁。管胞壁的增厚方式与导管相似，在壁上呈现环纹、螺纹、梯纹和孔纹等各种方式的加厚（图2-15）。

管胞的长度在0.1 mm至数厘米之间，一般长1～2 mm，其末端没有如导管分子的穿孔，各个管胞的纵向连接方式是相互以偏斜的末端穿插连接，水分和无机盐主要经过纹孔而运输，因此输导能力不及导管。此外，管胞细胞壁增厚，木质化并以斜端相互穿插，结构颇为坚固，故管胞兼有较强的机械支持功能。红松、落叶松和云杉等裸子植物的木质部主要由管胞组成，没有其他机械组织，管胞起输导与支持双重作用，这也表明裸子植物比被子植物原始。

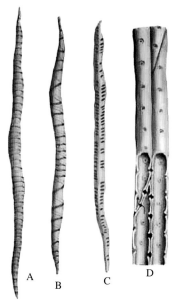

图2-15　管胞的类型
A.环纹管胞　B.螺纹管胞
C.梯纹管胞　D.孔纹管胞

3.筛管和伴胞　筛管（sieve tube）存在于被子植物的韧皮部中，是运输叶所制造的有机物如糖类及其他可溶性有机物的管状结构（图2-16）。它们由一些管状的活细胞连接而成，组成筛管的每个细胞称筛管分子（sieve element）。筛管细胞的细胞壁为初生壁性质，由纤维素和果胶质组成。端壁上存在着一些凹陷的区域，其中分布有成群的小孔，这些小孔称为筛孔。具有筛孔的凹陷区域称为筛域。被子植物的筛管分子的端壁特化为筛板。分布着一至多个筛域的端壁分别称为单筛板和复筛板。相连两个筛管分子的原生质通过开放的筛孔彼此相连。

在筛管发育早期阶段，细胞中有细胞核，浓厚的细胞质中存在有线粒体、高尔基体、内质网、质体和特殊的黏液体。黏液体是筛管细胞所特有的，具有一定结构的蛋白质，称为P蛋白质。P蛋白质有ATP酶的活性，可能与物质的运输有关，也有实验证明P蛋白质对于堵塞受伤筛管的筛孔有明显作用。

筛管在发育成熟过程中，其细胞核渐渐解体，液泡膜被破坏，筛管分子进行有选择性的自溶作用，导致了核糖体、高尔基体、微管和微丝消失，而保留了与物质运输和维持生活直接有关的细胞器，如有贮存蛋白质或淀粉功能的质体，

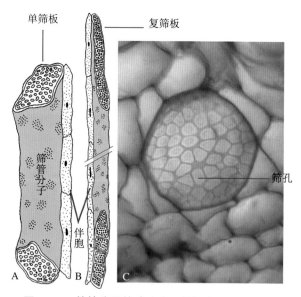

图2-16　筛管分子的端壁（示筛板类型及筛孔）
A.单筛板　B.复筛板　C.西葫芦（*Cucurbita pepo*）筛管分子端壁顶面观（示单筛板和筛孔）

以及可以保证筛管分子中物质运输对能量需要的线粒体（图2-17）。

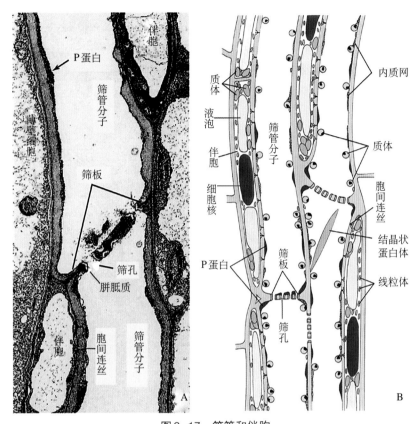

图2-17 筛管和伴胞

A. 番南瓜（*Cucurbita maxima*）成熟筛管分子的超微结构（纵切面观） B.筛管和伴胞纵切面

成熟的筛管分子成为特殊的无核生活细胞，在相当长的时间里仍保持生活力。随着筛管的老化，胼胝质沿着筛孔周围积累，以至成垫状沉积在整个筛板上，这种垫状物称为胼胝体。胼胝体堵塞筛孔，筛管就失去了输导功能，而被新筛管所代替。若只是暂时处于休眠状态的筛管分子，在翌年春季来临时恢复活动，胼胝体消溶，筛孔打通。一般植物的筛管输导功能只能维持一两年，但竹子等单子叶植物的筛管能有多年的输导功能。

筛管主要的运输物质为蔗糖，此外，还有一些含氮化合物，少量有机酸和无机物。

在每个筛管的旁边有一个或多个伴胞（companion cell）（图2-17）。伴胞一般呈细长且两端尖削形。伴胞与筛管是由同一母细胞纵向不等分裂而来，其中较小的一个子细胞发育为伴胞。伴胞在横切面上多呈三角形、小方形或梯形，伴胞的细胞核较大，有丰富的细胞器和发达的膜系统，高尔基体、线粒体、粗糙内质网和质体等都较多，细胞质密度也较大，这些都表明伴胞有很高的代谢活性。伴胞与筛管紧密连接，彼此毗邻的侧壁之间，有更多的胞间连丝相互贯通。有些植物其叶脉中的伴胞发育为传递细胞，有效地加强了短途运输物质的作用，从而使筛管和伴胞在形态和功能上保持更为密切的联系。当筛管衰老死亡时，伴胞也随之失去功能而死亡。

4.筛胞 筛胞（sieve cell）是蕨类植物和裸子植物体内主要承担输导有机物的细胞。筛胞通常比较细长，末端尖斜，细胞壁上可有不甚特化的筛域出现。这种筛域不聚生在一定范围的壁上，因此不具筛板。筛域上的小孔孔径较小，通过小孔的原生质丝细小。许多筛胞的斜壁或侧壁相接而纵向叠生。运输有机物质的效率不如筛管。

筛胞没有与其同源的伴胞，但在一些裸子植物中却存在形态上和生理上与筛胞有关的蛋白质细胞，是由韧皮部薄壁细胞特化而形成。蛋白质细胞具有浓厚的细胞质；与筛胞相连的细胞壁上有胞间连丝存在；具较强的呼吸强度和酸性磷酸酶活性，这些活性增加的节律常与筛胞在春夏间运输有机物相对应；筛胞衰老，失去功能时，蛋白质细胞也随之死亡。因此蛋白质细胞与筛胞的关系颇似伴胞与筛管分子之间的密切关系。

（三）机械组织

机械组织（mechanical tissue）在植物体内主要起机械支持作用。植物体的硬度、树干的挺立、树叶的平展以及植物体能经受风、雨、雪及其他外力的侵袭，都与机械组织有关。植物的幼嫩器官，机械组织很不发达或全无机械组织的分化。随着植物器官的生长、成熟，才逐渐地分化出机械组织。植株越高大，所需支持力越大，机械组织越发达。

机械组织共同特点是其细胞壁均匀或不均匀加厚，根据细胞的形态，加厚程度与加厚方式的不同，可分为厚角组织和厚壁组织。

1.**厚角组织**　厚角组织（collenchyma）是初生的机械组织。其细胞壁具有不均匀的增厚。细胞壁的增厚一般发生在几个细胞相互毗接的角隅处（图2-18），故称厚角组织。

厚角组织细胞壁的成分主要是纤维素，也含有较多的果胶质，并不木质化。厚角组织是由生活细胞组成，常含叶绿体，并有一定的分裂潜能。在许多植物中，它们参与木栓形成层的形成。厚角组织的细胞较长，两端呈方形、斜形或尖形，彼此重叠连接成束。

厚角组织的形态结构既适应支持器官直立的功能，又适应器官的生长，它普遍存在于尚在伸长或经常摆动的器官中，如幼茎、花梗、叶柄和大的叶脉内，在它们表皮的内侧常有厚角组织，呈束状或连续分布。芹菜、南瓜茎和叶柄中的厚角组织常纵行集中在器官的边缘，使器官外突出现棱角，加强了支持作用。一般植物的根中很少存在厚角组织，但当根暴露于空气中时，则常形成厚角组织。

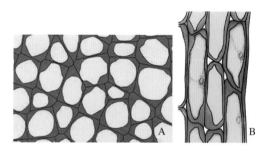

图2-18　厚角组织
A.厚角组织横切面　B.厚角组织纵切面

2.**厚壁组织**　厚壁组织（sclerenchyma）细胞壁呈均匀的次生增厚，常木质化，细胞腔很小，成熟细胞一般没有生活的原生质体。厚壁组织根据其形状不同又可分为纤维和石细胞。

（1）纤维。纤维（fiber）细胞细长，两端尖细，略呈纺锤形，其细胞壁极厚，但木质化程度很不一致，有的很少木质化，有的则木质化程度很高。细胞腔极小，原生质体消失。细胞壁上有少数小的斜缝隙状纹孔（图2-19）。纤维细胞互相以尖端穿插连接，多成束、成片分布于植物体中，形成植物体内主要的加强支持或强化韧性的机械组织。纤维又可分为韧皮纤维和木纤维。

韧皮纤维是指发生于韧皮部中的纤维，但有时也将木质部以外的（包括皮层、维管束鞘部分）纤维概括地称为韧皮纤维。韧皮纤维为两端尖削的长纺锤形的死细胞，细胞壁极厚，细胞腔呈狭长的缝隙。纤维的横切面呈多角形、长卵形或圆形等。细胞壁常存在同心纹层，有纹孔道从细胞腔四周放射排列。这些纹孔在纤维的纵壁上则呈现细缝状小孔结构（图2-19）。

韧皮纤维较其他纤维细胞长，一般长1～2 mm。麻类作物韧皮纤维更长，如亚麻（*Linum usitatissimum*）的长约40 mm，大麻（*Cannabis sativa*）的为10～100 mm，苎麻（*Boehmeria nivea*）的长达 200 mm。

韧皮纤维的次生壁极厚，且主要由纤维素组成，故坚韧而有弹性，在植物体中能抵抗折断，可弯曲，有很强的支持作用。商业上将韧皮纤维称软纤维，其工艺价值决定于细胞长度与细胞壁含纤维素的程度。苎麻纤维细胞长，细胞壁所含纤维素较纯，是优质的纺织原料；黄麻纤维细胞短，细胞壁木质化程度高，弹性相应降低，因此仅宜制作麻绳等。此外，一些木本植物，如桑、构树和朴树的茎皮中也含有较发达的韧皮纤维，可制造高级特用纸张或作人造棉之用。

木纤维存在于被子植物的木质部中，是木质部的主要组成部分。木纤维也是长纺锤形细胞，但较韧皮纤维为短，通常约 1 mm。细胞壁增厚的情况、细胞的长度随植物而异，也和生长期有关，如蒙古栎、板栗的木纤维细胞壁很厚，杨树、柳树的木纤维细胞壁较薄；春季形成的木纤维壁较薄，秋季形成的较厚。这些特征在木材鉴定上可作为参考。

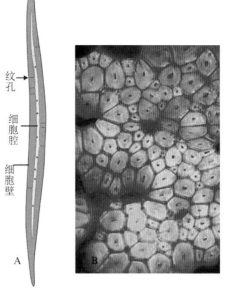

图2-19　纤　维
A.纤维示意图　B.纤维束横切面

木纤维壁厚，且木质化程度高，细胞腔小，因而木纤维硬度大，抗压力强，可增强树干的支持力和坚实性，但木纤维弹性较差，易折断，故不宜直接用做纺织原料。木纤维是重要的造纸原料，也供制造人造丝浆之用，如杨树、桦树等阔叶树材中便含优质的木纤维，经济价值甚高。

（2）石细胞。石细胞（stone cell）一般是由薄壁细胞经过细胞壁的强烈增厚并木质化转化而来。石细胞的壁极度增厚并常木质化，有时也可栓质化或角质化，细胞壁出现同心层次，并有分枝的纹孔道从细胞腔放射状分出。细胞腔很小，原生质体消失，成为仅具有坚硬细胞壁的死细胞，故具有坚强的支持作用。石细胞的形状多种多样，最常见的形状为等径、椭圆形或球形，但也有长形、分枝状或不规则形状的（图2-20）。

石细胞常分布于茎、叶、果实和种子中，特别是在果皮、种皮中为多，成单个散生或成群集生。例如，梨果肉中的沙粒物是由石细胞群组成，称为石细胞团；桃、李、杏和梅等果实的"核"，主要由石细胞构成；稻的谷壳、花生的果壳、菜豆和豌豆的种皮中都有大量的石

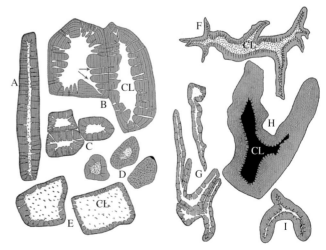

图2-20　不同植物的不同形状石细胞
［示细胞腔（CL）和纹孔道（箭号所指）］
A.芦莉草属（*Ruellia*）　B.林仙属（*Drimys*）　C.罗布麻属（*Apocynum*）
D.茴芹属（*Pimpinella*）　E.乌头属（*Aconitum*）　F.山茶属（*Thea*）
G.金缕梅属（*Hamamelis*）　H.铁杉属（*Tsuga*）　I.李属（*Prunus*）

细胞存在；茶叶的叶肉细胞间有形状特殊的分枝状的石细胞。

（四）保护组织

保护组织（protective tissue）分布于植物体各器官的表面，由一层或数层细胞组成。它的主要功能是防止水分过度蒸腾，控制气体交换，抵抗外界风雨和病虫侵害。保护组织根据来源和形态结构不同，又分为初生保护组织——表皮和次生保护组织——周皮。

1.表皮　表皮（epidermis）是由初生分生组织的原表皮分化而来，通常为一层生活细胞所组成，它们分布于幼嫩的根、茎、叶、花、果实和种子的表面（图2-21）。但也有少数植物的某种器官的外表，可形成多层活细胞所形成的复表皮。表皮除了表皮细胞，还有保卫细胞、副卫细胞和表皮附属物等结构。

（1）表皮细胞。叶的表皮细胞是各种形状的扁平体，而茎和根的表皮细胞则呈长方体形。表皮细胞排列紧密，无细胞间隙（图2-21A）。细胞中含有大液泡，一般不具叶绿体，有时可有白色体存在。表皮细胞的外壁常角质化，并在外壁的表面形成角质膜（图2-21B）。有时表皮角质膜的外面还覆盖着蜡质，如甘蔗、高粱的茎秆外表以及葡萄、李的成熟果实表面，均有"白霜状"蜡被。角质膜和蜡被的存在，一方面可减少水分蒸腾，防止病菌侵害；另一方面对某些溶液进入表皮也将发挥一定的阻留作用。

根的表皮细胞具有较薄的细胞壁和角质层，其主要功能是吸收水分和无机盐，因此属于吸收组织。

（2）气孔器。植物的绿色气生部分，特别是叶的表皮，具有许多气孔器。气孔器由一对特化的保卫细胞和它们之间的孔隙（气孔），甚至连同副卫细胞共同组成（图2-22）。

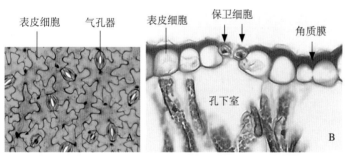

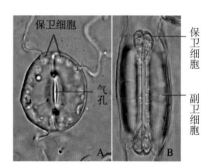

图2-21　表　皮
A.天竺葵属（Pelargonium）植物的叶表皮顶面观
B.叶片纵切面（示表皮）

图2-22　气孔器
A.烟草叶表皮的气孔器
B.小麦叶表皮的气孔器
（李兴国　摄）

不少植物的气孔器中有副卫细胞，副卫细胞位于保卫细胞外侧或周围（图2-22B），在发育上和功能上与保卫细胞有密切关系，它们的数目、分布位置与气孔器的类型有关。围绕气孔的保卫细胞呈肾形或哑铃形，其细胞壁靠近气孔部分比较厚，而与表皮细胞或副卫细胞毗接的部分比较薄，而且保卫细胞中含有丰富的细胞质和较多的叶绿体及淀粉粒。

（3）表皮附属物。有些植物的表皮上具有表皮毛或腺毛等。它们的形状类型甚多（图2-23），可作为植物分类的特征之一。表皮毛的存在加强了保护作用，一方面可以防止生物侵害；另一方面削弱了强光的影响，加强了对蒸腾的控制，有利于植物的生活。

①表皮毛：常分布于幼茎、叶或芽鳞上。表皮毛一般为长筒形，也有的形成分枝或星状平面分枝（图2-23B～图2-23D）；结构上或由单细胞，或由多细胞组成。棉花种皮上的

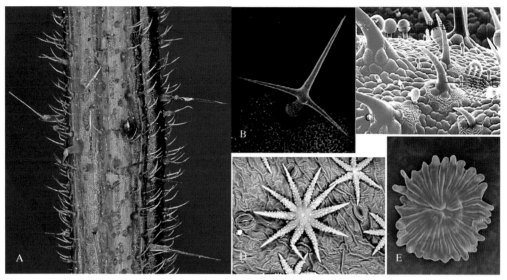

图2-23 不同植物的表皮附属物
A. 荨麻（*Urtica thunbergiana*）茎的表皮附属物　B. 拟南芥的枝状毛
C. 表皮毛和腺毛　D. 星状毛　E. 油橄榄（*Olea europaea*）的盾状毛

表皮毛纤细而长，习惯上称为"纤维"，它们具有几乎全为纤维素组成的次生壁，在纺织工业上具有重要的经济价值。

②鳞片：多细胞的扁平毛，或由多细胞组成的伞顶状结构。其中无柄的为鳞片，有柄的为盾状毛（图2-23E）。它们的分布情况和主要功能与表皮毛相似。

③腺毛：具有分泌作用的毛状体（图2-23C），可以分泌黏液、树脂或某种液体物质。腺毛的类型甚多，详见本章分泌结构。

表皮中除上述表皮细胞、气孔器和附属物之外，有些植物的表皮还存在一些异细胞，如许多单子叶植物（沼生目除外）的叶表皮上常有较大的泡状细胞，禾本科和莎草科的表皮还常有硅细胞和栓细胞。

表皮的形态特征相对稳定，可应用于某些科内的属、种分类以及种间杂交种的辨认。

2.**周皮**　周皮存在于具有次生增粗的器官，如裸子植物和双子叶植物的老根、老茎外表。它们是取代表皮的复合型次生保护结构。周皮是由木栓形成层活动形成的。木栓形成层进行平周分裂，向外分裂产生多层木栓细胞，组成木栓层，向内分裂产生少量的细胞，形成栓内层。木栓层、木栓形成层和栓内层共同构成周皮（图2-3和图2-24）。木栓层细胞之间无间隙，细胞壁较厚并高度栓化，细胞内的原生质体解体，从而具有不透水、绝缘、隔热、耐腐蚀和质轻等特性，对植物起着控制水分散失、防止病虫害侵害以及抗御其他逆境等保护作用。同时，木栓层在商业上有相当的重要性，可供日用或作轻质绝

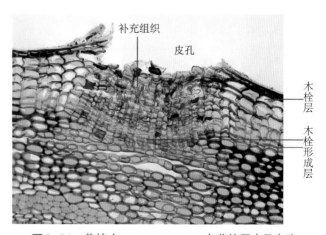

图2-24　黄栌（*Cotinus coggygria*）茎的周皮及皮孔

缘材料和救生设备等，如栓皮栎（*Quercus variabilis*）的木栓。另外，黄檗（*Phellodendron amurense*）木栓具药用价值。

在周皮的形成过程中，常常出现一些点状突起，称为皮孔。皮孔多自原有的气孔下面发生，在气孔下的木栓形成层细胞比其他部分更为活跃，向外衍生出一种与木栓层细胞不同，并且有发达细胞间隙的薄壁细胞称为补充组织，其数量渐多，最终突破表皮，形成各种形状的突出，即为皮孔（图2-24）。皮孔是周皮上的通气结构，使植物器官形成周皮后，其内部组织仍能与外界进行气体交换。

（五）分泌结构

植物体中能分泌物质的细胞或细胞组合称为分泌组织（secretory tissue）。植物产生分泌物的细胞来源各异，形态多样，分布方式也不尽相同，有的单个分散于其他组织中，有的集中分布，或特化成一定结构，因此多称这些细胞为分泌结构。分泌结构产生一些特殊的有机物或无机物，并把它们排出体外、细胞外或积累于单个细胞内或多个细胞的间隙内。所分泌的物质种类繁多，常见的有糖类、挥发油、有机酸、乳汁、蜜汁、单宁、树脂、生物碱和杀菌素等。这些分泌物在植物生活中起着多种作用。有的分泌物（蜜汁和芳香油）能引诱昆虫，有利于传播花粉和果实；有的能泌出过多的盐分，使植物免受高盐毒害；某些植物分泌物能抑制、驱除或杀死某些病菌及其他生物，以保护自身；许多分泌物质是重要的药物、香料或其他工业原料，具有重要的经济价值。

通常根据分泌结构的发生部位和分泌物的溢排情况，将分泌结构划分为外分泌结构和内分泌结构两类。

1.外分泌结构 外分泌结构（external secretory structure）分布在植物器官的外表，其分泌物排到植物体外，常见的类型有腺毛、蜜腺、盐腺和排水器。

（1）腺毛。腺毛一般具有头部和柄部两部分（图2-25）。头部由单个或多个分泌细胞构成，排列成单层或多层，柄部是由不具分泌功能的一至多个呈单列或多列的薄壁细胞组成，着生于表皮上。菊科、唇形科植物以及棉花、烟草、天竺葵、野芝麻等植物的茎和叶上均有腺毛分布。分泌物最初聚集于细胞壁和角质膜之间，后因分泌物增多，胀破角质膜而外泌。腺毛的分泌物常为黏液或精油，对植物具有一定的保护作用。食虫植物的变态叶上，可以有多种腺毛分别分泌蜜露、黏液和消化酶等，有引诱、黏着和消化昆虫的作用。

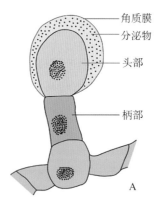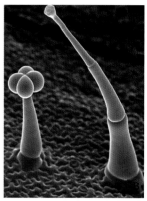

角质膜
分泌物
头部

柄部

A

图2-25 腺 毛
A.腺毛结构 B.番茄腺毛的扫描电子显微镜照片

（2）蜜腺。蜜腺是能分泌蜜汁的多细胞腺体结构，它们由表皮或表皮及其内层细胞共同形成。根据蜜腺在植物体上的分布位置，可将蜜腺分为两类：生长于花部的称为花蜜腺，如油菜、洋槐花托上的蜜腺，所分泌蜜汁的作用是对虫媒传粉的适应。花蜜腺发达和蜜汁分泌量多的植物，为良好的蜜源植物，如紫云英、枣和洋槐等植物。生长于茎、叶或花梗等营养体部位上的蜜腺称为花外蜜腺（图2-26），如棉花叶脉上的蜜腺，蚕豆托叶上以及李属的叶柄上均有蜜腺存在。花外蜜腺与传粉无关，但其蜜汁可吸引蚂蚁等有益昆虫，而驱除其他有害昆虫。

（3）盐腺。盐腺是一种特殊类型的腺毛，其功能是向外分泌无机离子。泌盐盐生植物中的滨藜属（*Atriplex*）、柽柳属（*Tamarix*）和补血草属（*Limonium*）等植物茎、叶表面具有泌盐结构。

图2-26　野桐（*Mallotus japonicus*）叶片基部花外蜜腺（箭号所指）（A）及吸引的蚂蚁（B）

（4）排水器。排水器是植物将叶片内部的水分直接排出到体外的结构，常分布于植物的叶尖和叶缘。通过排水器将植物体内过多的水分排出体外，这种排水过程称为吐水（图2-27A）。在温、湿的夜间或清晨，常在叶尖或叶缘出现水滴，就是经排水器泌出的水液。吐水现象往往可作为根系正常生长活动的一种标志。

排水器是由水孔、通水组织以及与它们相连的维管束的管胞组成（图2-27B），水孔是由两个不能关闭的保卫细胞围合而成的孔隙。通水组织为排列疏松的小型细胞，不含叶绿体，它们与脉梢的管胞相连，水从叶脉木质部的管胞，通过通水组织，经水孔流到叶表面。

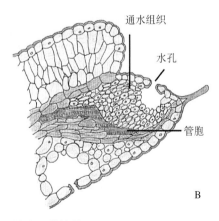

图2-27　植物的吐水现象和排水器的结构
A. 草莓叶片吐水　B. 排水器的结构

2. 内分泌结构　内分泌结构（internal secretory structure）是分泌物贮存于植物体内的分泌结构。它们常存在于基本组织内，常见的有分泌细胞、分泌腔、分泌道和乳汁管（图2-28）。

（1）分泌细胞。分泌细胞是单独分散于薄壁组织中的含特殊分泌物的细胞。分泌细胞在根、茎、叶、花、果和种子中均可存在。由薄壁细胞特化而来，细胞体积较大，细胞壁稍厚，细胞内含挥发油、树脂、树胶、单宁或黏液等次生物质，不分泌到细胞外，可按其内含物区分为油细胞、黏液细胞、树脂细胞及单宁细胞等。

（2）分泌腔。分泌腔是植物体内多细胞构成的贮藏分泌物的囊状结构，主要分布于芸香科植物体内。分泌腔多为裂生形成或裂溶生形成。形成分泌腔的细胞分裂，其共同的细胞间隙逐渐扩大形成贮存分泌物的腔室（腔内表面分泌细胞保持细胞壁完整）。在此过程中，也有少量细胞会发生细胞程序化死亡而溶解。柑、橘的果皮和叶，棉花的茎、叶和子叶中都有这种分泌腔。

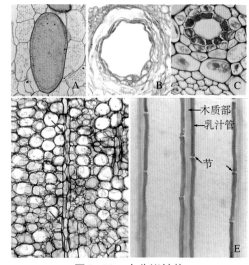

图 2-28　内分泌结构
A. 仙人掌科植物 *Matucana grandiflora* 的分泌细胞
B. 柠檬（*Citrus limon*）果皮分泌腔
C. 蒿属（*Artemisia*）的分泌道横切面
D. 大戟（*Euphorbia pekinensis*）的无节乳汁管（箭号）
E. 芭蕉（*Musa basjoo*）的有节乳汁管

（3）分泌道。分泌道为管状的内分泌结构，管内贮存分泌物质。分泌道多为裂生而形成。例如，松柏类植物的树脂道即是分泌细胞的胞间层溶解，细胞相互分开而形成的长形细胞间隙，完整的分泌细胞环生于分泌道周围，由这些分泌细胞分泌的树脂贮存于分泌道中。树脂的产生，增强了木材的耐腐性。漆树裂生的分泌道称为漆汁道，其中贮有漆汁。树脂和漆汁都是重要的工业原料，经济价值很高。

（4）乳汁管。乳汁管是能分泌乳汁的管状结构，按其形态发生特点可分为无节乳汁管和有节乳汁管。无节乳汁管起源于单个细胞，以后随植物的生长而强烈伸长，有的形成分枝，贯穿于植物体中，这样的乳汁管又称乳汁细胞，如桑科、大戟属植物的乳汁管。有节乳汁管是由多数长圆柱形细胞连接而成，通常为端壁溶解而连通，在植物体内形成复杂的网络系统，如蒲公英、莴苣和橡胶树等植物的乳汁管。也有端壁不穿孔，由端壁上初生纹孔场连通，如葱属。

第三节　复合组织和组织系统

一、复合组织

植物个体发育过程中，凡由同类细胞构成的组织，称简单组织；而由多种类型细胞构成的组织，称复合组织。前者如分生组织、薄壁组织；后者如表皮、周皮、树皮、木质部、韧皮部和维管束。

（一）木质部和韧皮部

木质部（xylem）和韧皮部（phloem）是植物体内主要起输导作用的组织。木质部一般包括导管（蕨类植物及大多数裸子植物无导管）、管胞、木薄壁组织和木纤维等；韧皮部包括筛管、伴胞（蕨类植物及裸子植物为筛胞，无伴胞）、韧皮薄壁组织和韧皮纤维等。木质部和韧皮部的组成包含输导组织、薄壁组织和机械组织等几种组织。所以，它们被认为是一种复合组织。由于木质部或韧皮部的主要组成都是管状结构。因此通常将木质部和韧皮部，或者将其中之一称为维管组织。维管组织的形成，在植物系统进化过程中，对于适应陆生生活有着重要意义。从蕨类植物开始，它们体内已有维管组织的分化出现。种子植物体内的维管组织则更为发达进化。通常将蕨类植物和种子植物总称为维管植物。

（二）维管束

维管束（vascular bundle）是由木质部和韧皮部组成的束状结构，是由原形成层分化而来。在不同种类的植物或不同器官内，原形成层分化成木质部和韧皮部的情况不同，就形成不同类型的维管束（图2-29）。

根据维管束内维管形成层的有无，将维管束分为有限维管束和无限维管束。

有限维管束：原形成层在分化时全部分化为木质部和韧皮部，没有留存能继续分裂出新细胞的形成层。因此，这类维管束不能无限扩大，称为有限维管束，如大多数单子叶植物中的维管束。

无限维管束：原形成层除大部分分化成木质部和韧皮部外，在二者之间还保留一层称为束中形成层的分生组织。这类维管束以后能通过形成层的分裂活动，产生次生韧皮部和次生木质部，而使维管束扩大，如许多双子叶植物和裸子植物的维管束。

根据木质部和韧皮部的位置和排列情况，将维管束划分为下列几种类型。

外韧维管束：维管束的韧皮部位于木质部的外侧，两者内外并生成束。一般种子植物的茎具有这种维管束。

双韧维管束：木质部的内、外两侧都有韧皮部。如南瓜、茄类、马铃薯等植物的茎中维管束属此种类型。

周木维管束：木质部围绕韧皮部，呈同心圆排列，称周木维管束。如芹菜、胡椒科的一些植物茎中以及香蒲的根状茎中，有周木维管束。

周韧维管束：韧皮部围绕木质部，呈同心圆排列，称周韧维管束。如蕨类植物的根状茎内以及大黄、秋海棠等植物的茎中均有存在。

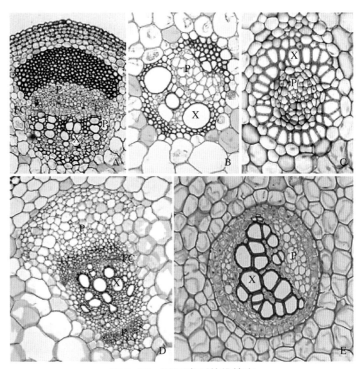

图2-29　不同类型的维管束
A.向日葵（*Helianthus annuus*）（双子叶植物）的外韧维管束（无限维管束）
B.玉米（*Zea mays*）（单子叶植物）的外韧维管束（有限维管束）　C.灯心草属（*Juncus*）的周木维管束　D.黄瓜（*Cucumis sativus*）的双韧维管束（无限维管束）　E.水龙骨属（*Polypodiodes*）（蕨类植物）的周韧维管束
P.韧皮部　FC.束内形成层　X.木质部

二、组织系统

植物器官或植物体中，由一些复合组织进一步在结构和功能上组成的复合单位，称为组织系统。通常将植物体中的各类组织归纳为三种组织系统，即皮组织系统（dermal tissue system)、维管组织系统（vascular system）和基本组织系统（fundamental tissue system）。

皮组织系统又简称为皮系统，包括表皮和周皮。它们覆盖于植物体外表，在植物个体发育的不同时期，分别对植物体起着不同程度的保护作用。维管组织系统简称为维管系统，包括韧皮部和木质部，它们连续地贯穿于整个植物体内，输导水分和有机养料。基本组织系统简称基本系统，主要包括各类薄壁组织、厚角组织和厚壁组织。它们分布于皮系统和维管系统之间，是植物体各部分的基本组成。

📝 本 章 提 要

组织是植物体中形态结构相似，在个体发育中来源相同，担负着一定生理功能的细胞组合。组织分为分生组织和成熟组织两大类。

分生组织是存在于植物体的特定部位、分化程度较低或不分化、保持胚性细胞特点，并能继续进行分裂活动的细胞组合。根据来源和性质将分生组织分为原分生组织、初生分生组织和次生分生组织3类。原分生组织来源于胚胎或其他胚性细胞，存在于根尖、茎尖。初生分生组织由原分生组织衍生而来，位于原分生组织的后方，这些细胞一方面继续分裂，但分裂速度较慢，另一方面细胞已开始分化为原表皮、原形成层和基本分生组织。次生分生组织起源于成熟组织，是由某些成熟组织经过脱分化重新恢复分裂能力而来。束间形成层和木栓形成层是典型的次生分生组织。根据在植物体中的分布位置，将分生组织分为顶端分生组织、侧生分生组织和居间分生组织。顶端分生组织位于根和茎主轴的顶端和各级侧枝、侧根的顶端，包括原生分生组织和初生分生组织。侧生分生组织分布于植物体内的周围，平行于所在器官的近边缘。居间分生组织存在于茎、叶、子房柄和花梗等器官中的成熟组织之间。

成熟组织是由分生组织产生的细胞，其中大部分细胞不再进行分裂，而经过生长分化，逐渐形成各种组织。成熟组织根据其形态特征和主要生理功能不同将其分为下面5种类型。

薄壁组织是植物体中最基本、分化程度相对较低、分布最广的一类细胞群。薄壁组织虽有多种形态，但皆由薄壁细胞所组成，具有潜在的分裂能力，在一定条件下可经脱分化，激发分裂潜能，进而转化为分生组织。同时薄壁组织也可以进一步分化为其他组织。根据薄壁组织的主要生理功能，又将其分为同化组织、吸收组织、贮藏组织、通气组织和传递细胞。

输导组织分为两类，一类是输送水分和无机盐的导管和管胞；另一类是输送有机同化物的筛管和筛胞。导管普遍存在于被子植物的木质部，输导效率较高。管胞是绝大多数蕨类植物和裸子植物中输导水分和养分的结构，输导效率较低。筛管存在于被子植物的韧皮部，运输效率较高。筛管旁边细长、小形的细胞为伴胞，它与筛管有密切的关系。筛胞是蕨类植物和裸子植物体内主要承担输导有机物的结构。

机械组织主要起机械支持和加固作用，可分为厚角组织和厚壁组织。厚角组织细胞壁的增厚一般发生在几个细胞相互毗接的角隅处，既有支持的功能，又不影响所在器官的生长。厚壁组织的细胞壁呈均匀的强烈次生增厚，分为纤维和石细胞。

保护组织分布于植物各器官的表面，分为表皮和周皮。表皮为初生保护组织，通常为一层生活细胞组成。周皮由木栓层、木栓形成层和栓内层共同组成，是取代表皮的次生保护组织。

分泌结构是植物体中能产生分泌物质的细胞和细胞组合，根据分泌物的溢排情况分为外分泌结构和内分泌结构两类。外分泌结构分布在植物器官的外表，其分泌物排到植物体外，如腺毛、蜜腺和盐腺等。内分泌结构分泌物贮存于植物体内，分布于基本组织中，常见的有分泌腔、分泌道等。

凡由同类细胞构成的组织称为简单组织，而由多种类型的细胞构成的组织称为复合组织。

由一些复合组织进一步在结构和功能上组成的复合单位，称为组织系统。通常可将植物体中的各类组织归纳为3种组织系统，即皮系统、维管组织系统和基本组织系统。

复习思考题 — — — — — — — — — — — —

1. 何为植物组织?植物组织与细胞和器官之间的关系如何?
2. 简述植物各类型成熟组织的形态特征和生理功能。
3. 试分析植物生长发育的组织学基础。
4. 什么叫脱分化?试述其意义。
5. 试从结构与功能上区别:
　　同化组织与贮藏组织　　厚角组织与厚壁组织　　表皮与周皮
　　筛管和导管　　筛胞和管胞　　木质部和韧皮部
6. 根据输导组织的结构和功能说明为什么被子植物比裸子植物更进化?

第三章 种子和幼苗

高等植物在结构上，不仅有组织的分化，而且多种组织构成了具有特定结构和生理功能的器官（organ）。被子植物是高等植物中最进化的植物类群，具有根、茎、叶、花、果实和种子等器官。根、茎和叶主要与植物的营养有关，称为营养器官（nutritive organ），它们是产生花、果实和种子的基础。花、果实和种子与植物的生殖有密切关系，称为生殖器官（reproductive organ）。

种子（seed）由胚珠发育而来，在种子离开母体植株的时候，新一代植物体就已孕育在种子里面，并完成了形态上的初步分化，成为植物的雏体——胚。

随着种子的萌发，胚经过一系列的生长、发育形成幼苗（seedling）。幼苗是由胚发育成的幼小植物体，它进一步发育为成年植株。幼苗是植物个体发育的一个阶段，其形态结构和生活方式与胚和成年植株之间，既有密切关系又有一定的区别。胚是在母体的营养和保护下发育形成的植物的雏体。幼苗一方面利用贮存于子叶或胚乳中的养分，另一方面已形成根、茎和叶，能自制养分，因而又不同于成年植株。

第一节 种子的结构

一、种子的形态和结构

（一）种子的形态

植物种类不同，其种子的大小、形状和颜色等方面有较大的差异，如椰子的种子直径可达15～20 cm，油菜、芝麻的种子只有几毫米大小，烟草和兰花的种子犹如微细的沙粒，附生兰5万颗种子仅重0.1 g。

种子的形状差异显著，如大豆、菜豆种子为肾形，油菜、豌豆种子为球形，蚕豆为扁形，花生为椭圆形等。种子的颜色也各有不同，如大豆为黄色、青色或黑色，荔枝为红褐色等，也有具彩纹的，如蓖麻的种子。种子的形态特征是鉴别植物种类的重要依据之一。

（二）种子的结构

虽然种子的形态有差异，但是种子的基本结构是一致的，一般由胚、胚乳和种皮3部分组成。

1. 胚 胚（embryo）是构成种子的最重要部分，是新生植物的雏体，通常由胚芽（plumule）、胚根（radicle）、胚轴（embryonal axis）和子叶（cotyledon）4部分组成（图3-1）。

胚根和胚芽的体积很小，胚轴介于胚根和胚芽之间，同时又与子叶相连。胚根和胚芽的顶端都具有生长点，由胚性细胞组成，细胞体积小，细胞壁薄，细胞质浓厚，核相对较大，仅有小液泡。当种子萌发时，这些细胞能很快分裂、长大，使胚根和胚芽伸长，突破种皮，分别长成植物的主根和茎、叶。同时，胚轴也随着一起生长，成为幼根或幼茎的一部分。通常将子叶着生点到形成第一片真叶的一段胚轴称为上胚轴，子叶着生点形成第一级侧根的一段胚轴称为下胚轴。

不同种类植物种子的子叶在数目、生理功能上不完全相同。双子叶植物（dicotyledon）的种子内有两片子叶，如豆类、瓜类、苹果、蓖麻、番茄、棉花和油菜等（图3-2）。单子叶植物（monocotyledon）只具有一片子叶（在禾本科植物中称为盾片），如小麦（图3-3）、水稻、玉米和洋葱等。

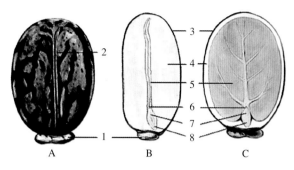

图3-1　蓖麻种子的结构
A.表面观　B.与宽面垂直的纵切面　C.与宽面平行的纵切面
1.种阜　2.种脊　3.种皮　4.胚乳　5.子叶
6.胚芽　7.胚轴　8.胚根
（改自李扬汉）

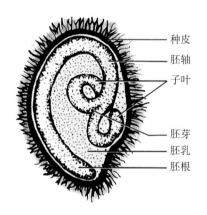

图3-2　番茄种子的结构
（改自李扬汉）

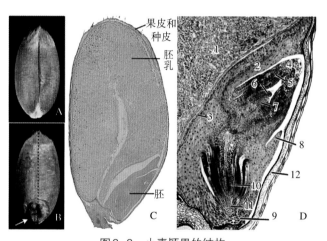

图3-3　小麦颖果的结构
A.果实的腹面　B.果实的背面（箭号示胚的位置）　C.沿B图虚线所作纵切面　D.颖果纵切面局部放大［示胚的结构（2～11）］
1.胚乳　2.盾片　3.上皮细胞　4.胚芽鞘　5.第一片真叶　6.叶原基
7.胚芽生长点　8.外胚叶　9.胚根鞘　10.胚根　11.根冠
12.果皮和种皮

子叶的生理作用也是多样的，有些植物种子的子叶贮有大量养料，供种子萌发和幼苗生长时利用，如大豆、花生。有的种子萌发后子叶露出土面，进行短期的光合作用，如棉花、油菜和拟南芥等的种子。另有一些植物如蓖麻种子的子叶成薄片状，它的作用是在种子萌发时分泌酶，以消化和吸收胚乳的养料，供胚发育时利用，子叶出土后具有短暂的光合作用能力。小麦的内子叶（盾片）具有分泌淀粉酶的功能。

2. 胚乳　胚乳(endosperm)通常位于种皮和胚之间，是种子营养物质贮藏的场所，由贮藏组织构成。有些植物的种子在发育过程中，胚乳的养料被胚所吸收，转入子叶中贮存，种子成熟时，无胚乳存在，常具有肥厚的子叶。有胚乳种子的胚乳含量，不同植物种类并不相同，例如蓖麻、水稻等种子的胚乳肥厚，占有种子的大部分体积；豆科植物田菁（*Sesbania cannabina*）、蓝果树科植物喜树（*Camptotheca acuminata*）种子的胚乳成为一层，包围在胚的外面；种子植物中的兰科、川苔草科和菱科等植物种子不具有胚乳。

胚乳中贮藏的营养物质主要包括糖类、脂类和蛋白质，以及少量无机盐和维生素。在禾本科植物小麦和玉米中，淀粉含量较高，占干重的70%～80%，豆类植物如豌豆和菜豆中大约有50%。种子贮藏的可溶性糖多为蔗糖，这类种子成熟时有甜味，如玉米、栗等；在油菜和芥菜种子中含有40%的脂类和30%的蛋白质，大豆含有20%的脂类和40%的蛋白质；在柿胚乳细胞中，营养物质以半纤维素的形式贮藏在胚乳的细胞壁中。

有些被子植物种子中除胚乳外还有外胚乳贮藏营养物质。胚乳是由胚囊中极核和精子结合后形成的初生胚乳核发育而成，而外胚乳（perisperm）则是孢子体的珠心或珠被形成类似胚乳可贮藏营养物质的营养组织。外胚乳可由一单层细胞组成，也可以是一团细胞，包裹

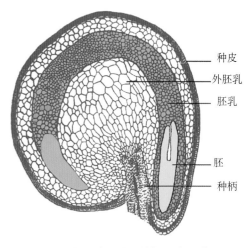

图3-4　甜菜胚珠和幼胚的切面（示外胚乳）
（改自 Haywood）

着胚和胚乳（图3-4），许多进化的双子叶植物具有该特征，如石竹科、蓼科和藜科。珠心外胚乳不常见，胡椒科具有这种外胚乳。珠被外胚乳较为常见。

3. 种皮　种皮（seed coat）是种子外面的保护层。种皮的厚薄、色泽和层数，因植物种类的不同有差异。有些植物的种子成熟后一直包在果实内，有坚韧的果皮保护种子，这类种子的种皮较薄，成薄膜状或纸状，如桃、花生等的种子。有些植物的果实成熟后即行开裂，种子散出，这类种子一般具坚厚的种皮，有的革质，如蚕豆、大豆。小麦、水稻等植物的种子，其种皮与果皮紧密结合，成为共同的保护层，因此小麦等禾谷类作物的种子实质上是果实。

被子植物种子大多具有干燥的种皮，但也有少数种类为肉质的，如石榴（*Punica granatum*）可食用的多汁的部分为种皮外表皮（图3-5 A）。在系统演化上，肉质种皮被认为是原始特征。

种子成熟后，珠柄与种子连接处断开，在种子的种皮上留下一个疤痕，称为种脐（hilum）。倒生胚珠的种脐与珠孔很靠近，

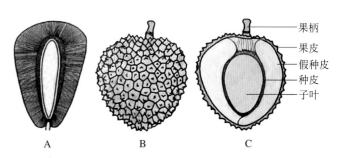

图3-5　石榴（A）肉质种皮及荔枝（B、C）假种皮
（改自 Fahn）

其珠柄与一部分相邻接的珠被愈合形成一条棱，称为种脊（raphe）。有些植物种子的种脊比较发达而明显，如蓖麻（图3-1）。在种脐的旁边有一个小孔，是原来胚珠的珠孔留下的痕迹，称种孔。种子吸水后如在种脐处稍加挤压，可发现有水滴从这一小孔溢出。种子表皮细胞内，一般含有色物质，使种皮具有各种不同的颜色。

有些植物在种子的形成过程中从胚珠的外珠被的顶端生出一种围绕珠孔的海绵状突起物，即种阜（caruncle），很多大戟科植物的种子具有种阜（图3-1）。另外，有些植物的种子在形成过程中从珠柄的端部向外突出并向上生长，发育为包裹在种子外面、色泽鲜艳的结构，称为假种皮（aril），如龙眼和荔枝的可食部分就是假种皮（图3-5 B 和图3-5 C）

二、种子的类型

在成熟种子中，有的具有胚乳结构，有的没有胚乳，根据种子在成熟时是否具有胚乳，将种子分为有胚乳种子（albuminous seed）和无胚乳种子（exalbuminous seed）。

（一）有胚乳种子

有胚乳种子由种皮、胚和胚乳3部分组成。双子叶植物中的蓖麻、烟草、茄、辣椒、桑和柿等植物的种子和单子叶植物中的水稻、小麦、玉米、高粱和洋葱等植物的种子，都属于这种类型。

1.双子叶植物有胚乳种子

（1）蓖麻种子的结构。蓖麻的外种皮光滑，具斑纹。种子一端有海绵状隆起的种阜，它是外种皮延伸形成的突起，有吸收作用，利于种子的萌发；种孔被种阜遮盖，种脐不甚明显。种皮上有一长条状突起的种脊。外种皮内侧有膜质的内种皮。种皮以内是含有大量脂肪的白色胚乳。胚包被在胚乳的中央，胚由胚芽、胚根、胚轴和两片子叶组成。其两片子叶大而薄，有显著脉纹，两片子叶的基部与短小的胚轴相连，胚轴上方的小突起是胚芽，下方突出的部分是胚根（图3-1）。

（2）番茄种子的结构。番茄的种子扁平、卵形，种皮淡黄色而被以灰色或银色的毛，种脐位于较小一端的凹陷处。胚弯曲，包藏于富含脂类的胚乳中，胚有两片细长而弯曲的子叶。胚芽小，仅为介于二子叶间的一个小突起；胚根长，外观上和胚轴无明显界限（图3-2）。

2.单子叶植物有胚乳种子

（1）小麦"种子"的结构。以小麦（图1-33和图3-3）为例，说明禾本科植物"种子"（颖果）的结构。

①种皮：一粒小麦俗称为种子，但其外围并不单纯是种皮，而是果皮和种皮共同组成的复合层（图1-33和图3-3）。小麦的果皮较厚，种皮较薄，二者互相愈合不易分离，因此麦粒是果实，这类果实称为颖果。

②胚乳：从小麦颖果的纵切面来看，胚和胚乳的界线很明显。果皮和种皮以内大部分是胚乳，胚较小，位于基部侧面（图3-3C）。胚乳可分为两部分。紧贴种皮的一层细胞是糊粉层，糊粉层细胞含蛋白质、脂肪等营养物质，其余大部分是含淀粉的胚乳细胞。

③胚：胚由胚芽、胚根、胚轴和子叶四部分构成（图3-3D）。胚芽位于胚轴的上方，由生长点和包被在生长点之外的数片幼叶组成；包围在胚芽外方的鞘称为胚芽鞘（coleoptile）；胚根位于胚轴的下端，由生长点和根冠所组成，外方包被的为胚根鞘（coleorhiza）；胚轴较短，上接胚芽，下连胚根，侧面与子叶相连接，子叶只有一片，着生于胚轴的一侧，形如盾状，称为盾片（scutellum）。盾片中靠近胚乳的表层细胞排列整齐，称为上皮细胞。当种子萌发时，上皮细胞分泌酶类到胚乳中，把胚乳中贮藏的营养物质消化、吸收，并转移到胚

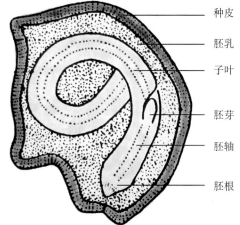

图3-6 洋葱种子的结构（示有胚乳种子）
（改自徐汉卿）

中供其利用。胚轴在与盾片相对的一侧有一小突起，称为外胚叶（外子叶），有人认为是另一片子叶退化后的残留部分，也有人认为是胚器官的部分裂片，是胚根鞘的延伸部分。

（2）洋葱种子的结构。洋葱种子近于半球形，种皮深棕色，较坚硬，胚乳主要含有蛋白质、类脂和半纤维素等营养物质。胚弯曲，包藏于胚乳之中。子叶一片，长柱形，基部圆筒形，着生在胚轴上面并包被着胚芽，其一侧有裂缝，称子叶缝，胚芽着生于子叶缝处，胚根在胚轴之下（图3-6）。

（二）无胚乳种子

无胚乳种子在种子成熟时缺乏胚乳，此类种子仅由种皮和胚两部分组成。在种子成熟过程中胚乳的贮藏营养转移到子叶中，常常具有肥厚的子叶。双子叶植物如花生、棉花、茶、豆类、瓜类及柑橘类，以及单子叶植物慈姑、泽泻等都属于无胚乳种子。

1. 双子叶植物无胚乳种子

（1）菜豆种子的结构。菜豆种皮表面有花纹或无，种子的一侧具一长圆形的种脐，多为灰白色，在种脐的一端是种孔，种子萌发时，胚根多从此处伸出。胚由胚芽、胚根、胚轴和两片子叶组成。子叶肥厚，乳白色；胚轴较短，子叶着生于其两侧；胚轴的下方为胚根；胚轴上方为胚芽，由生长点和幼叶所组成（图3-7）。

（2）花生种子的结构。花生种皮为红色或红紫色的膜质状。在种子尖端部分有一微小白色细痕就是种脐，种孔不明显。胚由胚芽、胚根、胚轴和两片子叶组成（图3-8）。子叶肥厚、乳白色而有光泽，其贮藏物质为脂肪。胚轴短粗，子叶着生于其两侧，把胚轴分为两段，子叶着生点以上的一段称上胚轴（epicotyl），子叶着生点以下的一段称下胚轴（hypocotyl），胚轴的下端为胚根，上端为胚芽，胚芽由生长点与幼叶组成。

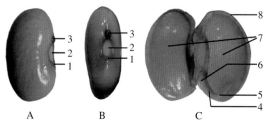

图3-7 菜豆种子的结构
A.侧面 B.腹面 C.切开种皮，子叶分开（示胚的结构）
1.种孔 2.种脐 3.种瘤 4.胚轴 5.胚芽
6.胚根 7.子叶 8.种皮
（曹玉芳 摄）

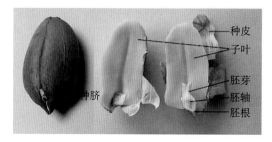

图3-8 花生种子的结构
（曹玉芳 摄）

（3）棉花种子的结构。棉花种子种皮黑褐色而坚硬，其上着生的纤维和短茸是表皮毛，种子尖端的突起处有不明显的种脐。剥去种皮后，有一层乳白色的薄膜，这是胚乳的遗迹（因此，也有人认为棉花属于有胚乳种子），其内部为胚。子叶在种子内呈皱褶状，胚根圆锥状，胚轴较短，胚芽较小，包在两片子叶之间（图3-9）。

2. 单子叶植物无胚乳种子
慈姑的种子很小，包在侧扁的三角形瘦果内，每一果实仅含一粒种子。种子由种皮和胚两部分组成。种皮极薄，仅一层细胞。胚弯曲，胚根的顶端与子叶端紧密靠拢，子叶一片，长柱形，着生在胚轴上，它的基部包被着胚芽。胚芽有一个生长点和已形成的初生叶。胚根和下胚轴相连，组成胚的一段短轴（图3-10）。

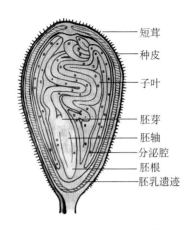

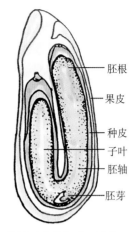

图3-9 棉花种子的结构（去掉长表皮毛） 图3-10 慈姑果实纵切（示内部无胚乳种子）
（改自李扬汉） （改自徐汉卿）

第二节 种子的萌发和幼苗的形成

种子形成幼苗的过程，称为种子的萌发。在适宜的条件下并且胚已经充分成熟，种子内部经过一系列的生理生化变化，胚开始生长发育，形成幼苗。

一、种子的寿命和休眠

种子的寿命是指在一定条件下种子保持生活力的最长期限。种子的生活力表现在胚是否具有生命，通常以种子发芽率来表示，而以达到60%以上的发芽率的贮藏时间为种子寿命的依据。种子的寿命因植物种类不同有较大差异，这决定于植物本身的遗传特性和发育是否健壮，同时也和种子贮藏期间的条件有关。如马齿苋的种子寿命可达20～40年；莲的种子寿命在150年以上，埋在辽宁泥炭层的古莲子，埋藏有千年之久，挖出来经过精心培育仍能萌发生长；农作物种子的寿命一般在2~6年。也有些种子的生活力极为短暂，如橡胶树、柳树的种子，仅有几周的寿命。

有些植物的种子成熟后，在适宜的环境下能立即萌发，但有些植物的种子即使环境适宜，仍不能进入萌发阶段，必须经过一段相对静止的时期才能萌发，这一特性称为种子的休眠。种子休眠的原因有多种，有的由于在开花结实后，种子脱离母体时，胚在形态上（如人参、银杏）或生理上（如苹果、桃）尚未完全成熟，还需要经过一段继续发育的后熟过程；有的植物种子由于种皮太坚厚，不易使水分透过，通气性也差；豆科植物中某些属，种子内部产生有机酸、植物碱和植物激素等抑制物质，使种子萌发受到阻碍。这类种子需要通过后熟，或使种皮透性增大，呼吸作用和酶的活性增强，内源激素水平发生变化，抑制萌发的物质含量减少，种子才能萌发。

二、种子萌发和幼苗的形成

当种子解除休眠状态后，在充足的水分、适宜的温度和足够的氧气的环境条件下开始萌发并形成幼苗。少数植物种子的萌发还需光照或是黑暗的条件，如莴苣、烟草种子需要光照，番茄、洋葱和瓜类的种子需要黑暗才能萌发。

（一）幼苗的形成

发育正常的种子，在适宜的条件下开始萌发。干燥的种子吸足了水分称为吸胀，坚硬的种皮软化，酶的活性增强，呼吸作用加强，细胞开始分裂，胚根和胚芽相继顶破种皮。通常是胚根首先突破种皮向下生长形成主根，伸入土壤，然后胚芽突出种皮向上生长，伸出土面而形成茎和叶，逐渐形成幼苗。种子萌发时通常胚根是最先出现的器官，根可使幼苗固定在土壤中，并从中吸收水分和养分，当胚根长到一定长度后胚芽开始伸长。

为了保护柔弱的顶端生长点，下胚轴或上胚轴形成一个弯钩，使胚芽在向上伸出时免遭土壤的损坏，把胚芽或连同子叶一起推出土面。禾本科植物种子在萌发时，胚根鞘和胚芽鞘先后突破种皮，保护其内的胚根和胚芽，然后胚根和胚芽再突破胚根鞘和胚芽鞘继续生长，胚芽鞘一经露出土面就停止生长。

具有直根系的植物种类如大豆、棉花和蚕豆等，主根以后成为根系的主轴，在上面将生长出各级侧根，形成幼苗的根系。具有须根系的植物种类如水稻、小麦等禾本科植物，它们的胚根突破胚根鞘伸长不久，就在胚轴上方两侧生出一对或两对不定根，它们与主根合称为种子根（seminal root），也称初生根（primary root）。种子根通常不甚发育，以后被从下部茎节上生出的不定根（也称次生根，secondary root）所代替。

小麦种子萌发时，首先是胚根鞘生长，随后胚根突破胚根鞘形成一条主根。不久，在胚轴处长出1～3对不定根。同时胚芽鞘露出，随后从胚芽鞘中陆续长出真叶，形成幼苗（图3-11）。

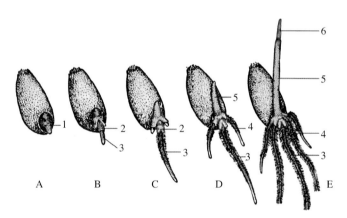

图3-11 小麦种子的萌发（A～E示种子萌发过程）
1.胚 2.胚根鞘 3.主根 4.不定根 5.胚芽鞘 6.第一叶
（改自李扬汉）

（二）幼苗的类型

根据种子萌发时胚轴伸长情况不同，根据子叶是否留在土中，将幼苗分为子叶出土幼苗和子叶留土幼苗两大类。

1. 子叶出土幼苗 在种子萌发时，胚根突出种皮，下胚轴迅速伸长，将子叶和胚芽推出地面（图3-12和图3-13）。随后，子叶渐大而展开，见光后细胞内形成叶绿体，可进行光合作用。棉花的子叶展开后，进行一段时间的光合作用，胚芽则相继发育为茎叶系统。

双子叶植物如棉花、大豆、油菜和瓜类等无胚乳种子，以及蓖麻等有胚乳种子，均形成子叶出土幼苗（图3-12）。

单子叶植物中，也有形成子叶出土幼苗的，如洋葱等植物，不过洋葱种子萌发和幼苗形态较为特殊（图3-13）。当种子萌发时，首先细长子叶的下部和中部迅速伸长，使胚根和胚轴推出种皮，子叶除先端仍包被在种皮和胚乳内吸收养料外，其余部分也随之伸出种皮外方。子叶的外露部分先弯曲呈弓形，以后进一步生长而逐渐伸直，并将子叶先端带离种皮而全部露出土面。不久，第一片真叶从子叶的裂缝中伸出，并在主根周围长出不定根，最终形成了子叶出土类型的幼苗。

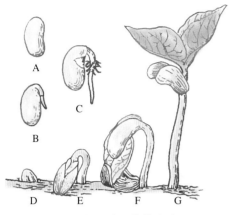

图3-12　大豆种子的萌发（A～G
示种子萌发过程）
（改自华东师大）

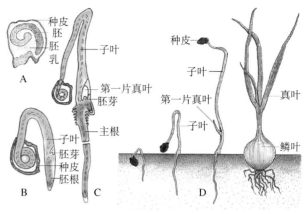

图3-13　洋葱种子的萌发
A. 种子纵切面　B. 萌发种子的纵切面　C. 早期幼苗的纵切面
D. 子叶出土幼苗的形成过程
（改自 Troll）

2. **子叶留土幼苗**　这类幼苗的形成特点是，种子萌发时，仅上胚轴伸长生长，把胚芽推出地面，形成植物的茎叶系统，下胚轴并不伸长或伸长极其有限，而使子叶和种皮藏留于土壤中。双子叶植物如蚕豆、豌豆（图3-14）、柑橘和荔枝的无胚乳种子，核桃、三叶橡胶树的有胚乳种子，以及单子叶植物的水稻、小麦和玉米（图3-15）的有胚乳种子，它们萌发形成的幼苗均属子叶留土类型。

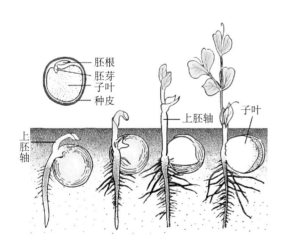

图3-14　豌豆种子的萌发（示子叶留土）
（改自李扬汉）

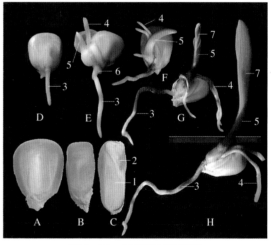

图3-15　玉米种子的萌发
1.胚　2.胚乳　3.主根　4.不定根　5.胚芽鞘
6.胚根鞘　7.第一片真叶
（曹玉芳　摄）

✎ **本 章 提 要**

种子由胚珠发育而来。幼苗是由种子的胚发育成的幼小植物体，由它进一步发育，成长为新的植株。

不同种类植物的种子形态差异比较显著。种子的形态特征是鉴别植物种类的重要依据。

种子由胚、胚乳和种皮 3 部分组成。胚是种子的最重要部分，是新生植物雏体，它由胚根、胚芽、胚轴和子叶 4 部分组成。胚乳位于种皮和胚之间，是种子中营养物质贮藏的场所，由贮藏组织构成，供种子萌发时利用。有些植物种子在生长发育过程中，胚乳的养料被胚吸收，转入子叶中贮存，所以成熟时，种子中无胚乳存在。种皮是种子外面的保护层，具有保护种子不受外力机械损伤和防止病虫害入侵的作用。种皮的厚薄、色泽和层数，因植物种类的不同而有差异。

在成熟种子中，有的具有胚乳结构，有的没有胚乳，根据种子在成熟时是否具有胚乳，将种子分为有胚乳种子和无胚乳种子。

种子的寿命是指在一定条件下种子保持生活力的最长期限。不同种类的植物种子，其寿命的长短不同。

有些植物的种子在环境条件适宜的情况下，仍不能进入萌发阶段，而必须经过一段相对静止的时期才能萌发，种子的这一性质称为休眠。

种子的胚从相对静止状态转入生理活跃状态，开始生长，并形成幼苗，这一过程称为种子萌发。种子萌发的前提是种子已成熟，并具有生活力。

种子萌发的主要外界条件是充足的水分、适宜的温度和足够的氧气，少数植物种子萌发还受光照有无的调节。

发育正常的种子，在适宜的条件下开始萌发。通常是胚根首先突破种皮向下生长形成主根，伸入土壤，然后胚芽突出种皮向上生长，伸出土面而形成茎和叶，逐渐形成幼苗。

根据种子萌发时子叶的位置，将幼苗分为子叶出土幼苗和子叶留土幼苗两大类。

复习思考题

1. 为什么说胚是种子的最重要部分？
2. 试分析种子萌发所需的内部和外部条件。
3. 种子萌发后，种子各部分的命运如何？

第四章　根

　　根（root）是植物适应陆生生活的产物，是绝大多数种子植物和蕨类植物所特有的营养器官之一。根一般生长在土壤中，构成植物体的地下部分，它具有多方面的生理功能。

第一节　根的功能

　　1.吸收、输导作用　植物一生需要大量的水，其中绝大部分是由根部吸收的。根还吸收土壤溶液中的矿质元素，如 N、P、K、Ca 和 S 等，少量含碳有机物、可溶性氨基酸和有机磷等有机物，以及溶于水中的 CO_2 和 O_2。根所吸收的物质通过输导组织运输到地上部分，而茎叶系统合成的有机物质也运到根部，然后由根的维管组织送到根的各部分，维持根的生长发育和生命活动。

　　2.固着、支持作用　根在地下反复分枝形成庞大的根系，使其地上部分能巍然屹立，经受住风雨等的袭击和其他机械力。根具有的巨大支持力是与在土壤中广泛分布的根系和内部的机械组织密切相关的。

　　3.合成、分泌作用　已发现根能合成多种有机物，如氨基酸、生物碱（如尼古丁）及植物激素等物质；同时根能分泌近百种物质，包括糖类、氨基酸、有机酸、维生素、核苷酸和酶等。这些分泌物中有的可以减少根与土壤的摩擦力；有的在根表面促进吸收；有的对他种植物是生长刺激物或毒素；有的还能促进土壤中一些微生物的生长，在根表面及其周围造成一个特殊的微生物区系，从而增强植物体的代谢活动、吸收作用及抗病性等。

　　此外，有些植物的根还有特殊的形态及功能，如贮藏、繁殖、呼吸和攀缘等功能。

第二节　根的形态

一、根的类型

　　根据根发生的部位不同，将根分为定根（normal root）和不定根（adventitious root）两大类。种子萌发时，胚根突破种皮，直接长成主根（main root）。根产生的各级大小分支，都称为侧根（lateral root）。主根和侧根都从植物体固定的部位生长出来，均属于定根。主根生长达到一定长度，才在一定部位上产生侧根，二者之间往往形成一定角度，侧根达到一定长度时又能生出新的

图4-1　定根和不定根
A.大豆的定根　B.玉米茎下部节上生出的不定根（支柱根）

侧根。从主根上生出的侧根可称为一级侧根，一级侧根上生出的侧根，称为二级侧根，以此类推。许多植物除产生定根外，在茎、叶、老根或胚轴上也能产生根，这些根的发生位置不固定，故称为不定根（图4-1）。

二、根系的类型

一株植物地下部分所有根的总体，称为根系（root system）。棉花、花生、油菜、大豆和黄麻等的根系有明显而发达的主根，主根上再生出各级侧根，这种根系称为直根系（tap root system）（图4-2A）。这是裸子植物和绝大多数双子叶植物根系的主要特征之一。

主根生长缓慢或停止，主要由不定根组成的根系，称为须根系（fibrous root system）。须根系中各条根的粗细差不多，呈丛生状态。这是大多数单子叶植物根系的特征（图4-2B）。一般来说，具有发达主根的直根系，常分布在较深的土层，多属于深根性。而须根系往往分布于较浅的土层，多属于浅根性。

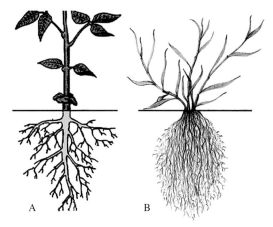

图4-2 植物的根系
A.直根系　B.须根系

第三节　根的初生生长与初生结构的形成

根尖（root tip）是指从根的顶端到着生根毛的部位。不论主根、侧根还是不定根都具有根尖。根尖是根中生命活动最旺盛的部分，是根进行吸收、合成和分泌等作用的主要部位，根的伸长生长也是在根尖进行的。

一、根尖的结构及其生长发育

根尖从顶端起，可依次分为根冠（root cap）、分生区（meristematic zone）、伸长区（elongation zone）和根毛区（root hair zone）（或成熟区），总长1～5 cm（图4-3）。各区的细胞形态结构不同，从分生区到根毛区逐渐分化成熟。除根冠外，各区之间并无严格的界限。

（一）根冠

根冠是位于根尖最前端的由薄壁细胞组成的帽状结构，保护着被其包围的分生区。其外层细胞排列疏松，外壁和原生质体内含有黏液，可能为果胶物质，存在于高尔基体所产生的囊泡内。囊泡不断地与质膜合并，使黏液释放至壁与质膜

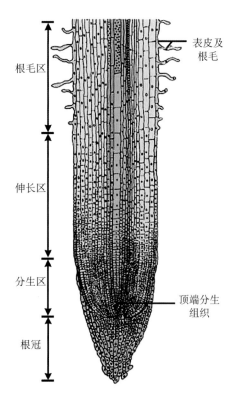

表皮及根毛

根毛区

伸长区

分生区

顶端分生组织

根冠

图4-3　根尖纵切面

间，再分泌至壁外凝成小滴。在根生长时，根冠外层细胞屡有脱落，脱落细胞破裂亦产生黏液，并发现根尖其他部分也分泌这种黏液。这种分泌物可使根尖易于在土壤颗粒间进行伸长生长，而且在根表形成一种吸收表面，具有促进离子交换、溶解和可能螯合某些营养物质的作用。

根冠与根的向地性生长有关。根冠可以感受重力，感受部位是根冠中央的部分，被称为根冠柱细胞。这部分的细胞内有若干被称为平衡石的造粉体（图4-4 A和图4-4 B），如将正常向下生长的根水平放置时，平衡石受重力影响移向根近地面并驱动细胞质形成流动力，然后流动力再促使内质网膜变形，使内质网膜形成动力势能，这个动力势能能激活在柱细胞中的感受器位点。重力感知后，经过信号传导，使根向着重力的方向弯曲。另外，除了平衡石的移动，生长素在根上下两侧积累的量不同，即上侧的量少、下侧的量多，也会促使根伸长区上下两个相对侧面发生复杂的差别生长，使上侧细胞的伸长相对快于下侧细胞伸长，因而根向重力方向弯曲生长，从而保证了根正常的向地性生长（图4-4 C ~图4-4 F）。最近的研究发现，生长素这种不均匀的分布与生长素外运蛋白PIN3的极性分布有关（图4-4 G ~图4-4 J）。

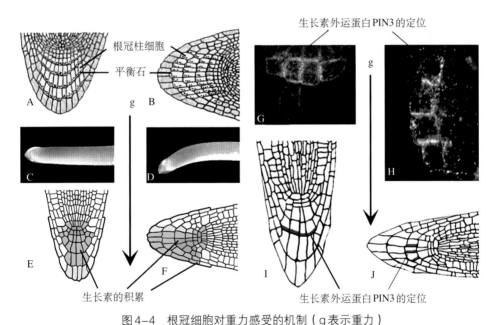

图4-4　根冠细胞对重力感受的机制（g表示重力）

A、B.平衡石（小黑点）对重力的反应［B图中由于根置于水平位置，平衡石移向与土表平行的下方一侧的细胞壁（在A图中时该细胞壁与地表面垂直）］　C.水平放置初期的根　D.水平放置23 h后形成根前端开始向下弯曲　E.根尖处生长素的积累　F.根水平放置后生长素开始在下侧积累　G、I.生长素外运蛋白PIN3在根冠细胞的下侧积累　H、J.将根水平放置后，PIN3在根冠细胞中重新定位

在根的生长过程中，根冠外部细胞不断脱落，由其内方的分生区不断产生新的细胞补充，因而根冠始终维持相对稳定的体积。

（二）分生区

分生区是位于根冠内方的顶端分生组织，包括最前端的原分生组织和初生分生组织，整体如圆锥，故又名生长锥。分生区长1 ~ 3mm，是分裂产生新细胞的部位。其分裂的细胞少部分补充到根冠，以补偿根冠因受损伤而脱落的细胞；大部分细胞伸长、分化成为伸长区的部分，是产生和分化成根各部分结构的基础；同时，仍有一部分分生细胞保持分生区的体积和功能。

在许多植物根尖的原分生组织中，有一群分裂活动甚弱的细胞群，其细胞周期达数百至数千小时。DNA、RNA及蛋白质的含量较低，线粒体、内质网及高尔基体等细胞器稀少，形成了一个不活动的细胞区域，称为静止中心（quiescent center）。静止中心一般只占整个根端分生组织的一小部分。

拟南芥主根的静止中心共有4个细胞，它们直接来自于胚胎中的静止中心细胞（图4-5）。围绕静止中心的细胞称作原始细胞或干细胞（图4-6）。所谓干细胞是指具有多向分化潜能且能通过分裂维持自身存在的一类细胞。通常认为静止中心的细胞向其周围的干细胞发送信号以防止其发生分化。研究发现，*WOX5* 基因在静止中心的细胞中特异表达，在维持静止中心细胞特征方面具有关键作用。

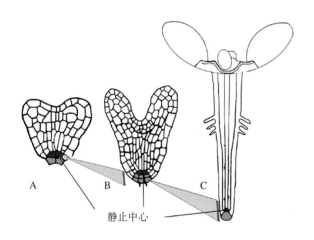

图4-5 拟南芥根尖静止中心细胞的来源
A.心形胚模式图 B.鱼雷形胚模式图 C.幼苗模式图

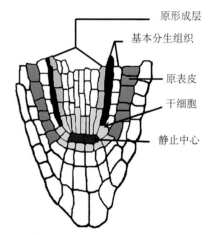

图4-6 拟南芥根尖纵切面［示静止中心（红色标记）及其周围的干细胞（黄色标记）］

在原分生组织的后方，细胞开始分化为初生分生组织。根尖中初生分生组织由原表皮、基本分生组织和原形成层构成，它们以后分别发育成表皮、皮层和维管柱；根冠原细胞向前分裂分化为根冠柱，而侧面根冠起源于表皮干细胞。

（三）伸长区

伸长区位于分生区和成熟区之间，其细胞分裂活动逐渐减弱，细胞分化程度逐渐增高。细胞体积增大，沿根的长轴显著地延伸，液泡化程度加强，细胞质成一薄层位于细胞的边缘部位，因此外观上较为透明，可与分生区相区别。在伸长区的后端，相继分化出原生韧皮部的筛管和原生木质部的导管。其中原生韧皮部的分化较原生木质部略早。此区是初生分生组织向成熟初生结构的过渡区。根的伸长是分生区细胞的分裂、增大和伸长区细胞的延伸共同活动的结果，特别是伸长区细胞的伸长，使根尖不断向土壤深处推进，使根不断转移到新的环境，吸取更多的营养物质。

（四）根毛区

根毛区由伸长区细胞分化形成，位于伸长区的后方。随着植物种类和环境不同，其全长从数毫米到数厘米。这一区域的细胞停止伸长，已分化为各种成熟组织，故亦称为成熟区。

该区因密被根毛而得名。据调查，在湿润环境中玉米根毛区的表皮每平方毫米有根毛425根，苹果有300根，豌豆有230根。根毛的存在大大增加了吸收表面积，显然该区是根部行使吸收作用的主要部分（图4-7）。水生植物常缺乏根毛或虽有而十分稀少，少数陆生植物如花生则无根毛。

根毛是表皮细胞外壁向外突出形成的顶端封闭的管状结构，成熟的根毛长0.5 ～ 10 mm，直径5 ～ 17 μm。根毛形成时，表皮细胞液泡增大，多数细胞质集中于突出部，并含有丰富的内质网、线粒体与核糖体，核也随之进入顶端（图4-8）。根毛的细胞壁由内、外两层构成，外层覆盖整个根毛，薄而柔软，由微纤丝交织而成，并含大量果胶质、半纤维素等无定形物质；内层由纵向排列的微纤丝和少量无定形或颗粒状基质组成，内层并不到达根毛顶端。根毛的伸长是通过顶端生长的方式，基部的壁先增厚和钙化变硬，然后向顶端进行，伸长逐渐停止。因此新形成的根毛钙化程度低，更易与土粒紧贴。

根部发生根毛有两种情况：有的植物具有同型的根表皮层，其全部表皮细胞形态相似，都有产生根毛的潜能。有的植物具有异型根表皮层，由于原表皮细胞进行不均等的细胞分裂，形成两个形态特性不同的子细胞：一个细胞较长，成为一般的表皮细胞；另一个细胞较短，含有较浓的原生质和较大的细胞核和核仁，是形成根毛的原始细胞，这种原始细胞被称为生毛细胞，禾谷类植物以及水生植物水鳖（*Hydrocharis dubia*）、眼子菜属（*Potamogeton*）等的根中，可以明显看到生毛细胞的分化。研究发现植物根毛发育有反馈侧向抑制和位置决定模式两种方式。拟南芥根毛的发生是由位置效应决定的，位于皮层2个细胞之间的表皮细胞可以发育形成根毛，而仅仅与一个皮层细胞相连的表皮细胞往往只能发育形成非毛细胞。

目前，已经鉴定出多个控制根毛发育的基因，加深了人们对根毛发生机理的认识和理解。

根毛的寿命一般为2 ～ 3周或更短，个别植物的根毛可长期存活，但后期常木质化、变粗，如菊科的一些植物。根毛区上部的根毛死去后，又由伸长区新形成的表皮细胞分化出根毛来补充。不断更新的结果，使新的根毛区随着根的生长向前推移。根毛的生长和更新对水、肥的吸收非常重要，所以在移栽植物时，要尽量减少幼根的损伤，可以带土移栽，以有利于植物的成活。

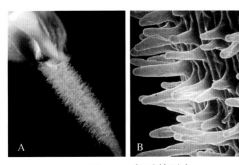

图4-7　根毛的形态
A. 玉米幼根上的根毛　B. 根毛的扫描电子显微镜照片

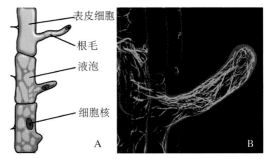

图4-8　根　毛
A. 根毛的分化（表皮细胞外壁突起后，细胞核进入伸长的根毛）　B. 根毛细胞中的细胞骨架
（A仿自Roland）

二、根的初生结构

由根尖的顶端分生组织细胞经过分裂、生长和分化形成成熟根的生长过程，称为根的初生生长（primary growth）。初生生长产生的各种组织，称为初生组织（primary tissue），它们组成根的初生结构（primary structure）。根的初生结构始于根毛区。因此，在根毛区做一

横切面，就能看到根的初生结构。

（一）双子叶植物根的初生结构

横切面上观察，自外而内可分为表皮
（epidermis）、皮层（cortex）和维管柱（vascular
cylinder）（或中柱）3个基本部分（图4-9）。

1. 表皮　表皮通常为一层生活细胞，由原
表皮发育而来。细胞整体近似长方体形，长径
与根的纵轴平行，排列紧密、整齐。细胞壁薄，
外壁缺乏或仅有一薄层的角质膜，无气孔。许
多表皮细胞向外突出形成根毛，扩大了根的吸
收面积。因此，根的表皮被称为"吸收表皮"。

2. 皮层　位于表皮与维管柱之间的多
层薄壁细胞，由基本分生组织分化而来，在

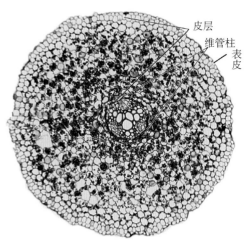

图4-9　双子叶植物根的初生结构

根的初生结构中占很大比例。皮层是水分和溶质从根毛到维管柱的横向输导途径，是贮
藏营养物质和通气的部分，还是根进行合成、分泌等作用的主要场所。一般分为外皮层
（exodermis）、皮层薄壁细胞（parenchyma cell）和内皮层（endodermis）3个同心层次。

多数植物的皮层最外一层或数层细胞形状较小，排列紧密而整齐，称为外皮层。当根
毛枯死表皮脱落时，外皮层细胞壁增厚、栓质化，代替表皮起保护作用，

皮层薄壁细胞的层数较多，细胞体积最大，排列疏松且有明显的胞间隙，细胞中常贮
藏有各种后含物，以淀粉粒最为常见。

皮层最内方有一层形态结构和功能都较特殊的细胞，称为内皮层。其细胞排列紧密，
各细胞的径向壁和上下横向壁有带状的木质化和栓质化加厚区域，称为凯氏带（Casparian
strip）（图4-10 A和图4-10 B）。在横切面上，凯氏带在相邻细胞的径向壁上呈点状，称为凯
氏点（Casparian dot，图4-10 A）。初期的凯氏带是由木质和脂类物质组成，后期又加入栓
质，这几种物质的沉积连续地穿过胞间层和初生壁。位于凯氏带处的质膜较厚而平滑，连
同细胞质紧贴于凯氏带上，质壁分离时亦不分开（图4-10 C）。这种连接与胞间连丝无关，

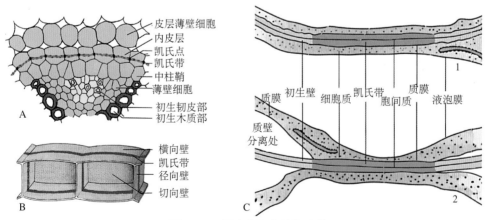

图4-10　根内皮层中的凯氏带

A.根的部分横切面（示内皮层的位置，内皮层的横向壁可见凯氏带）　B.两个内皮层细胞立体图解（示凯氏带出现在横
向壁和径向壁上）　C.两个相邻内皮层细胞横切面（示凯氏带部分的超微结构）

1.正常细胞中，凯氏带部位质膜平滑，而在它处质膜呈波纹状　2.质壁分离后的状况，凯氏带处的质膜仍与壁粘连，而
在它处质膜与壁分离

可能是由于质膜上的类脂或膜蛋白的疏水部分与凯氏带中疏水的栓质相互作用的结果。

由于凯氏带对于水和离子均是不通透的，皮层胞壁间的运输只能到凯氏带处终止，所有通过皮层运输到维管柱的水分和溶质都要经过内皮层细胞质膜的选择透性，从而可以控制物质的运转（图4-11）。内皮层的这种特殊结构，被认为对根的吸收有特殊意义：它阻断了皮层与维管柱间的质外体运输途径，使进入维管柱的溶质只能通过其原生质体，使根能进行选择性吸收，同时防止维管柱里的溶质倒流至皮层，以维持维管组织中的流体静压力，使水和溶质源源不断地进入导管。

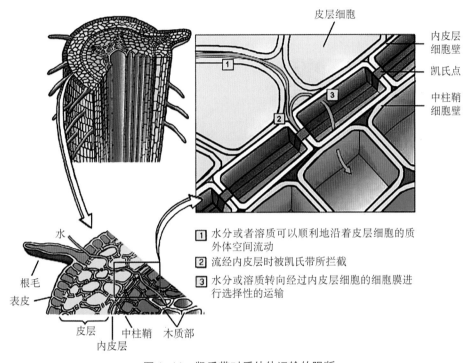

图4-11 凯氏带对质外体运输的阻断

少数双子叶植物的根，其内皮层细胞的细胞壁常在原有的凯氏带基础上再行增厚，覆盖一层木质化纤维层，变为厚壁的结构。这种增厚通常发生在横向壁、径向壁和内切向壁，而外切向壁是薄的，也有全部细胞壁都增厚的，如毛茛。少数正对原生木质部的内皮层细胞保持薄壁的状态，这种薄壁的细胞称为通道细胞（passage cell）。它们是皮层与维管柱之间物质运输的通道。

3. **维管柱** 又称中柱，为内皮层以内的柱状部分，由原形成层分化而来，包括中柱鞘（pericycle）、初生木质部（primary xylem）、初生韧皮部（primary phloem）和未分化的原形成层细胞4部分（图4-12）。

（1）中柱鞘。中柱的最外部，与内皮层毗连，由一或数层薄壁细胞组成，有潜在分裂能力。侧根、不定根、不定芽、部分维管形成层和木栓形成层等均可以由中柱鞘细胞恢复分裂能力而产生。

（2）初生木质部。在中柱鞘内方，呈束状，与初生韧皮部束相间排列。其束数因植物而异，双子叶植物一般为2～6束，分别称为二原型、三原型、四原型、五原型和六原型；木质部的束数在某些植物中是恒定的，因此有系统分类的价值，如二原型在十字花科、石竹科占优势。同一植物的不同品种有时束数有异，如茶，有5束、6束、8束，甚至12束等；同一植株侧根中的束数有时少于主根，或相反；外因有时亦可造成束数的改变，如用三原型的豌豆根尖做离体培养时，适量的吲哚乙酸可使新生根成为六原型。

初生木质部在分化过程中是由外向内呈向心式逐渐成熟的，这种分化方式称为外始式（图4-12）。外方先成熟的部分只具管腔较小的环纹和螺纹导管，称为原生木质部（protoxylem）；内方较晚分化成熟的部分称为后生木质部（metaxylem），其中的导管为管腔较大的梯纹、网纹和孔纹导管。在根的横切面上，初生木质部整体呈辐射状，尖端的原生木质部导管与中柱鞘相接，利于从皮层输入的溶液迅速进入导管运向地上部分，从而缩小了水分运输的距离。

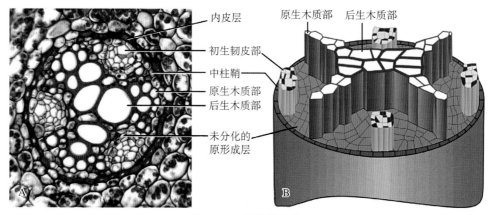

图4-12 根的维管柱
A.毛茛根的横切面局部（示维管柱的组成） B.维管柱立体结构

（3）初生韧皮部。位于初生木质部辐射角之间，束数与初生木质部相同。发育方式与初生木质部一样，也为外始式，即原生韧皮部（protophloem）在外，后生韧皮部（metaphloem）在内，原生韧皮部通常缺少伴胞，而后生韧皮部主要由筛管与伴胞组成，亦有少数韧皮薄壁细胞，只有少数植物有韧皮纤维存在。

（4）未分化的原形成层细胞。在初生木质部与初生韧皮部之间保留着一些未分化的原形成层细胞或薄壁细胞，这些细胞在以后的次生生长中起着重要的作用。绝大多数双子叶植物根的后生木质部分化到根中央，少数双子叶植物中柱中央由于后生木质部没有继续向中心分化，而形成由薄壁组织构成的髓（pith）。

（二）单子叶植物根的结构特点

单子叶植物（包括禾本科植物）根的基本结构与双子叶植物相似，亦分为表皮、皮层和维管柱（中柱）3个基本部分（图4-13A）。但其仅具初生生长和初生结构，不能产生次生分生组织，因而没有次生生长和次生结构。

1. 表皮　表皮细胞一层，通常寿命较短。当根毛枯死后，往往解体而脱落死亡。

2. 皮层　皮层中靠近表皮的一至数层细胞较小，排列紧密，称为外皮层。在根发育后期常形成栓化的厚壁组织，在表皮和根毛枯萎后，替代表皮起保护作用。

外皮层以内是大量的皮层薄壁细胞，细胞排列疏松，胞间隙明显，特别是水稻等湿生植物，其老根中有明显的气腔。

内皮层的大部分细胞在早期发育时凯氏带加厚，到发育后期其细胞壁常呈五面加厚，即两侧径向壁，上、下横向壁及内切向壁皆发生木质化和栓质化加厚。在横切面上，增厚的部分成马蹄铁形。增厚的内切向壁上具有纹孔，可使经过内皮层细胞质膜选择性运输后的物质通过。少数对着初生木质部辐射角处的内皮层细胞其细胞壁不加厚，称为通道细胞（图4-13B）。一般认为，它们是皮层和维管柱之间物质运输的主要通道。

3. 维管柱 其外有中柱鞘包被，中柱鞘在根发育后期常部分（如玉米）或全部（如水稻）木化。在中柱鞘内，初生木质部和初生韧皮部相间排列，其细胞分化成熟的方式均为外始式。初生木质部一般为多原型，原生木质部位于外方，由口径较小的导管组成；后生木质部位于内方，由口径较大的导管组成。维管柱中央有发达的髓，由薄壁细胞组成，可以贮藏营养物质；有的植物种类，如水稻等发育后期髓可成为木质化厚壁组织。

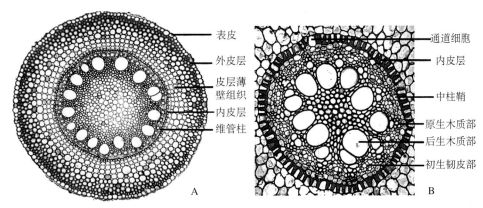

图4-13 单子叶植物根的初生结构
A. 玉米根的横切面 B. 鸢尾根的维管柱和内皮层

大多数单子叶植物的根无次生生长，发育时期较长的根部称为老根，其主要特征是：表皮与根毛大多枯萎；外皮层形成厚壁组织，如有通气结构（如水稻、甘蔗）则已发育完善；内皮层细胞壁五面加厚显著；后生木质部导管完全成熟。有的植物如水稻，除韧皮部外，整个中柱全部木质化。

三、侧根的发生

植物的主根或不定根在初生生长后不久，将产生分枝，即出现侧根。侧根上又能依次长出各级侧根。正是由于能不断地形成与母根有同样结构的侧根，使根系在适宜条件下可以不断地向新的土壤中扩展分布，扩大吸收范围与面积，增强了根的吸收能力。同时加强了根的固着、支持及输导等能力。

（一）侧根的发生与形成

侧根是由侧根原基发育形成的。侧根原基由母根皮层以内的中柱鞘的一部分细胞经脱分化、恢复分裂能力形成，故称为内起源（endogenous origin）。当侧根开始发生时，中柱鞘的某些细胞经过脱分化，恢复分裂能力。先进行平周分裂，使这部分细胞的层数增加并向外突起，以后的分裂是各个方向的，产生了一团新细胞，形成了侧根原基，侧根原基进一步发育，向着母根皮层的一侧生长，逐步分化形成根冠、分生区和伸长区（图4-14）。由于侧根分生区细胞不断进行分裂、生长和分化，侧根不断向前推进，同时由于侧根不断生长所产生的机械压力和根冠分泌的物质可以使皮层和表皮细胞溶解，这样侧根穿过皮层和

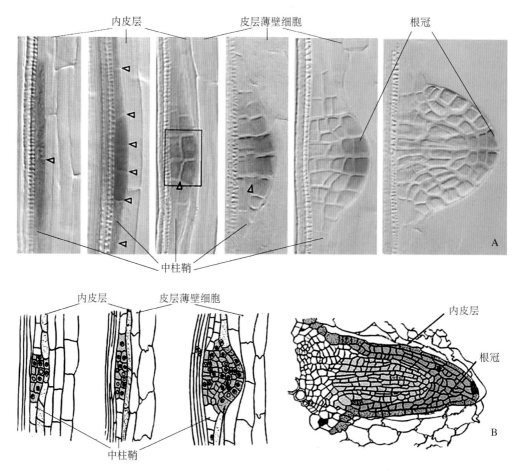

图4-14　侧根的形成过程
A.侧根的形成过程　B.侧根的形成过程模式图

表皮伸出母根外，进入土壤（图4-15）。有些植物新生侧根的初生生长对母根内皮层形成挤压力，内皮层细胞会进行分裂形成一个袋状结构，包在幼侧根外而暂时缓解这种压力。但外方的皮层和表皮并不能随之分裂，因此随幼侧根的伸长均被摧毁，最后袋状结构也解体。侧根伸入土壤前，其成熟区已初步形成，入土时产生根毛，逐渐形成完整的根尖。

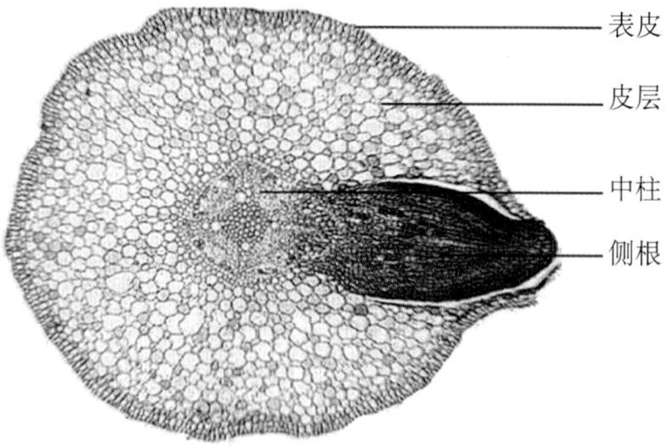

　　侧根原基在近伸长区的根毛区产生，但穿过皮层和表皮伸出母根外是在根毛区后方，这样就不会由于侧根的形成而破坏根毛。

图4-15　侧根穿过皮层和表皮

（二）侧根在母根上的分布

　　侧根在母根上的分布位置，在同一种植物中常常是稳定的，因为侧根只发生于中柱鞘的一定部位。它的发生与初生木质部的脊数有关。一般在二原型的根中，侧根发生在初生木质部与初生韧皮部之间或正对着原生木质部；在三原型和四原型根中，发生在正对着初生木质部处；在多原型的根中，则发生在对着初生韧皮部处（图4-16）。从外部观察，侧根在母根上沿长轴纵向排列，行列的数目多等于初生木质部的脊数。因侧根原基是交错发生的，在横剖面上常只能见到 1 ～ 2 个侧根或侧根原基。

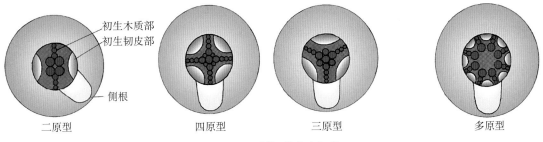

二原型　　　　　四原型　　　　　三原型　　　　　多原型

图4-16　侧根的发生部位

　　侧根起源于中柱鞘，其维管组织与母根是相连的，它们之间有着密切的联系。切断主根能促进侧根的发生，从而形成更发达的根系。因此，在农、林、园艺工作中，利用这个特性，在移苗时常切断主根，以引起更多侧根的发生，保证植株根系的旺盛发育，使整个植株更好地繁荣生长。

第四节　根的次生生长和次生结构

　　大多数双子叶植物和裸子植物，特别是多年生木本植物的根，初生生长结束后，要经过次生生长（secondary growth），形成次生结构（secondary structure）。根的次生生长是根的次生分生组织活动的结果。次生分生组织包括维管形成层和木栓形成层，前者不断地侧向添加维管组织，后者形成周皮，共同组成根的次生结构。次生结构不断添加的结果是使根增粗。单子叶植物的根一般不加粗，少数则以较为特殊的方式进行。

一、维管形成层的产生及其活动

　　维管形成层，简称形成层。由根的初生结构中保留下来的一部分原形成层和一部分中柱鞘细胞恢复分裂能力而产生的细胞组成。

　　维管形成层的形成：首先由保留在初生韧皮部内侧的原形成层细胞恢复分裂能力，形成了几个弧形片段式的形成层。接着，这些形成层片段两端的细胞也开始分裂，使形成层片段沿初生木质部放射角扩展至中柱鞘处。此时，对着原生木质部处的中柱鞘细胞脱分化，恢复分裂能力，成为形成层的一部分，从而使整个形成层连接为一圈，横切面上呈波浪式

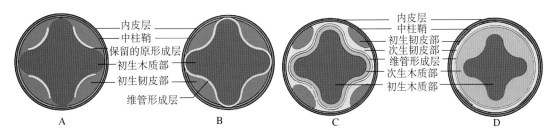

图4-17　维管形成层的发生过程及其活动
（A ～ D示维管形成层发生过程）

环状，这就是维管形成层。由于不同植物根中的初生木质部束数目不同，因此，形成层的形状也有所不同。如二原型根中略呈卵形，三原型根中近似三角形，四原型根中呈四边形等（图4-17）。

为了更好地掌握维管形成层细胞具有的各种不同方向的分裂，便于掌握有关组织结构中细胞的壁面、分裂和排列等的方向，现就有关名词简述如下：就细胞壁面方向而言，假定细胞是立方体形的，它的壁面方向按在器官中的位置，可分为内、外切向壁，左、右径向壁和上、下横向壁6个对称面。切向壁是与该细胞所在部位最近一侧的外周切线相平行；径向壁是与该细胞所在部位的半径相平行；横向壁是与根轴的横切相平行。其他形状细胞的壁向方向，大致可以此类推。就细胞分裂方向而言，由于根是柱状器官。因此，按细胞分裂方向与圆周、根轴的关系，就有切向分裂、径向分裂和横向分裂之分。切向分裂是细胞分裂与根的圆周最近处切线相平行，也称平周分裂，分裂的结果是增加细胞的内外层次，使器官加厚，它们的子细胞的新壁是切向壁。径向分裂是细胞分裂与根的圆周最近处切线相垂直，分裂的结果是扩展细胞组成的圆周，使器官增粗，新壁是径向壁。横向分裂是细胞组成的纵向行列，使器官伸长，新壁是横向壁。按上述情况，细胞的分裂方向也可以按形成的新壁方向为依据。径向分裂和横向分裂也称垂周分裂，但狭义的垂周分裂一般只指径向分裂。就细胞排列而言，由于细胞排列方向与新壁的壁面方向垂直，因而有切向排列、径向排列和纵向排列之分。切向排列或左右排列，是径向分裂的结果，新壁必然是径向的；径向排列或内外排列，是切向分裂的结果，新壁是切向的；纵向排列或上下排列是横向分裂的结果，新壁是横向的（图4-18）。

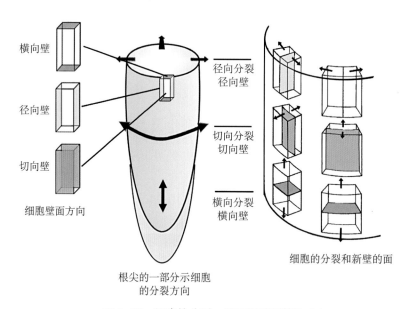

横向壁
径向壁
切向壁
细胞壁面方向

径向分裂
径向壁
切向分裂
切向壁
横向分裂
横向壁

根尖的一部分示细胞
的分裂方向

细胞的分裂和新壁的面

图4-18 细胞的分裂、壁面和排列等的方向

维管形成层发生后，主要进行平周分裂，向内分裂、分化形成次生木质部，加在初生木质部的外方，向外分裂、分化形成次生韧皮部，加在初生韧皮部的内方。由于形成层环各处分裂速度不等，波浪状形成层环的凹段是最先形成的部分，分裂速度快，而且向内形成的次生木质部细胞多于向外形成的次生韧皮部的细胞，因此在次生生长过程中，波浪状环的凹部逐渐被向外推移，使整个形成层成为圆筒（环）状。形成层变为圆环后，形成层

各区段细胞分裂速度相等，不断使根加粗，维管形成层的位置不断向外移。形成层细胞除进行平周分裂外，还进行少量的垂周分裂，以扩大自身的周径，以适应根的不断增粗。一般植物的根中，形成层活动产生的次生木质部的数量远远多于次生韧皮部，因此在横切面上次生木质部所占比例要比次生韧皮部大得多。在根的增粗过程中，由于初生韧皮部被逐渐推向外侧，在这个过程中大多数被挤毁，即使被保留下来，也仅仅是其韧皮纤维。因此，在根的次生结构中，输导同化产物的功能由次生韧皮部来担负。

维管形成层向外形成的次生韧皮部包括筛管、伴胞、韧皮薄壁细胞和韧皮纤维；向内形成的次生木质部包括导管、管胞、木薄壁细胞和木纤维。在次生结构中，还有一些呈径向排列的薄壁细胞群，细胞的长轴和根的半径平行，这些薄壁细胞呈条状分布，分布在次生木质部中的称木射线（xylem ray），分布在次生韧皮部中的称韧皮射线（phloem ray），它们总称维管射线（vascular ray）。射线主要起横向输导作用，并兼有贮藏功能。

根形成次生结构后，直径显著增粗，但呈辐射状态的初生木质部则仍然保留于根的最中心（图4-17和图4-20），这是区分老根与老茎的标志之一。

二、木栓形成层的产生及其活动

当形成层不断产生次生结构使中柱愈来愈粗，外围的皮层和表皮经受其压力与张力时，常因不能进行相应的径向扩展而破裂脱落。在此之前，中柱鞘细胞可以通过脱分化，进行径向（增加其圆周长）和切向分裂而形成木栓形成层（图4-19A）。木栓形成层向外分裂产生多层木栓细胞，称为木栓层（cork，phellem）；向内产生少数几层薄壁细胞，称为栓内层（phelloderm）。这3种组织组成了周皮（图4-19B）。木栓细胞扁平，排列紧密而整齐，细胞壁栓质化后，原生质体解体，腔内充满气体，成为防止水分过度散发和抵抗病虫害侵袭的次生保护结构。由于木栓层细胞壁栓质化，不透水，不透气，使其外方的组织断绝营养而死亡。

最早的木栓形成层发生于中柱鞘。但随着根的不断增粗，原来的周皮不能永久保存，新的木栓形成层将不断产生，其发生位置是在原有的木栓形成层内方，并逐年向内推移，最终可由次生韧皮部中的部分薄壁细胞发生。多年生植物的根部，逐年形成的老周皮覆盖在新的周皮外，形成较厚的死树皮。

少数植物的木栓形成层可由皮层甚至表皮形成，这时这些植物根中的皮层一部分或全部能随中柱的增粗而作相应扩展。

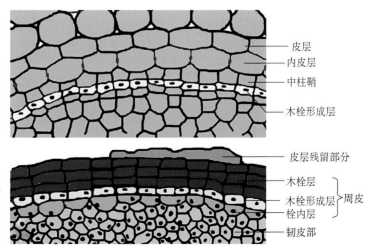

图4-19　根的木栓形成层
A.葡萄根中的木栓形成层由中柱鞘发生
　B.橡胶树根中周皮的组成

皮层
内皮层
中柱鞘
木栓形成层

皮层残留部分
木栓层
木栓形成层　｝周皮
栓内层
韧皮部

三、根的次生结构

根的维管形成层和木栓形成层活动的结果形成了根的次生结构（图4-20）。具有次生构造的根的横切面上，自外而内依次为周皮（木栓层、木栓形成层、栓内层）、成束的初生韧皮部（常被挤毁）、次生韧皮部（含径向的韧皮射线）、形成层、次生木质部（含木射线）及仍保留在根中央呈辐射状的初生木质部。

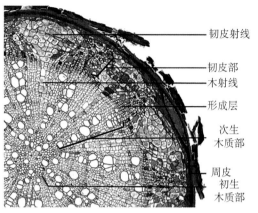

图4-20 椴树老根的横切面局部

根的次生结构有以下特点：

①次生维管组织内，次生木质部居内，次生韧皮部居外，相对排列。这与初生构造中初生木质部与初生韧皮部二者的相间排列完全不同。维管射线是新产生的组织，它的形成使维管组织内有了轴向和径向系统之分。

②形成层每年向内、外增生新的维管组织，特别是次生木质部的增生，使根的直径不断地增大。因此，形成层也就增大，位置不断外移，所以，形成层的细胞除主要进行切向分裂外，还有径向分裂及其他方向的分裂，使形成层周径扩大，以适应内部的增长。

③次生结构中以次生木质部为主，而次生韧皮部所占比例较小。这是因为新产生的次生维管组织总是增加在旧韧皮部的内方，而外方老的韧皮部因受内方的生长而遭受的压力最大。越是位于外方的韧皮部，受到的压力越大。当压力到达一定程度，老韧皮部就遭受破坏，丧失作用。尤其是初生韧皮部，很早就被破坏，以后就依次轮到外层的次生韧皮部。而木质部的情况完全不同，形成层向内产生的次生木质部数量较多，新的木质部总是加在老木质部的外方，因此老木质部受到新组织的影响小。所以，初生木质部能在根的中央被保存下来，次生木质部则有增无减。因此，在粗大的树根中，几乎大部分是次生木质部，而次生韧皮部仅占极小的比例。

双子叶植物根的发育过程如图4-21所示。

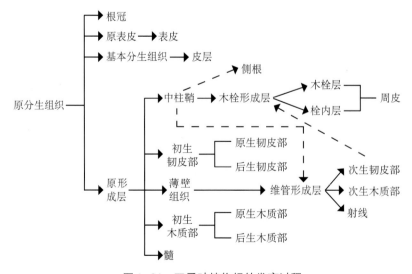

图4-21 双子叶植物根的发育过程

本章提要

根的主要生理功能是吸收、固着、支持、输导、合成和分泌，某些植物因长期适应某种特定环境，还有收缩、呼吸、寄生、攀缘、贮藏和繁殖等功能。

根是由根的顶端分生组织中的细胞经过分裂、生长和分化而形成的。根的顶端分生组织包括原分生组织和初生分生组织两部分。由原分生组织细胞分裂、分化形成了根顶端的初生分生组织。

种子植物萌发后，胚根的顶端分生组织的细胞经过分裂、生长和分化，形成了主根。主根上可以产生侧根，除主根、侧根外，还可在茎、叶、老根或胚轴上生出不定根；一株植物上所有根的总和，称为根系。根系可分为直根系和须根系两种。直根系由主根和侧根组成，为一般双子叶植物和裸子植物所具有；须根系主要由不定根组成，为一般单子叶植物所具有。

根中从根的顶端到着生根毛的部位，称为根尖。根尖是根中生命活动最旺盛的部位，担负着根内细胞分裂、根的伸长和物质吸收等重要功能。根尖可分为根冠、分生区、伸长区和根毛区。被子植物根尖分生区的最前端，为原分生组织的原始细胞，由它分化成原表皮、基本分生组织和原形成层3种初生分生组织，将来进一步分化为根的初生结构。

根的初生结构包括表皮、皮层和维管柱3部分。表皮细胞壁薄，水分易透过，多数表皮细胞的外壁向外延伸形成根毛，扩大了根的吸收面积。皮层由基本分生组织分化而来，可分为外皮层、皮层薄壁细胞和内皮层。内皮层是皮层最内一层细胞，其径向壁和横向壁一定位置上有一条木质化和栓质化的凯氏带，水分和溶质必须通过内皮层细胞的原生质体。维管柱由中柱鞘、初生木质部、初生韧皮部和未分化的原形成层细胞组成。位于最外方的是中柱鞘，其为一层细胞，具有潜在的分裂能力，可产生维管形成层的一部分、木栓形成层和侧根；初生木质部和初生韧皮部相间排列，发育方式均为外始式。双子叶根中一般无髓，单子叶植物根中一般有髓。

大多数双子叶植物根可进行次生生长，形成次生结构。它是次生分生组织（维管形成层和木栓形成层）活动的结果。维管形成层发生于初生木质部和初生韧皮部之间的未分化的原形成层细胞和正对初生木质部辐射角外面的中柱鞘细胞，经过弧形、波状，最后形成圆环形的维管形成层。维管形成层向内形成次生木质部，向外形成次生韧皮部，使根增粗。木栓形成层最初由中柱鞘细胞恢复分裂能力产生，木栓形成层细胞分裂产生木栓层和栓内层，三者构成周皮。根的次生结构自外向内依次为周皮、成束的初生韧皮部（常被挤毁）、次生韧皮部、形成层、次生木质部和辐射状的初生木质部。

复习思考题

1. 为什么说根是植物长期适应陆生生活所形成的产物？
2. 根尖可分哪几个区？各区有哪些特征？功能如何？
3. 双子叶植物根的初生结构是如何形成的？它包括哪些部分？各部分有什么功能和特征？
4. 禾本科植物根的结构与双子叶植物根的结构有哪些不同？
5. 双子叶植物根是怎样进行增粗生长的？次生结构由哪几部分组成？
6. 侧根是怎样形成的？简要说明它的形成过程和发生位置。

第五章 茎

　　茎（stem）由胚芽发育而成，是联系根和叶，输送水、无机盐和有机养料的轴状结构。在系统演化上，先于叶和根出现。除少数生于地下外，茎一般是植物体生长在地上的营养器官。多数植物茎的顶端能在一定程度上无限地向上生长，与着生的叶形成庞大的枝系。高大的乔木和藤本植物的茎，往往长达几十米，甚至百米以上；而矮小的草本植物，如蒲公英、车前等的茎，短缩得几乎看不出来，被称为莲座状植物。

第一节　茎的功能和经济价值

一、茎的功能

　　茎的功能是多方面的，其主要的功能是支持和输导。

　　1. **支持作用**　茎是植物体的支架。主茎和各级分枝支持着叶、芽、花和果实，使它们合理地在空间布展。有利于通风透光、传粉和果实与种子的传播。

　　2. **输导作用**　茎是植物体内物质上下运输的通道。根吸收的水、无机盐通过茎向上运输到叶、花和果实中；叶制造的光合产物通过茎向下、向上运输至根和其他器官中。

　　3. **贮藏作用**　茎具贮藏功能。尤其对多年生植物而言，茎内贮藏的物质为翌年春芽的萌动提供养料。马铃薯的块茎、莲的根状茎等都是营养物质集中贮藏的部位。

　　4. **繁殖作用**　茎可作为扦插、压条和嫁接等营养繁殖的材料。扦插枝（也可插根或叶）或压条枝在合适的土壤中，生出不定根后可形成新的个体；用某种植物的枝条或芽（接穗）嫁接到另一种植物上（砧木），可改良植物的性状。

　　5. **光合作用**　绿色的幼茎可进行光合作用，而叶片退化、变态的植物，如仙人掌科植物，其光合作用主要在茎中进行。

　　有些植物茎的分枝变为刺，如山楂、皂荚（*Gleditsia sinensis*）的茎刺，具有保护作用。有的植物一部分分枝变为茎卷须，具攀缘作用，如南瓜、葡萄的卷须。

二、茎的经济价值

　　茎的经济价值包括食用、药用、工业原料、木材和竹材等，为工农业以及其他方面提供了极为丰富的原材料。甘蔗、马铃薯、芋、莴苣、茭白、藕、慈姑以及姜、桂皮等是常用的食品。杜仲、合欢皮、桂枝、半夏、天麻、黄精等是著名的药材。奎宁是金鸡纳树树皮中含的生物碱，为著名的抗疟药。其他如纤维、橡胶、生漆、软木、木材、竹材以及木材干馏制成的化工原料等，更是用途极广的工业原料。随着科学的发展，对茎的利用，特别是综合利用，将会日益广泛。

第二节　茎的形态

一、茎的外形

多数植物茎的外形呈圆柱形，也有少数植物的茎呈三棱柱状（如莎草）、方柱形（如蚕豆、薄荷）或扁平状（如仙人掌）。茎内有机械组织和维管组织，从力学角度来看，茎的外形和结构都具有支持和抗御的能力。在相同体积下，以圆柱体表面积最小，这种形态有利于支持、减少水分蒸腾和风的阻力。植物体总是以最少的原料，构建最合理且最能发挥作用的形体。

茎上着生叶的部位，称为节（node）。两个节之间的部分，称为节间（internode）（图5-1）。着生叶和芽的茎，称为枝或枝条（shoot），因此，茎就是枝上除去叶和芽所留下的轴状部分。多年生落叶乔木和灌木的冬枝，除了节、节间和芽以外，还可以看到叶痕（leaf scar）、维管束痕（bundle scar，简称束痕）、芽鳞痕（bud scale scar）和皮孔等（图5-1）。

植物叶落后，在茎上留下的叶柄痕迹称为叶痕。不同植物叶痕的形状和颜色等也各不同。叶痕内的点线状突起，是叶柄与茎的维管束断离后留下的痕迹，称维管束痕。不同植物束痕的排列、形状及束数也各有不同。有的植物茎上还可以看到芽鳞痕，这是顶芽（鳞芽）的芽鳞片脱落后留下的痕迹，其形状和数目因植物而异。顶芽每年春季展开一次，因此可以根据芽鳞痕来辨别茎的生长量和生长年龄。有的茎上还可以看到皮孔，这是木质茎内外气体交换的通道。皮孔的形状、颜色和分布的疏密程度，也因植物而异。因此，落叶乔木和灌木的冬枝，其叶痕、芽鳞痕和皮孔等的形状，可作为鉴别植物种类、植物生长年龄等的依据。

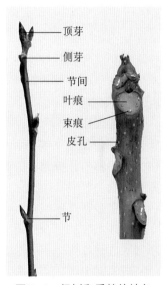

图5-1　杨树和香椿的枝条

（顶芽、侧芽、节间、叶痕、束痕、皮孔、节）

二、芽的结构及类型

（一）芽的概念和结构

芽（bud）是枝、花或花序的雏体。以后长成枝的芽称为叶芽（leaf bud），长成花或花序的芽称为花芽（floral bud）。

以叶芽为例，说明芽的一般结构（图5-2）。从叶芽的纵切面可观察到顶端分生组织、叶原基（leaf primordium）、幼叶和侧芽原基（axillary bud primodium）。顶端分生组织位于叶芽前端，叶原基是近顶端分生组织下面的一些突起，是叶的原始体。由于芽的逐渐生长和分化，叶原基愈向下愈长，较下面的已长成较长的幼叶。侧芽原基是幼叶叶腋内的突起，将来形成侧芽，最终发展成侧枝，因此侧芽原基也称侧枝原基（lateral branch primordium）或枝原基（branch primordium）。

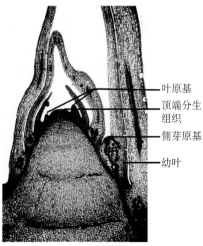

图5-2　叶芽的纵切面

（叶原基、顶端分生组织、侧芽原基、幼叶）

（二）芽的类型

根据芽在枝条上的位置、芽鳞的有无、将发育成的器官性质及其生理活动状态，可以把芽划分为以下几种类型。

①依据在枝上的位置，芽可分为定芽（normal bud）和不定芽（adventitious bud）。

定芽又可分为顶芽（terminal bud）和侧芽（axillary bud）两种。顶芽是生在主干或侧枝顶端的芽，侧芽是生长在枝的侧面叶腋内的芽（lateral bud）（图5-1）。一个叶腋内通常只有一个侧芽，但有些植物如金银花、桃、桂花、桑和棉等的部分或全部叶腋内，侧芽却不止一个，其中后生的芽称为副芽（accessory bud）。有些植物的侧芽生长位置较低，被覆盖在叶柄基部内，直到叶落后，芽才显露出来，称为柄下芽（subpetiolar bud），如悬铃木（法国梧桐）、刺槐等的侧芽。

在根、老茎和叶上形成的芽称作不定芽，其发生位置不固定，如甘薯块根上的芽，落地生根和秋海棠叶上的芽，桑、柳等长在老茎或创伤切口上的芽等。植物的营养繁殖常利用不定芽。

②依据芽鳞的有无，芽可分为裸芽和被芽。

多数多年生木本植物的越冬芽，外面常有芽鳞包被，称为被芽或鳞芽。所有一年生植物、多数两年生植物和少数多年生木本植物的芽，没有芽鳞包被，称为裸芽，如黄瓜、棉、蓖麻、油菜和枫杨等的芽。

③依据将发育成的器官性质，芽可分为叶芽、花芽和混合芽（mixed bud）。

叶芽发育为枝条；花芽是产生花或花序的雏体；一个芽展开后既有枝叶，又有花的芽称为混合芽，如梨和苹果的芽。通常叶芽较瘦小，花芽和混合芽饱满而较大。

④依据生理活动状态，芽可分为活动芽和休眠芽。

活动芽（active bud）是能在生长季节活动，形成新枝、花或花序的芽。温带的多年生木本植物，许多枝上往往只有顶芽和近上端的一些侧芽活动，大部分的侧芽在生长季节保持休眠状态，称为休眠芽（dormant bud）或潜伏芽（latent bud）。

三、茎的生长习性

不同植物的茎在长期的进化过程中，适应不同的外界环境，产生了各式各样的生长习性，使叶在空间合理分布，尽可能地充分接受日光照射，制造本身生活需要的营养物质，以完成繁殖后代的生理功能。

茎的生长习性主要有直立茎、缠绕茎、攀缘茎、平卧茎和匍匐茎等。

四、茎的分枝方式

分枝是植物生长时普遍存在的现象。主干的伸长、侧枝的形成，是顶芽和侧芽分别发育的结果。侧枝和主干一样，也有顶芽和侧芽。因此，侧枝上继续产生侧枝，以此类推，可以产生大量分枝，形成枝系。分枝有多种形式，取决于顶芽与侧芽生长势的强弱、生长时间及寿命等，与植物的遗传特性和环境条件的影响也有关系。

植物的分枝方式主要有下列几种类型（图5-3）。

（一）单轴分枝

单轴分枝（monopodial branching）也称为总状分枝，主干始终保持顶端优势，由顶芽不断向上生长而形成，侧芽发育形成侧枝，侧枝又以同样的方式形成次级侧枝，但主干的生长明显并占绝对优势。裸子植物和一些被子植物如杨树、山毛榉等的分枝方式为单轴分枝。单轴分枝的木材高大挺直，适于建筑、造船等。

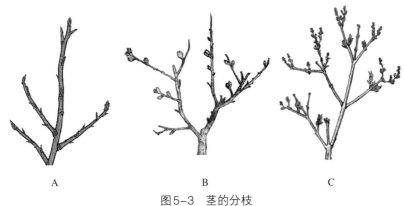

图5-3 茎的分枝
A.单轴分枝 B.合轴分枝 C.假二叉分枝

（二）合轴分枝

合轴分枝（sympodial branching），主干或侧枝的顶芽经过一段时间生长后，便生长缓慢或停止生长，或分化成花芽，或成为卷须等变态器官，这时紧邻下方的侧芽生长出新枝，代替原来的主轴向上生长，当生长一段时间后又被下方的侧芽所取代，如此更迭，形成曲折的枝干。

合轴分枝植株的上部或树冠呈开展状态，既提高了支持和承受能力，又使枝叶繁茂。这有利于通风透光、有效地扩大光合面积和促进花芽形成，因而是丰产的株型，是较进化的分枝方式。大多数被子植物具有这种分枝方式，如马铃薯、梧桐、桑和榆等。

（三）二叉分枝

二叉分枝（dichotomous branching）是比较原始的分枝方式，顶端的分生组织本身分为两个。多见于低等植物及部分高等植物（如苔藓植物的苔类和蕨类植物的石松、卷柏等）。

（四）假二叉分枝

假二叉分枝（false dichotomous branching）是具对生叶的植物在顶芽停止生长后，或顶芽变成花芽，在花芽开花后，由顶芽下的两侧侧芽同时发育成二叉状分枝。具假二叉分枝的被子植物有丁香、茉莉、接骨木、石竹和繁缕等。

五、禾本科植物的分蘖

禾本科植物的分蘖（tiller）是禾本科植物由地表附近的几个节间基本不伸长的节上发生分枝，并同时发生不定根群的分枝方式。

第三节　茎的初生生长和初生结构

一、茎尖分区与茎的初生生长

（一）茎尖的分区

根据细胞的特点，可以将茎尖分为分生区、伸长区和成熟区3个部分（图5-4）。

1. **分生区**　分生区位于茎尖的前端。其最前端部分包括原始细胞和它紧接着所形成的衍生细胞，称原分生组织。在原分生组织下面，随着不同分化程度的细胞出现，逐渐开始分化出原表皮、基本分生组织和原形成层3种初生分生组织（图5-4）。因此，茎端分生组织是由原分生组织和初生分生组织组成的。初生分生组织的活动和分化的结果，形成茎的初生构造，包括节和节间，以及侧生器官——叶和侧芽；在生殖发育阶段则产生生殖器官。

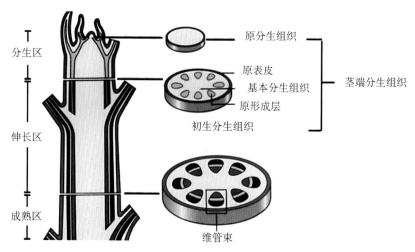

图5-4　双子叶植物茎尖结构模式图和不同部位横切面结构图解

　　茎端分生组织由许多细胞组成，有着多种方式的排列，在18世纪中叶，就开始引起植物学家的重视，陆续提出了不少理论。下面介绍其中的两种理论。

　　原套—原体学说（tunica-corpus theory）是史密特（A. Schmidt）于1924年提出的茎端原始细胞分层理论。茎端分生组织的原始区域包括原套（tunica）和原体（corpus）两个部分。组成原套的一层或几层细胞只进行垂周分裂，保持表面生长的连续进行；组成原体的多层细胞进行着各个方向的分裂，不断增加体积，使茎端加大。这样，原套就成为表面的覆盖层，覆盖着下面的原体（图5-5）。原套和原体都存在着各自的原始细胞。原套的原始细胞位于轴的中央位置上，原体的原始细胞位于原套的原始细胞下面。这些原始细胞都能经过分裂产生新的细胞，并归入各自的部分。原套和原体都不能无限扩展和无限增大，因为当它们形成新细胞时，较老的细胞就开始分化，并和茎端分生组织下面的茎的成熟组织结合在一起。拟南芥的原套包括L1和L2两层细胞，而原体亦称作L3（图5-5）。

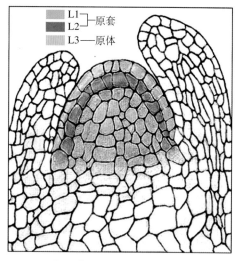

图5-5　拟南芥茎端分生组织纵切面模式图（示原套和原体）

　　被子植物中原套的细胞层数各有不同，半数以上的双子叶植物具有两层，还曾发现有多至4层或5层的；单子叶植物只有一层或两层细胞。原套—原体学说认为茎端分生组织（原分生组织部分）的组成上并没有预先决定的组织分区，除表皮始终是由原套的表面细胞层所分化形成的以外，其他较内的各层衍生细胞的发育并不能预先知道它们将形成什么组织。

裸子植物的茎端没有原套状的结构［南洋杉属（*Araucaria*）和麻黄属（*Ephedra*）除外］，因此，对于多数裸子植物茎端的描述，原套—原体学说是不适合的。1938年，福斯特（A. S. Foster）在银杏（*Ginkgo biloba*）的茎端观察到有显著的细胞学分区（cytological zonation）现象。银杏茎端表面有一群原始细胞即顶端原始细胞群，在它们的下面是中央母细胞区，由顶端原始细胞群衍生而成。中央母细胞区向下有过渡区。中央部位再向下衍生成髓分生组织，以后形成肋状分生组织；顶端原始细胞群和中央母细胞向侧方衍生的细胞形成周围区（或周围分生组织）。这种细胞分区现象后来在其他裸子植物和不少被子植物的茎端也观察到，但分区的情况有着较大的变化。

在许多被子植物中，茎端分生组织可分为中央区（central zone）、周围区（peripheral zone）以及肋状区（rib zone）。在拟南芥茎端分生组织的中央区含有干细胞（stem cell），其有丝分裂活动较弱（图5-6）。干细胞能够自我更新和维持。其分裂后产生两部分细胞，一部分仍然保留在该区域，维持其自身的存在；另一部分细胞随着干细胞的分裂离开中央区成为周围区的细胞。在此区域内的细胞保持较快的分裂速度，并分化产生新的侧生器官原基。在干细胞之下的一个小细胞群称组织中心（organizing centre）（图5-6），这一区域对于维持干细胞的活性具有十分重要的作用。

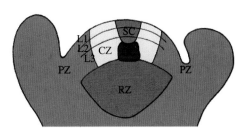

图5-6　拟南芥茎端分生组织的分区模式图
CZ. central zone，中央区　PZ. peripheral zone，周围区　RZ. rib zone，肋状区　SC. stem cell，干细胞　OC. organizing center，组织中心

茎端分生组织中细胞的形成、生长及分化的正常运行，受到许多基因的协作调控。近年来，鉴定出许多控制茎端分生组织形成和维持的基因。其中，起主要作用的有 *SHOOT MERISTEMLESS*（*STM*）基因、*WUSCHEL*（*WUS*）基因和 *CLAVATA3*（*CLV3*）基因。*SHOOT MERISTEMLESS* 基因在整个分生组织区域表达，*WUS* 基因在组织中心表达。*CLV3* 基因在干细胞中表达，为干细胞标志基因。

叶是由叶原基逐步发育而成的（图5-7）。在裸子植物和双子叶植物中，一般在茎端分生组织表面的第二层或第三层发生叶原基的细胞分裂。其细胞平周分裂的结果，促使叶原基侧面突起。突起的表面出现垂周分裂，以后这种分裂在较深入的各层中和平周分裂同时进行。单子叶植物叶原基的发生，则由表层细胞平周分裂开始。

原套或原体的衍生细胞，都可分裂引起原基的形成。原套较厚时，整个叶原基即可由原套的衍生细胞发生。否则，叶原基可由原套和原体的衍生细胞共同产生。

顶芽发生在茎端（茎端或枝端），包括主枝和侧枝上的茎端分生组织，而侧芽起源于侧芽原基（图5-8）。大多数被子植物的侧芽原基，发生在叶原基的叶腋处，侧芽原基的发生，一般比包在它们外面的叶原基要晚。侧芽的起源很像叶，在叶腋处的一些细胞上经过平周分裂和垂周分裂而形成突起，细胞排列与茎端的相似，并且其本身也可能开始形成叶原基。不过，在侧芽形成过程中，当它们离开茎端一定距离以前，一般并不形成很多叶原基。

茎上的叶和芽起源于分生组织表面第一层或第二、三层细胞，这种起源的方式称为外起源。不定芽的发生和顶芽、侧芽有别，它的发生与一般茎端分生组织无直接关系，它们可以发生在插条或近伤口的愈伤组织、形成层或维管柱的外围，甚至在表皮上，以及根、茎、下胚轴或叶上。不定芽的起源依照发生的位置可以分为外生的（靠近表面发生的）和内生的（深入内部组织中发生的）两种。当不定芽开始形成时，由细胞分裂组成分生组织，当这种分生组织形成第一叶时，不定芽与产生芽的原组织结构之间建立起维管组织的连续，而这种连续是由不定芽的分化和原有的维管组织的相接而形成的。

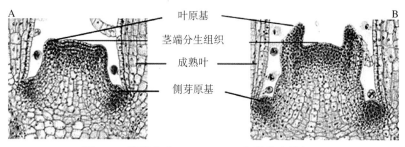

图5-7　锦紫苏（*Coleus blumei*）的茎尖纵切面
A.叶原基和侧芽原基发育早期　B.叶原基和侧芽原基发育晚期

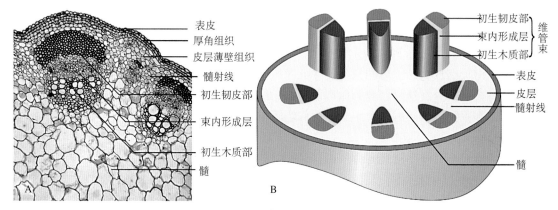

图5-8　双子叶植物茎的初生结构
A.双子叶植物茎的横切面　B.双子叶植物茎示意图

2. **伸长区**　伸长区的特点是细胞迅速伸长，其内部已由原表皮、基本分生组织和原形成层3种初生分生组织开始分化出茎的初生结构，并且细胞的有丝分裂活动逐渐减弱。

3. **成熟区**　成熟区内部的解剖特点是细胞的有丝分裂和伸长生长都趋于停止，各种组织已基本分化成熟，已具备幼茎的初生结构。

（二）茎的初生生长

茎的初生生长方式可分为顶端生长与居间生长。

1. **顶端生长**　在生长季节里，茎端分生组织不断进行分裂、伸长生长和分化，使茎的节数增加，节间伸长，同时产生新的叶原基和侧芽原基。这种由于茎端分生组织的活动而引起的生长，称为顶端生长。

2. **居间生长**　某些植物茎的伸长除了以顶端生长方式进行外，还有居间生长。这是由于在顶端生长时，在节间留下了称为居间分生组织的初生分生组织区，这时的节间很短。随着居间分生组织细胞的分裂、生长（主要是伸长）与分化成熟，节间才明显伸长。这种生长方式称为居间生长。

二、双子叶植物茎的初生结构

茎为辐射对称的轴器官，初生结构由表皮、皮层和维管柱3部分组成。茎的3部分的详细结构如下（图5-8）。

（一）表皮

表皮为典型的初生保护组织，分布在茎的最外面，通常由单层的生活细胞组成，由原表皮发育而来。一般不具叶绿体，起着保护内部组织的作用。有些植物茎的表皮细胞含花青素，因而茎有红、紫等色，如蓖麻、甘蔗等的茎。表皮细胞在横切面上呈长方形或方形，纵切面上呈长方形，是一种或多或少成狭长形的细胞。它的长径和茎的纵轴平行，细胞腔内有发达的液泡。暴露在空气中的切向壁，比其他部分厚且角质化，具角质层。蓖麻、甘蔗等的茎有时还有蜡质，这些结构既能防止蒸腾，也能增强表皮的坚韧性。在旱生植物茎的表皮上，角质层显著增厚，而沉水植物的表皮上，角质层一般较薄，甚至不存在。

表皮除表皮细胞外往往有气孔，它是水分和气体出入的通道。此外，表皮上有时还分化出各种形式的毛状体，包括分泌挥发油、黏液等的腺毛。毛状体中较密的茸毛可以反射强光、降低蒸腾，坚硬的毛可以防止动物伤害，而具钩的毛可以使茎具攀缘作用。

（二）皮层

皮层位于表皮内方，是表皮和维管柱之间的部分，由多层细胞组成，是由基本分生组织分化而来的。

皮层包含多种组织，但薄壁组织最多（图5-8A）。薄壁组织细胞在横切面上细胞一般呈等径形。幼嫩茎中近表皮部分的薄壁组织，细胞具叶绿体，能进行光合作用，通常细胞内还贮藏有营养物质。水生植物茎皮层的薄壁组织，具发达的胞间隙，构成通气组织。有的植物茎皮层中还有分泌腔（棉、向日葵）、乳汁管（甘薯）或其他分泌结构；有的含异细胞，如晶细胞、单宁细胞（桃、花生）；木本植物则常有石细胞群。

紧贴表皮内方一至数层皮层细胞，常分化为厚角组织，连续成层或分散成束（图5-8A）。在方形（薄荷、蚕豆）或多棱形（芹菜）的茎中，厚角组织常分布在四角或棱角部分。厚角组织细胞是活细胞，有时还具有叶绿体，一般呈狭长形，两端钝或尖锐，细胞壁角隅或切向壁部分特别加厚，能继续生长，对茎有支持作用。有些植物茎的皮层还存在纤维，如南瓜的皮层中纤维与厚角组织同时存在。

通常幼茎皮层的最内层不具根的内皮层特点，只有部分植物的地下茎或水生植物的茎才有；一些草本双子叶植物如益母草属、千里光属，在开花时皮层最内层才出现凯氏带；有些植物如旱金莲、南瓜和蚕豆等茎的皮层最内层，即相当于内皮层处的细胞富含淀粉粒，因此称为淀粉鞘（starch sheath）。

（三）维管柱

维管柱是皮层以内的中央柱状部分。多数双子叶植物茎的维管柱包括维管束、髓和髓射线等部分，无显著的内皮层。

1. **维管束**　维管束是由原形成层分化而来，由初生木质部和初生韧皮部共同组成的束状结构。维管束在多数植物茎的节间排成环状，由束间薄壁组织隔离而彼此分开（图5-8B）。但在有些植物的茎中，维管束之间距离较近，似乎是连续的。

双子叶植物的维管束在初生木质部和初生韧皮部间存在着束内形成层，发育后可以产生新的木质部和新的韧皮部，因此称无限维管束（图5-9）。单子叶植物的维管束不具形成层，不能再发育出新的木质部和新的韧皮

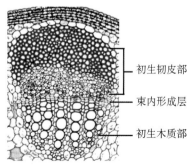

初生韧皮部

束内形成层

初生木质部

图5-9　向日葵的一个维管束的放大

部，因此称有限维管束。无限维管束结构较复杂，除输导组织、机械组织外，又增加了分生组织，有些植物的无限维管束还有分泌结构。

初生木质部由多种类型细胞组成，包括导管、管胞、木薄壁组织和木纤维。导管在被子植物的木质部中是主要的输导结构，而管胞也同时存在于木质部组织中。水和矿质营养的运输主要是通过木质部内的导管和管胞。木薄壁组织是由活细胞组成，在原生木质部中较多，具贮藏作用。

茎内初生木质部的发育顺序和根的相反，是内始式。茎内的原生木质部居内方，由口径较小的环纹或螺纹导管组成；后生木质部居外方，由口径较大的梯纹、网纹或孔纹导管组成，它们是初生木质部中起主要作用的部分，其中以孔纹导管较为普遍。

初生韧皮部由筛管、伴胞、韧皮薄壁组织和韧皮纤维共同组成，主要作用是运输有机养料。

筛管是运输叶所制造的有机物质如糖类和其他可溶性有机物等的一种输导组织，由筛管分子纵向连接而成。伴胞紧邻于筛管分子的侧面，它们与筛管存在着生理功能上的密切联系。韧皮薄壁细胞散生在整个初生韧皮部中，较伴胞大，常含有晶体、丹宁和淀粉等贮藏物质。韧皮纤维在许多植物中常成束分布在初生韧皮部的最外侧。

初生韧皮部的发育顺序和根的相同，也是外始式，即原生韧皮部在外方，后生韧皮部在内方。

束内形成层在初生韧皮部和初生木质部之间，是原形成层在分化产生初生维管束的过程中遗留下的具有潜在分生能力的组织，在以后茎的次生生长即茎的增粗中，起主要作用。

2. 髓和髓射线 茎的初生结构中，由薄壁组织构成的中心部分称为髓，是由基本分生组织产生的（图5-8）。有些植物（如樟）的茎，髓部有石细胞。有些植物（如椴）的髓，它的外方有小型壁厚的细胞，围绕着内部大型的细胞，二者界线分明，这个外围区常被称为环髓带（perimedullary zone）。还有的植物髓中有异细胞，如晶细胞、单宁细胞或黏液细胞等间生于薄壁细胞之间。伞形科、葫芦科等植物的茎，髓部成熟较早，随着茎的生长，节间部分的髓被拉破，从而形成空腔即髓腔（pith cavity）。有些植物（如胡桃、枫杨）的茎，在节间还可看到存留着一些片状的髓组织。

髓射线（pith ray）是位于维管束间的薄壁组织（图5-8），由基本分生组织发育而来，也称初生射线（primary ray）。髓射线连接皮层和髓，在横切面上呈放射状，有横向运输的作用。同时髓射线和髓也像皮层的薄壁组织，是茎内贮藏营养物质的组织。草本及藤本植物髓射线较宽，而木本植物常较窄。

以上所述的初生结构是茎的节间部分，而茎包括节间和节两部分。节的结构比较复杂。节部着生叶，叶内的维管束通过节部和茎内维管束相连，节内维管组织的排列比节间的复杂，叶片和侧芽分化出来的维管束都在节上转变汇合，具体过程将在茎和叶的联系中详细讨论。

三、单子叶植物茎的结构

（一）单子叶植物茎的初生结构

单子叶植物的茎和双子叶植物的茎在结构上有许多不同。大多数单子叶植物的茎，只有初生结构，少数的虽有次生结构，但和双子叶植物的茎不同。

绝大多数单子叶植物茎的维管束仅由木质部和韧皮部组成，不具形成层。维管束彼此很清楚地分开，一般有两种排列方式：一种是维管束无规则地分散在整个基本组织内，外部多、中心少，皮层和髓很难分辨，如玉米、高粱和甘蔗等的维管束（图5-10）。它们不像双子叶植物茎的初生结构内，维管束形成一环，把皮层和髓部分开。另一种是维管束排列较规则，一般成两圈，中央为髓。有些植物的茎长大时，髓部破裂形成髓腔，如水稻、小麦（图5-11）等。维管束虽然排列方式不同，但结构相似，均为有限外韧维管束。

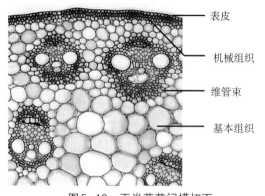

图5-10 玉米茎节间横切面

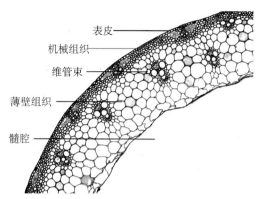

图5-11 小麦茎横切面局部

以禾本科植物玉米的茎为代表，说明一般单子叶植物茎的初生结构特点。

玉米成熟茎的节间部分，在横切面上可以明显地看到表皮、基本组织和维管束3个部分（图5-10）。

1. 表皮 表皮在茎的最外方，从横切面看，细胞排列整齐。如果纵向地撕取一小方块表皮加以观察，就会看到表皮由长短不同的细胞组成，长细胞夹杂着短细胞（图5-12）。长细胞是角质化的表皮细胞，构成表皮的大部分。短细胞位于2个长细胞之间，分为两种：木栓化的栓质细胞和含有二氧化硅的硅质细胞。此外，表皮上还有少量气孔。

2. 基本组织 整个基本组织除与表皮相接的部分外，都是薄壁细胞，愈向中心，细胞愈大，维管束散布在它们之间。

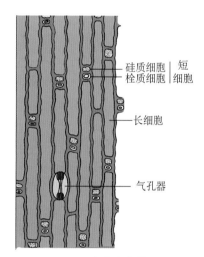

图5-12 玉米茎表皮的顶面观

基本组织近表皮的部分由机械组织（厚壁组织）组成，可增强茎的支持功能，在茎的抗倒伏中起作用。幼嫩的茎，在近表面的基本组织细胞内，因含有叶绿体而呈绿色，能进行光合作用。当老茎的表皮木质化时，可使茎支持较大的重量。

3. 维管束 玉米茎内的维管束散生在基本组织中。维管束结构如图5-13所示，在横切面上近卵圆形，最外面由机械组织包围，形成鞘状的结构，称为维管束鞘。木质部和韧皮部内外排列，为有限维管束。

韧皮部中的后生韧皮部，细胞排列整齐，在横切面上可以看到有多边形（六角形、八角形）的筛管细胞和交叉排列的长方形伴胞。在韧皮部外侧和维管束鞘交接处，可以看到有一条不整齐的、细胞形状模糊的带状结构，它是最初分化出来的原生韧皮部，由于后生韧皮部的不断生长分化，而被挤压破坏后留下的痕迹。

木质部在韧皮部的内方。紧接后生韧皮部的部分，是后生木质部的两个较大的孔纹导管，它们之间有一条由小型厚壁的管胞构成的狭带。向内是原生木质部，由2～3个直列的、口径较小的环纹导管或螺纹导管组成。维管束的两个孔纹导管和直列的环纹或螺纹导管，构成"V"字形结构，这是禾本科植物茎中较明显的结构。原生木质部中直列的两个或3个导管，有时也可能只存在一个或两个，最里面的即向心的一个，往往被腔隙所替代，这是由于环纹或螺纹导管在生长过程中被拉破，以及它们周围薄壁组织相互分离而造成的。从以上的结构中，可以清楚地看出，维管束中韧皮部的分化，是由外向内，即外始式。而木质部的分化，是由内向外，即内始式。

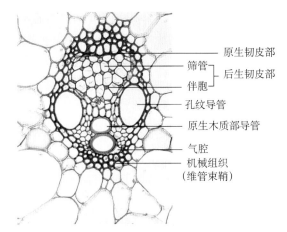

图5-13　玉米茎的一个维管束的放大

（二）单子叶植物茎的初生加粗生长

少数单子叶植物（玉米、甘蔗和棕榈等）的茎，虽不能像树木的茎一样长粗，但也有明显的增粗。其增粗的原因有两种：一方面，初生组织内数以万计的细胞的长大，导致总体体积增大；另一方面，在茎尖的正中纵切面上可以看到，在叶原基和幼叶的内方，有几层由扁长形细胞组成的初生加厚分生组织（primary thickening meristem），也称初生增粗分生组织（图5-14）。初生加厚分生组织整体如套筒状，它们和茎表面平行，进行平周分裂增生细胞，沿伸长区向下分裂

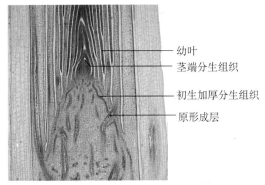

图5-14　玉米苗端纵切面（示初生加厚分生组织）

频率逐渐减弱，常终止于成熟区。初生加厚分生组织的活动，使顶端分生组织的下面就几乎达到成熟区的粗度。初生加厚分生组织由顶端分生组织衍生，属于初生分生组织，其活动产生的加粗生长称为初生加粗生长。

第四节　茎的次生生长与茎次生结构的形成

茎的顶端分生组织的活动使茎伸长，这个过程称为初生生长，初生生长中所形成的初生组织组成初生结构。茎的侧生分生组织细胞的分裂、生长和分化使茎加粗，这个过程称为次生生长，次生生长所形成的次生组织组成次生结构。所谓侧生分生组织，包括维管形成层和木栓形成层。多年生双子叶木本植物，不断地增粗和长高，必然需要更多的水分和营养，同时，也需要更大的机械支持力，因此必须相应地增粗即增加次生结构。次生结构的形成和不断发展，才能满足多年生木本植物在生长和发育上的这些要求，这些也正是植物长期生活过程中产生的一种适应性。

一、维管形成层的产生及其活动

（一）维管形成层的来源

初生分生组织中的原形成层，在形成成熟组织时，并没有全部分化成维管组织。在维管束的初生木质部和初生韧皮部之间，留下了一层具有潜在分生能力的组织，即束内形成

层（fascicular cambium）（图5-15）。

在初生结构的髓射线细胞中，与束内形成层相对应部位的一些细胞恢复分生能力，称为束间形成层（interfascicular cambium）（图5-15）。束间形成层和束内形成层衔接起来，组成维管形成层（简称形成层），在横切面上呈连续的环状。虽然束内形成层由原形成层转变而来，而束间形成层由部分髓射线细胞恢复分生能力而形成，但以后二者在分裂活动及产生的细胞性质与数量上，都是协调一致的，共同组成了次生分生组织。

不论束内形成层或束间形成层，它们开始活动时，细胞都是进行切向分裂，增加细胞层数，向外形成次生韧皮部，添加在初生韧皮部的内方；向内形成次生木质部，添加在初生木质部的外方。维管形成层形成的次生木质部细胞的数量，远比次生韧皮部细胞多。同时，髓射线部分也由于细胞分裂不断地产生新细胞，也就在径向上延长了原有的髓射线。茎的次生结构不断地增加，达一定宽度时，在次生韧皮部和次生木质部内，又能分别地产生新的维管射线（图5-16）。

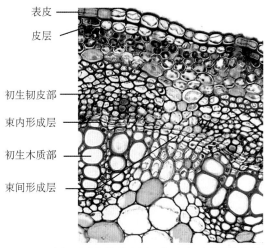

图5-15 束间形成层的发生以及与束内形成层的衔接

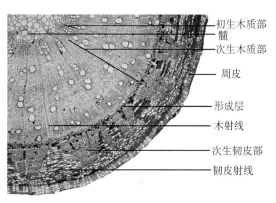

图5-16 棉花老茎的横切面（示次生结构）

（二）维管形成层的细胞组成

形成层的细胞组成包括纺锤状原始细胞和射线原始细胞两种（图5-17）。纺锤状原始细胞，长度超过宽度数十至数百倍的锐端细胞，细胞的切向面比径向面宽。射线原始细胞为长形到近等径。这两种原始细胞分裂后衍生的子细胞中一部分形成次生组织，另一部分继续作为原始细胞而存在，从而保持持续分裂的能力。

（三）维管形成层的活动

形成层细胞通过平周分裂向内产生次生木质部，向外产生次生韧皮部（图5-18和图5-19）。形成层原始细胞理论上只有一层，当分裂活跃时，新的衍生细胞已经产生，老的衍生细胞还正在分裂和分化，这时很难区分原始细胞及其衍生

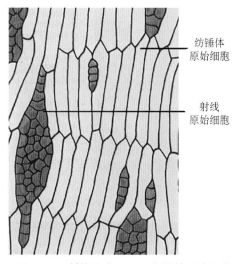

图5-17 刺槐属（Robinia）维管形成层的细胞组成

细胞，因而通常把原始细胞和尚未分化而正在进行平周分裂的衍生细胞所组成的形成层带（cambial zone），统称为"形成层"。

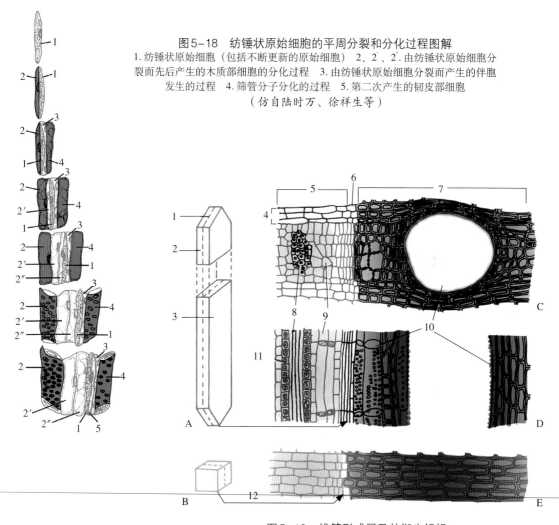

图5-18　纺锤状原始细胞的平周分裂和分化过程图解

1.纺锤状原始细胞（包括不断更新的原始细胞）　2、2′、2″.由纺锤状原始细胞分裂而先后产生的木质部细胞的分化过程　3.由纺锤状原始细胞分裂而产生的伴胞发生的过程　4.筛管分子分化的过程　5.第二次产生的韧皮部细胞

（仿自陆时万、徐祥生等）

图5-19　维管形成层及其衍生组织

A.纺锤状原始细胞　B.射线原始细胞　C.刺槐茎横切面局部　D.刺槐茎径切面局部（仅示轴向系统）　E.刺槐茎径切面的一部分（仅示射线）

1.平周分裂　2.径向面　3.切向面　4.射线　5.韧皮部　6.形成层　7.木质部
8.纤维　9.筛管　10.导管　11.含晶细胞　12.射线原始细胞

（仿自陆时万、徐祥生等）

双子叶植物茎内的次生木质部在组成上和初生木质部基本相似，包括导管、管胞、木薄壁组织和木纤维，但都有不同程度的木质化。这些组成分子都是由形成层的纺锤状原始细胞分裂、生长和分化而来的，它们的细胞长轴与纺锤状原始细胞一致，都与茎轴相平行，所以共同组成了和茎轴平行的轴向系统。次生木质部中的导管类型以孔纹导管最为普遍。木纤维在双子叶植物的次生木质部，特别是晚材中，比初生木质部中的数量多，成为茎内产生机械支持力的结构，也是木质茎内除导管以外的主要组成分子。次生木质部与初生木质部组成上的不同，在于它还具有木射线。木射线由射线原始细胞向内方产生的细胞发育而成，细胞做径向伸长和排列，构成了与茎轴垂直的径向系统。木射线细胞为薄壁细胞，

但细胞壁常木质化。

次生韧皮部的组成成分，基本上和初生韧皮部相似，包括筛管、伴胞、韧皮薄壁组织和韧皮纤维，有时还具有石细胞。次生韧皮部中还有韧皮射线，它是射线原始细胞向次生韧皮部衍生的细胞做径向伸长而成。筛管、伴胞、韧皮薄壁组织和韧皮纤维由纺锤状原始细胞产生，构成了次生韧皮部中的轴向系统，韧皮射线则构成次生韧皮部的径向系统。韧皮射线通过维管形成层的射线原始细胞和次生木质部中的木射线相连接，共同构成维管射线（vascular ray）。维管射线既是横向输导组织，也是贮藏组织。

次生韧皮部形成时，初生韧皮部被推向外方，由于初生韧皮部的组成细胞多是薄壁的，易被挤压破裂，所以在茎不断加粗时，初生韧皮部除纤维外，有时只留下压挤后呈片断的胞壁残余。

纺锤状原始细胞的分裂不断地增生次生维管组织，特别是次生木质部，使茎的周径不断增粗。因此，形成层的周径只有随着相应扩大和位置外移，才能与次生木质部的不断增长相适应。形成层的周径的扩大要求其原始细胞自身的增殖分裂。纺锤状原始细胞的增殖分裂有以下3种形式：径向垂周分裂、侧向垂周分裂和拟横向分裂。

随着茎周径的增粗，相应地次生木质部和次生韧皮部中也不断地分别增生木射线和韧皮射线。这些射线又是怎样产生的呢？由于射线原始细胞分布在纺锤状原始细胞间，因此射线原始细胞的增殖分裂，也可由纺锤状原始细胞的转化来增殖。

在茎的横切面上，次生韧皮部远不及次生木质部宽厚。一是由于形成层向外方分裂的次数，比向内方分裂的次数少，因而外层新细胞的数量，相应地也就减少。二是由于次生韧皮部有作用的时期较短。筛管的运输作用通常不过一两年，当木栓形成层在次生韧皮部发生后，木栓层以外的次生韧皮部就被破坏导致死亡，转变为硬树皮（即落皮层）的一部分，这样次生韧皮部的厚度大大减少。

许多植物（如橡胶树、漆树等）在次生韧皮部内有汁液管道组织（乳汁管、漆汁道等），能产生特殊的汁液，为重要的工业原料。此外，有些植物（如黄麻、构树等）茎的次生韧皮部内，有发达的纤维，可作为纺织、制绳和造纸等的原料。

（四）维管形成层的季节性活动和年轮

1. 早材和晚材　形成层的活动受季节影响很大，特别是在有显著寒、暖季节的温带和亚热带，或有干、湿季节的热带，形成层的活动就随着季节的更替而表现出有节奏的盛衰变化，因而产生细胞的数量有多有少，形状有大有小，细胞壁有厚有薄。次生木质部在多年生木本植物茎内，一般比例较大，由于季节的影响，它在形态结构上也就表现出显著的差异。

温带的春季或热带的湿季，由于温度高、水分足，形成层活动旺盛，所形成的次生木质部中的细胞，径大而壁薄；温带的夏末、秋初或热带的旱季形成层活动逐渐减弱，形成的细胞径小而壁厚，往往管胞数量增多。前者在生长季早期形成，称为早材（early wood），也称春材；后者在生长季后期形成，称为晚材（late wood）（图5-20），也称夏材或秋材。

从横切面上观察，早材质地比较疏松，色泽稍淡；晚材质地致密，色泽较深。从早材到

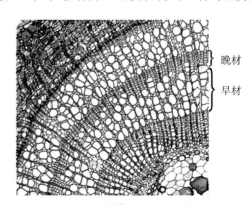

图5-20　茎的横切面（示早材和晚材）

晚材，随着季节的更替而逐渐变化，虽可以看到色泽和质地的不同，却不存在截然的界限，但在上年晚材和当年早材间，却可看到非常明显的分界，这是由于二者的细胞在形状、大小、壁的厚薄上，有较大的差异。温带地区因经过干寒的冬季，形成层的活动可暂时休眠，春季湿温，形成层又开始活动，这种气候变化大，形成层的活动差异大，早材和晚材的色泽与质地也就有着显著的区别。

2. **年轮** 年轮也称为生长轮（growth ring）或生长层（growth layer）。在一个生长季节内，早材和晚材共同组成一轮显著的同心环层，代表着一年中形成的次生木质部。在季节性气候显著的地区，不少植物的次生木质部在正常情况下，每年形成一轮，称为年轮（annual ring）（图5-21）。但也有不少植物在一年内的正常生长中，不止形成一个年轮，例如，柑橘属植物的茎，一年中可产生3个年轮，称为假年轮（在一个生长季内形成的多个年轮）。此外，气候的异常、虫害的发生、出现多次寒暖或叶落的交替，造成树木内形成层活动盛衰的起伏，使树木的生长时而受阻，时而复苏，都可能形成假年轮。没有干湿季节变化的热带地区，树木的茎内一般不形成年轮。根据树干基部的年轮，可测定树木的年龄（图5-22A）。年轮还可反映出树木历年的生长状况（图5-22B）。

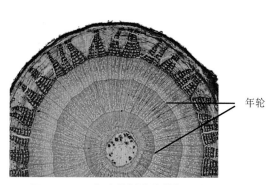

图5-21 三年生椴树茎的横切面（示年轮）

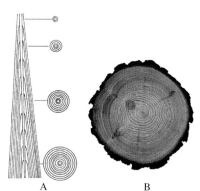

图5-22 树木的年轮
A.十年树龄的茎干纵、横剖面（示不同高度年轮数目的变化） B.树干横剖面（示生态条件对年轮生长状况的影响）

3. **心材和边材** 心材（heart wood）位于次生木质部的内层，细胞已经衰老死亡。由于侵填体的形成，其导管和管胞也已失去输导作用（图5-23）。有些植物的心材，由于侵填体的形成，木材坚硬耐磨，并有特殊的色泽，如桃花心木的心材，呈红色，胡桃木呈褐色，乌木呈黑色，使心材具有工艺上的价值。

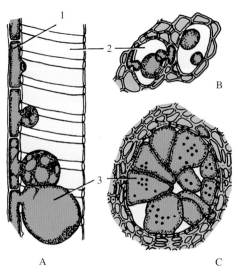

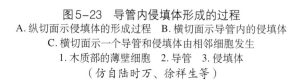

图5-23 导管内侵填体形成的过程
A.纵切面示侵填体的形成过程 B.横切面示导管内的侵填体
C.横切面示一个导管和侵填体由相邻细胞发生
1.木质部的薄壁细胞 2.导管 3.侵填体
（仿自陆时万、徐祥生等）

边材（sap wood）位于次生木质部外层，一般较湿，色泽较浅。它含有生活细胞，具输导和贮藏作用。因此，边材的存在，直接关系到树木的营养输送。形成层每年产生的次生木质部，形成新的边材，而内层的边材部分，逐渐因失去输导作用和细胞死亡，转变成心材。因此，心材逐年增加，而边材的厚度却较为稳定。心材和边材的比例，以及心材的颜色和明显程度，不同植物有着较大的差异。

（五）木材解剖的3种切面

要充分地理解茎的次生木质部的结构，就必须从横切面、径向切面和切向切面3种切面上进行比较观察（图5-24），从立体的角度全面地理解。

横切面是与茎的纵轴垂直方向所做的切面。在横切面上所见的导管、管胞、木薄壁组织细胞和木纤维等，都是它们的横切面观，可以看出它们细胞直径的大小和横切面的形状；所见的射线呈辐射状条形，这是射线的纵切面，显示了它们的长度和宽度。

径向切面是通过茎的中心即直径所做的纵切面。在径向切面上，所见的导管、管胞、木薄壁组织细胞、木纤维和射线都是纵切面；细胞较整齐，尤其是射线的细胞与纵轴垂直，长方形的细胞排成多行，显示了射线的高度和长度。

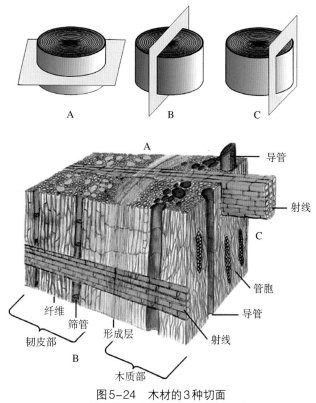

图5-24 木材的3种切面
A.横切面　B.径向切面　C.切向切面

切向切面，也称弦向切面，是垂直于茎的半径所做的纵切面。在切向切面上所见的导管、管胞、木薄壁组织细胞和木纤维都是它们的纵切面，可以看到它们的长度、宽度和细胞两端的形状；所见的射线是它的横切面，轮廓呈纺锤状，显示了射线的高度、宽度、细胞的列数和两端细胞的形状。

在这3种切面中，射线的形状最为突出，可以作为判别切面类型的指标。

二、木栓形成层的产生及其活动

在形成层的活动过程中，次生维管组织不断增加，特别是次生木质部的增加，使茎的直径不断加粗。一般表皮是不能分裂的，相应地也不能无限增长，所以不久便为内部生长所产生的压力挤破，失去其保护作用。与此同时，在次生生长的初期，茎内近外方某部位的细胞，恢复分生能力，形成木栓形成层（图5-25）。木栓形成层也是次生分生组织，由它所形成的结构也属次生结构。木栓形成层分裂、分化所形成的木栓，代替表皮执行保护作用。木栓形成层细胞在横切面上呈狭窄的长方形。木栓形成层也和形成层一样，是一种侧生分生组织，它以平周分裂为主，向内形成栓内层，向外形成木栓层，三者共同组成周皮。

1. **木栓形成层的发生** 首次产生的木栓形成层，在各种植物中的起源不同，最普遍的是由紧接表皮的皮层细胞所转变的（如杨、胡桃和榆）；有些是由皮层的第二、三细胞层转变的（如刺槐、马兜铃）；有的是近韧皮部内的薄壁组织细胞转变的（如葡萄、石榴）；有些也可直接由表皮细胞转变而成（如柳、梨）。

2. **木栓形成层的活动** 木栓形成层的活动期限，因植物种类而异，一般只不过几个月。但有些植物中的第一个木栓形成层的活动期却比较长，有些甚至可保持终生。例如，梨和苹果可保持6～8年，以后再产生新的木栓形成层；石榴、杨属和梅属的少数种，可保持活动达二三十年。

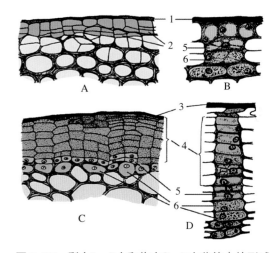

图5-25 梨（A、B）和梅（C、D）茎的木栓形成层的发生与活动产物
1.具角质层的表皮细胞 2.开始发生周皮时的分裂
3.挤碎的具角质层的表皮细胞 4.木栓
5.木栓形成层 6.栓内层
（仿自Esau）

当第一个木栓形成层的活动停止后，接着在它的内方又可再产生新的木栓形成层，形成新的周皮。以后不断地推陈出新，依次向内产生新的木栓形成层，这样，木栓形成层发生的位置也就逐渐内移，愈来愈深，在老的树干内往往可深达次生韧皮部。

新周皮的每次形成，它外方所有的活组织，由于水分和营养供应的终止，而相继全部死亡，结果在茎的外方产生较硬的层次，并逐渐积累，人们常把这些外层，称为树皮。在林业砍伐或木材加工上，又常把树干上剥下的皮，称为树皮。就植物解剖学而言，维管形成层或木质部外方的全部组织，皆可称为"树皮"（bark）。在较老的木质茎上，树皮可包括死的外树皮（硬树皮或落皮层）和活的内树皮（软树皮）。前者包含新的木栓和它外方的死组织；后者包括木栓形成层、栓内层和韧皮部部分。

周皮的形成，代替了表皮作为保护组织，但是木栓是不透水、不透气的紧密无隙的组织，那么周皮内方的活细胞，又怎样才能和外界进行气体交换呢？这就要靠皮孔，它是分布在周皮上的具有许多胞间隙的通气结构。在树木的枝干表面上，具有一定色泽和形状、纵向或横向凸出的斑点，就是皮孔（lenticel）（图5-1）。最早的皮孔，往往在气孔下出现，气孔下方的木栓形成层和邻近的木栓形成层不同，其活动不形成木栓，而是产生一些排列疏松、具有发达的胞间隙、近似球形的薄壁组织细胞，它们以后栓化或非栓化，称为补充组织（complementary tissue）。以后由于补充组织的逐渐增多，撑破表皮或木栓，形成皮孔。皮孔的形状、色泽和大小，在不同植物上是多种多样的。根据内部结构，皮孔有两种主要类型，即具封

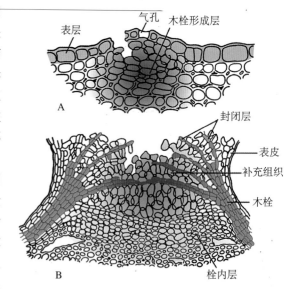

图5-26 梅属植物皮孔的发生
A.皮孔发生的早期 B.皮孔形成的后期

闭层（closing layer）的和无封闭层的。具封闭层的类型，在结构上有显著的分层现象，这是由排列紧密的栓化细胞所形成的一至多个细胞厚的封闭层，把内方疏松而非栓化的补充组织细胞包围着。以后，补充组织的增生，破坏了老封闭层，而新封闭层又产生，以此类推，这样，就形成了几个层次的交替排列。尽管封闭层因补充组织的增生而连续遭到破坏，但其中总有一个封闭层是完整的。这种类型常见于梅、山毛榉、桦和刺槐等的茎上（图5-26）。无封闭层的类型，在结构上较为简单，无分层现象，但细胞有排列疏松或紧密、栓化或非栓化之分。这种类型常见于接骨木、栎、椴、杨和木兰等的茎上（图5-27）。皮孔也常出现在落皮层裂缝的底部。

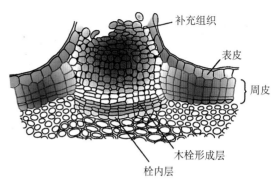

图5-27　接骨木皮孔的结构

三、单子叶植物茎的次生结构

大多数单子叶植物的茎没有次生生长，因而也就没有次生结构。其茎的增粗是由于细胞的长大或初生加厚分生组织平周分裂的结果。但少数热带或亚热带的单子叶植物茎，除一般初生结构外，有次生生长和次生结构出现，如龙血树、朱蕉、丝兰和芦荟等的茎中，它们的维管形成层的发生和活动情况，不同于双子叶植物，一般是在初生维管组织外方产生形成层，形成新的维管组织（次生维管束），因植物不同而有各种排列方式。

✐ 本章提要

茎是联系根、叶，输送水、无机盐和有机养料的轴状结构。其主要功能是支持和输导，另外具有贮藏和繁殖作用，绿色的幼茎还能进行光合作用。大多数植物茎的外形呈圆柱形，其上具有节、节间和芽，还具有叶痕、维管束痕、芽鳞痕和皮孔等。

芽是枝、花或花序尚未发育的雏体。依据芽的位置，分为定芽和不定芽；依据芽鳞有无，分为裸芽和被芽；依据芽将发育成的器官，分为叶芽、花芽和混合芽；依据生理活动状态，分为活动芽和休眠芽。

依据生长习性，茎主要有直立茎、缠绕茎、攀缘茎、平卧茎和葡匐茎。

双子叶植物的分枝方式主要有单轴分枝、合轴分枝和假二叉分枝，大部分被子植物的分枝发生是合轴分枝。合轴分枝既是丰产的株型，也是较进化的分枝方式。而禾本科植物的分枝方式是分蘖。

通过叶芽的纵切面，可以看到茎端分生组织、叶原基、幼叶和侧芽原基。茎端分生组织的最先端部分称原分生组织，其下分化出原表皮、基本分生组织和原形成层。叶芽的纵切面又可分为分生区、伸长区和成熟区3个部分。

解释茎端分生组织结构的学说有原套—原体学说和细胞分区概念。

茎干细胞及干细胞组织中心的概念及茎端分生组织调控的分子机制。

茎的初生生长可分为顶端生长与居间生长。由于茎端分生组织的活动而引起的生长，称为顶端生长；居间分生组织细胞的分裂、生长与分化成熟，使节间明显伸长称为居间生长。

双子叶植物茎的初生结构由表皮、皮层和维管柱3部分组成。表皮是茎的初生保护组织,其表面的角质层、蜡质等,具有防止蒸腾、增强表皮坚韧性等功能。皮层主要由薄壁组织组成,幼嫩茎中近表皮的薄壁组织细胞具叶绿体,能进行光合作用。紧贴表皮内方一至数层细胞,常分化为厚角组织,对茎具有支持作用。维管束在多数植物茎的节间排成环状,其初生木质部的发育顺序是内始式,由导管、管胞、木薄壁组织和木纤维组成。初生韧皮部由筛管、伴胞、韧皮薄壁组织和韧皮纤维组成。初生韧皮部的发育顺序是外始式。由薄壁组织构成的中心部分称为髓,髓射线是维管束间的薄壁组织,也称初生射线。

大多数单子叶植物的茎只有初生结构,可分为表皮、基本组织和维管束。近表皮的基本组织由厚壁细胞组成,其他都是薄壁细胞,维管束散布其中,仅由木质部和韧皮部组成,不具形成层,维管束由机械组织组成的维管束鞘包围。少数单子叶植物茎可以加粗,其增粗的原因有两种:一是初生组织许多细胞的长大,导致了总体体积的增大;二是初生加厚分生组织分裂的结果。

双子叶植物茎的次生生长是由于维管形成层和木栓形成层的发生和活动。维管形成层分为束中形成层和束间形成层。形成层的细胞有纺锤状原始细胞和射线原始细胞两种类型,主要以平周分裂的方式形成次生维管组织,其中纺锤状原始细胞衍生的细胞大部分形成次生韧皮部和次生木质部,射线原始细胞衍生的细胞则大部分形成射线。次生木质部的导管、管胞、木薄壁组织和木纤维构成了与茎轴平行的轴向系统,木射线是次生木质部特有的结构,构成了与茎轴垂直的径向系统。次生韧皮部的筛管、伴胞、韧皮薄壁组织和韧皮纤维构成了轴向系统,韧皮射线则构成了径向系统。韧皮射线通过维管形成层的射线原始细胞和次生木质部中的木射线相连接,共同构成维管射线。

纺锤状原始细胞的增殖分裂有径向垂周分裂、侧向垂周分裂和拟横向分裂3种形式。射线原始细胞的增殖分裂,可由纺锤状原始细胞的整体分割、衰退而逐渐缩短等形式转化而来。

维管形成层的季节性活动使木本植物的茎形成了早材、晚材以及年轮,其连续多年的活动则形成了心材和边材。

木栓形成层可由表皮、皮层和韧皮薄壁细胞等产生,其分裂、分化所形成的木栓层,代替了表皮的保护作用。

复习思考题

1. 试分析茎的各种生理功能的形态学依据。
2. 为什么说合轴分枝比单轴分枝进化?
3. 试分析茎尖和根尖在形态结构上有何异同? 并说明其生物学意义。
4. 简要说明原套—原体学说和细胞学分区概念两种理论的特点和区别。
5. 茎干细胞及干细胞组织中心的概念是什么?
6. 双子叶植物根与茎的初生结构有何不同?
7. 禾本科植物茎与双子叶植物茎的结构有何不同?
8. 试分析双子叶植物的茎是怎样进行增粗生长的? 它与单子叶植物的茎增粗生长有何区别?
9. 从结构和功能上区别:早材与晚材、边材与心材、侵填体与胼胝体、周皮与树皮。
10. 年轮是怎样形成的? 它形成的实质是什么? 为什么说生长轮比年轮这一名词更为准确?

第六章 叶

叶的主要生理功能有光合、蒸腾、吸收、繁殖、贮藏和分泌等作用。

叶有多种经济价值，如食用、药用、观赏及绿化等。

第一节 叶的组成

双子叶植物中，具有叶片、叶柄和托叶3部分的叶称为完全叶（complete leaf），如桃树、棉花（图6-1）；缺少其中任一部分或两部分的称为不完全叶（incomplete leaf），如向日葵无托叶，莴苣无叶柄及托叶，台湾相思树无叶片及托叶，仅有一扁化的叶柄。

禾本科植物叶主要包括叶片（blade）、叶鞘（leaf sheath）两部分，有的在叶片、叶鞘相接处还有叶舌（ligulate）、叶耳（auricle）和叶环（pulvinus）（又称叶颈、叶枕）（图6-2），或者只具其中一种，如稗草（*Echinochloa crusgalli*）不具叶舌或叶耳。

叶片是进行光合作用和蒸腾作用的主要场所，多扁平，形状多样。叶片内分布叶脉(vein)，叶脉分为主脉、侧脉和小脉，有运输水分、养分及支持叶片伸展的功能。

叶柄较叶片细长，是茎、叶之间物质运输的通道。叶柄结构与茎大致相同，由表皮、皮层和维管束3部分组成的；具较多的厚角组织，在对叶片进行支持的同时，又具一定的扭曲和摆动能力。

托叶是叶柄基部的附属物，形状多样，多成对出现，比较细小。托叶有保护幼叶叶片作用，叶片成长后托叶有时早落。双子叶植物多具有托叶。单子叶植物通常无托叶。

叶形、复叶及叶序有多种类型（详见第十一章），叶片在枝条上呈镶嵌式排列，有利于接受阳光，减少相互遮盖，叶的这种排列特性，称为叶镶嵌。

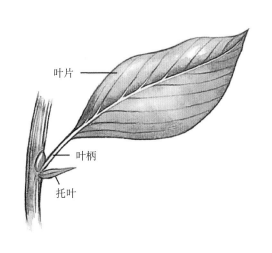

图6-1 双子叶植物的完全叶

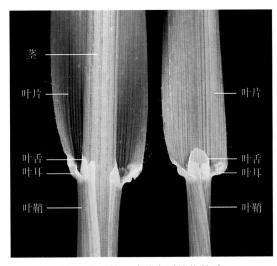

图6-2 单子叶禾本科植物的叶

第二节 叶的发生与生长

一、叶的起始和形态发生

叶是由叶原基（leaf primordium）生长发育形成的，而叶原基是茎端分生组织周围区的一至几层细胞分裂产生的。双子叶植物的叶原基通常由表面的第二、三层细胞进行平周分裂产生；单子叶植物的叶原基通常由表层细胞进行平周和垂周分裂产生。研究表明，生长素在茎端分生组织周围区表层细胞中的极性运输导致局部区域生长素含量的提高（图6-3），高浓度的生长素继而诱导叶原基的形成。

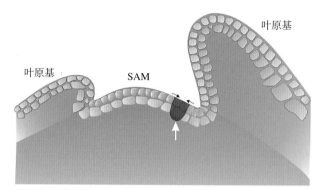

图6-3 叶原基的形成部位示意图

（黑色箭号示生长素的运输方向，白色箭号含高浓度生长素的区域。SAM，茎端分生组织）

（李兴国　绘）

二、叶的生长和发育

叶原基形成后，如果将来发育为完全叶，则首先在下部分化出托叶，继而上部分化出叶柄和叶片。叶的生长可人为地划分为3个阶段。首先，叶原基通过顶部的顶端分生组织进行顶端生长，逐渐延长成为圆柱状的叶轴。如叶轴基部细胞分裂较上部快且发育较早，则分化成为托叶雏形；若叶轴基部侧向延伸生长，则发育成包围整个茎端分生组织的叶鞘雏形。随之，叶轴上部的侧面形成边缘分生组织进行边缘生长，形成有背-腹极性的扁平的叶片雏形，下部则形成叶柄。如果是复叶，经边缘生长可形成多数小叶。边缘生长进行一段时间后，顶端生长停止。当幼叶从芽内伸出、展开后，边缘生长也停止，叶片进入居间生长阶段。此时，叶片的细胞进行扩展和分化，直至形成成熟的初生结构（图6-4）。由于各部分的边缘生长速度和细胞扩展程度并非完全一致，因而形成了不同的叶形和叶缘。

叶是沿着3个轴向生长发育的。基-顶轴由叶的基部指向尖部（图6-5）。基部靠近茎端分生组织，分化出托叶和叶柄，顶部远离茎端分生组织，分化出叶片；第二个轴向是中-侧轴，从叶的主脉指向两侧边缘，叶片发育为扁平状结构（图6-5）；第三个轴向是背-腹轴（图6-7）。靠近茎端分生组织的一侧称为近轴面（腹面），背离茎端分生组织的一侧称为远轴面（背面）。沿背-腹轴分化产生不同类型的组织。研究表明，一系列基因的活动沿着这3个轴向调控着叶的发育和形态建成。

叶的发育和根、茎相似，由原分生组织（叶原基早期）过渡到初生分生组织。初生分生组织的原表皮、基本分生组织和原形成层分别分化为表皮、叶肉和维管组织。除某些双子叶植物的主脉维持活动较弱的形成层外，其余部分均发育为成熟组织。此外，叶的顶端分生组织和居间分生组织均维持一定时间的活动。因此，叶在3个轴向的生长均为有限生长。

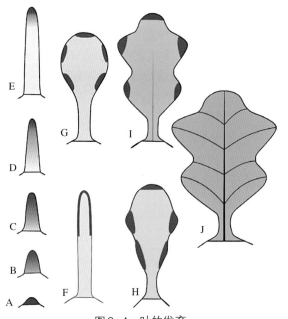

图6-4　叶的发育
A～E.顶端生长　F～I.边缘生长　J.经居间生长后的成熟叶
（李兴国　绘）

图6-5　叶的基-顶轴和中-侧轴

第三节　叶的结构

一、双子叶植物叶片的结构

双子叶植物的叶片，虽然形状、大小多种多样，但其内部结构基本相似。在叶片横切面上，可分为表皮、叶肉（mesophyll）和叶脉（vein）3部分。

（一）表皮

表皮是叶表面的初生保护组织，由表皮细胞、气孔器和表皮毛等附属物组成。

表皮细胞通常不含叶绿体。有些植物的表皮细胞内含有花青素，使叶片呈现红或紫色。表皮细胞形状不规则，侧壁常呈波状或不规则形状，彼此嵌合，无细胞间隙，排列紧密（图6-6）。其横切面略呈方形，外壁角质化，且在外壁的外表面形成角质膜（图2-21B），有的还有蜡被。角质膜起保护作用，可控制水分蒸发、防止病菌侵害。表皮毛的有无和表皮毛的类型因植物种类而异。

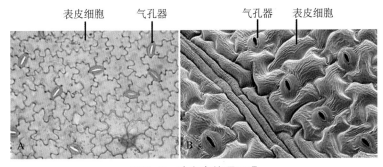

图6-6　叶表皮的顶面观
A.光学显微镜照片　B.扫描电子显微镜照片（图中棕色长形的细胞为叶脉处的表皮细胞）

　　叶片的表皮含有很多的气孔器，这与其光合作用时气体交换及进行蒸腾作用的功能是相适应的。气孔器由一对肾形的保卫细胞和它们之间的细胞间隙即气孔组成（图2-22A）。保卫细胞的细胞壁在靠近气孔部分比较厚，而与表皮细胞毗连的部分比较薄，而且保卫细胞中含有叶绿体和淀粉粒。有些植物如甘薯等，在保卫细胞旁还有副卫细胞。

　　气孔器的数目和分布因植物种类而异。通常下表皮的气孔器多于上表皮，而有些植物的气孔器仅分布在下表皮（如苹果、桃），水生植物（如莲、睡莲）的浮水叶中气孔器仅分布于上表皮。大多数植物下表皮上气孔器的密度为 $100 \sim 300$ 个/mm^2。

（二）叶肉

　　由含大量叶绿体的薄壁细胞组成，是叶进行光合作用的主要部分。根据形态的不同，叶肉细胞可分为栅栏组织、海绵组织（图6-7）。

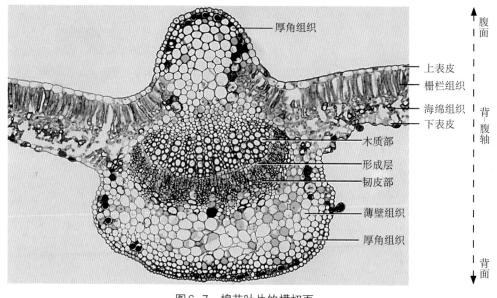

图6-7　棉花叶片的横切面
（示双子叶植物叶片的结构及背-腹轴）
（李兴国　摄）

　　栅栏组织（palisade tissue），为表皮下一至数层长圆柱状薄壁细胞，长轴垂直于表皮，排列紧密如栅栏状，细胞内富含叶绿体，光合作用强。

　　细胞内叶绿体可随光照条件而移动，使自身既免遭强光破坏又可充分接受光能。光强时，叶绿体贴近细胞侧壁，减少受光面积，以免过度发热；光弱时，叶绿体分散在细胞质内，以充分利用散射光。虽然在光学显微镜下观察，栅栏组织细胞排列紧密，但实际上它的胞间隙仍然很大，可充分地进行气体交换，保证光合作用的进行。

　　栅栏组织的细胞层数，随植物种类而不同，如棉花有一层，桃、梨有两层，茶叶随品种不同，有 $1 \sim 4$ 层。此外，栅栏组织细胞的层数也与光照有关，例如，生长在强光下和阳坡的植物栅栏组织细胞的层数较多，反之较少，甚至没有。

　　海绵组织（spongy tissue），形状不规则，有时短臂突出而互相连接成网状，排列疏松，这种发育良好的细胞间隙系统，形成了极大的表面积，扩大了叶肉细胞与内部空气的接触面，有利于气体交换和对CO_2的吸收，对叶片进行光合作用有重要意义。海绵组织含叶绿体较少，光合作用弱，但气体交换和蒸腾作用较强。

如上所述，植物的上表皮内侧为栅栏组织，下表皮内侧为海绵组织，这种上、下表皮内侧的叶肉组织形态不同的为异面叶（两面叶）（dorsi-ventral leaf）；海绵组织所含叶绿体较栅栏组织少，所以异面叶的背面一般绿色较淡。上、下表皮内侧的叶肉组织形态相同的为等面叶（isobilateral leaf），有些等面叶上、下表皮内侧均为栅栏组织、中部为海绵组织，有些则是未出现栅栏组织和海绵组织分化，等面叶多出现于叶片两面受光基本均等的植物中，如叶近于直立的禾本科植物等。

（三）叶脉

叶脉分布于叶肉之中，纵横交错成网状，主要起输导和支持作用。叶片内分布的叶脉粗细不同，位于叶片中央最粗大的叶脉称为主脉（中脉）；较主脉窄细一级的为侧脉，多为主脉的分枝；侧脉的分枝称为细脉或小脉，细脉仍可分枝；细脉的末端称为脉梢。叶脉中，主脉及侧脉主要是起轴向长距离输导作用，细脉则是起释放水分、将叶肉中光合产物横向装载进入输导组织的作用。

主脉和较大的侧脉结构相似，由机械组织、薄壁组织和维管束组成。机械组织位于表皮内方，为厚角组织或厚壁组织。薄壁组织位于机械组织内方。由于薄壁组织在叶背面发达，故主脉较粗大且常隆起于叶片。维管束被薄壁组织包围，主要由木质部和韧皮部组成。多数植物的木质部近上表皮、韧皮部近下表皮。木质部和韧皮部之间常具形成层，但活动较弱，活动时间短暂。叶脉中维管束可视作茎中维管束的延伸。

随着延伸和分枝，叶脉逐渐变细，其结构越来越简单。机械组织和形成层逐渐消失，薄壁细胞减少，维管束被薄壁细胞组成的维管束鞘（bundle sheath）包围；木质部和韧皮部的组成分子逐渐减少，到了脉梢，维管束仅余一层薄壁细胞围成的维管束鞘、一列狭短的筛管分子和1～2个螺纹管胞，有时甚至没有筛管，只有管胞存在。

细脉中的维管束鞘薄壁细胞，常具传递细胞（transfer cell）（转输细胞）特征。这类细胞的细胞壁多具内突，增大了质膜面积，有利于细胞与周围细胞进行快速的物质运输。在脉梢，伴胞常特化为传递细胞。维管束鞘的存在，使任何物质进入或离开维管组织都必须穿过维管束鞘，水分不会由维管组织直接释放在细胞间隙内，这对于水分的缓慢释放有重要意义；而传递细胞特有的结构，则对光合产物的快速转运非常有利。维管束鞘所起的作用非常类似于根的内皮层，控制着物质进出维管组织。

二、禾本科植物叶片的结构

禾本科植物的叶片也是由表皮、叶肉和叶脉3个部分组成，但各个部分的结构与双子叶植物叶片均有所不同。

（一）表皮

表皮分上表皮和下表皮，上表皮由表皮细胞、泡状细胞（bulliform cell）和气孔器组成。表皮细胞包括长细胞和短细胞。下表皮组成与上表皮基本一致，但没有泡状细胞。

长细胞的顶面观呈近似长方形，长轴与叶的长轴平行，整齐成列分布；细胞壁具细密锯齿，相邻两列细胞侧壁嵌合紧密；外壁角化且含硅质，可形成乳突。短细胞包括硅细胞（silica cell）和栓细胞（cork cell），二者较小，近似呈长方形，多成对分布。硅细胞内充满硅质，外切向壁外突成齿状或刚毛状；栓细胞壁较平直（图6-8）。表皮细胞硅化及硅细胞的存在，加强了叶片的硬度，增强了抗病虫害的能力。

气孔器由一对哑铃形的保卫细胞和一对菱形或半球形的副卫细胞组成（图2-22B）。保卫细胞壁厚薄不均匀，长轴两端球状部分细胞壁薄、有弹性，长轴中部与气孔相邻的细胞壁较厚。保卫细胞吸水后，哑铃形的头部膨大明显，相互撑开，使气孔开放；保卫细胞失水后，细胞萎蔫，气孔关闭。上、下表皮的气孔器数目相差不大。

表皮上常生有表皮毛，有些表皮毛基部较大、尖端尖锐，且有木质化的厚壁，称为刺毛。

通过显微镜观察叶片切面，可见长、短细胞均近长方形。泡状细胞（亦称运动细胞）仅位于上表皮，其径向壁远大于表皮细胞。在叶的横切面上，数个泡状细胞呈扇形排列（图6-9）。干旱时，泡

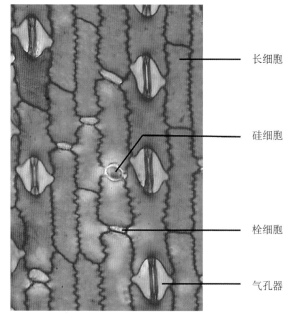

长细胞

硅细胞

栓细胞

气孔器

图6-8　玉米叶的下表皮
（李兴国　摄）

状细胞较其他表皮细胞失水快，萎蔫、收缩明显，因仅上表皮具泡状细胞，因而上表皮比下表皮收缩程度大，使叶片内卷，这样可有效减少蒸腾；待植物吸水后，叶片又平展如初。

（二）叶肉

禾本科植物为等面叶，叶肉没有栅栏组织和海绵组织的分化（图6-9）。叶肉细胞形状随植物种类不同而不同，在有些植物中细胞壁具内褶；在有些植物如小麦中，内褶更为发达，形成"峰、谷、腰、环"的结构（图6-10），各峰垂直于表皮，各环沿叶片长轴排列；叶肉细胞的环数随叶位上升而增加，可由1～2环逐渐增至十数环，旗叶叶肉细胞环数最多，因而光合效率最高。细胞壁内褶的存在，增大了质膜的表面积，减少了细胞壁的阻碍，有利于物质运输。

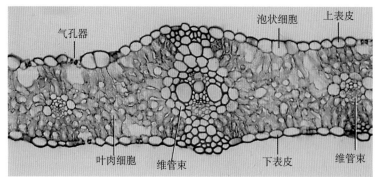

气孔器　泡状细胞　上表皮

叶肉细胞　维管束　下表皮　维管束

图6-9　小麦叶片横切面
（李兴国　摄）

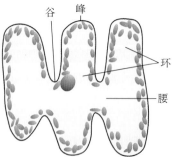

谷　峰

环

腰

图6-10　小麦叶肉细胞（示"峰、
谷、腰、环"结构）
（李兴国　绘制）

（三）叶脉

禾本科植物的叶具直出平行脉，各平行脉之间有细脉相连。

通过显微镜观察叶片横切面，可见主脉和侧脉结构无明显区别，叶脉主要由维管束构成，维管束由初生韧皮部、初生木质部和维管束鞘组成，无束中形成层存在，与茎中的维管束结构基本一致，木质部位于上方，韧皮部位于下方；较大的叶脉维管束上、下方常有厚壁组织与表皮相连。在有些植物，如小麦中，叶尖端维管束鞘延伸成芒状。

大部分禾本科植物，最初的光合产物是三碳化合物(3-磷酸甘油酸)，称为C_3植物，如水稻、小麦等。在显微镜下观察，C_3植物维管束鞘由两层细胞组成，内层为生活的厚壁细胞，细胞较小，几乎不含叶绿体；外层为薄壁细胞，较大，所含叶绿体明显少于周围叶肉细胞，颜色较浅（图6-11）。

有些禾本科植物，如玉米，最初的光合产物是四碳化合物(如草酰乙酸、苹果酸和天冬氨酸等)，称为C_4植物。在显微镜下观察，C_4植物维管束鞘由一层薄壁细胞组成，细胞较大，所含叶绿体比周围叶肉细胞的大且分布密集，颜色较深（图6-12）。有些C_4植物，其维管束鞘外侧的一圈叶肉细胞常排列整齐成"花环"状，这圈叶肉细胞排列成的"花环"结构是C_4植物特有的。C_4植物在莎草科、苋科和藜科等植物中也有发现。C_4植物利用CO_2的能力较C_3植物强，光合效率高，在高温、干旱等不利条件下尤为明显，被称作高光效植物。

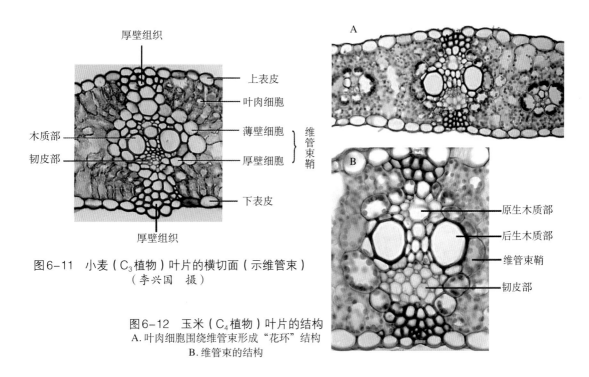

图6-11 小麦（C_3植物）叶片的横切面（示维管束）
（李兴国 摄）

图6-12 玉米（C_4植物）叶片的结构
A.叶肉细胞围绕维管束形成"花环"结构
B.维管束的结构

三、叶片结构与生态环境的关系

叶的形态结构，最容易随生态环境的不同而发生变化，其中水分和光照对叶片的结构影响最大。

（一）旱生植物和水生植物的叶

能适应干燥的环境条件而正常生活的植物称为旱生植物（xerophyte），其叶的形态结构特征向有利于降低蒸腾和贮藏水分两方向发展。夹竹桃等多数旱生植物叶片具复表皮，表皮细胞壁厚，角质层发达，或有蜡被，或密被表皮毛，气孔多下陷或位于气孔窝内，气孔窝内常生有表皮毛；栅栏组织发达，层次多，甚至上下两面均有分布；海绵组织和细胞间隙不发达；叶脉较密集，机械组织多，支持作用强，这些特征可降低植物蒸腾、抑制水分散失（图6-13）。另一种类型的旱生植物是肉质植物，如芦荟、马齿苋和猪毛菜等，它们叶片肥厚肉质多汁，有发达的贮水组织，细胞液浓度高，这些特征可增强植物贮藏水分能力。一些常绿植物，如油松等，其叶也具有类似旱生植物的形态构造，以减少水分的蒸发量。

整个植物体或植物体的一部分浸沉在水中的植物称为水生植物（hydrophyte），包括挺水植物、浮叶植物、沉水植物及漂浮植物等。睡莲、芡实等浮叶植物，叶的上表面直接承受阳光的照射，具有厚的角质层和排列紧密的栅栏组织等适应干旱的结构特征；下表皮浸沉在水中，具有角质层薄、无气孔和通气组织发达等适应水生生活的结构特征（图6-14）。叶片的上下两面体现着相反特征，表现了植物的叶在形态结构与功能上的高度适应性。

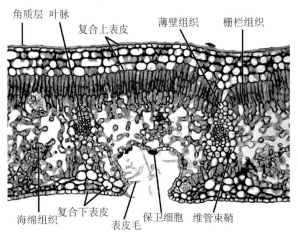

图6-13　夹竹桃叶片横切面

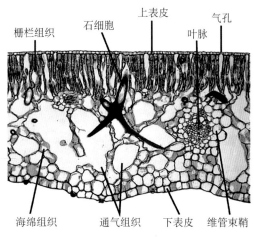

图6-14　睡莲叶的横切面

眼子菜、狐尾藻等沉水植物，因水中光线不足、含氧量低，叶的形态结构与利于接受阳光及获得氧气相适应，水生植物叶片通常较薄，有些沉水叶片分裂成丝状，以扩大叶片与外界的接触面。在结构上，水生植物叶表皮无角质层或角质层很薄，无气孔，表皮细胞壁较薄，常含有叶绿体；叶肉不发达，无栅栏组织和海绵组织的分化，细胞间隙较大，有气室形成；机械组织很不发达，维管组织退化，木质部数量减少，甚至全部退化（图6-15）。

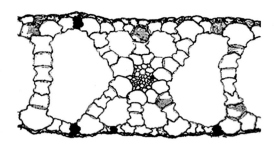

图6-15　眼子菜属叶片横切面（示沉水植物叶的解剖构造）

（二）阳地植物和阴地植物

阳地植物（sun plant）指不能忍受荫蔽，需要在阳光直接照射下才能生长良好的植物。阳地植物的大气环境与旱生植物类似，其叶受光、受热较强，因而形态结构趋向于旱生植物，叶片较厚、较小，角质层较厚，栅栏组织和机械组织发达，叶肉细胞间隙较小。但阳地植物不等于旱生植物，因土壤环境的不同，阳地植物有些为旱生植物，有些为湿生植物和水生植物。

阴地植物（shade plant）适于生长在较弱的光照条件下，在强光照条件下，光合作用反而降低，如林下植物。阴地植物因长期处于荫蔽条件下，其结构常倾向于水生植物的特点。叶片一般大而薄，角质层薄，表皮细胞中也常含有叶绿体，可利用散射光进行光合作用；栅栏组织不发达，海绵组织发达，细胞间隙较大。

在同一环境条件下，同一植株顶部和下部的叶、生于阳面和阴面的叶，在结构上也存在着一些差异。生于顶部或阳面的叶，其结构倾向于旱生叶；生于下部及阴面的叶，结构倾向于水生叶。

第四节　叶的衰老与脱落

一、叶的衰老

植物的叶是有一定的寿命的，不同植物叶的生活期可从数月至数年。草本植物叶的生活期通常较短，当生活期终结时，叶会衰老、枯死，并残留在植株上；而多年生木本植物的叶片衰老、死亡后，往往从植物体上脱落，形成落叶。新叶、落叶的交替分为两种情况：落叶树（deciduous tree）在干旱或寒冷季节来临时，全部树叶会脱落，仅存枝干，来年萌发新叶，如柳树；而常绿树（evergreen tree）在新叶发生时，老叶渐次枯萎、脱落，全树新老叶逐渐交替，因而终年常绿，如女贞、茶树等。

落叶的内因，包括植物体内有害金属元素以及有害矿物质的积累，叶片衰老、功能衰退等因素。落叶的外因，包括寒冷、干旱等不良环境，在此条件下根系吸水能力下降，而蒸腾强度并不相应减弱，植物因缺水而落叶。

落叶使植物体内有害物质随落叶排出体外，同时使蒸腾作用大大减少，因而有利于植株进入休眠状态以顺利度过不良环境。

二、落叶及离区

叶的脱落可分为4个阶段：第一阶段为离区（abscission zone）的形成，第二阶段为离区感受脱落信号、启动脱落进程，第三阶段为离区细胞分离，第四阶段为离层、保护层的形成，并最终导致叶的脱落。

离区是一些植物在叶将落时，叶柄基部或近基部的薄壁组织脱分化，分裂后产生的5～50余层的小型细胞（图6-16A）。离区产生不久，离区内细胞开始黏液化，细胞彼此近乎分离，位于远茎端的离区细胞被称为离层（abscission layer），近茎端的被称为保护层（protective layer）（图6-16B）。此时自身重量及风的吹动，均可使叶从植物体脱落。保护层内富含栓质等沉积物质，因而叶柄脱落后在茎上留下的痕迹——叶痕，非常整齐、光滑。在木本植物中，保护层最终被保护层下发育的周皮所代替，并与茎其他部分的周皮相连续。

有些植物则无离区出现，如单子叶

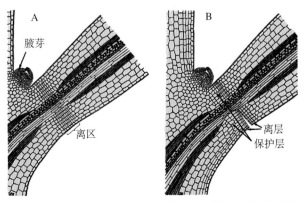

图6-16　落叶前后离区（A）和离层、保护层（B）的形成

木本植物棕榈等，其枯萎叶子的脱落似乎只是由于叶柄的机械折断。离层在叶柄、花柄和果柄的基部都会发生，从而引起棉花落铃、大豆落荚及果树落花等现象。因此，研究器官脱落（包括落叶）的机制，不仅具有理论意义，而且对于农业生产具有重要的实践意义。

✐ 本 章 提 要

叶的主要功能是进行光合作用和蒸腾作用。叶是绿色高等植物合成有机物的重要器官。

叶由叶原基发育而来，发育过程包括顶端生长、边缘生长和居间生长。

一般被子植物的叶是扁平的薄片，它们以叶柄或叶鞘着生于茎的节上。双子叶植物的完全叶包括叶片、叶柄和托叶3部分，缺一则称为不完全叶。禾本科植物的叶包括叶片和叶鞘两部分，有的在叶片、叶鞘相接处还有叶舌、叶耳和叶环或者只具其中一种。

叶片的结构由表皮、叶肉和叶脉3部分组成。叶表皮外方常被角质层覆盖，由表皮细胞、气孔器、表皮附属物和排水器组成。叶肉是叶片进行光合作用的主要场所，在多数双子叶植物叶片中，叶肉分化为栅栏组织和海绵组织两部分（一般单子叶植物叶片无此分化），细胞中均含有叶绿体。叶脉维管束与茎中的维管组织相连。

落叶是植物对不良环境的一种适应和衰老的表现。在落叶时，有些植物叶柄的基部产生离区，进而形成离层和保护层。

✐ 复 习 思 考 题

1. 简述双子叶植物、单子叶植物叶片结构差异。

2. 说明C_3、C_4植物维管束鞘结构的差异。

3. 叶中与光合作用相适应的形态结构特点有哪些？

4. 简述旱生植物、水生叶植物、阳地植物和阴地植物叶片结构差异。

5. 简述离区、离层和保护层的形成过程和细胞结构特点。

第七章 营养器官之间的联系及其变态

第一节　根、茎、叶之间维管组织的联系

　　根、茎、叶中的维管组织相互连接并贯穿于整个植物体内，构成植物体的输导系统。但是，在植物初生生长阶段，根与茎的维管组织的排列不相同。即根的维管组织是初生木质部和初生韧皮部各自成束，呈相间排列，并且初生木质部成熟的方式为外始式；而茎的维管组织是初生木质部与初生韧皮部内外排列，初生木质部成熟的方式为内始式。由于二者情况不同，在根与茎交接处，维管组织的排列形式必须发生转变才能连接在一起。根与茎维管组织发生转变的部位称为过渡区。过渡区通常在下胚轴中发生，一般较短，多为1～3 mm。

　　在过渡区，表皮、皮层等是直接连续的，但初生维管组织由根的排列形式转变为茎的排列形式，其转变过程，常因植物种类的不同而有不同的类型。现以二原型根转变为具有4个外韧维管束的茎为例，说明过渡区的变化（图7-1）。当开始发生转变时，过渡区的中柱往往有明显增粗，其内的维管组织大致发生分叉、转位及汇合3个步骤。如图7-1所示，最上面的图是幼茎的横切面，最下面的是幼根的横切面，而其余的分别是下胚轴的上、中、下部的横切面。从图中能看到每束初生木质部发生变化的情况，由下面往上看，每束木质部先发生纵向分叉，一束向右旋转，另一束向左旋转。与此同时，韧皮部也逐渐分裂、移位。两个木质部束各自旋转180°与韧皮部相接，同时移位到韧皮部内方，因而使原来呈相间排列的木质部与韧皮部就转变成内外排列，也就是由根中维管组织的排列转变成茎中维管组织的排列，这样，根与茎的维管组织就相互联系起来。过渡区的结构，只有在初生结构中才能看清楚。

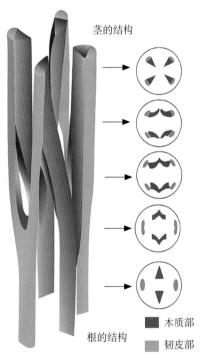

茎的结构

木质部
韧皮部

根的结构

图7-1　根—茎过渡区的图解
（李兴国　绘）

　　茎中维管束也要和叶的维管束相连接。叶着生在茎的节上，茎内维管束从维管柱斜出，通过茎的皮层，到达茎的边缘，然后在茎节处伸入叶柄再进入叶片。从茎的维管柱斜出穿过皮层到叶柄基部为止的这段维管束就称为叶迹（图7-2）。叶迹的数目随植物的种类不同而异，有一至多个。叶柄脱落后，在叶痕内看到的小突起就是叶迹断离后的痕迹。因植物种类不同，叶迹由茎伸入到叶柄茎部的方式也不相同，有的从茎中的维管束伸出后，到达

节部就直接进入叶柄基部；也有的从茎中维管束伸出后，先与其他叶迹汇合，再沿着皮层向上穿越一节或多节，才进入叶柄茎部。叶迹进入叶柄基部后，与叶的维管束相连并通过叶柄伸入叶片，在叶片内多次发生分枝，构成叶脉。在叶脉维管束中，则表现为木质部位于腹面，韧皮部位于背面的排列形式。叶迹从茎的维管束上分出并向外弯曲后，在茎中维管束上的叶迹上方便形成一个空档，此空档由薄壁细胞所填充，这一区域称为叶隙（图7-2）。

主茎的维管束也同样分枝到各侧枝。茎维管束分枝后通过皮层进入枝的部分，称为枝迹，在枝迹的上部同样也形成一个空档而由薄壁细胞填充的区域，称为枝隙。在双子叶植物和裸子植物中，枝迹一般为两个，但有些植物也有一个或多个枝迹（图7-2）。

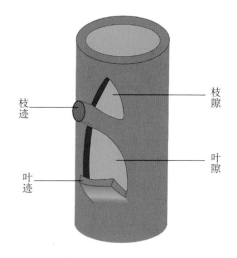

图7-2　叶隙、叶迹、枝迹和枝隙的图解
（李兴国　绘）

由于叶迹和枝迹的产生，使茎中的维管组织在节部附近的变化情况极为复杂，尤其在节间短、叶密集，甚至多叶轮生等情况的茎上，叶迹的数目更多，情况会更复杂。

禾本科植物茎、叶间的连接也较为复杂，其叶鞘抱茎且基部与茎合成一体，茎中的多数叶迹通过茎节进入叶鞘和叶片，并形成平行叶脉。

从上述情况可见，植物体内的维管组织，从根中通过过渡区与茎中维管组织相连，茎中再通过叶迹和枝迹与所有叶中和分枝中的维管组织相连。这样，在根、茎、叶各营养器官之间就形成一个完整的输导系统。

第二节　营养器官的变态

前面有关章节已讲述了被子植物营养器官——根、茎、叶基本的形态特征和主要生理功能。一般情况下，这些器官是易于识别的。但有些植物的营养器官，其形态结构和生理功能发生了显著的变异（有时甚至难于分辨该器官的来源），这种变异称变态（modification）。营养器官的变态，明显而稳定，已成为该物种的遗传特性。这种现象是植物对环境的长期适应及长期人工选择的结果，是健康、正常的，而非偶然、病理性的。虽然变态是植物的遗传特性，但在植物个体发育过程中，变态的发生往往要受到环境、激素和营养等因素的影响。下面介绍几种常见的变态类型。

一、根的变态

（一）贮藏根

这类变态根生长在地下，肥大，通常具三生结构。根内富含薄壁组织，主要是适应于贮藏大量的营养物质。

1. **肉质直根**　肉质直根主要由主根发育而成，所以每株植物只有一个肥大的肉质直根。肉质直根的上部是由下胚轴发育而成，无侧根；下部由主根基部发育而成，具数列侧根（图7-3 A和图7-3 B）。肉质直根常见于二年生或多年生的草本双子叶植物，如萝卜、胡萝卜、甜菜、芜菁和人参等。

2. 块根　块根是由不定根或侧根经过增粗生长而形成的，在一株上可形成多个块根。其形成不含下胚轴的部分，其外形也不如肉质直根规则，如甘薯（图7-3 C）、葛、大丽花和麦冬等。

（二）气生根

凡露出地面，生长在空气中的根均称气生根（图7-4）。气生根因所担负的生理功能不同，又可分为以下几种类型。

图7-3　贮藏根的形态
A. 萝卜的肉质直根　B. 胡萝卜的肉质直根　C. 甘薯的块根

图7-4　气生根
A. 玉米的支持根　B. 扶芳藤的攀缘根　C. 红树的呼吸根

1. 支持根　有些植物，常从茎节上生出不定根伸入土中，并继续产生正常侧根，这些根不但仍有从土壤中吸收水分和无机盐的作用，而且显著增强了根系对植物体的支持作用，因此称为支持根，如玉米、高粱、甘蔗和榕树等。

2. 攀缘根　藤本植物的茎多细长柔软，不能直立。有些藤本植物从茎的一侧产生不定根。这些根的先端扁平，且常可分泌黏液，易固着在其他物体的表面攀缘上升，称为攀缘根，如扶芳藤、络石和凌霄等的气生根。

3. 呼吸根　生长在沼泽或热带海滩地带的植物，如红树，可产生一些垂直向上生长的根。内有发达的通气组织，可将空气输送到地下，供给地下根进行呼吸，称作呼吸根。

（三）寄生根

寄生植物（如菟丝子）的茎紧密回旋缠绕在寄主的茎上（图7-5），叶退化成鳞片状，营养全部依靠寄主提供，并以突起状的根（吸器）伸入寄主的茎组织内，使彼此的维管组织相通，吸取寄主体内的养料和水分，这种根称为寄生根。

寄主茎横切面

菟丝子的根（吸器）

菟丝子的茎横切面

图7-5　菟丝子的寄生根
A. 菟丝子的茎（箭号所指）缠绕在寄主茎上　B. 菟丝子寄生根纵切面

二、茎的变态

（一）地下茎的变态

植物的茎一般生在地上。生在地下的变态茎与根相似，但仍具有茎的特征（有节和节间）。叶一般退化成鳞片，脱落后留有叶痕，变态的叶腋内有腋芽。常见地下茎变态有下列4种（图7-6）。

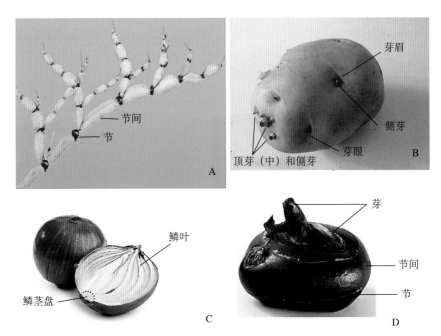

图7-6 地下茎的变态

A.莲的根状茎 B.马铃薯的块茎 C.洋葱的鳞茎 D.荸荠的球茎（节部膜质鳞叶已剥离）

1. **根状茎** 根状茎横生于地下，外形与根相似。根状茎除顶端具顶芽外，其上还具明显的节和节间，节上有不定根、退化的鳞片叶及腋芽，腋芽可发育为地上枝，如白茅、芦苇、竹、菊芋、姜和莲的根状茎。

2. **块茎** 最常见的是马铃薯的块茎，是由地下茎的先端不规则膨大并积累养料而形成的。其表面按叶序方式排列着许多凹陷，称为芽眼，每个芽眼内具数个腋芽；在每个芽眼之下，有鳞叶脱落后留下的痕迹（叶痕），称为芽眉。

3. **鳞茎** 鳞茎是单子叶植物常见的一种营养繁殖器官，茎因节间极度短缩而成扁平状、半球状或圆锥状，称为鳞茎盘。其正中生有顶芽，将来发育为花序；四周由肉质鳞叶及膜质鳞叶保护（鳞叶为变态叶），鳞叶的叶腋处生有腋芽；鳞茎盘下端生有不定根。洋葱、大蒜和百合均具鳞茎，但洋葱膨大部分为鳞叶，大蒜、百合膨大部分为由腋芽发育形成的蒜瓣或子鳞茎。

4. **球茎** 球茎是圆球形或扁圆球形的地下茎，节和节间明显，节上具膜状的鳞片叶、数圈圆形鳞叶痕、一个粗壮的顶芽和数个腋芽。一些球茎是地下匍匐枝末端膨大形成，如荸荠、芋和慈姑等；一些是由植物主茎的基部膨大形成，如唐菖蒲等。

（二）地上茎的变态

植物的地上茎也会发生变态，通常有下列几种类型（图7-7）：

图7-7　地上茎的变态
A.茎卷须（五叶地锦）　B.茎刺　C.假叶树的叶状茎上着生花和果实

1. **茎卷须**　有些藤本植物部分腋芽或顶芽不发育成枝条，而形成卷曲的细丝，用以缠绕其他物体，使植物体得以攀缘生长，称为茎卷须，如南瓜、黄瓜和五叶地锦等。

2. **茎刺**　有些植物的部分芽（多为腋芽）可发育为刺，称为茎刺或枝刺，有维管束与主茎相联系，如山楂、皂荚、石榴和柑橘等。

3. **叶状茎**　茎转变成叶状，扁平，呈绿色，能进行光合作用，称为叶状茎或叶状枝，如假叶树、竹节蓼和文竹等。

三、叶的变态

1. **苞片**　苞片是着生于花柄上、在花之下的变态叶，具有保护花和果实的作用，可为绿色或其他颜色，通常明显小于正常叶，如棉花外面的副萼即为3片苞片。苞片数多而聚生在花序外围的称为总苞，如向日葵花序外面的总苞。

2. **鳞叶**　叶变态成鳞片状，称为鳞叶。木本植物鳞芽外的鳞叶，多呈褐色，常具有茸毛或黏液，也称芽鳞，有保护幼芽的作用，如杨树；地下茎上有肉质和膜质两种鳞叶。肉质鳞叶肥厚多汁，可以食用，如洋葱（图7-6C）、百合鳞茎盘上的肉质鳞叶；荸荠球茎上有膜质鳞叶。

3. **叶卷须**　叶的一部分变成卷须状，称为叶卷须，适于攀缘生长，如苜蓿羽状复叶顶端的小叶变为卷须（图7-8A），菝葜的托叶变成卷须。

图7-8　叶的变态
A.苜蓿的叶卷须　B.小檗的叶刺（注意其腋部有花）　C.仙人掌的叶刺
D.刺槐的托叶刺　E.猪笼草的捕虫器（叶柄上部的变态）

4. 叶刺 有些植物的叶或叶的某一部分变为刺状，对植物有保护作用，称为叶刺（图7-8 B～图7-8 D），如小檗、仙人掌的叶转变为刺，刺槐、酸枣叶柄基部的一对托叶变为刺。

5. 捕虫叶 食虫植物的部分叶可特化成瓶状、囊状及其他一些形状，其上有分泌黏液和消化液的腺毛，能捕捉昆虫并将昆虫消化吸收，如猪笼草（图7-8 E）、茅膏菜和捕虫草等。

第三节　同功器官和同源器官

一、同功器官

凡来源不同，但功能相同、形态相似的变态器官称为同功器官，如块根与变态的地下茎、茎卷须与叶卷须、茎刺与叶刺等。它们是来源不同的器官长期适应相似的环境、执行相同的生理功能而逐渐变态形成的。因形态相似，在辨别同功器官的来源时，需依据变态器官的形态特征、着生位置及内部结构来判断。若观察变态器官的发育过程，则判断更为准确。

姜、荸荠和萝卜同为地下生长的器官，但前二者为地下茎的变态，后者为根的变态。姜、荸荠的地下茎上有多个明显的节，节上有腋芽，因而可判断其为茎的变态；而萝卜的肉质直根上无节，也无腋芽，但具成列侧根，由此可知其为根的变态。再如皂荚的茎刺与槐的托叶刺，因皂荚的刺位于叶腋处，可知是由腋芽发育而来，是茎的变态；而槐上的刺，总是生于叶的基部两侧、托叶的位置，因而是托叶的变态。

二、同源器官

凡是来源相同，但功能不同、形态各异的变态器官称为同源器官。它们是来源相同的器官长期适应不同的环境、执行不同的功能而逐渐变态形成的，如茎卷须、根状茎和鳞茎等都是茎的变态。

许多具变态器官的植物都具有重大的经济价值，如甘薯、马铃薯等是重要的杂粮作物，洋葱、莴苣等是常见蔬菜。因而研究植物个体发育过程中变态的发生机制，掌握变态的发育调控，对于全面了解植物生长发育的机制，改造植物并创造植物新种质具有重要的理论指导意义。同源器官来源相同，在遗传机制上具有相似性，因而以同源器官为研究对象，研究变态发生的分子机制成为近年的研究热点之一。

📝 本 章 提 要

根、茎、叶中的维管组织，相互连接并贯穿于整个植物体内，构成植物体的输导系统。

在根、茎交接处，形成过渡区，使根与茎的维管组织发生转变并连接在一起，此过程区多发生在下胚轴。

在茎与叶之间维管组织的联系，是通过茎的维管束在茎节部斜出并进入叶柄而完成的，因此在茎内就有叶迹和叶隙的产生。主茎与侧枝维管组织的联系似叶，也相应有枝迹和枝隙的形成。

植物体各器官不但在生理功能上分工合作，在形态结构上具有一定的整体性，而且在生长过程中还存在着相互促进或相互抑制的密切关系，这种关系为生长相关性。

有些植物的营养器官，在长期的进化过程中，其形态结构和生理功能发生了显著的变异，这种变异称变态。营养器官的变态，明显而稳定，已成为该物种的遗传特性。这种现象是植物对环境的长期适应及长期人工选择的结果。

根的变态主要包括贮藏根、气生根和寄生根等。

茎的变态包括地下茎的变态和地上茎的变态，而地下茎又分为根状茎、块茎、鳞茎和球茎等；地上茎分为茎卷须、匍匐茎、茎刺、肉质茎和叶状茎等。

叶的变态主要包括苞片、鳞叶、叶卷须、叶刺和捕虫叶等。

凡来源不同，但功能相同、形态相似的变态器官称为同功器官。在辨别变态器官，尤其是同功器官的来源时，需依据变态器官的形态特征、着生位置及内部结构来判断。若观察变态器官的发育过程，则判断更为准确。

凡是来源相同，但功能不同、形态各异的变态器官称为同源器官。

变态的发生不但依赖其遗传基础，同时也依赖环境的调控，激素水平、温度和光照等条件均可影响变态的发生。

复习思考题

1. 根、茎、叶中的维管组织如何连在一起，构成植物体内的输导系统？

2. 试分析营养器官发生变态的原因？这种变态的特性是否遗传？

3. 如何判断马铃薯的食用部位是变态茎，而甘薯的食用部位是变态根？

4. 判断同源器官和同功器官的依据是什么？

第八章 花

被子植物的种子萌发后，首先进行根、茎、叶等营养器官的生长和发育。然后，植物体在光照、温度等环境因子和内部发育信号的共同作用下，开始分化出花序（花）。以后经过开花、传粉、受精，结出果实和种子。花、果实和种子是被子植物的生殖器官（reproductive organ），它们的形成和生长发育过程属于生殖发育。

第一节　花的组成与花序

一、花的概念

被子植物的花形态各异，变化万千，但一朵典型的花则包括花萼（calyx）、花冠（corolla）、雄蕊群（androecium）和雌蕊群（gynoecium），由外至内依次着生于花柄顶端的花托上（图8-1）。花柄（花梗）是着生花的小枝，将花展布于一定的空间位置。花柄（pedicel）与茎和枝条的结构相似，内有维管系统，成束环生或筒状分布于基本组织之中，并与茎枝维管系统相连，因而花柄又成为茎枝向花输送养料、水分的通道。花托（receptacle）位于花柄顶端，在多数植物（如油菜）中，花托稍微膨大。但在不同植物中花托形状有差别，如草莓的花托肉质化隆起呈圆锥形，莲的花托膨大呈倒圆锥形。

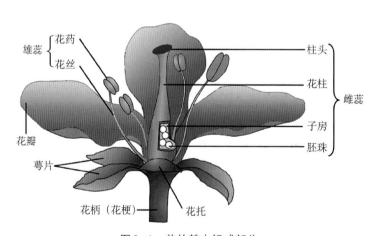

图8-1　花的基本组成部分

花萼常为绿色，每一萼片很像叶片；花冠虽有各种色泽，但花瓣扁平，形态结构也与叶片相似；雄蕊的形态变化较大，但在有些植物（如睡莲）的花中仍可找到雄蕊和花瓣之间的过渡形态（图8-2）；雌蕊也是由一个或几个变态的叶状单位（心皮）联合而成的结构。因而，花从本质讲是节间极短、不分枝的、适应于生殖的变态枝，花中的萼片、花瓣、雄蕊和心皮均为变态叶。严格意义上讲，萼片、花瓣、雄蕊和心皮都属于器官。因此，在研究花发育时，称它们为花器官。考虑到目前大多数教材仍将花作为一个器官看待，所以本教材仍称花为生殖器官。

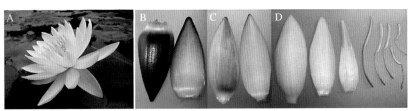

图8-2　睡莲花的解剖
A.睡莲花　B～D.睡莲花从外向内的各部分
（引自 www.fukuoka-edu.ac.jp）

二、花的组成

凡由花萼、花冠、雄蕊群和雌蕊群4部分组成的花称为完全花，缺少其中任何一部分或几部分的花为不完全花。

（一）花萼

花萼位于花的最外轮，由若干萼片（sepal）组成。萼片各自分离的称离萼，如油菜；萼片彼此联合的称合萼，如茄子。合萼下端的联合部分为萼筒，上端的分离部分为萼裂片。花萼的生存期变化较大，有的植物在开花时即脱落，一般植物中，花萼与花冠脱落时间是一致的，但也有些植物的花萼可保留到果实成熟，称为宿萼，如柿、辣椒等。

花萼多为绿色，萼片的结构与叶片相似，但栅栏组织和海绵组织的分化不明显。花萼具有保护幼花、幼果，并兼行光合作用的功能。有些植物如一串红的花萼颜色鲜艳，有引诱昆虫传粉的作用，蒲公英的萼片变成冠毛，有助于果实的传播。

（二）花冠

花冠位于花萼内侧，由若干花瓣（petal）组成，排列为一轮或几轮。花瓣细胞中含有花青素或有色体，颜色绚丽多彩。有时花瓣的表皮细胞形成乳突，使花瓣显露出丝绒般光泽。有些植物的花瓣中含有挥发油，能释放出芳香气味，或由花瓣蜜腺分泌蜜汁。花冠除了有保护内部的幼小雄蕊和雌蕊的作用之外，主要作用是招引昆虫进行传粉。

（三）雄蕊群

雄蕊群位于花冠的内方，是一朵花中全部雄蕊的总称。每一雄蕊（stamen）包括花药（anther）和花丝（filament）两部分。花药生于花丝顶端，一般由4个花粉囊组成，其内形成花粉粒；花丝细长，支持花药，使之伸展于一定的空间，以利于散发花粉。

（四）雌蕊群

雌蕊群位于花的中央，是一朵花中所有雌蕊（pistil）的总称。每个雌蕊一般可分为柱头（stigma）、花柱（style）和子房（ovary）3部分。柱头位于雌蕊的顶端，为接收花粉的地方。花粉粒在柱头上萌发，产生花粉管，穿过花柱而进入子房。子房通常膨大，内着生有胚珠。子房中着生胚珠的部位称为胎座（placenta）。

雌蕊由心皮卷合发育而成。组成雌蕊的基本单位称为心皮（carpel），心皮是适应生殖的变态叶。由一个心皮或数个心皮边缘互相联合而形成雌蕊。心皮边缘相结合处为腹缝线，心皮中央相当于叶片中脉的部位为背缝线。在腹缝线和背缝线内有维管束，分别称为腹束和背束（图8-3）。

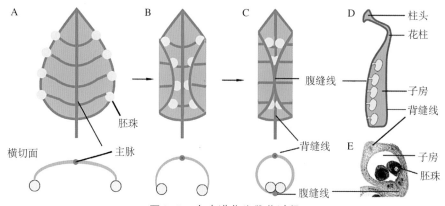

图8-3 心皮进化为雌蕊过程
A.一个打开的心皮 B.心皮边缘内卷 C.心皮边缘愈合
D.一个典型雌蕊的侧面观 E.毛茛科植物驴蹄草子房的横断面

三、禾本科植物的花

禾本科植物的花在结构上较特殊，与一般双子叶植物花的形态不同，现以小麦为例说明禾本科植物花的结构。

小麦麦穗是一个复穗状花序，在穗的主轴上着生许多小穗（spikelet），每一个小穗的基部有两个大而硬的片状结构称颖片。颖片内有几朵小花，一般基部的2～3朵花发育正常能结实。每一朵花的外面有两个鳞片状结构，称为稃片，外边的称外稃（lemma），里边的称内稃（palea）。外稃的中脉明显，并常延长成芒。在子房基部有两个小的片状结构称浆片（lodicule），在开花时浆片膨胀，可使内外稃张开，露出花药和柱头。花的中央有3个雄蕊和1个雌蕊，雌蕊的柱头二裂并呈羽毛状（图8-4）。

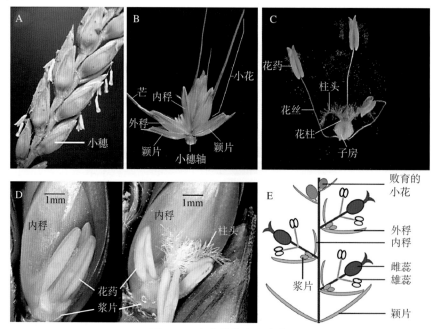

图8-4 小麦的花序和小花
A.麦穗局部 B.小穗解剖 C.剥去外稃、内稃的小花
D.剥去外稃的小花（示浆片） E.禾本科植物花序（小穗）的模式图

四、两性花与单性花

两性花（bisexual flower）的雄蕊和雌蕊在同一朵花中发育成熟，而单性花（unisexual flower）的花仅包含具有生殖能力的雄蕊或雌蕊。约1/10的被子植物为严格的雌雄同株植物或雌雄异株植物，除了这些严格的雌雄同株或雌雄异株植物之外，还有一些植物属于中间类型。

大多数植物种类的单性花在发育早期，均有雌雄蕊的分化，但随着花的发育，在雄花中雌蕊发育停滞，而在雌花中则雄蕊发育停滞。因此当花发育成熟时，分别形成雄花和雌花。例如，玉米为单性花、雌雄同株，其雄穗由顶端分生组织分化产生，而雌穗由腋生分生组织分化产生。虽然成熟期的雄穗与雌穗在形态上具有很大区别，但在发育早期，两者在形态上几乎没有差异，它们的小穗中成对的小花都含有相同的花器官原基，即颖片、外稃、内稃、雄蕊和雌蕊原基，并且各器官的分化都已经起始，这一时期称为"两性花"时期；然而，在"两性花"时期之后，雄蕊与雌蕊的进一步发育显示出很大的区别，雄穗中小花的雌蕊群及雌穗中小花的雄蕊群发育停滞，相应的器官组织开始退化，而雄穗小花的雄蕊群及雌穗小花的雌蕊群继续正常发育至成熟。

单性花植物有雌雄同株和雌雄异株两种类型，这两类植物性别决定的遗传机理有很大的区别。雌雄同株植物的每一个体都具有相同的遗传组成，每一个体都产生两种不同性别的单性花，说明性别决定过程主要是受性别决定基因的调控。而在雌雄异株植物中，同一物种的雌雄两种个体在遗传组成上有一定的差异，并且这些差异常常反映在染色体上，表现为不同性染色体的形成，植物个体的性别主要由性染色体的差异所决定。

第二节　花的形成和发育

花由花分生组织（floral meristem）发育而来，而花分生组织（或花序分生组织）的形成则是被子植物从营养发育进入生殖发育的标志。植物营养发育进行到一定阶段，在环境条件（如日照长度、低温）和内部发育信号的共同作用下，使茎的顶端分生出组织，不再产生叶原基，而成为花分生组织（或花序分生组织），进而分化出花的各部分原基，最后发育形成花或花序。

一、花形成和发育的形态特征

花分化时，茎的顶端分生出组织（苗端分生组织），表面积明显增大，有些植物如桃、梅、棉、水稻、小麦和玉米等的生长锥出现伸长，基部加宽，呈圆锥形；但也有的植物，如胡萝卜等伞形科植物的生长锥却不伸长，而是变宽呈扁平头状。以后，随着花各部分原基（萼片原基、花瓣原基、雄蕊原基和心皮原基）或花序各部分的依次发生，生长锥的面积又逐渐减小，当花中心的心皮和胚珠形成之后，顶端分生组织则完全消失。

花的各部分原基的分化顺序，通常是由外向内进行，萼片原基发生最早，以后依次向内产生花瓣原基、雄蕊原基、心皮原基。以棉花为例，棉的花芽起源于每一节果枝轴的顶端，亦即由其顶芽发育而来。花芽分化之初，首先分化出3个副萼（苞片）原基，副萼原基迅速增大，后期发育成3个大型叶状副萼包于花外，使花蕾呈三角形。在此过程中，内轮出现基部联合、上端形成5个突起的花萼原基，以后发育为5个浅裂的花萼。花瓣原基与雄蕊原基为共同起源，故成熟的花中，花瓣原基与雄蕊原基基部相连。在雄蕊管向上生长的同时，花芽的中央部分出现3～5个心皮原基。以后，心皮原基继续增大，相互愈合，分化出柱头、花柱和子房，最后形成具有3～5室中轴胎座的复雌蕊（图8-5 A）。

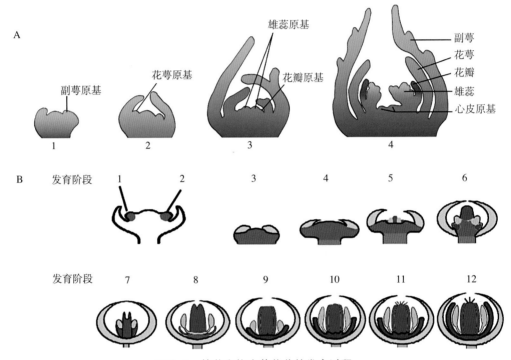

图8-5 棉花和拟南芥花芽的发育过程
A.棉花花芽的发育过程（1.副萼原基的分化 2.花萼原基的分化 3.花瓣、雄蕊原基的分化 4.心皮原基的分化）
B.拟南芥花芽发育过程模式图
（引自Alvarez-Buylla 等，2010）。

　　拟南芥的花由4个萼片、4个花瓣、6枚雄蕊（四强雄蕊）和1枚雌蕊组成。花的发育可以人为划分为12个时期：时期1，从花序分生组织的侧面产生小的突起（花分生组织）；时期2，小突起发育成近似球形的花原基；时期3，从花原基上分化出萼片原基；时期4，萼片原基进一步生长开始覆盖花分生组织；时期5，产生花瓣和雄蕊原基；时期6，萼片将花包裹起来；时期7，雄蕊基部开始分化花丝，花瓣为半球状突起；时期8，长雄蕊开始分化花药；时期9，花瓣原基基部开始变细；时期10，花瓣与短雄蕊具有同样的高度；时期11，雌蕊的柱头上开始出现乳突；时期12，花瓣与长雄蕊具有同样的高度，花发育成熟（图8-5 B）。

二、成花的分子基础

　　植物经过一定时期的营养生长和发育后，就能感受外界的低温和光周期等信号，随即茎端分生组织（shoot apical meristem）的性质发生改变，由营养发育状态转变为生殖发育状态，具备了分化花或花序的能力。通过遗传学和分子生物学分析，在拟南芥中已初步鉴别出4条控制成花转变的途径，即春化途径、光周期途径、自主途径和赤霉素途径。每条途径都涉及一系列基因的激活、抑制和基因间的相互作用。每条途径最终作用于花分生组织特征基因（图8-6）。

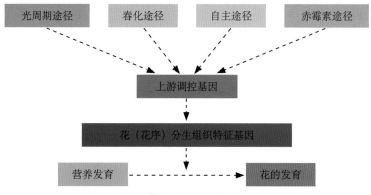

图8-6 拟南芥中鉴定的4条成花转变途径

（一）花序分生组织和花分生组织形成的遗传控制

正在进行生殖发育的茎，其顶端的分生组织分为两种：花序分生组织和花分生组织。植物从营养发育状态转变为生殖发育状态，茎端分生组织转变为花序分生组织（inflorescence meristem）；花序分生组织活动的结果是在其周围产生许多花分生组织（floral meristem），每一个花分生组织最终分化为一朵花（图8-7）。在植物的整个生活周期内，如果花序分生组织一直保持分裂能力，其顶端不断产生新的花分生组织，这种植物的花序称为无限花序

图8-7 拟南芥的花序分生组织和花分生组织

A. 拟南芥的植株 B. 拟南芥花序的顶面观 C. 拟南芥花序轴顶端的扫描电子显微镜观察
D. 野生型拟南芥及*lfy*、*tfl1*突变体的花序照片 [*lfy*突变体的花转变为类似于苗端的结构（箭头所指）；*tfl1*突变体的顶端形成一朵花（箭头所指）]

(indeterminate inflorescence)；如果花序分生组织在分裂一段时间后，失去分化花分生组织的能力，其顶端发育为一朵花，这种花序称为有限花序（determinate inflorescence）。在某些植物中，茎端分生组织直接转化为花分生组织。

拟南芥的花序为总状花序，属于无限花序。遗传学研究发现，*TERMINAL FLOWER1*（*TFL1*）基因是植物花序分生组织特征决定的关键基因，在无限花序植物中它可以维持花序无限生长的特性。它在茎顶端的表达阻止花序分生组织转变为花分生组织，防止茎顶端发育为一朵花。而*LEAFY*基因则对分生组织的营养性生长产生抑制作用，同时*LEAFY*与其他基因协同作用，促进花序分生组织向花分生组织的转变。正是这些基因间的相互作用保证了花和花序的正常发育（图8-7）。

*LEAFY*和*TFL1*的同源基因已经在多个物种中找到，这表明植物控制花序分生组织和花分生组织形成的遗传控制机制是保守的。

（二）花器官的发育的遗传学模型

有关花器官发育的全新认识来自近年来以拟南芥和金鱼草为模型的突变体研究。通过对花器官突变体的表型分析，发现有三类突变体，它们分别影响第一、二轮，第二、三轮或第三、四轮花器官的特征。在拟南芥中，*APETALA2*（*AP2*）基因突变后，第一和第二轮分别为心皮和雄蕊，而不是萼片和花瓣；*AP3*或*PISTILLATA*基因突变后，第二轮的花瓣被萼片取代，第三轮的雄蕊被心皮取代；*AGAMOUS*基因突变后，第三和第四轮分别为花瓣和萼片，而不是雄蕊和心皮，整个花的结构由外到内是萼片、花瓣、花瓣和萼片。Coen和Meyerowitz等认为花器官发育过程中可能存在着3种类型基因的作用，这些基因控制花序和花分生组织的特异性以及花器官特异性的建立，花器官的形成依赖这些基因在时间顺序和空间位置的正确表达。据此，他们提出了ABC模型。

ABC模型认为：正常花器官的发育涉及A、B、C3类功能基因，A类功能基因在第一、二轮花器官中表达，B类功能基因在第二、三轮花器官中表达，而C类功能基因则在第三、四轮花器官中表达。在3类功能基因中，A类基因和B类基因、B类基因和C类基因可以相互重叠，但A类基因和C类基因相互颉颃，即A类基因抑制C类基因在第一、二轮花器官中表达，C类基因抑制A类基因在第三、四轮花器官中表达（图8-8）。

用ABC模型可以较好地解释正常（野生型）花器官的发育过程。在野生型中，第一轮花器官中只有A类基因存在，器官发育成萼片；在第二轮花器官中，A、B类基因都存在，花器官发育成花瓣；在第三轮花器官中，B、C类基因同时存在，器官发育成雄蕊；第四轮花器官中只有C类基因作用，器官发育成心皮（图8-8）。许多种植物的ABC类基因相继被克隆，由于这些基因主要与花器官的发育有关，故又被称为花器官特征基因，它们在决定花的形态方面具有重要作用。

随着分子遗传学研究的深入，人们发现植物中存在决定胚珠发育的基因。在矮牵牛中的研究发现，如果人为干扰这些基因的表达，就会在应该产生胚珠的地方发育出心皮状结构。这个使人们认识到还存在有与C类基因功能部分重叠的D类基因。此外，人们发现通过调控ABC类基因的表达，可以改变花器官发育的类型，但是，却无法使叶片转变成花器官。由此可见，尽管这些基因对花器官的发育至关重要，但是它们并不是营养器官转化成花器官的充分条件。这预示还有其他的花特征基因控制营养器官（叶片）向花器官（萼片、花瓣、雄蕊和雌蕊）的转变。在拟南芥花发育研究过程中找到一类新的基因，这类基因和其他类基因联合作用，可以完成营养器官向生殖器官的转变。这类基因被命名为E类基因，在拟南芥中包括*SEPALLATA 1、2、3*和*4*。拟南芥 *sepallata1, 2, 3*三突变体的花瓣，雄蕊和心皮均转化为萼片。4个*SEP*基因全部突变后，花器官都转变成为叶状结构，只残存部分类似心皮的组织，与缺少 A、B、C 功能的三突变体表型类似。在这些研究基础上，人们提出了花器官发育的 ABCDE 模型。该模型认为，正常花器官的发育涉及 A、B、C、D 和 E 5 类功能基因，A 类功能基因在萼片、花瓣中表达，B 类功能基因在花瓣、雄蕊中表达，C 类功能基因在雄蕊、心皮和胚珠中表达，D 类功能基因则只在胚珠中表达。在这些功能基因中，A 类基因和 B 类基因、B 类基因和 C 类基因、D 类基因和 C 类基因的表达可以相互重叠，但 A 类基因和 C 类基因相互颉颃，而 E 类功能基因与 A、B、C 类功能基因协同作用控制叶片向花器官的转变（图8-8）。

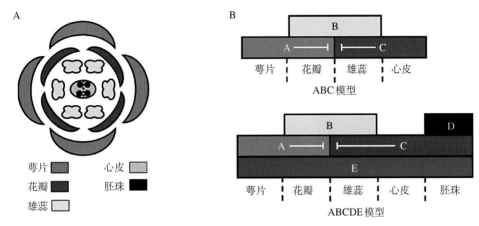

图8-8　花器官发育的 ABC 模型和 ABCDE 模型
A. 拟南芥的花图式　B. ABC 模型和 ABCDE 模型
（仿自 Thompson 和 Hake，2009）

　　ABCDE 模型揭示了花器官形成和发育的分子基础，但由于高等植物的花多种多样，因此不同植物花器官形成和发育的分子机理也有所不同。而 ABCDE 模型主要是在研究拟南芥花发育的基础上建立起来的，因此该模型更适合双子叶植物。

（三）禾本科植物花器官特征决定的研究进展

　　单子叶和双子叶植物花器官形态有明显的差异。水稻花序为总状花序或者圆锥花序，其分生组织的单位是小穗，小穗由小花和 2 个颖片组成。小花没有明显的双子叶植物所具有的萼片和花瓣结构，从外到内依次由外稃、内稃、2 个浆片、6 个雄蕊和由 2 个心皮融合而成的雌蕊组成。浆片相当于双子叶植物的花瓣，而对外稃和内稃是否相当于双子叶植物的萼片是有争议的，有的认为外稃和内稃是单子叶植物花的特殊结构，也有观点认为内稃相当于萼片，而外稃相当于小花的苞片。人们试着利用已经建立的 ABCDE 模型去解释单子叶植物花器官的发育，但是通过对单子叶植物分子遗传学研究，发现单、双子叶植物之间存在明显的区别。例如，人们已经从水稻和玉米中克隆到 A、B、C、D、E 类基因的同源基因，但是 A 类基因*APETALA1*（*AP1*）的禾本科植物同源基因所执行的功能与双子叶植物 *AP1* 的功能不一致，禾本科植物 C 类基因可能不参与胚珠的发育，而禾本科植物 E 类基因参与的功能要比在拟南芥中的功能更为广泛。此外，在单子叶植物中鉴定到多个调节花器官发育的基因，而在双子叶植物中没有找到同源基因，也说明单子叶植物花发育有其特殊的调控机制。

第三节　雄蕊的发育和结构

雄蕊由花丝（filament）和花药（anther）两部分组成。花芽分化过程中，雄蕊原基经细胞分裂、分化，逐渐伸长，以后顶端膨大发育为花药，基部伸长形成花丝。

花丝的结构比较简单，最外一层为表皮，内为薄壁组织，中央有一个维管束直达花药。开花时，花丝进行居间生长，迅速伸长，将花药送出花外，以利于花粉的散播。花药是雄蕊的主要部分，与有性生殖直接有关，本节重点介绍。

一、花药的发育和结构

花药通常由4个（少数植物为两个）花粉囊（pollen sac）组成，分为左右两半，中间由药隔（connective）相连，来自花丝的维管束进入药隔之中，称为药隔维管束。花粉囊是产生花粉的地方。花粉成熟时，花药开裂，花粉粒由花粉囊内散出而传粉（图8-9）。

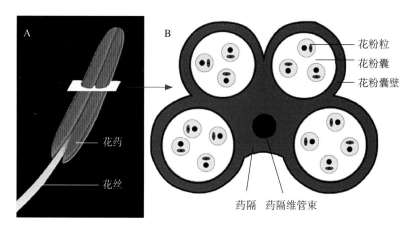

图8-9　雄蕊的结构

由雄蕊原基顶端（花药原基）发育来的幼期花药，最外层为原表皮，以后发育成花药的表皮。里面主要为基本分生组织，将来参与药隔和花粉囊的形成。在幼期花药的近中央处逐渐分化出原形成层，这是药隔维管束的前身。

在花药（具4个花粉囊的类型）发育的早期，花药原基的横切面由近圆形渐变成四棱形状。随之，在4个棱角处的表皮细胞内侧，分化出一列或几纵列的孢原细胞（archesporial cell）。孢原细胞体积和细胞核均较大，细胞质也较浓，通过一次平周分裂，形成内外两层细胞，外层为周缘细胞，内层为造孢细胞。以后周缘细胞再进行平周分裂和垂周分裂，产生呈同心圆排列的数层细胞，自外向内依次为药室内壁（endothecium）、中层（middle layer）和绒毡层（tapetum），它们形成了花粉囊的囊壁，将造孢细胞及其衍生的细胞包围起来。囊壁连同包被整个花药的表皮则构成了花药壁。在花粉囊壁分化、形成的同时，造孢细胞也进行分裂或直接发育为花粉母细胞，以后，再由花粉母细胞经减数分裂而形成许多花粉粒（图8-10）。

药室内壁位于表皮内方，通常为单层细胞。幼期药室内壁的细胞中含大量多糖；在花药接近成熟时，此层细胞径向增大明显，细胞内的贮藏物质逐渐消失，细胞壁除外切向壁外，其他各面的壁多产生不均匀的条纹状加厚，加厚成分一般为纤维素，或在成熟时略为木质化。药室内壁在发育后期又称为纤维层。在同侧两个花粉囊交接处的花药壁细胞保持薄壁状态，无条纹状加厚，花药成熟时，药室内壁失水，由于其细胞壁的加厚特点所形成的拉力，致使花药在抗拉力弱的薄壁细胞处裂开，花粉囊随之相通，花粉沿裂缝散出（图8-9）。花药孔裂的植物以及一些水生植物、闭花受精植物，它们的药室内壁不发生条纹状加厚壁，花药成熟时亦不开裂。

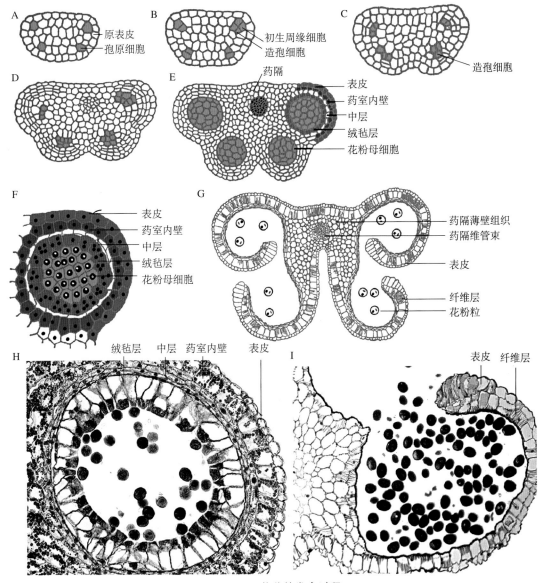

图8-10 花药的发育过程

A～E.花药的发育过程 F.一个花粉囊放大（示花粉母细胞） G.已开裂的花药（示花药的构造）
H、I.百合花药发育的四分体阶段（H）和成熟开裂阶段（I）的一个花粉囊
（A～G引自李扬汉；H、I引自www.biosci.ohio-state.edu/～plantbio）

中层位于药室内壁的内方，通常由1～3层细胞组成。当花粉囊内造孢细胞发育为花粉母细胞而进入减数分裂期时，中层细胞内的贮藏物质渐被消耗而减少，同时由于受到花粉囊内部的细胞增殖和长大所产生的挤压，中层细胞变为扁平，较早地解体而被吸收（图8-9）。

绒毡层是花药壁的最内层细胞，它与花粉囊内的造孢细胞直接毗连。绒毡层细胞及其细胞核均较大，细胞质浓，细胞器丰富。初期细胞中含单核，后来则常成为双核、多核或多倍体核结构，表明绒毡层细胞代谢旺盛（图8-10）。绒毡层细胞含有较多的蛋白质和酶，并有油脂、胡萝卜素和孢粉素等物质，可为花粉粒的发育提供营养物质和结构物质。绒毡层细胞能合成和分泌的胼胝质酶，能适时地分解花粉母细胞和四分体的胼胝质壁，使幼期单核花粉粒得以释放。随着花粉粒的形成，绒毡层细胞逐渐退化解体。由于绒毡层对花粉的发育具有多种重要作用，如果绒毡层的发育和活动不正常，常会导致花粉败育，甚至出现雄性不育现象。

二、花粉粒的发育和结构

花粉粒（pollen grain）的发育包括小孢子的发生（microsporogenesis）和雄配子体（male gametophyte）的形成。

（一）小孢子的发生

在周缘细胞进行分裂、分化出花粉囊壁的同时，花粉囊内部的造孢细胞也相应分裂形成许多花粉母细胞（pollen mother cell），又称小孢子母细胞（microsporocyte），但也有少数植物（如锦葵科和葫芦科的某些植物）其花粉母细胞也可以由造孢细胞不经分裂直接发育而成。花粉母细胞的体积较大，初期常呈多边形，稍后渐近圆形，细胞核大，细胞质浓，没有明显的液泡。花粉母细胞彼此之间，以及与绒毡层细胞之间，有胞间连丝相连，保持着结构上和生理上的密切联系。在花粉囊壁的中层和绒毡层逐渐解体消失的过程中，花粉母细胞逐渐进入减数分裂阶段。减数分裂开始时，花粉母细胞的初生壁与细胞质膜之间逐渐积累胼胝质，形成胼胝质壁。以后，胼胝质壁不断加厚，胞间连丝终被阻断。花粉母细胞经过减数分裂后形成4个染色体数目减半的单核幼期花粉粒，又称为小孢子（microspore），它们仍被包围于共同的胼胝质壁之中，而且在各个小孢子之间也有胼胝质分隔。胼胝质是低渗性的，能允许营养物质通过，但对细胞间大分子的交换可能有阻止作用，因而保持了减数分裂后的小孢子之间的独立性，对于植物的遗传与进化都有重要意义。

花粉母细胞减数分裂时的胞质分裂有两种方式。一种为连续型，在减数分裂的先后两次核分裂时，均伴随胞质的分裂，即第一次分裂形成2个细胞（二分体），第二次分裂形成

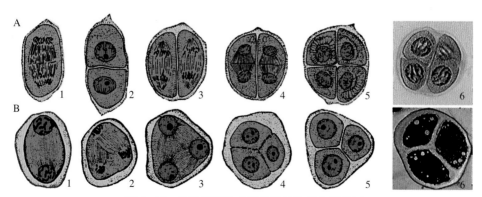

图8-11 花粉母细胞减数分裂的胞质分裂类型

A.连续型胞质分裂（1.减数分裂后期 2.产生分隔壁，形成二分体 3.后期Ⅱ 4.末期Ⅱ 5.四分体形成 6.百合花粉的四分体） B.同时型胞质分裂（1.减数分裂后期Ⅰ 2.后期Ⅱ 3.末期Ⅱ 4.产生分隔壁 5.四分体形成 6.拟南芥花粉的四分体）

（A1 ～ A5和B1 ～ B5仿自胡适宜；A6引自http://www.iasprr.org；B6引自Huang等，2013）

了4个细胞（四分体）。这种四分体中的4个子细胞排列在同一平面上，成为等双面体。连续型多存在于单子叶植物中，如水稻、小麦、玉米和百合等植物的四分体，但双子叶植物也有连续型的，如夹竹桃。另一种为同时型，第一次核分裂时不伴随胞质分裂，仅形成一个2核细胞，不出现二分体阶段；当第二次分裂形成4核之后，才同时发生胞质分裂而形成四分体。这种四分体中的4个子细胞不分布在一个平面，而是成为四面体排列。同时型多见于双子叶植物，如棉、白菜、花生、桃和梨等的四分体，但也有少数单子叶植物属于此型的，如薯蓣科、百合科和棕榈科的一些属、种（图8-11）。

（二）雄配子体的形成

随着花药的发育，绒毡层分泌胼胝质酶，将花粉四分体的胼胝质壁溶解，幼期单核花粉从四分体中释放出来。此时的单核花粉粒的核位于细胞中央（单核居中期），具有浓厚的细胞质，继续从解体的绒毡层细胞取得营养和水分。不久，细胞体积迅速增大，细胞质明显液泡化，逐渐形成中央大液泡，细胞核随之移到一侧，此期常称为单核靠边期（图8-12 A和图8-12 B）。

从四分体到晚期单核花粉这一阶段中，除细胞内部发生变化外，花粉壁也相应地经历了一系列建成过程（图8-12）。当幼期单核花粉尚存于四分体中时，在胼胝质壁内侧和质膜之间首先形成纤维素的初生外壁。随之，初生外壁中形成许多纵轴垂直于花粉周围的棒状结构，这些棒状结构可能由脂类和蛋白质所组成。花粉游离时，棒状结构上陆续沉积孢粉素，其顶端和基部各自向四周扩延，并常依不同植物而按一定形式连接成各种形态的雕纹。此时，初生外壁已发育花粉外壁（extine）。外壁并非均匀产生，未形成外壁的孔隙发育为萌发孔或萌发沟。花粉粒外壁的内侧还有一层内壁（intine），它的发育常先在萌发孔区开始，然后遍及其他区域。花粉壁物质的来源，在四分体时期，由幼期单核花粉自身的细胞质提供；当幼期单核花粉从四分体中散出后，则由花粉自身和绒毡层细胞共同供应。

外壁的主要成分是孢粉素，其化学性质极为稳定，具抗高温、抗酸碱和抗酶解特性，故能使花粉外壁及其上的雕纹得以长期保存，这对于花粉的鉴别具有重要意义。此外，外壁上还有纤维素、类胡萝卜素、类黄酮素、脂类及活性蛋白质等物质。花粉粒的内壁较薄软，但在萌发孔处稍厚，在花粉管萌发前有暂时封闭萌发孔的作用。内壁的主要成分为纤维素、半纤维素、果胶质及活性蛋白质。内、外壁蛋白质的来源、性质和功能均有差别。外壁蛋白是由绒毡层细胞合成、转运而来；内壁蛋白质则由花粉粒本身的细胞质合成，存在于内壁多糖的基质中，而以萌发孔区的内壁蛋白最为丰富。花粉壁中含有决定花粉与雌蕊组织识别的物质，在植物授粉识别过程中起作用。某些风媒花的花粉能引起枯草热及季节性过敏性哮喘，花粉壁蛋白是这些花粉过敏症的过敏原。

单核靠边期后，单核花粉接着进行一次有丝分裂，先形成两个细胞核，贴近花粉壁的为生殖核，靠近大液泡的为营养核。以后发生不均等的胞质分裂，在两核之间出现弧形细胞板，形成两个大小悬殊的细胞，其中靠近花粉壁一侧的呈透镜状的小细胞，含少量细胞质和细胞器，为生殖细胞（generative cell）；另一个则为营养细胞（vegetative cell），包括原来的大液泡以及大部分细胞质和细胞器，并富含淀粉、脂肪和生理活性物质（图8-12 C ～图8-12 E）。生殖细胞与营养细胞之间的壁不含纤维素，主要由胼胝质组成。生殖细胞形成后不久，细胞核内的DNA含量通过复制增加了一倍，为进一步分裂形成2个精子奠定了基础；同时整个细胞从最初与之紧贴的花粉粒壁部逐渐脱离开来，成为圆球形，游离在营养细胞的细胞质中。生殖细胞由于其外围的胼胝质壁解体而成为裸细胞，以后，细胞渐渐伸长变为长纺锤形或长圆形（图8-12 F～图8-12 H）。

许多植物当花药成熟时，其花粉粒只含有营养细胞和生殖细胞，即散发出花粉进行传粉，这种花粉称为二细胞型花粉。在已研究过的被子植物中，约有70%的种类属于这种类型，如棉、桃、李、梨、苹果、柑橘、茶和大葱等。另外一些植物的花粉，在花药开裂前，其生殖细胞还要进行一次有丝分裂，形成2个精细胞（精子），它们的花粉粒含有1个营养细胞和2个精细胞，被称为三细胞型花粉（图8-12 I～图8-12 K，图8-12 M），如水稻、小麦、油菜和向日葵等。二细胞型花粉传粉后，在萌发的花粉管内由生殖细胞分裂形成精子（sperm）。二细胞型花粉及三细胞型花粉通常又被称为雄配子体，精子则称为雄配子（male gamete）。

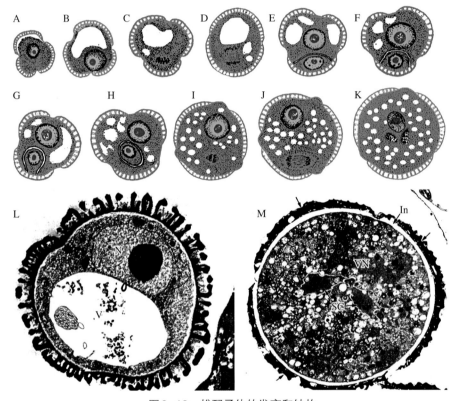

图8-12　雄配子体的发育和结构

A～K.雄配子体的发育过程［A.早期小孢子　B.后期小孢子（单核靠边期），具有一个大液泡　C、D.小孢子核分裂的中期和后期　E.分裂完成，形成营养细胞和生殖细胞（透镜形）　F、G.生殖细胞逐渐与细胞壁分离　H.生殖细胞游离在营养细胞的细胞质中　I、J.生殖细胞分裂中期和后期　K.成熟花粉粒，具一营养核和两个精子］　L～M.拟南芥雄配子体的结构［L.单核靠边期（N.细胞核　V.液泡）　M.成熟的雄配子体（In.内壁　VN.营养核　SC.精子细胞）］

（A～K仿自胡适宜；L～M引自Owen and Makaroff，1995）

20世纪80年代以来，随着电子显微镜技术和电子计算机技术的应用，人们发现某些被子植物成熟的三细胞型花粉，其营养核与精子之间联系极为密切，以及两个精子之间在形态结构和遗传上存在差异的现象，提出了"雄性生殖单位"和"精子异型性"的概念。认为在被子植物的有性生殖过程中，一对精子和营养核构成一个复合体。

已发现十几种植物的花粉粒中存在雄性生殖单位。白花丹（*Plumbago zeylanica*）的雄性生殖单位的两个精细胞由带有胞间连丝的横壁连接在一起，并被共同的营养细胞的内质膜所包被。其中的一个精细胞以其狭长的细胞突起环绕营养核，并伸入营养核的凹陷中（图

8-13)。在成熟的二细胞型花粉粒中，以及某些三细胞型花粉粒的单子叶植物（如玉米）的成熟花粉粒中不能观察到雄性生殖单位，但是可以在萌发的花粉管中观察到（图8-13）。

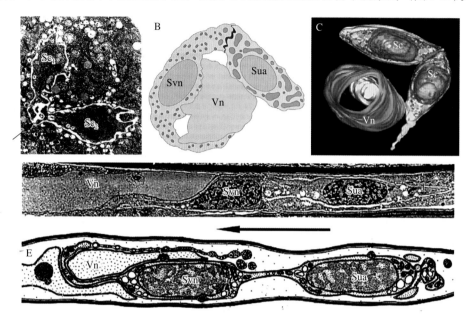

图8-13　雄性生殖单位

A. 拟南芥花粉粒的电子显微镜照片，箭头示两个精细胞（Sc_1，Sc_2）的细胞壁有联系　B. 白花丹的雄性生殖单位和精细胞的二型性，一个精细胞较小（Sua），富含质体（橙色），含较少线粒体（蓝色），与另一个精细胞相连，但与营养核（Vn）无联系；另一个精细胞（Svn）较大，富含线粒体，含较少质体，具尾状物，与营养核相连　C. 黑麦花粉粒精细胞（Sc）、营养核（Vn）电子显微镜切片的三维重建［质体（绿色颗粒）、线粒体（红色颗粒）］　D、E. 烟草花粉管的雄性生殖单位［箭头示花粉管的生长方向，电子显微镜照片（D）显示烟草花粉管内两个精细胞位于营养核的后方；雄性生殖单位示意图（E）中，营养核（Vn），不与营养核相连的精细胞（Sua），与营养核相连的精细胞（Svn）］

（A引自van Aslst等，1993；B引自杨弘远，2009；C引自Mogensen和Rusche，2000；D、E引自Yu等，1992）

　　白花丹、菠菜、甘蓝、油菜和玉米等花粉粒的一对精细胞在大小、形状和细胞器含量上都有明显差异，一般是较大的一个精细胞具较长的外突而与营养核紧密连接。白花丹的大的精细胞中只有极少数质体，而含大量线粒体，将来和中央细胞融合；相反，小的精细胞中质体丰富而线粒体少，将来和卵细胞融合。甘蓝、油菜的精细胞缺乏质体，但大精细胞中的线粒体的含量则仍比小精细胞中的多（图8-13）。这种现象称为精细胞的异型性。

　　目前有关雄性生殖单位和精子异型性的研究主要还是偏于细胞形态学方面，对于它们的功能和生物学意义还有待进一步深入探讨，推测可能在被子植物双受精过程中起作用。进一步深入研究雄性生殖单位的功能，将加深人们对植物受精机制的认识，并将为植物育种和改良带来深刻的影响。

三、花粉粒的形态和内含物

　　花粉粒的形状多种多样，有圆球形、椭圆形、三角形、四方形、五边形以及其他形状。花粉粒的大小，有时差别甚为悬殊，大型的如南瓜花粉粒直径为15～60 μm，而大白菜的花粉粒直径约20 μm。花粉粒外壁的形态变化多端，有的比较光滑，有的形成刺状、粒状、瘤状、棒状和穴状等各式雕纹。外壁上的萌发孔或萌发沟，其形状、数目等也常随不同植物而异，如水稻、小麦和玉米等禾本科植物只有1个萌发孔，桑有5个，棉的萌发孔可达8～16个，油菜、大白菜和拟南芥等十字花科植物有3条萌发沟（图8-14）。

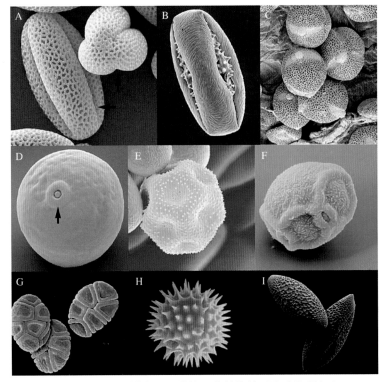

图8-14　扫描电子显微镜下花粉粒的形态（伪彩色）
A.拟南芥花粉粒（箭头示萌发沟）　B.马栗树花粉粒　C.黄瓜花粉粒　D.玉米花粉粒（箭头示萌发孔）
E.繁缕花粉粒　F.桤木花粉粒　G.一种金合欢属植物的花粉粒　H.一种秋麒麟草属植物的花粉粒
I.一种百合属植物的花粉粒　（B、C、E、F、H引自www.amusingplanet.com；D引自Ramessar等，2010；
G引自http://ferrebeekeeper.wordpress.com；H引自www.visualphotos.com；I.引自www.fei.com/resources）

　　花粉的内含物主要贮藏于营养细胞的细胞质中，包括营养物质和各种生理活性物质。它们对花粉的萌发和花粉管的生长有重要作用。花粉贮藏的营养物质常以淀粉和脂肪为主。此外，花粉中还含有糖类、蛋白质和氨基酸等物质。

四、花粉败育和雄性不育

　　由于外界条件和遗传因素的影响，花粉的正常发育受到干扰，形成无生殖能力的花粉，这一现象称为花粉的败育。温度过高或过低、水分亏缺、光照不足、施肥不当、环境污染和药剂处理等，均有可能引起花粉败育。花粉发育过程中，对环境条件最为敏感的时期多为花粉母细胞减数分裂阶段。在此阶段中如遇到16℃以下的低温，水稻花粉母细胞的分裂受到抑制，减数分裂异常，常形成大量败育花粉，成为谷粒"空壳"的一个重要原因。小麦、大麦花粉母细胞减数分裂时，如遇到干旱缺水的环境，易引起细胞质的黏度增高，不利于减数分裂的正常进行，败育花粉的数量增加。

　　在正常自然条件下，一些植物的群体中产生花药或花粉不能正常发育的雄性不育个体，这种雄性不育特征一旦形成，对环境影响并不敏感，而是可以遗传的。凡雄性不育性可遗传的品系则称为"雄性不育系"，有的因为染色体组不正常，有的由于含有不育基因。

　　近几年分子生物学的研究发现，任何一个花药和花粉发育必需的基因失活后，都有可能导致雄性不育。利用基因工程技术，已培育出玉米、油菜和烟草的雄性不育材料。生产上利用雄性不育材料，配制杂交种，对农作物的增产起到重要作用。

第四节　雌蕊的发育和结构

雌蕊包括柱头、花柱和子房3部分。

柱头处于雌蕊的顶端，是接受花粉和花粉萌发的部位，一般膨大或扩展为不同的形状，柱头的表皮细胞常形成乳突或毛状物，以利于接受花粉。柱头的表皮及其乳突的角质膜外侧，还覆盖着一层亲水的蛋白质薄膜。此膜不仅可以黏着花粉并且使花粉获得萌发时所需的水分，同时也是授粉识别反应发生的位置。

花柱为连接柱头和子房之间的部分，是花粉管进入子房的通道。不同种类的植物，其花柱的长短和粗细有所不同。花柱的结构有两种类型，一种是开放型花柱，其花柱的中央形成一条中空管道；另一种为封闭型花柱道，其花柱的中央分化出引导组织，引导组织的细胞含丰富的细胞器，代谢活动旺盛。花粉管萌发后，沿引导组织的胞间隙向子房生长。

雌蕊基部膨大的部分为子房。子房由子房壁、胎座和胚珠（ovule）组成。子房中的胚珠通过胎座着生在心皮的腹缝线上。

一、胚珠的发育和结构

胚珠是由珠柄（funiculus）、珠心（nucellus）、珠被（integument）、珠孔（micropyle）、合点（chalaza）和胚囊（embryo sac）组成。胚囊位于珠心的中央，珠心基部与珠被汇合的部位称为合点（图8-15 A）。

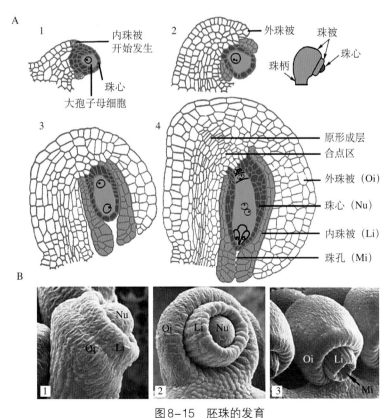

图8-15　胚珠的发育

A.百合胚珠发育的几个时期　B.闭鞘姜（*Costus cuspidatus*）胚珠不同发育阶段的扫描电子显微镜照片

（A引自 Esau，1977；B引自 Lersten，2004）

在雌蕊发育早期，首先由子房内胎座表皮下方的部分细胞进行分裂，产生突起，形成胚珠原基。胚珠原基前端成为珠心，后端分化出珠柄。以后，在珠心基部发生环状突起，逐渐向前扩展并包围珠心，形成珠被。珠被有单层的或两层的，番茄、向日葵和胡桃等仅具单层珠被，而大多数双子叶植物和单子叶植物，如白菜、棉、甜菜、南瓜、梅、苹果、水稻和小麦等具有双层珠被。珠被形成过程中，在珠心最前端的地方留下一条未愈合的孔道，称为珠孔。与珠孔相对的一端，珠被与珠心连在一起的区域即为合点。心皮的维管束分支由胎座经珠柄和合点进入胚珠内部，将胚囊发育需要的营养物质输送至胚珠内部（图8-15）。

胚珠发育时，由于珠柄和其他各部分生长速度的不同，形成不同类型的胚珠，主要类型为：直生胚珠、横生胚珠、弯生胚珠和倒生胚珠（详见第十一章）。

二、胚囊的发育和结构

胚囊的发育可分为大孢子发生（megasporogenesis）和雌配子体（female gametophyte）的形成两个阶段（图8-16）。

（一）大孢子发生

当珠被刚开始形成时，由薄壁细胞组成的珠心内部发生了变化，在近珠孔端的珠心表皮下分化出一个体积较大的孢原细胞。孢原细胞的细胞质浓，细胞核较大。有些植物（如棉）的孢原细胞平周分裂一次，形成外方的周缘细胞和内方的造孢细胞。周缘细胞再行各个方向的分裂产生多数细胞，参与珠心组成；造孢细胞则发育为胚囊母细胞（embryo sac mother cell）又称大孢子母细胞（megasporocyte）。有些植物（如向日葵、水稻、小麦和拟南芥）的孢原细胞不经分裂，直接长大而起胚囊母细胞的作用。

胚囊母细胞经过减数分裂形成4个大孢子（megaspore），通常是纵行排列，一般珠孔端的3个大孢子退化，仅合点端的1个大孢子继续发育为胚囊，称为功能大孢子（图8-16）。

胚囊母细胞外也有胼胝质壁形成，减数分裂形成4个大孢子时，胼胝质壁从其合点端首先消失，便于营养物质进入功能大孢子，对其一步发育有重要作用。而珠孔端的3个大孢子被胼胝质壁包围较长时间，最后退化消失（图8-16）。

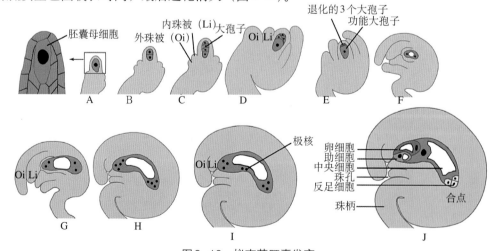

图8-16　拟南芥胚囊发育
A.胚囊母细胞形成　B、C.内、外珠被的发育，胚囊母细胞减数分裂
D、E.四分体的近珠孔端3个细胞退化，功能大孢子形成
F～H.2核、4核和8核胚囊的形成　I.8核胚囊的两端各有一核（极核）移向中央
J.胚囊发育成熟（引自Drewsa和Koltunow，2011）

（二）雌配子体的形成

功能大孢子发育成胚囊的过程中，细胞体积逐渐增大，称为单核胚囊。以后进行连续3次有丝分裂，但是只进行核的分裂，不伴随细胞壁的产生。首次分裂形成2核，分别移向两端，称为二核胚囊；然后2个核各分裂一次，形成4核，称为四核胚囊；再由4个核分裂成8个核，称为八核胚囊。八核胚囊的两端各有4个核。不久，两端各有1核移向胚囊中央，并互相靠近，称为极核（图8-16）。

随着核分裂的进行，胚囊体积迅速增大，特别沿纵轴扩延更为明显。最后，各核之间产生细胞壁，形成细胞。珠孔端的3核，中间的1个分化为卵细胞（egg cell），其他2个分化为助细胞（synergid）。合点端的3核分化为3个反足细胞（antipodal cell）。2个极核所在的大型细胞则称为中央细胞（central cell）（图8-16）。至此，功能大孢子已发育成为7细胞（包含8个细胞核）的成熟胚囊，它是被子植物的雌配子体，其中所含的卵细胞则为雌配子（female gamete）。这种由近合点端的一个大孢子经3次有丝分裂形成7细胞8核胚囊的过程，首先在蓼科植物分叉蓼中被描述，所以称为蓼型胚囊。在被子植物中约有81%的科的植物具有这种发育形式的胚囊。除蓼型胚囊外，还有其他多种发育类型的胚囊。

成熟的卵细胞表现出明显极性，细胞近于洋梨形，狭长端朝向珠孔，在珠孔端区域的细胞壁较厚，近合点端的区域细胞壁则逐渐变薄，甚至（如棉花、玉米）仅以质膜与中央细胞毗接。卵细胞与助细胞之间的细胞壁上有胞间连丝相通。卵细胞有不同程度的液泡化，棉的卵细胞有一大液泡，细胞核位于中央或偏向合点端一侧。卵细胞在发育早期会有较多的细胞器，成熟时，线粒体、内质网、高尔基体和核糖体等细胞器减少，其合成和代谢活动也较弱（图8-17）。

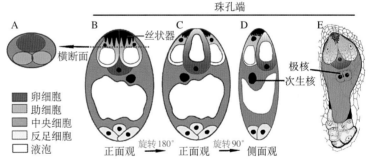

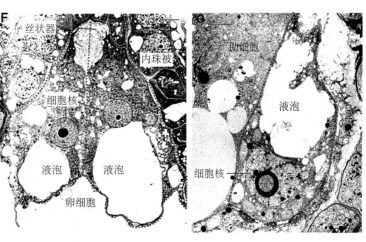

图8-17　成熟胚囊的结构
A. 成熟蓼型胚囊近珠孔端横切面，显示卵细胞和两个助细胞的位置关系
B～D. 成熟蓼型胚囊结构　E. 玉米成熟胚囊结构　F. 烟草成熟胚囊珠孔端电子显微镜照片（红色虚线的范围表示两个助细胞）　G. 苜蓿成熟胚囊的卵细胞（红色虚线的范围）的电子显微镜照片（F和G图的上方为珠孔端）
（E引自Lersten，2004；
F引自Huang和Russell，1994；
G引自Zhu等，1993）

2个助细胞与卵细胞紧靠一起，呈三角鼎立状排列于珠孔端（图8-17）。助细胞的细胞壁也是从珠孔端至合点端逐渐变薄；近珠孔端的细胞壁较厚，并向内形成不规则的片状或指状突起——丝状器。丝状器是由半纤维素、果胶质和少量纤维素堆积而成，它增加了质膜的表面积，有利于营养物质的吸收与运转。助细胞的细胞质和细胞核常偏于珠孔端，液泡则多位于合点端，这种分布上的极性与卵细胞中的恰好相反。助细胞含有丰富的细胞器，如内质网、线粒体和质体等，它们在丝状器附近的分布更多。助细胞是一种代谢高度活跃的细胞，除能将从珠心组织中吸收的营养物质运进胚囊外，还可合成和分泌向化性物质，有引导花粉管定向生长进入胚囊的作用。助细胞存在的时间比较短暂，在受精后很快就解体了，有些植物的助细胞甚至在授粉后花粉管到达胚囊前即已退化。被子植物的胚囊中，卵细胞与助细胞合称卵器。一般认为，卵器是从苔藓植物和裸子植物的颈卵进化而来。卵器的出现是被子植物雌配子体进一步简化的结果。

反足细胞是胚囊中一群数量变化最大的细胞。大多数植物的反足细胞为3个，但有些植物的反足细胞有次生增殖的能力，形成多数细胞，如水稻、小麦和玉米的反足细胞约有30个，胡椒中有100个（图8-17）。反足细胞细胞质中有大量的细胞器，如线粒体、核糖体、粗糙内质网和高尔基体等。有些植物（如玉米、亚麻）的反足细胞，在毗接珠心的细胞壁上，形成内突结构，具有传递细胞性质。根据反足细胞的细胞学特征，以及它们紧靠合点的位置，一般认为反足细胞的代谢能力是活跃的，它们与胚囊吸收营养物质有关。也有不少植物（如棉、油菜和桃等）的反足细胞生存短暂，在受精前就退化。

中央细胞是胚囊中体积最大而高度液泡化细胞（图8-17）。蓼型胚囊的中央细胞含2个极核，在成熟胚囊中，它们相互靠近，或在受精前融合成为一个双倍体的次生核。中央细胞与卵细胞、助细胞和反足细胞之间有胞间连丝相通，加强了结构上和生理上的协调。有些植物的中央细胞，其与珠心毗邻的细胞壁内侧形成许多指状内突，可能具有从珠心吸取营养物质的作用，以及具有向外分泌酶消化珠心细胞的功能。中央细胞的细胞质含有丰富的细胞器，同时还可积累大量淀粉，或蛋白质、脂类等贮藏物质。由此显示出中央细胞既有较强的代谢活性，又有贮存营养物质的作用。

第五节　开花、传粉和受精

一、开花与传粉

（一）开花

当植物生长发育到一定阶段，雄蕊中的花粉粒和雌蕊中的胚囊已经发育成熟，或其中之一已经成熟，花被展开，雄蕊和雌蕊露出，这种现象称为开花。开花是被子植物生活史上的一个重要阶段，除少数闭花受精植物外，是大多数植物雄蕊或者雌蕊发育成熟的标志。

不同植物在开花年龄和开花季节上有差别。而植株从第一朵花开放至最后一朵花开毕所延续的时间称为开花期，其持续的时间也常随植物种类的不同而异。如水稻、小麦的开花期约1周，油菜为20～40 d，棉、番茄的开花期较长，可延续一至数月。有些热带植物，如可可、柠檬和桉树可以终年开花。

各种植物每朵花开放所持续的时间以及开花的昼夜周期性变化也很大，小麦单花开花的时间只有5～30 min。水稻单花开花所需时间1～2 h。苹果单花开放时间较长，可达3 d左右。某些热带兰花单花开放的时间可达80 d以上。

（二）传粉

成熟花粉借助外力传送到雌蕊柱头上的过程，称为传粉。传粉是受精的前提，是有性生殖过程的重要环节。

1. 自花传粉和异花传粉 传粉有两种不同方式，一种是自花传粉（self-pollination）；另一种为异花传粉（cross-pollination）。

自花传粉指雄蕊的花粉传送到同一朵花雌蕊柱头上的过程。在自花传粉中，有闭花受精的现象，如豌豆的花尚未张开时，雄蕊和雌蕊已经发育成熟，雄蕊的花粉粒在花粉囊里萌发，花粉管穿出花粉囊壁，向柱头生长，进入子房，将精子送入胚囊，完成受精。在这种情况下，严格讲根本没有传粉现象。花生植株下部的花也是通过闭花受精而发育为果实的。闭花受精可避免花粉粒为昆虫所吞食，或被雨水淋湿而遭破坏，是对环境条件不适于传粉的一种适应现象。

异花传粉是被子植物有性生殖中较为普遍的一种传粉方式，是指一朵花的花粉传到另一朵花的雌蕊柱头上的过程。玉米、向日葵、瓜类和苹果等均为异花传粉。

从植物进化的生物学意义分析，异花传粉比自花传粉优越。异花传粉植物的雌配子和雄配子是在差别较大的生活条件下形成的，特别是遗传上具有较大的差异，由它们结合产生的后代具有较强的生活力和适应性，往往植株强壮，结实率较高，抗逆性也较强；而自花传粉的植物则相反。如长期连续自花授粉，往往导致后代植株变矮，结实率较低，抗逆性也较弱；栽培植物则表现出产量降低、品质变差、抗不良环境能力衰减，甚至失去栽培价值。

虽然自花传粉有害，是一种原始的传粉形式，但自然界还存在不少自花传粉植物。这是因为当异花传粉缺乏必要的传粉条件时，自花传粉则成为保证植物繁衍的可靠形式而被保存下来。何况在自然界里实际上是很难找到绝对自花传粉的植物，在它们总会有很少的一部分植株在进行异花传粉。例如，小麦为自花传粉植株，但仍有1%～5%的花进行异花传粉。

2. 风媒传粉和虫媒传粉 植物进行传粉时，往往要借助于外力，如风、昆虫、水、鸟类和哺乳动物等媒介将花粉传至雌蕊柱头上，其中风和昆虫是最常见的媒介。在植物对不同传粉媒介的长期适应过程中，其花的各个部分常常相应产生与之相匹配的形态和结构。

以风为传粉媒介的植物称风媒植物，如水稻、玉米、苎麻、杨、核桃和栎等。它们的花称风媒花。风媒植物常形成穗状或柔荑花序。花被一般不鲜艳，小或退化，无香味，不具蜜腺。产生大量小而轻、外壁光滑和干燥的花粉粒。有些植物（如禾本科植物）的雄蕊常具细长花丝，易随风摆动，有利于散发花粉。雌蕊柱头一般较大，多具有分支或者分裂，开花时伸出花被以外，较多的风媒花植物在早春开花，具有先花后叶或花叶同放的习性，可以减少大量叶片对花粉随风传播的阻碍。

借助昆虫，如蜂、蝶、蛾、蝇和蚁等传粉的植物称为虫媒植物，如油菜、向日葵、瓜类、薄荷、洋槐和泡桐等。它们的花称为虫媒花。虫媒花一般具有大而艳丽的花被，常有香味或其他气味，有分泌花蜜的蜜腺存在，这些都是招引昆虫的适应特征。此外，虫媒花的花粉粒较大，数量较风媒花的少，表面粗糙，常形成刺突雕纹，有黏性，易黏附于访花采蜜的昆虫体表而有利于其传播。传粉的昆虫种类很多，虫媒花的大小、形态、结构和蜜腺的位置等，常与虫体的大小、形态和口器的结构等特征之间形成巧妙的适应。虫媒植物的分布以及开花的季节性和昼夜周期性，也与传粉昆虫在自然界中的分布和活动规律有密切的关系。

二、受精作用

受精是指雄配子（精细胞）和雌配子（卵细胞）的融合。在被子植物中，产生卵细胞的雌配子体（胚囊）深藏于雌蕊子房的胚珠内，含有精细胞的花粉粒（雄配子体）必须经过萌发，形成花粉管，并通过花粉管的生长将精细胞送入胚囊，才能使两性细胞相遇而结合，完成受精全过程。

（一）花粉的萌发

散落于柱头上具有生活力的花粉才能萌发。在自然情况下，大多数植物的花粉从花药中散发后只能存活几小时或几天，存活期长的可达几周。

生活的花粉粒传到柱头上以后，很快就开始与柱头细胞相互识别的过程。通过识别可以防止来自于遗传背景差异过大或过小的植株的花粉粒萌发。这是植物在长期进化过程中形成的维持物种稳定和提高后代生活力的一种特性。

花粉粒和柱头组织所产生的蛋白质是识别作用的主要物质基础。花粉壁中有外壁蛋白和内壁蛋白两类，其中外壁蛋白是花粉粒与柱头细胞的"识别物质"。柱头乳突细胞的角质膜外，覆盖着一层蛋白质薄膜，它是识别作用中的"感受器"。当花粉粒与柱头接触后，几秒钟之内，外壁蛋白便释放出来，而与柱头蛋白质薄膜相互作用。如果二者是亲和的，随后由内壁释放出来的角质酶前体便被柱头的蛋白质薄膜活化，而将蛋白质薄膜下的角质膜溶解，花粉管得以穿入柱头的乳突细胞；如果二者是不亲和的，柱头乳突细胞则发生排斥反应，随即产生胼胝质，阻碍花粉管生长。现在还从多种植物花粉中分离得到多种抗原（具有抗原性的糖蛋白），它们可以与特异性免疫球蛋白相结合，在识别反应中起着重要的作用。此外，柱头表面存有的酶系统和酚类物质，也与识别作用和花粉管进入柱头角质膜有着密切关系。花粉与柱头间的识别是一种重要的细胞间识别现象，其调控机制还有待于进一步深入研究。

花粉粒和柱头之间经历识别作用之后，被雌蕊柱头"认可"的亲和花粉粒，从柱头细胞吸水，代谢活动加强，体积增大，内壁由萌发孔突出伸长为花粉管，花粉萌发（图8-18）。

（二）花粉管的生长

花粉在柱头乳突上萌发产生花粉管（pollen tube），并生长进入柱头细胞间隙，并向花柱中生长（图8-18）。在空心花柱中，花粉管沿花柱道内表面在其分泌液中生长；在实心花柱中，花粉管常在引导组织或中央薄壁组织的细胞间隙中生长，少数植物（如棉）也可从引导组织细胞壁中富含果胶质的层次内通过。

花粉管在生长过程中，除了利用花粉粒中贮藏的营养物质外，也从花柱组织吸收营养物质，以供花粉管的生长和新细胞壁的合成。正在生长的花粉管顶端充满包含细胞壁前体物质的小泡，不断与花粉管顶端质膜融合，使花粉管向前伸长；花粉管亚顶端的细胞质中，充满各种细胞器，包括高尔基体、线粒体、内质网、小泡以及微丝骨架。花粉管有两层细胞壁，但是在生长花粉管的最前端细胞壁只有一层。随着花粉管向前生长，花粉中的内容物几乎全部集中于花粉管的前端，后面形成胼胝质塞将花粉管后部封闭，防止内容物的倒流（图8-18E）。三细胞型花粉粒萌发后，花粉管中包括1个营养核和2个精细胞、细胞质和各种细胞器。二细胞型花粉粒的生殖细胞在花粉管中再分裂一次，形成2个精细胞。

花粉管通过花柱进入子房以后，通常沿着子房壁内表面生长，最后从胚珠的珠孔进入胚囊，进行受精作用。目前的研究资料认为，助细胞与花粉管的定向生长有关。棉花的花粉管在雌蕊中生长时，由花粉管分泌出的赤霉素被转运到胚囊后，引起一个助细胞退化、解体，从中释放出大量Ca^{2+}；Ca^{2+}从助细胞的丝状器部位释出并呈一定的浓度梯度分布；花粉管朝向高浓度Ca^{2+}的方向生长，最后到达珠孔，由助细胞的丝状器部位进入胚囊，故

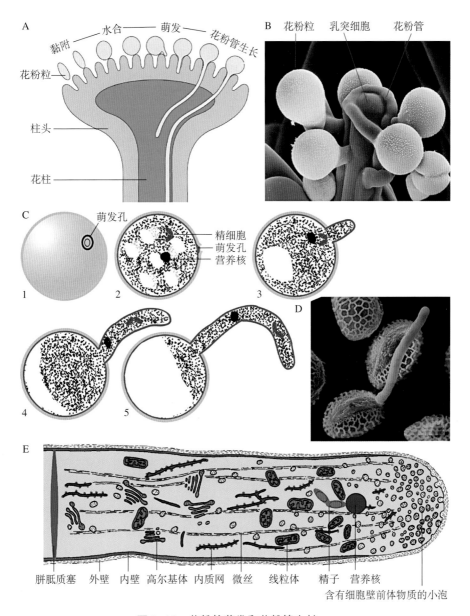

图8-18　花粉粒萌发和花粉管生长
A.花粉粒在柱头上萌发和花粉管在柱头和花柱中生长模式图　B.罂粟花粉粒在柱头上萌发　C.花粉粒萌发和花粉管生长模式图　D.百合花粉粒的萌发　E.生长的花粉管模式图
（A改自Hiscock和Allen，2008；B引自www.visualphotos.com；E引自Mascarenhas，1993）

钙被认为是一种天然向化物质，具有引导花粉管定向生长的作用。也有人认为花粉管的定向生长，可能是包括硼在内的几种物质综合作用的结果。分子遗传学研究表明胚囊中的助细胞和中央细胞都在花粉管导向胚囊生长过程中起重要作用。破坏助细胞的结构，则花粉管不能进入胚囊。人们从玄参科植物蓝猪耳（*Torenia fournieri*）的助细胞中分离到一类富含半胱氨酸的小分子多肽，命名为LUREs。体内和体外实验证据表明，助细胞分泌的LUREs蛋白具

有引导花粉管向胚囊生长的作用。现在人们已经从玉米、拟南芥中找到了类似于LUREs的小分子多肽，它们在引导花粉管导向生长以及诱导进入胚囊的花粉管破裂过程中起作用。

（三）双受精过程

花粉管到达珠孔后，由一个退化助细胞的丝状器基部进入胚囊。另一个助细胞可短期暂存或也相继退化。随后，花粉管顶端或亚顶端的一侧形成一小孔，释放出营养核、两个精细胞和花粉管内的细胞质。其中一个精细胞与卵细胞融合，另一个精细胞与中央细胞的两个极核（或一个次生核）融合，这种现象称为双受精作用（double fertilization）。双受精是被子植物有性生殖中的特有现象。

双受精的过程中，两个精细胞分别在卵细胞和中央细胞的无壁区发生接触，接触处的质膜随即融合，两个精核分别进入卵细胞和中央细胞。精核进入卵细胞与卵细胞核相遇后，精核与卵核接触处的核膜融合，最后核质相融，两核的核仁也融合成一个大核仁。至此，卵细胞已受精，成为合子（zygote），它将来发育成胚。另一个精细胞进入中央细胞后，其精核与极核（或次生核）的融合过程与精核和卵核融合过程基本相似，但融合的速度较精卵融合快。精核和极核（或次生核）融合形成初生胚乳核，将来发育成胚乳（图8-19）。

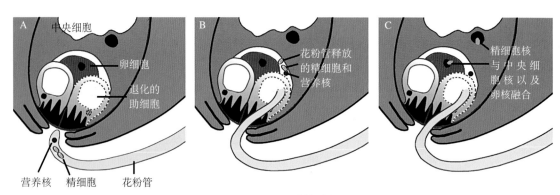

图8-19　双受精过程
A.花粉管到达珠孔，其中一个助细胞退化　B.花粉管经退化的助细胞进入胚囊并释放出内容物
C.两个精细胞分别与卵细胞和中央细胞融合

（四）受精作用的生物学意义

被子植物的双受精过程中，一方面，通过单倍体的雄配子（精细胞）与单倍体的雌配子（卵细胞）结合，形成一个二倍体的合子，使各种植物原有染色体的数目得以恢复，保持了物种的遗传稳定性；同时由于父、母本的遗传物质具有差异，使合子具有双重遗传性，既加强了后代个体的生活力和适应性，又为后代中可能出现新性状、新变异提供了基础。另一方面，由另一精细胞与中央细胞受精形成的三倍体初生胚乳核及其发育成的胚乳，同样兼有双亲的遗传性，生理代谢更为活跃，并作为营养物质在胚或者幼苗的发育过程中被吸收，可以使子代的生活力更强，适应性更广。因此，双受精作用是植物界有性生殖的最进化、最高级的形式，是被子植物在植物界繁荣昌盛的重要原因之一，也是植物遗传和育种学的重要理论依据。

（五）自交不亲和性

自交不亲和性（self-incompatibility）是植物雌蕊的柱头或花柱可以辨别自体和异体花粉，并抑制自体花粉萌发或生长的一种特性。它使得自体受精不能实现，只有遗传组成不同的异体花粉才能完成受精。因此，自交不亲和性是被子植物预防近亲繁殖和保持遗传变异的一种重要机制，在被子植物的早期进化中起了不可低估的作用。据估计一半以上的显花植物具有自交不亲和性，涉及70个科、250个属。植物的自交不亲和性可分为两种类型：配子体型和孢子体型。

绝大多数自交不亲和性为配子体型。这类不亲和反应中，花粉管生长的抑制常发生在花柱传递组织中，如茄科和蔷薇科植物，不亲和花粉在柱头上萌发进入花柱后，花粉管的细胞壁膨胀甚至破裂，花粉管停止生长。这类植物花粉的自交不亲和表型决定于自身的单倍体基因。配子体型自交不亲和性多由单一的S基因位点控制。禾本科植物的自交不亲和性由两个基因位点（S和I）控制。毛茛属和甜菜的自交不亲和性的遗传控制更为复杂，分别由3个和4个S位点控制。

孢子体型自交不亲和性仅在十字花科和菊科中发现，但是它们包括了许多重要的经济作物，如油菜、白菜等。这类不亲和反应中，不亲和花粉管生长的抑制发生于柱头表面。在芸薹属中，刚刚萌发的花粉管与柱头的乳突细胞接触数分钟后，花粉管的生长即受到抑制，花粉管在乳突细胞表面呈螺旋状，不能侵入乳突细胞。与此同时，花粉和乳突细胞之间开始积累由 β-1，3-葡聚糖构成的胼胝质。花粉的自交不亲和性表型取决于花粉的二倍体亲本植物，即孢子体细胞核内两个S等位基因的相互作用。

目前对于自交不亲和性的分子机制已有了一定的认识。在孢子体自交不亲和的芸薹属中，雌蕊S基因编码S位点糖蛋白和S受体激酶，它们可能与磷酸化和去磷酸化参与了的某种信号传递有关，最后导致自交花粉生长的抑制。在配子体自交不亲和的茄科植物中，雌蕊S位点糖蛋白为一种核糖核酸酶。自交不亲和反应与该酶引起的花粉管RNA降解有关，并且可能通过花粉管特异性地摄入核糖核酸酶或花粉管内存在特异性地核酸酶抑制剂的作用，达到对自交花粉生长的抑制。

三、传粉的人工调控

传粉的好坏直接影响受精的质量。自然条件下，异花传粉易受环境条件的影响，如不良环境条件或缺乏传粉媒介，都会影响传粉和受精的机会，从而导致果实和种子减产，生产上常采用人工辅助授粉的方法，加以弥补。对一些需虫媒传粉的植物特别是果树，常利用人工放蜂方法进行辅助授粉，可收到良好效果。

本 章 提 要 ————

花、果实和种子是被子植物的生殖器官，它们的形成和生长过程属于生殖生长。一朵典型的被子植物花包括花萼、花冠、雄蕊群和雌蕊群，由外至内依次着生于花柄顶端的花托上。花是节间极短而不分枝的、适应于生殖的变态枝，花中的萼片、花瓣、雄蕊和心皮均为变态叶。严格意义上讲，萼片、花瓣、雄蕊和心皮都属于器官，因此在研究花发育的问题时，称它们为花器官。

雄蕊和雌蕊为花具有生殖功能的部分。

一朵花中全部雄蕊称为雄蕊群，位于花冠的内方。每一个雄蕊包括花药和花丝两部分。

雌蕊群位于花的中央，是一朵花中所有雌蕊的总称。每个雌蕊一般可分为柱头、花柱和子房3部分。柱头位于雌蕊的顶端，为接受花粉的地方。花粉粒萌发产生的花粉管生长经花柱进入子房。子房通常膨大，内着生有胚珠。

心皮为适应生殖的变态叶，是构成雌蕊的基本单位。由一个心皮或数个心皮边缘互相联合形成雌蕊。心皮边缘相结合处为腹缝线，心皮中央相当于叶片中脉的部位为背缝线。

一朵花中，依心皮的数目和离合情况的不同而形成不同类型的雌蕊。由一个心皮构成的雌蕊，称为单雌蕊；由2个或2个以上的心皮联合而成的雌蕊，称为复雌蕊；有些植物，一朵花中虽然也具有多个心皮，但各个心皮均相互独立，各自形成一个雌蕊，它们被称为离生单雌蕊。

雌蕊的子房中，着生胚珠的部位称为胎座。

子房着生于花托上，它与花的其他部分（花萼、花冠和雄蕊群）的相对位置，常因植物种类而不同，通常分为3类。

两性花的雄蕊和雌蕊在同一朵花中发育至成熟，而单性花仅包含具有生殖能力的雄蕊或雌蕊。大多数单性花植物的花在发育早期，均有雌雄蕊的分化，但在随后的发育中，雄花中雌蕊发育停滞，而雌花中则雄蕊发育停滞。因此当花发育成熟时，分别形成雄花和雌花。在自然界，单性花植物有雌雄单性同株和雌雄单性异株两种类型，这两类植物性别决定的遗传机理有很大的区别。

花可以单生或多数依一定的方式和顺序排列于花序轴上形成花序。花序轴是花序的主轴，分枝或不分枝。根据花序轴分枝的方式和小花的开花顺序，将花序分为无限花序和有限花序两大类。

花由花分生组织发育而来，而花（花序）分生组织的形成则是被子植物从营养发育进入生殖发育的重要标志。植物营养发育进行到一定阶段，在环境条件和内部发育信号的共同作用下，茎的顶端分生组织，不再产生叶原基，而转变成为花（花序）分生组织，分化为花的各部分原基，最后发育形成花或花序。温度和光周期是影响植物开花的主要环境因子。

在拟南芥中已初步鉴别出4条控制开花时间的途径，即春化途径、光周期途径、自主途径和赤霉素途径。每条途径都涉及一系列基因的激活、抑制和基因间的相互作用。每条途径最终作用于花分生组织特征基因。这些基因为决定茎顶端分生组织性质的关键基因。

有关花器官发育的全新认识主要来自以拟南芥和金鱼草为模型的突变体研究。通过对花器官突变体的表型分析，Coen和Meyerowitz等认为花器官发育过程中可能存在着3种类型基因的作用，据此提出了ABC模型。随着分子遗传学研究的深入，在ABC模型的基础上又提出了ABCDE模型。

雄蕊包括花药和花丝两部分。花药通常由4个花粉囊组成，中间由药隔相连，来自花丝的维管束进入药隔之中。花粉囊是产生花粉的地方。花粉成熟时，花药开裂，花粉粒由花粉囊内散出而传粉。

在花药发育过程中，花药原基的周缘细胞进行平周分裂和垂周分裂，产生呈同心圆排列的数层细胞，自外向内依次为药室内壁、中层和绒毡层，它们和表皮细胞一起组成花粉囊的囊壁。绒毡层细胞含有较多的蛋白质和酶，并有油脂、胡萝卜素和孢粉素等物质，生理代谢旺盛，可为花粉粒的发育提供营养物质和结构物质。成熟花药花粉囊的囊壁由药室内壁（纤维层）和表皮构成。

在花粉囊壁分化、形成的同时，造孢细胞也进行分裂或直接发育为花粉母细胞，以后，再由花粉母细胞经减数分裂而形成许多花粉粒。花粉粒的发育分为小孢子的发生和雄配子体的形成两个阶段。

许多植物当其花粉发育到含营养细胞和生殖细胞时，花药即成熟开裂，花粉即散发进行传粉，这种花粉称为二细胞型花粉。另外一些植物的花粉，在花药开裂前，其生殖细胞还要进行一次有丝分裂，形成2个精细胞（精子），它们是以含有1个营养细胞和2个精细胞的花粉粒进行传粉的，被称为三细胞型花粉。二细胞型花粉传粉后，在萌发的花粉管内由生殖细胞分裂而形成精子细胞。成熟的花粉粒通常又被称为雄配子体，精子则称为雄配子。花粉具有外壁、内壁和萌发孔或萌发沟。

在被子植物的有性生殖过程中，存在"雄性生殖单位"和"精子异型性"现象。

雌蕊包括柱头、花柱和子房3部分。

子房由子房壁、胎座和胚珠组成。子房中的胚珠通过胎座着生在心皮的腹缝线上。

胚珠是由珠柄、珠心、珠被、珠孔、合点和胚囊组成。胚囊位于珠心的中央。胚囊的发育可以分为大孢子发生和雌配子体的形成两个阶段。

胚囊母细胞来源于孢原细胞，它经过减数分裂形成4个大孢子，通常是珠孔端的3个退化，合点端的1个为功能大孢子，以后发育为胚囊。

功能大孢子发育成胚囊的过程中，经历单核胚囊、2核胚囊、4核胚囊和8核胚囊。最终发育为7细胞8核的成熟胚囊，它是被子植物的雌配子体，其中所含的卵细胞则为雌配子。

当植物生长发育到一定阶段，雄蕊的花粉粒和雌蕊的胚囊已经发育成熟，花被展开，雄蕊和雌蕊露出，这种现象称为开花。开花是大多数植物雌蕊、雄蕊发育成熟的标志。

成熟花粉传送到雌蕊柱头上的现象，称为传粉。传粉是受精的前提，是有性生殖过程的重要环节。传粉有两种不同方式，一种是自花传粉；另一种为异花传粉。

受精是指雄配子（精细胞）和雌配子（卵细胞）的融合。在被子植物中，产生卵细胞的雌配子体（胚囊）深藏于雌蕊子房的胚珠内，含有精细胞的花粉粒（雄配子体）必须经过萌发，形成花粉管，并通过花粉管的生长将精细胞送入胚囊，才能使两性细胞相遇而结合，完成受精过程。双受精作用是被子植物有性生殖中的特有现象。受精的结果形成合子和初生胚乳核，它们将来分别发育成胚和胚乳。

自交不亲和性是植物雌蕊的柱头或花柱可以辨别自体和异体花粉，并抑制自体花粉萌发或生长的一种特性。它使得自体受精不能实现，只有遗传组成不同的异体花粉才能完成受精。因此，自交不亲和性是被子植物预防近亲繁殖和保持遗传变异的一种重要机制。自交不亲和性分为配子体型和孢子体型。

✎复习思考题

1. 如何理解花的本质？为什么说萼片、花瓣、雄蕊和心皮可称为花器官。

2. 单雌蕊、复雌蕊和离生雌蕊有何区别？

3. 胎座、子房位置和花序各有哪些类型？分类的依据是什么？

4. 试分析花形成和发育的形态特征及其生理学与遗传学基础。

5. 花的哪两个部分与有性生殖直接有关？简述其依据。

6. 花药的哪些部分为二倍体，哪些部分为单倍体？

7. 试分析绒毡层在花粉形成和发育过程中的功能。

8. 胚囊的哪些部分为二倍体，哪些部分为单倍体？

9. 试分析被子植物雄配子体和雌配子体及其雌雄配子的形态特征与功能。

10. 被子植物正常受精的条件是什么？双受精作用的结果如何？

11. 自交不亲和性有何生物学意义？它主要包括哪两种类型，各有何特点？

第九章 种子和果实

被子植物经过传粉、受精之后，受精卵发育形成胚，受精极核发育成胚乳，整个胚珠形成种子。与此同时，子房生长迅速，连同其中所包含的胚珠，共同发育为果实。雌蕊的花柱通常干枯，花被和雄蕊也凋萎、脱落。有些植物，花的其他部分甚至花以外的结构也参与果实的形成，成为果实结构的组成部分。被子植物的种子生于果实之内，受到良好的保护，对其度过不良环境并保证植物繁衍后代等具有重要意义。

第一节 种子的形成

种子通常由胚、胚乳和种皮3部分组成。它们分别由合子（受精卵）、初生胚乳核（受精极核）和珠被发育而来。在种子的形成过程中，原来胚珠内的珠心和胚囊内的助细胞、反足细胞一般均被吸收而消失。

一、胚的发育

被子植物胚胎发育从合子开始，经过原胚期和器官分化期，最后发育成熟。

合子形成后通常经过一段时间的静止期，才开始分裂，也称为"休眠"期。"休眠"期的长短常随植物不同而有差别，一般在数小时至数天的范围。如水稻的休眠期为4～6h，小麦为16～18 h，棉花为2～3 d。

静止期的合子并非真正处于休眠状态，其内部经历了旺盛的代谢活动，主要表现在：①极性加强。细胞核、细胞质和多种细胞器趋向分布于其合点端，液泡逐渐缩小而分布于其珠孔端。②各种细胞器增加。核糖体聚合成多核糖体，高尔基体增加。这说明合子是高度极性化和代谢活跃的细胞。合子极性加强导致第一次分裂为不对称分裂。

休眠期后，合子便开始进行分裂。从合子第一次分裂形成的2细胞原胚开始，直至器官分化之前的原胚发育阶段，双子叶植物和单子叶植物有相似的发育过程和形态，但在以后的胚分化阶段和成熟胚的结构则有较大差异。

（一）双子叶植物胚的发育

现以十字花科植物拟南芥为例说明双子叶植物胚的发育过程（图9-1）。拟南芥胚的发育过程大致可分为以下3个阶段：①早期形态建成阶段。②胚生长期和营养物质的累积存储阶段。③生理成熟期。胚经历干燥脱水，最后进入休眠状态。

拟南芥合子在受精几小时后开始伸长，细胞内成分逐渐呈现极性，近珠孔端部分含有较大的液泡，细胞核与细胞质被推向合点端（图9-1A）。当合子体积伸长约达3倍时进行一次不对称横向分裂，形成两个细胞。靠合点端的一个称为顶细胞（apical cell），靠珠孔端的称为基细胞（basal cell）（图9-1B）。

合子的极性与分裂的不对称导致形成的顶细胞与基细胞在结构和组成上有很大差异。顶细胞体积小，继承了合子的大部分细胞质。因而，细胞质浓厚且细胞器丰富，它主要参与胚体的形成。基细胞体积大且细长，含有较大的液泡，形成胚柄并参与胚根的发育。顶细胞与基细胞构成二细胞原胚。从二细胞开始直至器官分化之前的胚胎发育阶段为原胚时期。

顶细胞经过两次连续的纵向分裂，先后形成二分体和四分体胚（图9-1C和图9-1D）。然后每个细胞各进行一次横向分裂，形成八分体胚（图9-1E）。八分体胚进行一次平周分裂，形成16-细胞胚（图9-1F）。其中，外层的8个细胞为表皮原（dermatogen），胚胎和未来植物体的表皮由此形成；内层的8个细胞进一步分裂形成原形成层（procambium）和基本分生组织（ground meristem）。16细胞胚形成以后，表皮原细胞进行垂周分裂，内部的8个细胞进行纵向分裂，结果形成两排共32个细胞的胚体（图9-1G）。自32细胞胚开始，胚体呈球形，称为球形期胚。之后，内层细胞继续进行各向分裂（既可以平周分裂，也可以垂周分裂）。表皮原细胞进行垂周分裂以保持与内部扩大的协调，球形胚明显增大（图9-1H）。随后，胚在将来形成子叶的位置上细胞分裂频率增加，形成过渡期胚（图9-1I）。

随着子叶原基的发育，胚进入心形胚期（图9-1J）。子叶原基持续伸长，形成两片子叶，胚体逐渐呈鱼雷形（图9-1K）。胚体继续生长，子叶部分发生弯曲（图9-1L），与胚囊内的空间相适应。最终，成熟胚在胚囊内弯曲成马蹄形。

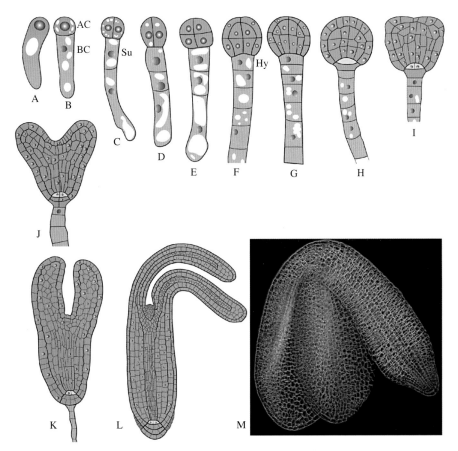

图9-1 双子叶植物拟南芥的胚胎发育过程

A. 极性化的合子　B. 2细胞原胚　C. 二分体胚　D. 四分体胚（仅可见2细胞）　E. 八分体胚　F. 16细胞胚　G. 早期球形胚　H. 晚期球形胚　I. 过渡期胚　J. 心形胚　K. 鱼雷胚　L. 弯子叶胚　M. 成熟胚

AC. 顶细胞　BC. 基细胞　Hy. 胚根原细胞　Su. 胚柄

（A～L由李兴国绘制）

在顶细胞发育为胚体的同时，基细胞经多次横向分裂后产生9～11个细胞组成的胚柄，将胚胎与母体组织在珠孔处连在一起。在晚球形胚时期，胚柄最顶端的细胞（胚根原，hypophysis）经过一次不对称的横向分裂，形成大小不同的2个细胞（图9-1H）。上层较小的凸透镜形的细胞称为静止中心前体细胞，将来发育成根尖分生组织的静止中心（quiescent centre，QC）；而下层的子细胞称为根冠中央区前体细胞，将来发育成根冠中央区细胞。胚柄在心形胚后期开始进入程序化死亡而最终退化消失。

（二）拟南芥胚形态建成的分子基础

胚的形态建成是指胚胎发育过程中器官发生的过程。Mayer等将拟南芥的胚胎自上而下分为3个区域，即上区、中区和下区（图9-2）。上区由子叶、上胚轴和苗端分生组织组成；中区即为下胚轴；下区包括根生长点和根冠。胚胎发育过程中，这3个区域建成的过程称为顶-基轴模式形成（apical-basal pattern formation）。通过大规模的基因突变研究，发现有4个基因与胚的上下轴模式形成有关：*GURKE*基因突变后，其表型为子叶、上胚轴和苗端分生组织缺失；*FACKLE*基因丧失功能后，表型为下胚轴缺失；*MONOPTEROS*基因突变后，突变体无下胚轴和胚根；*GNOM*基因突变后，突变体的上区和下区同时缺失。根据上述突变体的表型分析，推测这3个区域分别有独立的基因控制。对*GNOM*基因进一步的研究发现，该基因的突变，使得合子第一次分裂是对称的，形成大小相近的基细胞和顶细胞，而不是非对称性的。

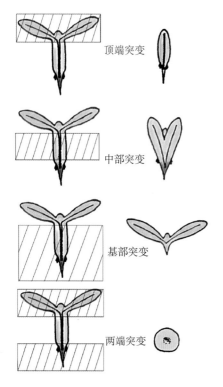

图9-2 胚上下轴模式形成的四类突变体的表型

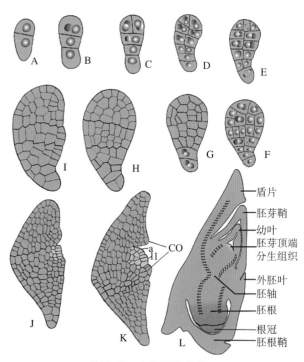

图9-3 小麦胚的发育

A.2细胞原胚 B.4细胞原胚 C.多细胞原胚 D～H.梨形胚 I～K.器官分化期（a.胚芽顶端分生组织 CO.胚芽鞘 11.第一片真叶） L.成熟胚

（李兴国 绘制）

也发现其他一些重要基因，如 *LEAFY COTYLEDON* 控制子叶发育有关基因的表达，该基因突变后，子叶和真叶在形态和结构上完全相同，而在野生型（正常植株）中，子叶和真叶有明显的区别。目前，人们已克隆出多个控制胚发育的基因，对于胚发育的分子机制有了一定的认识。

（三）单子叶植物胚的发育

单子叶植物胚发育的早期阶段，与双子叶植物的基本一致，但后期发育过程则差异较大。现以小麦为例说明单子叶植物胚的发育特点（图9-3）。

小麦合子第一次分裂是斜向的横分裂，形成一个顶细胞和一个基细胞，接着2个细胞各自进行一次斜向的分裂，形成4个细胞的原胚。以后，4个细胞进行各个方向的分裂，形成基部较长的梨形原胚。不久，梨形原胚偏上一侧出现小凹沟。凹沟以上区域将来形成盾片的主要部分和胚芽鞘的大部分；凹沟附近，即原胚中间部分，形成胚芽鞘的其余部分以及胚芽、胚轴、胚根、胚根鞘和一片不发达的外胚叶；原胚的基部形成盾片的下部和胚柄。冬小麦胚发育成熟所需时间为传粉后16 d左右。

（四）胚胎发生的类型

根据形成原胚时合子第一次分裂的方向和细胞分裂顺序变化的规律，将胚胎发生划分为若干基本类型。Johansen（1950）将双子叶植物胚胎发生区分出6种基本类型，即十字花型（Crucifer type）或称柳叶菜型（Onagrad type）、紫菀型（Asterad type）、茄型（Solanad type）、石竹型（Caryophyllad type）、藜型（Chenopodiad type）和胡椒型（Piperad type）。6种胚胎类型的基本特点如下。

Ⅰ.合子横向分裂为两个细胞（珠孔端为基细胞，合点端为顶细胞）
  1.顶细胞纵向分裂
    A.基细胞不参加或只在很少程度上参加胚体的构成…………十字花型或柳叶菜型
    （如毛茛科、番荔枝科、柳叶菜科、十字花科、胡麻科、玄参科）
    B.基细胞和顶细胞都参加胚体的构成……………………………紫菀型
    （如菊科凤仙花科、葡萄科、堇菜科）
  2.顶细胞横向分裂
    A.基细胞在胚体建成中不起重要作用
     a.基细胞不分裂……………………………………………………石竹型
     （如景天科、小二仙草科、石竹科）
     b.基细胞分裂………………………………………………………茄型
     （如桔梗科、山茶科、亚麻科、茄科）
    B.基细胞和顶细胞都参加胚体的建成………………………………藜型
    （如紫草科、藜科）
Ⅱ.合子纵向分裂为两个细胞………………………………………………胡椒型
  （如桑寄生科、胡椒科）

（五）成熟胚的结构

无论双子叶植物或单子叶植物，成熟胚都分化出胚芽（plumule）、胚轴（embryonal axis）、胚根（radicle）和子叶（cotyledon）4个组成部分（图9-3L和图9-4）。禾本科植物的胚只有一片子叶，称为盾片（scutellum）；胚芽和胚根分别由胚芽鞘（coleoptile）和胚根鞘（coleorhiza）包被，侧面还有一个外胚叶（epiblast）（图9-3L）。

胚芽包括生长锥以及数片幼叶和叶原基。胚根顶端为生长点和覆盖其外的幼期根冠。胚轴是连接胚芽和胚根的短轴，子叶着生其上。子叶为暂时性的叶性器官，它们的数目在被子植物中相当稳定，成熟胚只有一片子叶的称为单子叶植物（monocotyledon），如小麦、百合等；有两片子叶的称为双子叶植物（dicotyledon），如拟南芥、油菜和大豆等。关于子叶的结构，在不同植物的种子中，常随其主要生理功能而异。大豆的子叶主要起贮藏养料的作用，其子叶肥厚，除了在两个子叶相接处的表皮内侧有 2 ～ 3 层栅状细胞

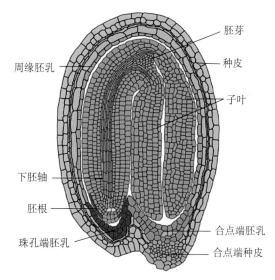

图9-4　拟南芥成熟胚

外，其他部分均为充满蛋白质、脂肪等物质的薄壁细胞。这些薄壁细胞中原先也含有淀粉粒，但在子叶成熟数日前消失。棉的子叶宽而薄，成折叠状存于种子中。子叶细胞中也含有一些营养物质，但较为明显的特点是子叶内部已有 1 ～ 2 层栅栏组织细胞和几层海绵组织细胞的初步分化和早期叶绿体的形成，海绵组织内还可看到小的分泌腔，其解剖结构与叶片颇为近似。这对于子叶出土后能很快开始光合作用是相适应的。小麦、水稻等禾本科植物的子叶（盾片）主要具有从胚乳中吸收养料的作用，其盾片与胚乳相接的界面形成一层排列整齐、细胞质较浓的上皮细胞，它们分泌的植物激素能促进胚乳细胞的营养物质分解，并吸收、转移到胚，供胚生长所用。

二、胚乳的发育

被子植物胚乳的发育是从初生胚乳核（受精的极核）开始。初生胚乳核一般是三倍体结构，通常不经休眠（如水稻）或经短暂的休眠（如小麦为）后，即开始第一次分裂。胚乳核的初期分裂速度较快，因此，当合子进行第一次分裂时，胚乳核已达到相当数量。胚乳核的发育进程早于胚的发育，为幼胚的生长发育及时提供必需的营养物质。胚乳的发育形式一般有核型胚乳、细胞型胚乳和沼生目型胚乳3种类型。

1. **核型胚乳**　核型胚乳（nuclear endosperm）是被子植物中最普遍的胚乳发育形式（图9-5）。单子叶植物和离瓣花的双子叶植物，如小麦、水稻、玉米和绿豆等，均属于这种类型。其主要特征是初生胚乳核第一次分裂和以后的多次分裂，都不形成细胞壁，众多细胞核游离分散于细胞质中。随着游离核的增多和胚囊内中央液泡的形成与扩大，游离核连同细胞质被挤向胚囊的周缘。游离核时期的细胞核数目常随植物种类而变化，通常在数百个左右。胚乳细胞壁的形成通常是从胚囊最外围开始，逐渐向内产生细胞壁而形成胚乳细胞，最后整个胚囊被胚乳细胞充满。有的植物仅在原胚附近形成胚乳细胞，合点端仍保持游离核状态，如菜豆属；也有的只是在胚囊周围形成少数层次的胚乳细胞，胚囊中央仍为胚乳游离核，如椰子（*Cocos nucifera*）的液体胚乳（椰乳），其内即含有许多游离核，以及蛋白质粒、油滴和激素等；旱金莲（*Tropaeolum majus*）等其胚乳始终为游离核状态。

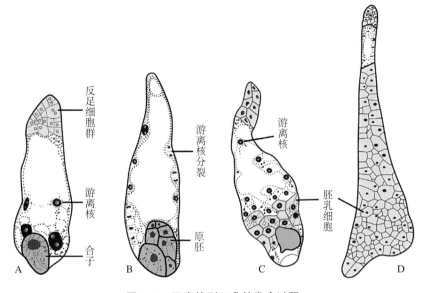

图9-5 玉米核型胚乳的发育过程
A.合子和少数胚乳游离核（传粉后26～34 h） B.游离核分裂（传粉后3 d）
C.在珠孔端胚乳细胞开始形成（传粉后3.5 d） D.胚乳细胞继续形成
（改自 Randolph）

2. **细胞型胚乳** 细胞型胚乳 (cellular endosperm) 的特点是从初生胚乳核分裂开始，即伴随细胞壁的形成，以后各次分裂也都是以细胞形式出现，无游离核时期。大多数双子叶合瓣花植物，如番茄、烟草和芝麻等，其胚乳的发育均属细胞型（图9-6）。

3. **沼生目型胚乳** 沼生目型胚乳 (helobial endosperm) 是核型与细胞型之间的中间类型。初生胚乳核的第一次分裂将胚囊分隔成为两

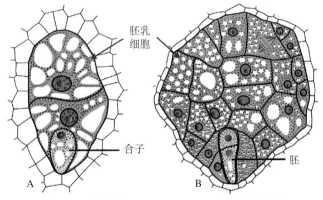

图9-6 矮茄（*Solanum demissum*）细胞型胚乳
A.2细胞胚乳时期 B.多细胞胚乳时期
（改自 Walker）

室，其中珠孔室比合点室宽大。珠孔室的核进行多次核分裂，形成游离核，发育后期形成细胞；在合点室保持不分裂或只进行少数几次分裂，可能一直保持游离核或呈退化状态，也有的可形成细胞。胚乳的合点室部分常作为吸器，具有吸收的功能。主要见于单子叶植物，如沼生目的慈姑（*Sagittaria sagittifolia*）、百合目的紫萼（*Hosta ventricosa*）等。

4. **成熟胚乳的结构和功能** 不同类型胚乳的区别主要表现在发育前期，发育后期均形成胚乳细胞，差别较小。胚乳细胞一般是等径的大型薄壁细胞，具有丰富的细胞器和发达的胞间连丝。有些植物的胚乳细胞具有传递细胞的特点，有利于营养物质的吸收。胚乳细胞的突出特点是贮存有大量的营养物质，如淀粉、蛋白质和油脂等。

胚乳是一种营养组织，它为胚的生长发育或种子的萌发和出苗提供养料。不同植物种子的胚乳，在种子的发育和成熟过程中，有的已被耗尽，其中的养料多转贮于子叶之中，形成无胚乳种子；有的则保持到种子成熟时，形成有胚乳种子。

有些植物胚囊外的一部分珠心组织随种子的发育而增大，形成类似胚乳的贮藏组织，称为外胚乳（perisperm）。外胚乳不同于胚乳，它是非受精的产物，为二倍体组织。外胚乳可存在于有胚乳的种子（如姜）中，也在某些无胚乳种子中发生（如石竹）。大多数植物，珠心在胚、胚乳发育过程中被分解、吸收，它们的种子中无外胚乳存在。

三、种皮的结构

种皮是由珠被发育而来的保护结构。具单层珠被的胚珠只形成一层种皮，如向日葵、番茄和胡桃；具双层珠被的，通常相应形成内、外两层种皮，如蓖麻、油菜和苹果等。但也有不少植物这两层种皮区分不明显，或者虽然有两层珠被，但在以后的发育过程中，内珠被已退化成纤弱的单层细胞，甚至完全消失，只有外珠被继续发育成为种皮，如大豆、蚕豆和菜豆等。禾本科植物的种皮极不发达，如小麦、水稻等仅剩下由内珠被的内层细胞发育而来的残存种皮，这种残存种皮与果皮愈合在一起，主要由果皮对内部幼胚起着保护作用。

当成熟种子从母体上脱落时在种皮上留下的痕迹称为种脐，种孔由珠孔发育而来；种脊位于种脐的一侧，是倒生胚珠的外珠被与珠柄愈合形成的纵脊遗留下来的痕迹，其内有维管束贯穿。

种皮成熟时，内部结构也发生相应改变。大多数植物种皮的外层分化为厚壁组织，内层为薄壁组织，中间各层往往分化为纤维、石细胞或薄壁组织。以后随着细胞的失水，整个种皮成为干燥的包被结构，干燥坚硬的种皮使保护作用得以加强。有些植物的种皮十分坚实，不易透水，不易透气，与种子的萌发和休眠有一定的关系（图9-7）。

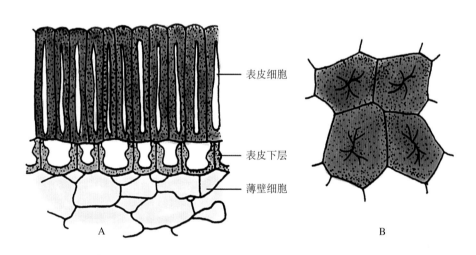

表皮细胞

表皮下层

薄壁细胞

图9-7　菜豆种皮的结构
A.种皮纵切面　B.表皮层细胞的顶面观
（改自李扬汉）

少数植物的种子具有肉质种皮，如石榴的种子成熟过程中，外珠被发育为坚硬的种皮，而种皮的表层细胞却辐射向外扩伸，形成含糖、多汁的可食部分。还有一些植物的种子，它们的种皮上出现毛（如棉）、刺、腺体和翅等附属物，对于种子的传播具有适应意义。此外，还有少数植物的种子有假种皮，假种皮是由珠柄或胎座发育而来，包于种皮之外的结构，常含有大量油脂、蛋白质和糖类等贮藏物质，如龙眼、荔枝果实的肉质多汁的可食部分（图9-8）。

图9-8　荔枝果实和种子（示假种皮）
（引自 www.jadeinstitute.com）

果实

种子

假种皮

四、无融合生殖和多胚现象

（一）无融合生殖

无融合生殖（apomixis）是指在被子植物的胚囊中，未经雌、雄性细胞融合（受精）而产生胚的现象。无融合生殖没有受精，也与无性生殖不同，不是以营养器官进行繁殖，而是通过种子繁殖，因此有人认为无融合生殖是介于有性生殖和无性生殖之间的一种特殊方式。

无融合生殖现象已在被子植物36个科440种植物中发现，其形式多种多样，可分为单倍体无融合生殖和二倍体无融合生殖两大类。

单倍体无融合生殖，其胚囊是由胚囊母细胞经过正常的减数分裂形成的，胚囊中的细胞只含单倍体的染色体组。若有卵细胞不经受精而发育成胚，称为孤雌生殖（haploid parthenogenesis）（图9-9），在小麦、玉米等植物有报道。若有助细胞或反足细胞直接发育成胚则称为无配子生殖（haploid apogamy）（图9-10），在玉米、水稻和烟草等植物中有过报道。这两种方式产生的胚以及由这两种胚长成的植株均为单倍体，不能进行减数分裂，其后代常常是不育的。如果通过一定的办法使染色体加倍，形成纯和的二倍体，则可应用于育种工作。

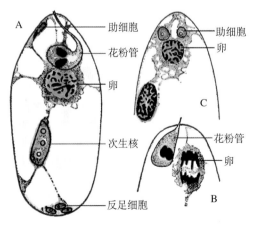

图9-9　宽叶火烧兰的单倍体孤雌生殖
A、B.单倍体的卵在分裂，花粉管未开裂
C.胚囊未接受花粉管，但卵和次生核已分裂
（改自 Hagerup）

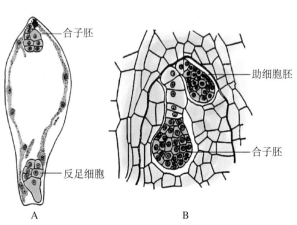

图9-10　无配子生殖
A.山榆（示合子胚和反足细胞胚）
B.岩白菜（示合子胚和助细胞胚）
（改自 Maheshwari 和 Sachar）

二倍体无融合生殖，其胚囊是由未经减数分裂的孢原细胞、胚囊母细胞或珠心细胞直接发育而成，这种胚囊中的细胞均为二倍体的染色体组，同样可以出现孤雌生殖（如蒲公英）或无配子生殖（如葱）。这两种方式产生的胚以及由这两种胚长成的植株均为二倍体，可以进行正常的有性生殖。

无融合生殖方式将阻碍基因的重组和分离，在植物育种工作中有着重要的利用价值。对于单倍体无融合生殖，通过人工或自然加倍染色体，就可以在短期内得到遗传上稳定的纯和二倍体，可以缩短育种年限。对于二倍体无融合生殖，可利用它固定杂种优势，提高育种效率。因此，对于无融合生殖产生机理的研究及其应用已经受到人们的重视。

（二）多胚现象

在一胚珠中产生两个或两个以上胚的现象称为多胚现象（polyembryony）。多胚形成的原因相当复杂，有的由受精卵裂生成二至多个胚，称为裂生多胚（cleavage polyembryony）（图9-11）；有的在一个胚珠中形成两个胚囊而出现多胚（如桃、梅）；某些植物胚囊外面的珠心或珠被细胞也可直接进行细胞分裂形成不定胚（adventitious embryo）。更多的情况是除了合子胚外，胚囊中的助细胞（如菜豆）和反足细胞（如韭菜）发育成胚。上述来源的多胚最后常常难以成熟。

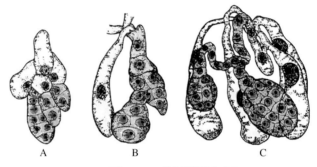

图9-11　美冠兰裂生多胚
A. 由合子形成的一群细胞产生3个胚　B. 从胚的右边产生一个分枝　C. 由单一胚裂开形成两个胚
（改自 Maheshwari）

柑橘的胚珠中不定胚可与合子胚同时并存，例如，可存在4～5个甚至更多的胚，其中只有一个是来源于受精卵的合子胚，其余均为来源于珠心的不定胚（珠心胚）。珠心胚无休眠期，出苗快，比合子胚优先利用种子的营养物质，因而由珠心胚长成的珠心苗也比较健壮，并保持母本品种的优良特性，因此优良品种的珠心苗在生产上很有使用意义。

（三）胚状体

在正常情况下，被子植物的胚是由合子发育而成。离体培养的植物细胞、组织或器官也能产生胚状结构。这种在组织培养过程中由非合子细胞分化形成的胚状结构，称为胚状体（embryoid），由于它来源于体细胞，也称体细胞胚（somatic embryo）。胚状体有根端和茎端，同时有独立的维管系统，因此，脱离母体后，在培养条件下可独立生长，产生植株。

胚状体的研究在理论上和实践上均具有重要价值。从非受精卵的细胞产生胚状体并成长为植株，说明高等植物细胞具有全能性，即高等植物的每一个细胞均携带发育成一株完整植株的全套遗传信息。在应用上，通过诱导胚状体的产生，可达到快速繁殖的目的。同时，在胚状体产生过程中，可将外源基因转入胚状体，最终产生转基因植株，因此，胚状体在植物基因工程应用方面有极为重要的价值。

第二节 果 实

一、果实的发育

　　受精作用完成之后，花的各部分变化显著。多数植物的花被枯萎脱落，但也有些植物的花萼可宿存于果实之上；雄蕊、雌蕊的柱头、花柱萎谢，仅子房连同其中的胚珠生长膨大，发育为果实。单纯由子房发育形成的果实称为真果（true fruit），由果皮和种子两部分构成。果皮由子房壁发育形成，通常可分为外果皮（exocarp）、中果皮（mesocarp）和内果皮（endocarp），如桃、梅和李等的果实（图9-12）。有些植物的果实，3层果皮分界不明显。

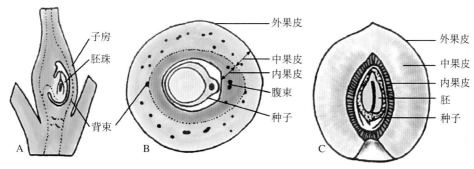

图9-12 李属果实（真果）的结构
A.梅的子房纵切面　B.梅的果实横切面　C.桃的果实纵切面
（A、B改自Sterling；C改自李扬汉）

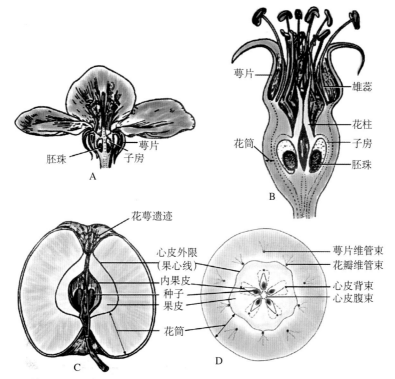

图9-13 苹果的果实（假果）的发育和结构
A.花的纵切面　B.发育中的果实纵切面　C.果实纵切面　D.果实横切面
（A～C改自Rost；D改自A. Fahn）

外果皮指表皮或包括表皮下面数层厚角组织，常有气孔、角质膜和蜡被的分化，有的外果皮上还生有毛、钩、刺和翅等附属物。中果皮较厚，维管束分布其中。中果皮在结构上变化较多，有的由富含营养物质和水分的薄壁细胞组成，成为果实中的肉质可食部分（图9-12），如桃、杏等；有的则由薄壁细胞和厚壁细胞共同组成，果实成熟时，果皮干燥收缩，成为膜质或革质，如花生、大豆等。内果皮也有不同的结构变化，可由单层细胞（如番茄）或多层细胞组成，有的革质化形成薄膜；有的木质化形成果核，如桃、椰子等；有的向内生出汁囊，如柑橘、柚子等。

被子植物中有一类果实，除子房外还有花的其他部分，如花托、花萼甚至整个花序参与形成，这种果实称为假果（spurious fruit）。例如，苹果、梨的果实食用部分是由花托和花被形成的花筒（托杯）发育形成，由子房发育而来的中央核心部分所占比例很少（图9-13）；瓜类的果实也属假果，其花托与外果皮结合为坚硬的果壁，中果皮和内果皮肉质；桑葚和菠萝的果实由花序各部分共同形成。

二、果实的类型

根据果实是由单花或花序形成以及雌蕊的类型、果实的质地、成熟果皮是否开裂和开裂方式、花的非心皮组织部分是否参与形成等，将果实分为单果（simple fruit）、聚合果（aggregate fruit）和复果（multiple fruit）。单果是由一朵花中的一个单雌蕊或复雌蕊形成的果实；聚合果是一朵花中有许多离生单雌蕊，每一雌蕊形成一个小果，相聚在同一花托上。根据小果的种类不同，又可分为聚合瘦果（草莓）、聚合核果（茅莓、悬钩子）、聚合坚果（莲）和聚合蓇葖果（牡丹、芍药、八角）等；复果（又称为聚花果，collective fruit）是由整个花序发育成的果实，如桑葚、柘树，它来源于一个雌花序，各花子房发育成一个小坚果，包藏于肥厚多汁的花萼内；菠萝的果实由许多小花聚生在肉质花序轴上发育而成；无花果的肉质花轴内陷成囊状，囊的内壁上着生许多小果（详见第十一章）。

三、单性结实和无籽果实

正常情况，植物通过受精才能结实。有些植物不经过受精作用子房发育形成果实，这种现象称为单性结实（parthenocarpy），单性结实的果实不产生种子，为无籽果实。

单性结实有两种情况：一种是天然单性结实，花不经过传粉、受精或其他刺激诱导而结实的现象，如香蕉、葡萄和柑橘。另一种是刺激单性结实，通过人工诱导、外界刺激而引起的单性结实现象。低温和强光照引起番茄产生无籽果实，用某些生长调节剂处理花蕾可诱导单性结实。单性结实必然形成无籽果实，但无籽果实不全是单性结实的产物。

在生产上单性结实可提高果实的含糖量和品质。同时，由于果实不含种子，便于食用。

四、果实和种子的传播

在长期的进化过程中，果实形成了多种形态特征以适应不同媒介传播种子的需要。果实和种子的散布，有利于扩大后代植株生长分布的范围，使种族繁衍昌盛。

1. 风力传播的果实和种子　适应风力传播的果实和种子，一般体积小而轻，常具毛、翅等附属物，有利于随风传播。例如，兰科植物的种子细小质轻，易飘浮空中被吹送到远处。蒲公英、莴苣和黄鹌菜等菊科植物的果实顶端生有冠毛；垂柳、白杨的种子外有细绒毛；穿龙薯蓣等薯蓣科植物的种子具翅；槭、枫杨和榆的果实具翅；椴树花序轴的基部与一个匙形苞片从中部合生，整个果序可在空中旋转飞行，这些都是适应风力传播的结构（图9-14）。

图9-14　借风力传播的种子和果实

A.柳树的蒴果（上方的果实已经开裂）　B.柳树种子基部生长绒毛（柳絮）　C.蒲公英的果实（花萼形成冠毛）　D.黄鹌菜的果实（花萼形成冠毛，有些果实已被吹走）　E.穿龙薯蓣的蒴果（右上角示有翅种子）　F.枫杨的翅果　G.元宝槭的翅果　H.椴树的果实（花序的基部有一个大的苞片，整个果序可在空气中旋转飞行）

（曹玉芳　摄）

2. **水力传播的果实和种子**　一般水生植物和沼泽地带植物，其果实或种子多形成有利于漂浮的结构，以适应以水为媒介进行传播。如莲的聚合果，花托组织疏松，形成"莲蓬"，可以漂载果实进行传播。生于海边的椰子，果实的外果皮平滑，不透水，中果皮疏松，呈纤维状，充满空气，可随海水漂流到远处海滩，在海滩上萌发。此外，农田沟渠边生长许多种类的杂草，如苋属、藜属和酸模属的一些杂草，它们的果实成熟后散落水中，常随水漂流至远处湿润土壤上萌发生长。

3. **人类和动物活动传播的果实和种子**　有些植物如苍耳、葎草等，它们的果实外面生有钩刺，能附于动物的皮毛上或人们的衣服上，而被携至远方（图9-15 A和图9-15 B）；马鞭草及鼠尾草属的一些种，果实具有宿存粘萼，易黏附在动物毛皮上面而被传播。有些植物果实或种子具坚硬的果皮或种皮，不易被食用而丢弃，如桃、樱桃和李外有可食用的肉质中果皮，内有坚硬的果核（图9-12、图9-15 C和图9-15 D），山楂的内果皮特别坚硬（图9-15 E），梨等果实中心部分果酸物质多，石细胞形成很多石细胞团，口感不好被丢弃（图9-15 F和图9-15 G）；或被动物吞食不易受消化液的侵蚀，以后随粪便排出体外而散播，如番茄的种子（图9-15 H）。

图9-15 人和动物活动传播的果实和种子
A.果实外面形成钩刺 B.钩刺的放大 C.樱桃果实 D.紫叶李果实 E.山楂的果实 F.梨果实
G.梨果实横切（示果心不易食用部分） H.番茄的果实（种子不易被消化）
（曹玉芳 摄）

4. 弹力传播的果实和种子 有些植物的果实，果皮各层细胞的含水量不同，成熟干燥后收缩程度不同。因此，可发生爆裂将种子弹出，如大豆、绿豆等荚果，酢浆草（*Oxalis corniculata*）、凤仙花（*Impatiens balsamina*）的蒴果，成熟后均可自动开裂弹出种子（图9-16）；喷瓜（*Ecballium elaterium*）成熟时，稍有触动瓜（果实）从果柄顶端脱落，在瓜的基部形成一个小孔，瓜内的种子和黏液便会从小孔一起喷射出去，射程可达5 m以外（图9-17）。

图9-16 弹力传播的果实和种子
A.大豆的荚果 B.酢浆草的蒴果
C.凤仙花的蒴果 D.凤仙花弹力开裂的蒴果
（曹玉芳 摄）

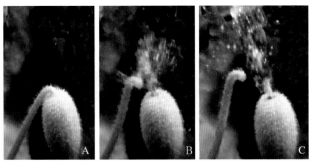

图9-17 喷瓜种子的弹力传播
（A～C示喷射过程）

第三节 被子植物生活史

种子在适宜条件下萌发，形成具有根、茎、叶的植物体，经历一段时期的营养生长之后，便转入生殖发育，在植株上分化出花芽，再发育成花，产生雌、雄配子；经过开花、传粉和受精后子房发育成果实，包被于子房中的胚珠发育形成新一代的种子。通常将从上一代种子开始到新一代种子形成所经历的全过程称为被子植物的生活史（life history）或生活周期（life cycle）（图9-18）。

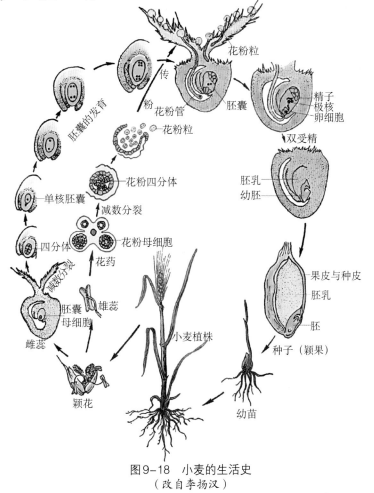

图9-18 小麦的生活史
（改自李扬汉）

被子植物的生活史，包括两个基本阶段：从受精卵（合子）开始，到花粉母细胞（小孢子母细胞）和胚囊母细胞（大孢子细胞）进行减数分裂前，这一阶段细胞内染色体的数目为二倍体，称为二倍体阶段（或称孢子体阶段、孢子体世代），它在被子植物的生活史中所占时间较长。被子植物的孢子体有高度分化的营养器官和繁殖器官，以及广泛的适应性，这是被子植物成为陆生植物优势类群的最重要的原因。从花粉母细胞和胚囊母细胞经过减数分裂形成单核花粉粒（小孢子）和单核胚囊（大孢子）开始，到各自发育为含精子的成熟花粉粒或花粉管，以及含卵细胞的成熟胚囊，这一阶段相关些结构的细胞内染色体的数目是单倍的，称为单倍体阶段（或称配子体阶段、配子体世代）。此阶段在被子植物生活史中所占时间很短，配子体结构相当简化，不能独立生活，需要附属在孢子体上生活。在被子植物生活史中，二倍体的孢子体阶段（无性世代）和单倍体的配子体阶段（有性世代）有规律地交替出现的现象，称为世代交替（alternation generation）。被子植物的世代交替中，减数分裂和受精作用是两个世代转换的关键性环节。

第四节　模式植物——拟南芥

20世纪80年代末以来，拟南芥成为研究植物生物学问题的模式植物。以拟南芥为研究材料，使得对于许多基本的生物学问题有了深入的了解和认识，如植物的生长发育、遗传、进化以及植物对环境条件的反应等。在应用上还可将拟南芥的一些与农艺性状有关的基因分离出来，再通过转基因技术转入其他作物，以改良农作物的农艺性状，从而产生更大的经济效益。

拟南芥属十字花科，拟南芥属植物。植株矮小，株高15～45 cm。具有被子植物的全部典型特征。叶包括基生叶和茎生叶两种类型；花序为复总状花序；每朵花由4个萼片、4个花瓣、6枚雄蕊和1枚雌蕊组成。雄蕊四长二短；雌蕊柱头呈球形，花柱短，由二心皮构成，子房上位，侧膜胎座，自交亲和。繁殖系数高，每株可产种子数千粒，种子极小，千粒重0.02 g。生长周期短，从播种到收获种子一般只需6～7周。

拟南芥基因组较小，有5对染色体，是高等植物中基因组最小的物种之一，其二倍体基因组大小约为1.25×10^8个碱基，包括大约2.5万个基因。DNA序列分析表明，拟南芥基因组有非常低的重复序列。拟南芥在植物进化中处于相当高的位置，植物进化中很多具有重要功能的基因都比较保守，在拟南芥中发现的一些重要的调节基因都能在其他植物中找到它们的同源基因。

由于拟南芥具有上述特点，故易筛选到大量突变体，并且基因的分离比较容易，使得它成为研究植物学和分子生物学问题的极好材料。所以拟南芥已成为植物遗传学、发育生物学和分子生物学典型的"模式"植物，

本章提要

被子植物的花经过传粉、受精之后，雌蕊内的胚珠发育为种子。同时，子房生长迅速，连同其中所包含的胚珠，共同发育为果实。有些植物的花托、花萼，甚至苞片和整个花序等也可参与果实的形成。

种子通常由胚、胚乳和种皮3部分组成，它们分别由合子（受精卵）、初生胚乳核（受

精极核）和珠被发育而来。

胚的发育从合子开始，经过原胚和胚的分化发育阶段，最后达到成熟。合子通过休眠期后，便开始进行分裂。从合子第一次分裂形成的2细胞原胚开始，直至器官分化之前的胚胎发育阶段，称为原胚时期。双子叶植物和单子叶植物在原胚时期有相似的发育过程和形态，但胚分化过程和成熟胚的结构则有较大差异。双子叶植物的胚分化出两个子叶原基，单子叶植物的胚分化出一个子叶原基。双子叶植物成熟胚具有胚芽、胚根、胚轴和子叶4部分。单子叶植物的成熟胚具有胚芽、胚根、胚轴、盾片（子叶）、胚芽鞘、胚根鞘和外胚叶。胚发育的上下轴模式受基因控制。

被子植物胚乳的发育是从初生胚乳核开始。初生胚乳核一般是三倍体结构，通常不经休眠或经短暂的休眠后，即开始第一次分裂。胚乳核的初期分裂速度较快，当合子进行第一次分裂时，胚乳核已达到相当数量。胚乳核的发育进程早于胚的发育，以便为幼胚的生长发育及时提供必需的营养物质。胚乳的发育形式一般有核型胚乳、细胞型胚乳和沼生目型胚乳3种类型。

胚乳是一种营养组织，它为胚的生长发育或种子萌发和出苗提供养料。在种子的发育和成熟过程中，有些植物的胚乳已被耗尽，其中的养料多转贮于子叶之中，有的则保持到种子成熟时，供萌发之用，形成有胚乳种子和无胚乳种子。

有些植物胚囊外的一部分珠心组织随种子的发育而增大，形成类似胚乳的贮藏组织，称为外胚乳。外胚乳不同于胚乳，它是非受精的产物，为二倍体组织。

种皮是由珠被发育而来的保护结构。具单层珠被的胚珠只形成一层种皮；具双层珠被的，通常相应形成内、外两层种皮。

被子植物种子中的胚，通常是有性生殖的产物。有些植物的胚囊中，出现不经过雌、雄性细胞融合而产生胚和种子的现象，称为无融合生殖。它包括单倍体无融合生殖和二倍体无融合生殖两大类。无融合生殖在育种上有潜在的重要应用价值。

在一个胚珠中产生两个或两个以上胚的现象称为多胚现象，无融合生殖是产生多胚现象的主要原因。

在自然界或组织培养过程中由非合子细胞分化形成的胚状结构，称为胚状体（embryoid）。胚状体的研究在理论上和实践上均具有重要价值。

受精作用完成之后，多数植物的花被枯萎脱落，雄蕊和雌蕊的柱头、花柱萎谢，仅子房连同其中的胚珠生长膨大，发育为果实。单纯由子房发育成的果实称为真果。有些植物，非心皮组织与子房共同形成果实，这种果实称为假果。

根据果实是由单花或花序形成以及雌蕊的类型、果实的质地、成熟果皮是否开裂和开裂方式、花的非心皮组织部分是否参与形成等，将果实分为单果、聚合果和复果。

有些植物不经受精也能结实，这种现象称为单性结实，单性结实的果实不产生种子，为无籽果实。

在长期的进化过程中，果实形成了多种形态特征以适应不同媒介传播种子的需要。果实和种子的散布，有利于扩大后代植株生长分布的范围，使种族繁衍昌盛。

在被子植物的个体发育过程中，通常将从上一代种子开始至新一代种子形成所经历的全过程，称为被子植物的生活史。在生活史中，二倍体的孢子体阶段（世代）和单倍体的配子体阶段（世代）有规律地交替出现的现象，称为世代交替。被子植物的世代交替中，减数分裂和受精作用是两个世代转换的关键性环节。

复习思考题

1. 双受精后，花的各个部分有什么样的变化？

2. 双子叶植物胚与单子叶植物胚在结构上有明显的不同，试从形态发育的角度分析造成差异的原因。

3. 在被子植物的个体发育过程中，胚和胚乳的发育命运如何？

4. 一个成熟的果实，如何判断它是真果还是假果？

5. 某些植物的果实适于人类食用，对于植物本身有何生物学意义？

6. 在被子植物的个体发育过程中，出现了明显的世代交替，试分析世代交替的生物学意义。

 # 第十章 植物界的基本类群与演化

第一节 生物多样性的意义

生物多样性（biodiversity）是指各种生命形式的资源，它包括数百万种的植物、动物、微生物、各个物种所拥有的基因和由各种生物与环境相互作用所形成的生态系统，以及它们的生态过程。生物多样性包括多个层次，其中，研究较多、意义重大的主要有4个层次，即遗传（基因）多样性（genetic diversity）、物种多样性（species diversity）、生态系统多样性（ecological system diversity）和景观多样性（landscape diversity）。生物多样性是人类社会赖以生存和发展的基础，并为人类生存提供了合适的环境，它们维系着自然界中的物质循环和生态平衡。因此，研究生物多样性具有极其重要的意义。

我国是生物多样性最丰富的国家之一，综合水平居世界第八位，居北半球首位。中国的高等植物种类仅次于马来西亚和巴西，居世界第三位，约为35 000种。不仅如此，我国的生物多样性还具有特有性高，珍稀、孑遗植物多，生物区系起源古老，经济物种丰富等特点。如银杏、银杉、水杉、金钱松、珙桐和鹅掌楸等都是中国特有的珍稀孑遗植物；而大熊猫、金丝猴、白唇鹿、褐马鸡、朱鹮和扬子鳄等则是我国特有的珍稀动物。由于对生物资源无序的开采和利用，造成生物资源消耗量大，严重破坏了生态系统的良性循环。据不完全统计，中国的高等植物有1 000余种处于濒危状态，生态系统有40%处于退化或严重退化状态，生物生产力水平很低，已经危及社会和经济的发展。因此，加强生物多样性的研究和保护，具有十分重要的现实意义和应用价值。

第二节 植物分类的基础知识

一、植物分类的意义

按照植物进化的程序、规律及它们之间的亲缘关系将其分门别类，确定植物界的总体和部分演化关系、亲缘关系、发生和发展的规律，使人类明确利用和改造植物的方向，这就是植物分类的主要内涵。随着植物的演化进程和人们对植物界研究的不断深入，植物种类还会不断增加，在这个意义上讲，植物分类学也是研究植物物种和物种形成的科学，是控制、改造和利用植物的基础。可以利用植物亲缘关系的知识，对其进行引种、驯化、培育改造及寻找新的植物资源等。

二、植物分类的方法

（一）人为分类法

人们为了自己工作或生活上的方便，仅依植物的形态、习性、生态或用途上的一两个特征或特性为标准，不考虑植物之间的亲缘关系，而对植物进行分类的方法，称人为分类法。例如，将植物分为水生、陆生，木本植物、草本植物，栽培植物、野生植物，等等。

栽培植物分成粮食作物、油料作物和纤维作物等，果树分为仁果类、核果类、坚果类、浆果类和柑果类等。明代李时珍所著《本草纲目》（1578），将所收集的 1 000 余种植物分为草、谷、菜、果和木五部三十类。清代吴其浚在其《植物名实图考》中，也将植物分为谷、蔬、山草、隰草、石草、水草、蔓草、芳草、毒草、群芳、果和木 12 类。古希腊亚里士多德的学生德奥弗拉斯特（Theophrastus，前 370—前 285）将植物分为乔木、灌木和草本三大类。瑞典博物学家林奈（Linnaeus，1707—1778）1753 年撰写了巨著《植物种志》（Species Plantarum），他是根据雄蕊的有无、数目及着生情况，将植物分为 24 纲，依雌蕊、果实和叶子的特征分别作为目、属、种的分类标准。人为分类法建立的分类系统不能反映植物间的亲缘关系和进化情况，常把亲缘关系很远的植物归为一类，而亲缘关系很近的则又分开。但是它们在人类的生产和生活等实际应用中都起了重要作用，并为科学的分类积累了丰富的资料和经验。

（二）自然分类法

不是按人们的主观愿望，而是按照植物间在形态、结构和生理等方面相似程度的大小，力求反映其在进化过程中彼此亲缘关系的远近疏密的分类方法，称自然分类法。这种分类方法是以形态学特征为基础，综合解剖学、细胞学、遗传学、生物化学、生态学和古植物学等学科的研究成果而进行的分类。按照生物进化的观点，地球上的植物都来源于共同的祖先而具有相似的遗传特性，表现出形态、结构、习性和代谢物等方面相似。因此，根据植物间相同点的多少就可判断彼此间的亲疏程度，推断它们的亲缘关系。但是，由于千百万年来植物的变化发展很复杂，古代的种绝大部分已绝灭，偶有化石遗留也很有限，要解决整个进化问题还有相当的难度。以自然分类方法建立的分类系统众多，如恩格勒系统、哈钦松系统、塔赫他间系统和克朗奎斯特系统等。这些系统虽距建立起一个客观而完备的自然进化系统还有相当的距离，且各系统间还有不少相悖的理论和观点，但它们比起人为的分类系统，显然是一个质的飞跃。植物分类学的发展也是随着一些相关学科的发展而不断进步的。传统的植物分类是以植物的形态特征为主要依据，即根据花、果实、茎和叶等器官的形态特征进行分类。分子生物学乃至计算机科学等学科的出现和发展，为植物分类学提供了更丰富的研究方法和成果，为深入研究物种形成和演化发展规律，进一步澄清一些有争议类群间的分类关系等方面提供了有力的证据。我们相信随着科学的发展、国内外研究人员的努力、调查采集工作的深入开展以及植物化石的不断发掘等，对植物真实历史的研究，将会不断取得新的进展，创立起一个更能反映客观进化的、较为完善的植物分类系统则是迟早的事。

三、植物分类的各级单位

将自然界数量繁多的植物种类按一定的分类等级进行排列，并以此表示每一种植物的系统地位和归属，是植物分类的一项主要工作。常用的植物分类的等级单位有：界、门、纲、目、科、属和种，其中界是最大的分类单位，种是基本的分类单位，由亲缘关系相近的种集合为属，由相近的属组合为科，以此类推。在每个等级单位内，如果种类繁多，还可划分更细的单位，如亚门、亚纲、亚目、亚科、族、亚族、亚属、组、亚种、变种和变型等。每一种植物通过系统地分类，既可以显示出其在植物界的地位，也可表示出它与其他植物种的关系。

现以小麦为例，说明它在植物分类上的各级单位：

界 植物界（Regnum vegetabile）

门 被子植物门（Angiospermae）

纲 单子叶植物纲（Monocotyledoneae）

目 禾本目（Graminales）

科 禾本科（Gramineae）

属 小麦属（*Triticum*）

种 小麦（*Triticum aestivum* L.）

种（species）：种是分类学上的基本单位，是具有相同的形态学、生理学特征和一定自然分布区的生物群，种内个体间能自然交配产生正常能育的后代，种间存在生殖隔离。种是客观存在的一个分类单位，它既有相对稳定的形态特征，又是在进化发展的。一个种通过遗传、变异和自然选择，可能发展成另一个新种。现在地球上众多的物种就是由共同祖先逐渐演化而来的。

亚种（subspecies，subsp.）：种内类群，是指同一种内由于地域、生态或季节上的隔离而形成的个体群。

变种（variety，var.）：种内的种型或个体变异，是指具有相同分布区的同一种植物，由于微生境不同而导致植物间具有可稳定遗传的一些细微的差异，如瓠子 [*Lagenaria siceraria* var. *hispida* (Thunb.) Hara] 为葫芦 [*L. siceraria* (Molina) Standl.] 的变种。

变型（form，f.）：是指分布没有规律，仅有微小的形态学差异的相同物种的不同个体。如毛的有无，花的颜色等。

品种（cultivar，cv.）：不是植物分类学中的分类单位，而是属于栽培学上的变异类型。通常把人类培育或发现的有经济价值的变异（如大小、颜色、口感等）列为品种，实际上是栽培植物的变种或变型。

四、植物的命名方法

每种植物在不同国家，甚或同一国家不同地区往往有不同名称，一般将同一国家或同一语言范围内都知晓的名称称为俗名；仅在国内某一地区或更小范围内所指的名称称为土名。如马铃薯（中国）、potato（英美）、 картофетЪ（前苏联）是同一植物不同地区的俗名，而洋山芋（南京）、洋芋（陕西、甘肃等）和山药蛋（内蒙古）等称谓称为土名。当然，俗名与土名之间有时也无严格界限，如土豆。这是"同物异名"的例子。"同名异物"的现象也很多，例如，叫白头翁的植物多达16种，叫拉拉秧的植物也有10余种。"同物异名"和"同名异物"的现象给植物分类的研究和利用，特别是国内或国际间的学术交流带来诸多不便。为了避免混乱和便于研究，有必要给每一种植物确定一个全世界统一使用的科学名称，即学名。

植物学名是1867年德堪多（A. P. de Candollo）等创议，以瑞典博物学家林奈（1753年）创立的"双名法"命名的。后经多次国际植物学会议讨论修订而成为必须共同遵守的国际植物命名法规。规定的双名法是用两个拉丁文单词给植物命名，第一个单词是属名，为名词，第一个字母要大写；第二个单词是种加词，一般为形容词，全部字母要小写。一个完整的拉丁文学名还要在双名的后面附上命名人的姓氏或其缩写，第一个字母也要大写。例如，马铃薯的学名为 *Solanum tuberosum* L.，其后面的"L."是命名人林奈（Linnaeus）的缩写，只有林奈可以用一个字母。如果是亚种、变种或变型，命名时要在其种名后加上亚种（subspecies）、变种（variety）或变型（form）的缩写，然后再加上亚种、变种或变型加词，最后仍要有命名人的姓氏或其缩写。如糯稻是稻的一个变种，其学名是：*Oryza sativa* L. var．*glutinosa* Matsum.。

五、植物检索表

植物检索表是植物分类学中识别鉴定植物的钥匙。检索表的编制是根据法国人拉马克（Lamarck，1744—1829）的二歧分类原则，将要编制的检索表中需容纳的所有植物，选用一对以上显著不同的特征，分成两类；然后又从每类中再找出相对的特征再区分为两类；如此下去，直到所需要的分类单位（如科、属、种等）出现。植物检索表常用的表达方式有定距（等距）检索表和平行（阶梯）检索表两种。

（一）定距检索表

定距检索表是最常采用的一种，在这种检索表中，将每一对相对的特征，编为同样号码，并列在书页左边同样距离处，每一对相同的号码在检索表中只能使用一次，如此继续下去，逐级向右错开，描写行愈来愈短，直至追寻到科、属或种为止。这种检索表的优点是每对相对性状的特征都被排列在相同距离，一目了然，便于查找。不足之处是当种类繁多时，左边空白太大，浪费篇幅。

现用小麦（*Triticum aestivum* L.）、玉米（*Zea mays* L.）、稻（*Oryza sativa* L.）、高粱 [*Sorghum bicolor* (L.) Moench]、大豆 [*Glycine max* (L.) Merr.]、棉花（*Gossypium hirsutum* L.）、花生（*Arachis hypogaea* L.）、黄瓜（*Cucumis sativus* L.）、油菜（*Brassica rapa* L. var. *oleifera* DC.）和萝卜（*Raphanus sativus* L.）10种作物编制成一个分种定距检索表，以说明其编制方法及格式。

1．叶由叶片、叶柄或托叶组成；网状叶脉；直根系
  2．单叶
    3．花两性；上位子房；角果或蒴果
      4．四强雄蕊；角果
        5．花黄色；果熟后开裂……………………………………油菜
        5．花淡红色或紫色；果熟后不开裂；具肉质直根…………萝卜
      4．单体雄蕊；蒴果……………………………………………棉花
    3．花单性；下位子房；瓠果………………………………………黄瓜
  2．复叶
    6．羽状三出复叶；荚果熟后开裂…………………………………大豆
    6．偶数羽状复叶；荚果熟后不开裂………………………………花生
1．叶由叶片和叶鞘组成；平行叶脉；须根系
  7．一年生高大草本，茎秆高2 m以上；节间实心
    8．花两性；圆锥花序顶生………………………………………高粱
    8．花单性，雌雄同株；雄花序圆锥状顶生，雌花序肉穗状腋生…………玉米
  7．一或二年生草本，茎秆高一般在1 m以下；节间中空
    9．圆锥花序，小穗有柄；雄蕊6个…………………………………稻
    9．穗状花序直立，顶生，小穗无柄；雄蕊3个……………………小麦

（二）平行检索表

平行检索表是把每一对相对特征的描述并列在相邻的两行里，便于比较。在每一行后面或为一植物名称，或为一数字。如为数字，则另起一行重写，与另一对相对性状平行排列，如此直至终止。这种检索表的优点是排列整齐、节省篇幅，缺点是不如定距检索表那么一目了然。还以上述 10 种植物说明。

1. 叶由叶片、叶柄或托叶组成；网状叶脉；直根系⋯⋯⋯⋯⋯⋯⋯⋯⋯⋯⋯⋯⋯2

1. 叶由叶片和叶鞘组成；平行叶脉；须根系⋯⋯⋯⋯⋯⋯⋯⋯⋯⋯⋯⋯⋯⋯7

2. 单叶⋯⋯⋯⋯⋯⋯⋯⋯⋯⋯⋯⋯⋯⋯⋯⋯⋯⋯⋯⋯⋯⋯⋯⋯⋯⋯⋯⋯3

2. 复叶⋯⋯⋯⋯⋯⋯⋯⋯⋯⋯⋯⋯⋯⋯⋯⋯⋯⋯⋯⋯⋯⋯⋯⋯⋯⋯⋯⋯6

3. 花两性；上位子房；角果或蒴果⋯⋯⋯⋯⋯⋯⋯⋯⋯⋯⋯⋯⋯⋯⋯⋯⋯⋯4

3. 花单性；下位子房；瓠果⋯⋯⋯⋯⋯⋯⋯⋯⋯⋯⋯⋯⋯⋯⋯⋯⋯⋯⋯黄瓜

4. 四强雄蕊；角果⋯⋯⋯⋯⋯⋯⋯⋯⋯⋯⋯⋯⋯⋯⋯⋯⋯⋯⋯⋯⋯⋯⋯5

4. 单体雄蕊；蒴果⋯⋯⋯⋯⋯⋯⋯⋯⋯⋯⋯⋯⋯⋯⋯⋯⋯⋯⋯⋯⋯⋯棉花

5. 花黄色；果熟后开裂⋯⋯⋯⋯⋯⋯⋯⋯⋯⋯⋯⋯⋯⋯⋯⋯⋯⋯⋯⋯⋯油菜

5. 花淡红色或紫色；果熟后不开裂；具肉质直根⋯⋯⋯⋯⋯⋯⋯⋯⋯⋯⋯萝卜

6. 羽状三出复叶；荚果熟后开裂⋯⋯⋯⋯⋯⋯⋯⋯⋯⋯⋯⋯⋯⋯⋯⋯⋯大豆

6. 偶数羽状复叶；荚果熟后不开裂⋯⋯⋯⋯⋯⋯⋯⋯⋯⋯⋯⋯⋯⋯⋯⋯花生

7. 一年生高大草本，茎秆高 2 m 以上；节间实心⋯⋯⋯⋯⋯⋯⋯⋯⋯⋯⋯8

7. 一或二年生草本，茎秆高一般在 1 m 以下；节间中空⋯⋯⋯⋯⋯⋯⋯⋯9

8. 花两性；圆锥花序顶生⋯⋯⋯⋯⋯⋯⋯⋯⋯⋯⋯⋯⋯⋯⋯⋯⋯⋯⋯高粱

8. 花单性，雌雄同株；雄花序圆锥状顶生，雌花序肉穗状腋生⋯⋯⋯⋯⋯玉米

9. 圆锥花序，小穗有柄；雄蕊 6 个⋯⋯⋯⋯⋯⋯⋯⋯⋯⋯⋯⋯⋯⋯⋯⋯稻

9. 穗状花序直立，顶生，小穗无柄；雄蕊 3 个⋯⋯⋯⋯⋯⋯⋯⋯⋯⋯⋯小麦

常用的检索表有分科、分属和分种检索表，可以分别检索出植物的科、属和种。要正确检索一种植物，首先要有完整的检索表资料。其次，要掌握检索对象的详细形态特征，并能正确理解检索表中使用的各项专用术语的含义，如稍有差错、含混，就难以找到正确的答案，因此，在检索过程中，须要十分细心，并要有足够的耐心。

检索一个新的植物种类，即使对一个较有经验的工作者来说，也常会经过反复和曲折，因此，检索的过程也是学习、掌握分类学知识的过程。

第三节　植物界的基本类群

自然界中，凡是有生命的机体，均属于生物。生物应分为几个界，不同时期的不同学者，则有不同的观点。考虑到目前许多植物学书籍仍多按二界系统划分植物界范围，作为植物生产类的基础课，为了便于学习和理解，本书仍采用两界系统。病毒为不具细胞结构的核蛋白体，类病毒缺乏蛋白质衣壳，仅由核酸组成，当它们生活在其他生物的细胞中时，有代谢、繁殖和变异的特性。由于它们的体积极其微小，结构极其简单，生长繁殖方式特异，故本教材将不予涉及。

根据植物的亲缘关系、形态结构和生活习性，将植物界分为16个门，现列表如下：

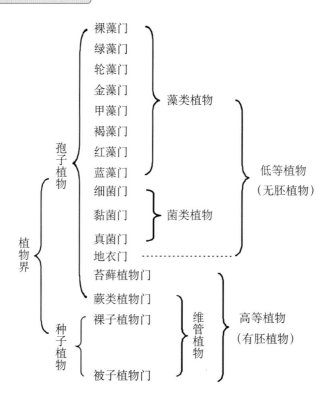

分门的依据各家不同，除上述分门外，还有12门、13门、14门、15门、17门或18门等不同分门情况。各门之间也有亲疏远近之分。因此，又可根据一定的特征将它们划分成不同大小和不同含义的类群，如上表中1～8门称为藻类（algae），其共同特征为植物体结构简单，无根茎叶分化，多为水生，具光合作用色素，属自养植物。9～11门称为菌类（fungi或bacteria），其形态特征与藻类相似，但不具光合色素，大多营寄生或腐生生活，属异养植物。藻类和菌类是植物界中出现最早，较低级的类型，所以合称为低等植物（lower plant）。地衣门是藻类和菌类的共生体，也属低等植物。苔藓植物、蕨类植物、裸子植物和被子植物4个门的植物体结构比较复杂，大多有根茎叶的分化，且有胚的构造，大多为陆生，因此又合称为高等植物（higher plant）或有胚植物。苔藓植物、蕨类植物和裸子植物雌性生殖器官均以颈卵器（archegonium）的形式出现，因此这3门植物又合称为颈卵器植物（archegoniatae）。因蕨类植物门、裸子植物门和被子植物门的植物体内均具有维管系统（vascular system）而称为维管植物（vascular plant），其余各门则称为非维管植物（non-vascular plant）。藻类、菌类、苔藓植物和蕨类植物均是以孢子（spore）进行繁殖，合称为孢子植物（spore plant），孢子植物没有开花结实现象，又称为隐花植物（cryptogam）。裸子植物门和被子植物门都是以种子进行繁殖，均有开花结实现象，故称为种子植物（seed plant）或显花植物（phanerogam）。植物界类群的划分都不是分类学上的意义，主要是依据某个特征进行大归类，但对于了解植物界的概况和理解植物界的一些基本概念却是大有裨益的。

一、低等植物

在地质年代中出现较早的一群最古老的植物，常生活在水中或阴湿的地方。植物体结构简单，是没有根、茎、叶分化的原植体植物（thallophyte）。生殖器官常是单细胞的，极少数是多细胞的。有性生殖过程中，合子萌发不形成胚而直接发育成新的植物体。根据植物体的结构和不同的营养方式，可将低等植物分为藻类、菌类和地衣（lichen）。

（一）藻类植物

现已鉴定出的藻类植物有25 000余种，还有大量生存的藻类尚待进行分类鉴定，实际种数估计不少于20万种。藻类植物一般具有光合作用色素，生活方式是自养的，属自养植物（autotrophic）。除极个别种类外，都不具有多细胞的生殖器官，没有根、茎、叶的分化，但植物体的类型多样，有单细胞、非丝状体的群体和多细胞的丝状体、叶状体等。广布世界各地，大多数生于海水或淡水中，少数生活在潮湿的土壤、树皮或石头上。

藻类植物并不是一个自然的类群，根据它们所含的色素、细胞结构、繁殖方式、贮藏物质及细胞壁的成分等方面的差异，可将藻类分为蓝藻门（Cyanophyta）、眼虫藻门（裸藻门）（Euglenophyta）、绿藻门（Chlorophyta）、轮藻门（Charophyta）、金藻门（Chrysophyta）、甲藻门（Pyrrophyta）、红藻门（Rhodophyta）和褐藻门（Phaeophyta）等。下面仅将与人类关系较密切的几个门作一简单介绍。

1. 蓝藻门　蓝藻门多呈蓝绿色，故又称蓝绿藻（blue green algae）。藻体有单细胞、非丝状群体或丝状体等多种形态。蓝藻不具鞭毛；有细胞壁，其主要成分为肽葡聚糖（peptidoglycan），绝大多数蓝藻的细胞壁外具有一层胶质鞘（gelatinous sheath），主要成分是果胶酸和黏多糖。蓝藻原生质体分化为中央质（centroplasm）和周质（periplasm）两部分。中央质有裸露的环状DNA分子，没有组蛋白与之结合，无核膜和核仁，但有核的功能，故称为原核（protokaryon）或拟核（nucleoid）。周质位于细胞壁的内侧，其中无质体、线粒体、高尔基体、内质网和液泡等细胞器，在电子显微镜下可见周质中有很多由膜形成的扁平囊状结构，称类囊体（thylakoid），光合色素均存在于类囊体的表面。其光合色素有叶绿素a、β胡萝卜素、叶黄素和藻胆素。细胞中贮藏的营养物主要是藻蓝淀粉（cyanophycean starch）和蓝藻颗粒体（cyanophycin），即较大的蛋白质颗粒。蓝藻细胞的亚显微结构模型如图10-1所示。

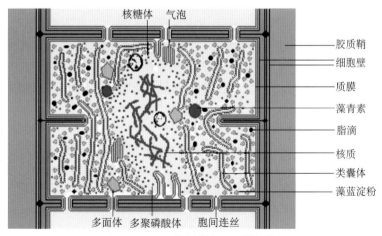

图10-1　蓝藻细胞的亚显微结构

繁殖方式主要是营养繁殖和无性生殖。营养繁殖主要靠细胞分裂、群体破裂和丝状体断裂增加个体数目，少数种类通过产生孢子进行无性生殖（图10-2）。目前尚未发现具有有性生殖的种类。

蓝藻分布很广，多生活于淡水或海水中，潮湿地面、树皮、墙壁和岩面上也都有生长。现知的蓝藻门约有150属，1 500～2 000种，常分为色球藻纲（Chroococcophyceae）、

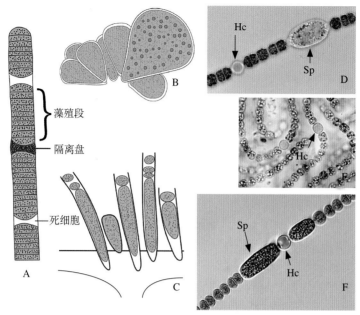

图10-2 蓝藻的繁殖方式

A.颤藻属（*Oscillatoria*）死细胞或隔离盘形成藻殖段　B.皮果藻属（*Dermocarpa*）产生内生孢子　C.管胞藻属（*Chamaesiphon*）产生外生孢子　D.鱼腥藻属（*Anabeana*）E.普通念珠藻（*Nostoc commune*）F.筒胞藻属（*Cylindrospermum*）

Hc.异形胞　Sp.厚壁孢子

段殖体纲（Hormogonephy）和真枝藻纲（Stigonematophyceae）。

　　蓝藻在生态系统中的作用主要表现在固氮能力上，已知可固氮的蓝藻有150余种，我国有30余种。著名的食用蓝藻有普通念珠藻（*Nostoc commune*，俗称地木耳）、发状念珠藻（*Nostoc flagelliforme*，俗称发菜）、海雹菜（*Brachytrichia quoyi*）和钝顶螺旋藻（*Spirulina platensis*）等。螺旋藻具有保健作用而被制成各种食品，并大量人工养殖。

　　当水体处于富营养化状态时，一些漂浮性蓝藻在夏秋季节常迅速过量繁殖，在水表形成一层具腥味的浮沫，即"水华"或"水花"。水华的出现，将使水体的含氧量大大降低，导致鱼类等水生生物大量死亡。不少水华死后分解产生毒素，对水生动物、人、畜等带来危害。海洋中的赤潮，有些也是蓝藻引起的，能使海洋动物大量死亡。

　　2. 绿藻门　绿藻门有8 600余种，是藻类植物中最大的一个门。植物体有单细胞个体、群体、多细胞丝状体、叶状体等类型。细胞壁由纤维素和果胶质构成。不同种类细胞内各有一定形态的叶绿体，如杯状、环状、带状、星状或网状等，所含色素有叶绿素a、叶绿素b、胡萝卜素和叶黄素，故植物呈绿色。叶绿体中常有一至几个造粉核（蛋白核），淀粉集聚在蛋白核的周围。游动细胞有2或4条等长的顶生鞭毛。绿藻的细胞壁成分、色素类型、贮藏物质和鞭毛类型等都与高等植物相同，所以目前多数人认为高等植物与绿藻具有亲缘关系。繁殖方式也是多样的，无性和有性生殖都很普遍，有性生殖又有同配生殖（isogamy）（形状相似、大小相同的两个配子配合）、异配生殖（anisogamy）（形状相似、大小不同的两个配子配合）和卵配生殖（oogamy）（精子和卵子的配合）等方式。不少种类的生活史中有世代交替现象。绿藻的分布很广，淡水中最多，阴湿地、岩石、花盆壁、海水中，甚至在高山积雪上都有分布。

　　绿藻分为绿藻纲（Chlorophyceae）和接合藻纲（Conjugatophyceae）。常见的代表属种如下。

（1）衣藻属（*Chlamydomonas*）。属于绿藻纲。衣藻是单细胞的个体，呈卵圆形，前方具乳头状突起，顶生2条等长的鞭毛，鞭毛基部有2个并列的排废物的伸缩泡。细胞内有一个杯状的叶绿体，叶绿体基部有一个大的蛋白核，其表面常有淀粉鞘，叶绿体内近前方有一个感光作用的红色眼点。一个细胞核位于细胞的中央（图10-3）。

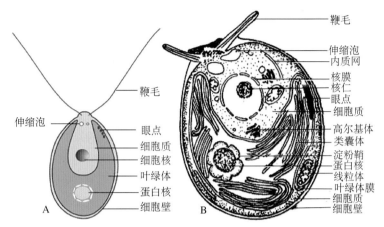

图10-3 衣藻细胞的形态与结构
A.显微结构 B.超微结构

衣藻进行无性生殖时，营养细胞失去鞭毛，原生质体分为2、4、8或16块，各形成具有两条鞭毛的游动孢子（zoospore）。细胞（游动孢子囊）壁破裂后，游动孢子各自发育成一个衣藻。有性生殖为同配或异配，有性生殖时，细胞失去鞭毛，原生质分裂产生8、16、32或64个具2条鞭毛的配子。两个配子融合成为具4条鞭毛的合子，合子失去鞭毛，产生厚壁，休眠后进行减数分裂，产生4个具有2条鞭毛的减数孢子，破壁后各自形成一个新衣藻。其生活史类型为合子减数分裂（始端减数分裂）型，仅具核相交替（图10-4）。

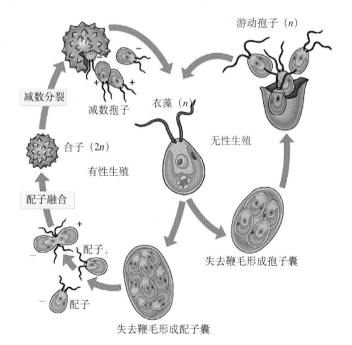

图10-4 衣藻的生活史

（2）松藻属（*Codium*）。植物体为管状分枝的多核体，许多管状分枝互相交织，形成有一定形状的大型藻体，外观叉状分枝，似鹿角，基部为垫状固着器（图10-5）。丝状体有一定分化，中央部分的丝状体细，无色，排列疏松，无一定次序，称作髓部；向四周发出侧生膨大的棒状短枝，称作胞囊（utricle），胞囊紧密排列成皮层；髓部丝状体的壁上，常发生内向生长的环状加厚层，有时可使管腔阻塞，其作用是增加支持力，这种加厚层在髓部丝状体上各处都有，而胞囊基部较多。叶绿体数多，小盘状，多分布在胞囊远轴端，无蛋白核。细胞核极多而小。

松藻属植物体是二倍体，进行有性生殖时，在同一藻体或不同藻体上产生雄配子囊（male gametangium）和雌配子囊（female gametangium），配子囊发生于胞囊的侧面，有横壁与营养部分隔开。配子囊内的细胞核一部分退化，一部分增大，每个增大的核经减数分裂，形成4个子核，每个子核连同周围的原生质一起发育成具双鞭毛的配子。雄配子小，含1～2个叶绿体；雌配子大，含多个叶绿体。配子放出后结合，合子立即萌发，长成新的二倍体的植物体。其生活史类型为孢子减数分裂（中间减数分裂），仅具核相交替（图10-5）。

绿藻纲中常见的可运动的具衣藻型细胞的群体种类有盘藻属（*Gonium*）、实球藻属（*Pandorina*）和空心藻属（*Eudorina*）等，还有介于群体与多细胞植物体间的、已有了营养细胞与生殖细胞分化的大型球状体——团藻属（*Volvox*）（图10-6）。

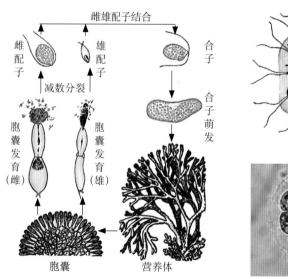
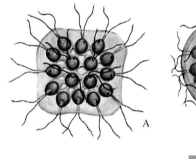
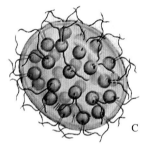
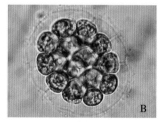
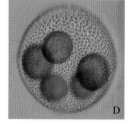

图 10-5　松藻生活史

图 10-6　常见具鞭毛能游动的绿藻群体种类
A.盘藻属 B.实球藻属 C.空球藻属 D.团藻属

（3）石莼属（*Ulva*）。属于绿藻纲，俗称海白菜，食用海藻。藻体叶片状，仅由2层细胞构成，藻体基部具一小盘状固着器，多年生。其生活史为孢子减数分裂（中间减数分裂）类型，具孢子体(sporophyte)和配子体 (gametophyte)两种植物体（图10-7）。除基部和固着器外，孢子体的每个细胞均可形成1个孢子囊，经减数分裂，每个孢子囊均可产生多个具4条鞭毛的单倍体的衣藻状游动孢子，每个游动孢子均可形成1个单倍体的配子体。配子体成熟后，除基部与固着器外，每个细胞均可形成1个配子囊，经有丝分裂，每个配子囊均可产生多个具2条鞭毛的多为同型的衣藻状游动配子。（+）、（－）配子融合成合子，合子失去鞭毛萌发形成二倍体的孢子体。这种孢子体世代(sporophyte generation) 和配子体世代（gametophyte generation）有规律地交替出现的现象称为世代交替（alternation of generation）。由于石莼属的孢子体和配子体形态相似，故称为同型世代交替（isomorphic alternation of generation）。

（4）水绵属（*Spirogyra*）。属接合藻纲。由一列圆筒状的细胞组成无分枝的丝状体，细胞壁外层由果胶质，内层由纤维素构成。表面黏滑，浮于淡水水面或沉入水底。细胞内有1至数条带状的叶绿体，呈螺旋状环绕于原生质周围，上有一列蛋白核。细胞核由原生质丝相连而悬于细胞中央（图10-8）。

水绵的无性繁殖是以丝状体断裂的方式进行的。有性生殖为接合生殖（conjugation），生殖时两条丝状体平行靠近，其相对细胞的一侧相向发生突起，突起顶端接触时端壁融解，形成接合管（conjugation tube），各细胞中的原生质体浓缩形成配子，其中一条藻丝中的各个配子（+），以变形虫式的运动经结合管蜿蜒至相对藻丝的细胞中，与（−）配子形成合子。两条丝状体的接合管，外观上酷似梯子，故又称为梯形接合（scalariform conjugation）。合子形成厚壁，休眠，藻丝腐烂。条件适宜时萌发，减数分裂后3核退化，1核形成新的丝状体（图10-8）。

3. **轮藻门** 轮藻门是藻类中较为特化的一个类群，约340种。现代生存的仅有1目1科，常见的有轮藻属（*Chara*）和丽藻属（*Nitella*）。植物体有类似根、茎、叶的分化，生殖器官的结构比较复杂。现以轮藻为代表阐明其特征。

轮藻属常见于不流动的淡水中，高10～50 cm，常形成密丛。有一直立的主枝，"节"上有一轮分枝，"叶"轮生于分枝或主枝的"节"上；节间中央是一个大的多核中轴细胞，周围具1层伸长的皮层细胞；节部是

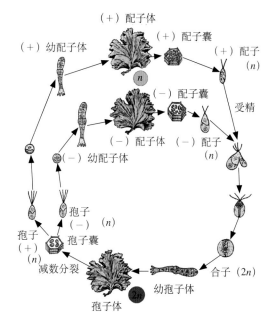

图 10-7 石莼的生活史

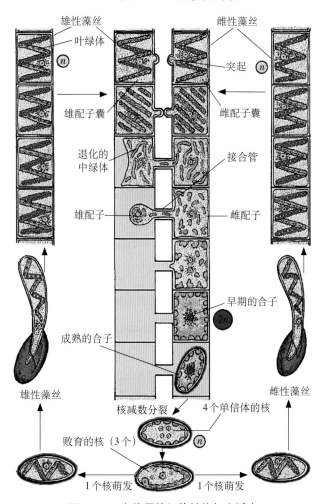

图 10-8 水绵属的细胞结构与生活史

一些短的薄壁细胞。主茎顶端有1个具分裂能力的半球形的顶细胞，分枝不具顶细胞，以分叉的无色假根固着于水底。藻体的每个细胞具有多数颗粒状的叶绿体，含有与高等植物相同的4种色素。

以藻体断裂或基部形成"珠芽"的方式进行营养繁殖。有性生殖为卵式生殖。"叶"腋内生有卵囊（oogonium），其下生有精囊（spermatangium）。卵囊由5个螺旋状管细胞和其顶端的冠细胞组成，内含一个大的卵细胞。精囊球形，橘红色，外壁由8个三角形的盾细胞组成，内产许多具双鞭毛的螺旋状精子。精子游至卵囊与卵细胞融合形成合子；合子休眠后萌发，先行减数分裂，3核退化，1核发育成为原丝体（protonema），生出几个新植株（图10-9）。

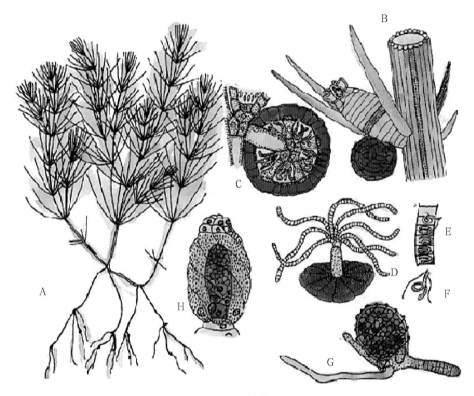

图 10-9　轮藻属

A～G.轮藻属［A.植物体　B.植物体着生性器官的一部分（示节上的轮生假叶，卵囊和精子囊）　C.精子囊的切面　D.1个盾细胞及盾柄细胞、头细胞、次生头细胞和精子囊丝体　E.精子囊丝体　F.精子　G.受精卵萌发］H.丽藻属的卵囊球（示10个冠细胞组成的冠）

4. 红藻门　红藻门是藻类中的高级类群，有4 000余种。通常分为红毛菜纲（Bangiophyceae）和红藻纲（Rhodophyceae）。分布很广，主要为海产。植物体呈丝状、片状或树枝状等，固着于岩石等物体上。细胞壁由纤维素和果胶质组成，细胞内含有叶绿素a、叶绿素b和水溶性的藻胆素。贮藏物为红藻淀粉。无性生殖产生不动孢子。有性生殖产生精子和卵，精子无鞭毛。

常以甘紫菜（*Porphyra tenera* Kjellm.）为例介绍其生殖和生活史。甘紫菜为叶状体，紫色或紫蓝色，以基部固着器固着于基物或岩石上。藻体仅由一层细胞组成。无性生殖产生单孢子，可以萌发形成新个体。有性生殖产生精子和果孢（earpogonium），果孢是由营养细胞转化而来的雌性生殖结构，内含1卵，顶部有突起的受精丝（trichogyne）。不动精子漂至果孢经受精丝进入果孢与卵形成合子，合子经有丝分裂形成8个果孢子，果孢子钻入文蛤、牡蛎等贝壳内，发育成为丝状体，即孢子体，又称壳斑藻（*Conchocelis*）。孢子体的每个细胞均可成为一个孢子囊，经减数分裂产生单倍体的壳孢子（conchospore），壳孢子在水温等条件适合时萌发直接形成叶状紫菜（大紫菜），在水温较高时只能形成很小的小型紫菜，小紫菜产生单孢子，单孢子再发育成小紫菜。只有温度适宜时，单孢子才萌发为大紫菜。甘紫菜的生活史为配子体发达的异型世代交替（图10-10）。

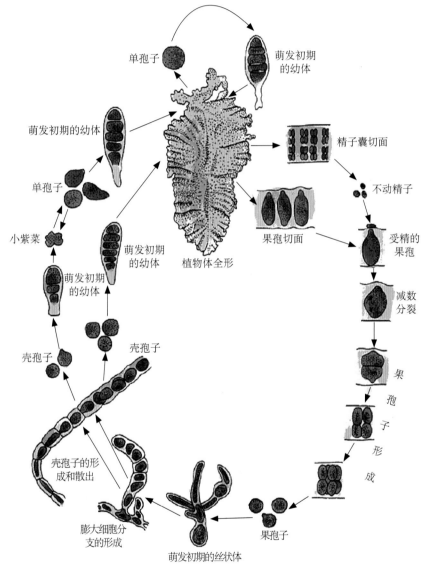

图 10-10　甘紫菜生活史

常见的经济红藻有石花菜（*Gelidium amansii* Lamx.）、江蓠 [*Gracilaria verrucosa* (Huds.) Paperfuss]、海萝 [*Gloiopeltis furcata* (P. et R..) J. Ag.]、鹧鸪菜 [*Caloglossa leprieurii* (Mont.) J. Ag.]、角叉藻（*Chondrus ocellatus* Holm.）和多管藻属（*Polysiphonia*）等。

5. **褐藻门** 该门大约1 500种，根据世代交替的有无和类型，一般分为等世代纲（Isogeneratae）、不等世代纲（Heterogeneratae）和无孢子纲（Cyclosporae）3个纲。褐藻是一群结构复杂的最高级的大型藻类，如巨藻属（*Macrocystis*）可长达400 m。外形上有分枝的丝状体、叶状体、管状体和囊状体等。其细胞壁由纤维素和藻胶组成。载色体1至多数，粒状或小盘状。所含色素有叶绿素a、叶绿素c、β 胡萝卜素和叶黄素，叶黄素中的墨角藻黄素含量最大，故植物体常呈褐色。贮藏物主要是褐藻淀粉和甘露醇，不少种类细胞内含有大量碘。现以海带为代表，将其形态、结构、生殖方式和生活史等简介如下。

海带（*Laminaria japonica* Aresch.），属不等世代纲，海带目，冷温性多年生海藻。原产俄罗斯远东地区、朝鲜和日本北部沿海。现在我国沿海从北到南均有大规模的养殖，且产量位居世界之首。海带体长1～2 m，由宽大扁平的带片、细而短的柄和分枝状的假根组成。生殖时在带片两面均可产生排列整齐的棒状孢子囊，外观上呈深褐色斑块。孢子囊里的二倍体核经减数分裂和有丝分裂，产生32或64个具2条侧生不等长鞭毛的游动孢子。游动孢子散出后，分别发育成微小的雌、雄配子体。雄配子体由几至几十个细胞组成，细长，多分枝，枝端细胞形成精子囊，每囊产生1个具2条侧生不等长鞭毛的精子；雌配子体细胞较大，数目极少，不分枝，有时仅由1个细胞构成，顶端细胞膨大成卵囊，每囊产生一卵，附于卵囊顶端。受精后，合子不经休眠而形成新一代的孢子体。

海带的生活史为孢子体占优势的异型世代交替，孢子减数分裂型（图10-11）。

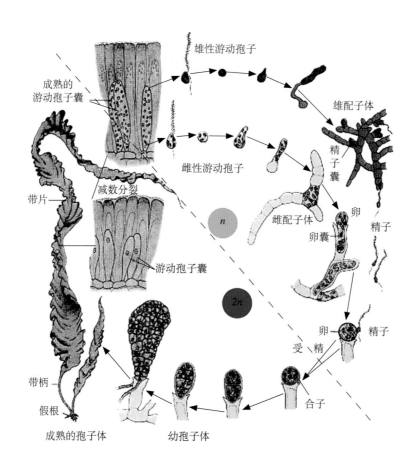

图10-11　海带生活史

其他著名褐藻还有裙带菜[*Undaria pinnatifida* (Harv.) Suringar]、巨藻、鹿角菜（*Pelvetia silquosa* Tseng et C. F. Chang）和马尾藻属（*Sargassum*）等。

6. 藻类的生态学作用及经济价值　藻类是海洋中的唯一生产者，年粗生产力相当于全球草地和牧场的3倍及所有耕地的4倍。藻类在进行光合作用的同时，可放出大量的氧气，对维持大气中气体平衡具有十分重要的作用。

有些藻类可以腐蚀岩石，促进土壤形成，其胶质能黏合砂土，改进土壤；有些和真菌、细菌共同构成肥沃土壤的微生物群；有些有固氮作用。

蓝藻门、金藻门和甲藻门中的一些种类可在富营养化水域中大量繁殖，形成水华和赤潮（red tide），造成水体严重缺氧或产生毒素，导致水生动物大量死亡。如1998年在我国渤海湾发生了一次大面积赤潮，造成水产业直接经济损失5亿多元。近年全球赤潮发生的次数越来越多，面积也越来越大，因此保护海洋环境不受污染已刻不容缓。清除水中的藻类，用百万分之一浓度的硫酸铜处理，即可使不少藻类死亡。

很多藻类因含有丰富的蛋白质、维生素、无机盐及微量元素等而被广泛食用，如蓝藻中的葛仙米、发菜和地木耳；绿藻中的小球藻、石纯、浒苔和礁膜；红藻中的紫菜、江蓠和石花菜；褐藻中海带、裙带菜，等等。

有些藻类具有一定的药用价值，如海带可预防甲状腺肿大，鹧鸪菜可驱蛔虫，刺松藻有清热解毒、消肿利尿之功效。

一些藻类的提取物可用于工业、食品业、医药和科研等，如大量的硅藻细胞壁沉积形成的硅藻土广泛用作过滤剂、添加剂、绝缘剂和磨光剂，在水泥、造纸、印刷、农药和牙科印模等方面均有重要用途；红藻中的一些种可提取琼脂，广泛用于生物培养基的制备，也用于食品、纺织、医药和造纸等工业中。

一些藻类可作为猪的精饲料、牛的补充饲料或鱼的饵料。

（二）菌类植物

菌类植物不是一个反映自然亲缘关系的类群，为了方便，人们设了菌类这个名词。它们与藻类的区别在于其一般不具光合作用色素，营寄生或腐生生活，属典型的异养植物。种类多、分布广，在水、陆、空以及活着或死去的动植物体上均有分布。菌类可分为细菌门（Bacteriophyta）、黏菌门（Myxomycophyta）和真菌门（Eumycophyta）。

1. **细菌门**　细菌和蓝藻相似，都无真正的细胞核，属原核生物。个体十分微小，常在1μm左右，杆菌长2～3μm。繁殖方式为细胞直接分裂，一般20～30 min可分裂一次。细菌约有2 000种，依其形态可分为球菌、杆菌和螺旋菌（图10-12）。

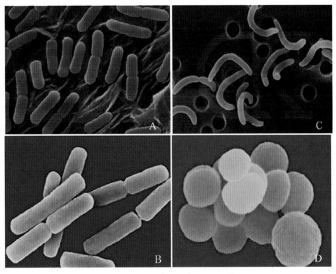

图10-12　常见的3型细菌
A、B.杆菌　C.螺旋菌　D.球菌

细菌在自然界的作用很大，由于它们能使动植物遗体腐烂并进行分解，才不至于使有机体大量堆积，并使分解产生的无机物返还到土壤或大气中，保证了自然界中的物质循环。

工业上利用细菌可产生乙醇、醋酸和丙酮酸等。

土壤中的细菌，如根瘤杆菌、固氮球菌不但能固氮，还能抑制有害微生物的活动。有些还制成细菌杀虫剂，用来防治农作物、果树或森林虫害。

少数细菌能使人畜致病或引起植物病害。

放线菌（Actinomycetes）是介于细菌与真菌之间的中间类型。植物体是单细胞丝状体具分枝的菌丝（像真菌），没有明显的细胞核（像细菌），宽度与杆菌差不多。下部菌丝伸入寄主体内吸收营养，上部菌丝伸向空气中。繁殖时，有些气生菌丝形成一串分生孢子。

放线菌在自然界分布很广，以土壤中最多，参与土壤有机质的转化，提高肥力。放线菌是抗生素的主要生产菌，已知的抗生素2/3以上是从放线菌提取的，如土霉素、氯霉素、金霉素、链霉素和四环素等。

2. **黏菌门**　黏菌门是介于动物和植物之间的生物，约有500种。黏菌的营养体为裸露的原生质团，多核共质，无叶绿素，做变形虫式运动，吞食固体食物，似动物。但在生殖时能产生具纤维素壁的孢子，是植物的特征。最常见的是发网菌属（Stemonitis）。黏菌多数腐生；少数寄生，引起植物病害，如寄生在某些十字花科植物根部的黏菌，使寄主根部膨胀，甚至导致死亡。

3. **真菌门**　真菌种类多、分布广，据统计有12万种，但实际有多少种目前并不清楚，土壤中、水中和空气中无处不有。还有很多种类寄生于动植物或人体中，也有一些与藻类或维管植物共生。

真菌仅少数种类是单细胞，大多数是由分枝或不分枝、有隔或无隔的菌丝交织在一起组成菌丝体（mycelium）。许多高等真菌在生殖时期形成具有固定形状和结构的、产生孢子的菌丝体，称为子实体(sporophore)。大多数真菌都有细胞壁，壁中一般含几丁质，也有含纤维素的。细胞内都有细胞核，低等的多核，高等的为单核或双核。不含叶绿素，贮藏物质是肝糖、脂肪和蛋白质，不含淀粉。繁殖方式多种多样，无性生殖产生各种类型的孢子，有性生殖有同配、异配和卵式生殖等（图10-13）。

真菌有多种分类系统，本教材按

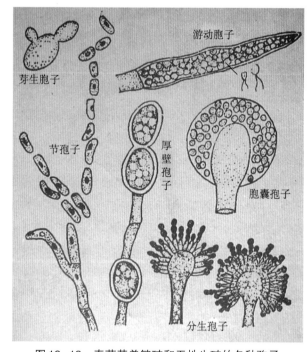

图10-13　真菌营养繁殖和无性生殖的各种孢子
（引自杨继）

5个亚门，即鞭毛菌亚门（Mastigomycotina）、接合菌亚门（Zygomycotina）、子囊菌亚门（Ascomycotina）、担子菌亚门（Basidiomycotina）和半知菌亚门（Deuteromycotina）的分类方法作以介绍。

（1）鞭毛菌亚门。本亚门约1 100种。少数低等种类为单细胞，大多为无隔多核的分枝丝状体，仅在生殖时在孢子囊或配子囊基部产生横隔。无性孢子具鞭毛是本亚门的主要特征。水霉属可作为本亚门的代表种类。

水霉属（*Saprolegnia*）：菌丝体无隔、疏松、绵白色。无性生殖时在菌丝顶端形成1个长筒状的孢子囊，孢子囊基部产生横隔，囊内产生多个具2条顶生鞭毛的球形或梨形的游动孢子，称初生孢子（primary spore）。初生孢子从孢子囊顶端的孔口释出，游动不久失去鞭毛，变为球形的静孢子，不久又萌发成具有2条侧生鞭毛的肾形游动孢子，称次生孢子（secondary spore）。次生孢子不久又变为静孢子，在新的寄主上萌发成新的菌丝体。水霉属大部分有两种形态的游动孢子出现，称为双游现象（diplanetism）。

有性生殖时在相邻菌丝顶端产生隔膜形成相互靠近的球形卵囊（oogonium）（内含1～20个卵）和棒状精囊（spermatangium）（多核共质）。精囊产生1至数条丝状受精管，穿过卵囊壁将雄核送入，与卵融合形成二倍体的卵孢子（oospore）。卵孢子萌发时先行减数分裂，而后发育成新一代的无隔多核菌丝体。

水霉常生于淡水池塘中，主要侵寄鱼卵、鱼的鳃盖或鱼体伤口，对水产养殖有危害。

（2）接合菌亚门。本亚门有610种，与鞭毛菌亚门同为菌丝无隔的低等真菌，现以匍枝根霉为代表介绍如下。

匍枝根霉 [*Rhizopus stolonifer* (Ehrenb.) ex Fr.]，其异名为黑根霉（*R. nigricans* EHr.），又称面包霉。常腐生于面包、馒头等食物上，菌丝体疏松、绵白色。菌丝在基物上呈弓形，匍匐蔓延，向基质中生出假根，吸取营养。无性生殖很发达，常在假根处产生数条直立的菌丝，称孢子囊梗（sporangiophore），顶端膨大形成孢子囊，内产多个黑色的多核孢囊孢子（sporangiospore），囊壁破裂，孢子散出萌发成新的菌丝体。

有性生殖极少见，为异宗的配子囊配合。（＋）、（－）菌丝顶端膨大，产生横隔形成配子囊。配子囊顶端接触并融合，形成1个具多个二倍体核的接合孢子（zygospore）。成熟的接合孢子，厚壁，表面具疣状突起。休眠后萌发形成一接合孢子囊（zygosporangium），其中所有二倍体核均进行减数分裂，产生单倍体的（＋）、（－）孢子，释出后各自萌发产生新一代的（＋）、（－）菌丝体（图10-14）。

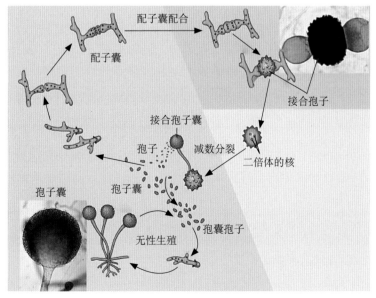

图10-14　匍枝根霉的无性和有性生殖

（3）子囊菌亚门。本亚门种类最多，约15 000种。陆生、腐生、寄生或共生。构造和繁殖方式均很复杂。极少数为单细胞（如酵母菌），绝大多数为有隔菌丝组成的菌丝体。无性生殖多数种类产生分生孢子；有性生殖为配子囊接触配合，产生子囊和子囊孢子。绝大多数种类都形成子实体（sporophore），也称子囊果（ascocarp），是产生和容纳子囊与子囊孢子的组织结构。子囊果有3种类型：闭囊壳（cleistothecium）、子囊壳（perithecium）和子囊盘（apothecium）。现简介几种常见的代表种类。

① 酵 母 菌 属（*Saccharomyces*）：单细胞，是子囊菌中最原始的种类。酿酒酵母（*S. cerevisiae* Han.）是本属中最著名的代表。细胞卵形，核很小，具一大液泡。常以出芽方式进行繁殖。有性生殖为体配，由2个营养细胞直接融合，质配后进行核配，形成二倍体细胞即为子囊。经减数分裂后，产生4或8个单倍体的子囊孢子。子囊孢子释放后各自发育为1个新个体（图10-15）。

② 青霉属（*Penicilium*）：营养菌丝具隔、单核、白色。多腐生于水果、蔬菜和肉类等潮湿的有机物上。

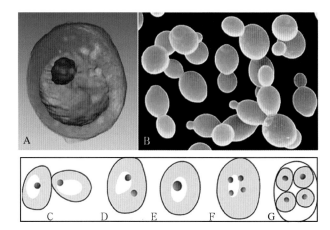

图10-15　酿酒酵母的生殖
A. 营养细胞　B. 出芽生殖　C ～ G. 有性过程 [C. 将要进行质配的2个细胞　D. 质配后含双核（*n+n*）　E. 核配　F. 减数分裂产生4个子核　G. 子囊内形成4个子囊孢子]

以分生孢子进行无性生殖，在菌丝体上形成直立的分生孢子梗，顶端形成扫帚状分枝，最末一级的各小枝上产生一串青绿色的分生孢子（图10-16A）。分生孢子散落后萌发成新的菌丝体。有性生殖仅在少数种类中发现，形成闭囊壳。青霉素，即盘尼西林（penicillin）主要从点青霉（*P. notatum* Westl.）和黄青霉（*P. chrysogenum* Thom.）中提取。

③麦角菌属（*Claviceps*）：主要寄生于麦类子房中。无性生殖产生的分生孢子或有性生殖产生的子囊孢子传到寄主花穗上。侵入子房，在子房内发育成菌丝体，最后形成1个1 ～ 2 cm长的坚硬的黑色的菌核，状如动物的角，故称麦角（ergot）（图10-16D）。越冬后萌发产生数个紫红色蘑菇状的子座，子座内埋生许多椭圆形的子囊壳，其内的每一个子囊各产生8个线状多细胞的子囊孢子，子囊孢子散出后再侵染麦类子房。麦角为名贵中药，对产后出血和子宫复原有独特的功效，但有剧毒，误食后可引起流产，使手臂和腿部坏死，甚至死亡。

④虫草属（*Cordyceps*）：其中冬虫夏草 [*C. sinensis* (Berk.) Sace] 最为著名。该菌的子囊孢子秋季侵入鳞翅目幼虫体内，发育成充满虫体的菌丝体，而后形成菌核，越冬，整个过程均不破坏幼虫外皮。翌年入夏，从幼虫头部长出一个直立的褐色棒状子座，状如一棵小草，故名冬虫夏草（图10-16C）。子座的顶端产生许多子囊壳，其内的每一个子囊各产生8个线形多细胞的子囊孢子。该菌为我国特产的名贵补药，野生于海拔3 000 m以上的高山草甸上，现已有成功栽培的报道。

⑤盘菌属（*Peziza*）：子囊果盘状或碗状，子囊圆柱形，子囊之间有侧丝，子囊孢子椭圆形，8个排成1行。

图 10-16　常见子囊菌
A.青霉属　B.羊肚菌属　C.冬虫夏草　D.麦角菌属

⑥羊肚菌属（*Morchella*）：子囊果由菌柄和菌盖组成，菌盖表面凸凹不平，状如羊肚。子实层分布在菌盖的凹陷处，子囊和子囊孢子的形状及排列于盘菌相似（图10-16B）。

（4）担子菌亚门。本亚门约有12 000种，全为陆生，有多种是食用和药用菌，毒菌也不少。营养体均为有隔菌丝，并有初生菌丝体（primary mycelium）、次生菌丝体（secondary mycelium）和子实体之分。初生菌丝体是由担孢子萌发产生的单核单倍体菌丝组成，生活时间短；次生菌丝体是由初生菌丝体经质配的双核（$n+n$）菌丝组成，可生活数年乃至数百年；子实体又称为担子果（basidiocarp），也有称其为三生菌丝体或繁殖体的，细胞中仍具双核。担子果的形状、大小和质地多种多样。现以伞菌目为代表说明本亚门的特征。

伞菌目（Agaricales）：担子果伞形，由菌盖（pileus）和菌柄（stipe）组成（图10-17）。菌盖腹面为辐射排列的薄片状菌褶（gills）。有些种类的菌柄上有菌环（annulus），是担子果的内菌幕（partial veil）破裂时形成的膜质结构。有些种类的幼担子果在菌盖边缘和菌柄相连有一遮盖菌褶的薄膜，称

图 10-17　伞菌目担子果形态
A.蘑菇属（1.菌盖　2.菌褶　3.菌环　4.菌柄　5.菌托）　B.草菇属　C.毒伞属　D.口菇属

内菌幕。担子果增大发展时，内菌幕破裂，在菌柄上残留的部分就形成了菌环。有些种类在菌柄的基部有菌托（volva），菌托是由外菌幕破裂形成的，即有些伞菌的幼担子果外面整个包围一层膜，称外菌幕（universal veil），担子果增大发展时，外菌幕被拉破，残留在菌柄基部的部分形成菌托。伞菌目担子果的大小、颜色和质地多种多样。既有菌托又有菌环的或菌柄细长颜色鲜艳者，最好不要采食，因其中多数种类有剧毒。

菌褶由子实层、子实层基（subhymenium）和菌髓（trama）3部分组成。菌褶的两面均为子实层，主要由无隔担子、侧丝和囊状体（cystidium）（隔胞）组成。无隔担子由双核细

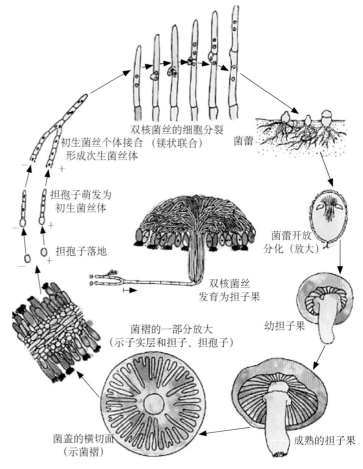

图 10-18 蘑菇属的生活史

胞形成，其发育过程是：首先进行核配，随之进行减数分裂产生4核，同时担子体积增大，顶端产生4个小梗；小梗顶端膨大，各有一核进入，共形成4个担孢子（图10-18）。侧丝是由不育的双核细胞形成的。囊状体是某些种类的子实层中存在的少数大形细胞，其长度可达相邻的菌褶。子实层基是子实层下的一些较小的细胞。菌髓由一些疏松排列的长形菌丝构成，位于菌褶中央。

担孢子散落后萌发产生单核的初生菌丝体，很快质配发展出大量的双核次生菌丝体，次生菌丝体经扭结和分化形成新一代的担子果。

本亚门常见的代表种类有：蘑菇属（*Agaricus*）、香菇属（*Lentinus*）、口蘑（*Tricholoma mongolicum* Tmai.）、毒伞属（鹅膏属 *Amanita*）、牛肚菌属（*Boletus*）、银耳（*Tremella fuciformis* Berk.）、木耳 [*Auricularia auricula* (L. ex Hook.) Underw.]、灵芝 [*Ganoderma lucidum* (Leyss. Ex Fr.) Karst.]、猴头菌 [*Hericium erinaceus* (Bull.) Perl.]、竹荪属（*Dictyophora*）、鬼笔属（*Phallus*）、茯苓 [*Poria cocos* (Fr.) Wolf.]、蜜环菌（*Armillaria mellea*）、马勃属（*Lycoperdon*）、地星属（*Geastrum*）、玉米黑粉菌 [*Ustilago maydis* (DC.) Corda.] 和禾柄锈菌（*Puccinia graminis* Pers.）等。

（5）半知菌亚门。本亚门约有26 000种。其最大的特点是未发现它们的有性阶段，即只知其生活史的一半，故称半知菌（imperfect fungi）。半知菌的繁殖方式最常见的是产生各

种类型的分生孢子进行无性生殖。一旦发现其有性阶段，即将它们重新归入到所属的分类群中。半知菌的菌丝均是具隔的高等真菌。从已有的研究发现，多属于子囊菌。半知菌的许多种类是动植物或人体的寄生菌，如稻瘟病菌（*Piricularia oryzae* Car.）、玉米大斑病菌（*Exserohilum turcicum* Pass.）、棉花黄萎病菌（*Verticillium alboatrum* Reinke et Berth.）和茄褐纹病菌 [*Phomopsis vexans*（Sacc. et Syd.）Harter] 等。

（6）真菌的经济意义。在自然界中，真菌可以分解木质素、纤维素和其他大分子有机物，在物质循环中所起的作用仅次于细菌。

许多大型真菌营养丰富、味道鲜美，并具有高蛋白、低脂肪和低热量的特点，是当代人类的理想食品。我国食用菌资源丰富，约有800种，著名种类如香菇、口菇、双孢蘑菇 [*Agaricus bisporus*（Lange）Sing]、木耳、银耳、猴头菌和竹荪等。

灵芝、云芝、猪苓（*Polyporus umbellatus*）、茯苓、虫草和竹黄等是著名的药用真菌，具抗癌作用的真菌就有100种以上。

酵母、曲霉等可制面包或酿酒，青霉菌、恶苗菌等可提取抗生素。真菌还在化工、造纸和制革等工业中有广泛应用。

真菌对堆肥成熟、固氮和提高土壤肥力等都有重大作用。有的真菌能与许多高等植物的根共生形成菌根，包被在根末端的菌丝体，具有强大的吸水力，能帮助高等植物吸收土壤水分，并分泌生长素和酶，促进果木的生长和发育。据统计，有95%以上的高等植物具外生菌根。

但也有些真菌寄生在动植物和人体上引起病害，如白粉病、锈菌、黑粉病和稻瘟病等。有些真菌引起食物或衣物霉变，毁坏粮食、副食品和建筑材料等。黄曲霉毒素可导致肝癌，毒蘑菇可致人死亡等。

（三）地衣植物

地衣是一类很特殊的植物，约有25 000种，是藻类和真菌共生的复合原植体植物。多数地衣是由一种真菌和一种藻类共生，少数为一种真菌和两种藻类共生。构成地衣的真菌绝大多数属于子囊菌，少数是担子菌和半知菌。共生的藻类约90%是绿藻门单细胞的种类，如共球藻属（*Trebouxia*）和橘色藻属（*Trentepohlia*）的种类，少数是蓝藻门的种类，如念珠藻属（*Nostoc*）的种类。

地衣体中的藻类和真菌是一种互惠的共生关系。真菌的菌丝包围藻类细胞，决定地衣体的形态，并负责从外界吸收水分和无机盐供给藻类；藻类进行光合作用，制造有机物质，为真菌供给营养。

1. 地衣的形态　根据其形态和生长状态，地衣基本上可分为3种类型（图10-19）。

图10-19　地衣的3种形态
A.壳状地衣　B.叶状地衣　C.枝状地衣

（1）壳状地衣（crustose lichen）。呈皮壳状，菌丝直接伸入基质，紧贴于岩石或树皮上，很难剥离。壳状地衣的种类约占全部地衣的80%，常见的种类如茶渍衣属（*Lecanora*）、文字衣属（*Graphis*）等。

（2）叶状地衣（foliose lichen）。薄片状的扁平体，形似叶片，以菌丝束形成的假根或脐疏松固着于基质上，易与基质剥离，如地卷衣属（*Peltigera*）、梅衣属（*Parmelia*）等。

（3）枝状地衣（fruticose lichen）。呈树枝状或须根状，直立或下垂，仅基部附着于基质上。如石蕊属（*Cladonia*）、松萝属（*Usnea*）等。

2. 地衣的构造　组成地衣的藻类和真菌的排列方式以及结构的不同，构成了不同结构类型的地衣（图10-20）。

（1）异层地衣（heteromerous lichen）。在横切面上地衣可分为上皮层、藻胞层、髓层和下皮层（图10-20）。上皮层和下皮层均由致密交织的菌丝构成。藻胞层是在上皮层之下由藻类细胞聚集的一层。髓层介于藻胞层和下皮层之间，由一些疏松的菌丝和藻细胞构成，如梅衣属。

（2）同层地衣（homolomerous lichen）。在横切面上地衣可分为上皮层、髓层和下皮层3层。藻细胞在髓层中均匀分布，如猫耳衣属（*Leptogium*）。

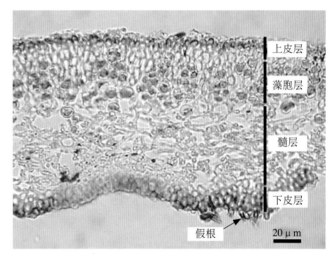

图10-20　异层地衣的构造

3. 地衣的繁殖　营养繁殖是地衣最普遍的繁殖方式，主要有地衣体断裂，产生粉芽（soredium）或珊瑚芽（isidium）等，它们脱离母体后均可形成新个体。无性生殖是由地衣体中的真菌和藻类分别进行，真菌多产生分生孢子，藻类在地衣体内也可产生孢子，进行无性生殖，以增多其数量。地衣的有性生殖仅由共生的真菌进行，产生子囊孢子或担孢子。

分生孢子、子囊孢子或担孢子萌发成菌丝，如遇合适的藻类即形成新的地衣，无合适的藻类，菌丝将会死去。

4. 地衣的分布及经济价值　地衣广布于世界各地，在南、北极也有大量分布。地衣喜欢生长在光线充足、空气新鲜的环境，适应能力很强，是自然界中的"先锋植物"或"开拓者"，它们可加速岩石风化和土壤形成，为高等植物的生存打下初步基础。地衣对SO_2极为敏感，所以在城市及其附近很少分布。环境部门常用地衣监测大气污染。

地衣中有不少种类具有经济价值，地衣代谢产生的很多地衣酸具抗菌作用，故有些地衣可药用；有些地衣可提取香水、石蕊试剂或染料；少数地衣可食用，如石耳（*Umbilicaria esculenta*）、冰岛衣（*Cetraria islandica*）等；有些地衣可作饲料，如北极的驯鹿苔、石蕊和冰岛衣等是北极鹿的长年饲料。

地衣也有危害的一面，大量生长在柑橘、茶树、云杉和冷杉等经济林木上的地衣，以菌丝假根伸入寄主皮层甚至形成层内，影响果木生长，造成危害。

二、高等植物

高等植物包括苔藓植物、蕨类植物、裸子植物和被子植物，绝大多数都是陆生。除苔藓植物外，植物体一般都有根、茎、叶和维管组织的分化；生殖器官由多细胞构成；受精卵形成胚，再长成植物体；生活史中具明显的世代交替。

（一）苔藓植物

苔藓植物（Bryophyta）是一群小型的陆生高等植物，大多数生长在阴湿的环境中，是从水生到陆生过渡的代表类型。全世界约有23 000种，我国有3 160余种。苔藓植物的植物体矮小，构造简单。较低等的种类常为扁平的叶状体（thallus），较高等的种类有假根（rhizoid）和类似茎、叶的分化，但无真正的根，尚未分化出维管组织，属于非维管植物，这是它们和其他高等植物的最大区别。苔藓植物生活史具有明显的异形世代交替，配子体在世代交替中占优势，能独立生活，孢子体占劣势，寄生在配子体上，由配子体供给营养，这是它们和其他高等植物的又一明显区别。苔藓植物的有性生殖器官是多细胞的。雌性生殖器官称颈卵器（archegonium），雄性生殖器官称精子器（antheridium）。受精卵在颈卵器中发育成多细胞的胚（embryo），由胚发育成孢子体。这些特征对适应陆生生活具有十分重要的生物学意义。苔藓植物尽管是陆地的征服者之一，但由于它们体内没有维管组织，受精作用尚离不开水，致使其在陆生生活的发展中受到一定的限制。因此，苔藓植物从未在陆地上发展为优势类群，也没能演化出更高级的类群，其生活史的类型也特殊，是植物界系统进化中的一个侧枝或盲枝。

根据苔藓植物配子体的形态构造及其他特征的不同，一般将其分为苔纲（Hepaticae）、藓纲（Musci）和角苔纲（Anthocerotae）3纲。苔纲的配子体为叶状体，少为茎叶体，具背腹性，假根为单细胞，孢子体结构简单；藓纲植物种类繁多，配子体均为茎叶体，辐射对称，假根为单列细胞，孢子体结构较复杂；角苔纲均为叶状体，生殖器官埋于叶状体内，孢子体细长针状。部分苔藓植物形态如图10-21所示。

图10-21　几种苔藓代表植物
A.地钱　B.蛇苔　C.耳叶苔　D.光萼苔　E.角苔　F.藻苔　G.泥炭藓　H.黑藓
I.立碗藓　J.大叶藓　K.葫灯藓　L.仙鹤藓

1. 地钱　地钱（*Marchantia polymorpha* L.）属于苔纲，地钱目（Marchantiales），地钱科（Marchantiaceae），是世界广布种。常见于林缘、沟边和墙隅等阴湿的土地上。配子体为绿色、扁平和叉状分枝的叶状体，平铺于地面上。上表面有菱形网格，每个网格的中央有一白色小点（即气孔）（图10-22）。下表面有许多单细胞假根和由单层细胞构成的紫褐色鳞片。叶状体横切面由多层细胞组成，有明显的组织分化。最上层为上表皮，上表皮下有一层气室，气室中可见排列疏松、富含叶绿体的同化组织，气室之间有单层细胞构成的气室隔壁，形成上表面的网纹，每个气室有一气孔与外界相通，气孔是由多细胞围成的烟囱状构造，不能闭合；气室下为薄壁细胞构成的贮藏组织；最下层为下表皮，其上长出假根和鳞片（图10-23）。

图10-22　地钱配子体及胞芽杯
A.配子体外形　B.胞芽杯和胞芽

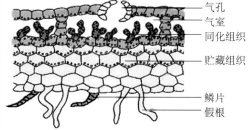

图10-23　地钱配子体横切面结构

地钱以胞芽（gemma）进行营养繁殖。胞芽绿色，扁圆形，中部厚，边缘薄，两侧各有一个缺口（缺口处为生长点），基部为一个透明细胞形成的细柄，生于叶状体背面（上面）的胞芽杯（gemma cup）中，每个胞芽杯中生有数个胞芽（图10-22B）。胞芽散落土上，从两侧缺口处向外方生长，产生两个对立方向的叉形分枝，最后形成两个新的叶状体。

地钱雌雄异株，有性生殖时，在雄配子体的中肋上生出雄生殖托（antheridiophore）（图10-24A），雌配子体的中肋上生出雌生殖托（archegoniophore）（图10-24B）。雄生殖托又称雄器托或精子器托，盾状，托柄长2～6 cm，柄端为边缘呈波状的圆盘状托盘。托盘内有许多精子器腔。每个腔内有一精子器。精子器卵圆形，下有一短柄与托盘组织相连，精子器外有一层不育细胞组成的精子器壁。其内的精原细胞各自发育成长形弯曲，并具两条顶生鞭毛的精子。雌生殖托又称雌器托或颈卵器托，伞形，也有2～6 cm长的托柄，顶端盘状体的边缘有8～10条稍下弯的指状芒线。每两条芒线之间的盘状体处，各生有一列倒悬的颈卵器。每行颈卵器的两侧各有一片薄膜将它们遮住，称蒴苞。颈卵器状似长颈烧瓶，由细长的颈部和膨大的腹部组成。颈部外壁为一层细胞组成，颈沟内有一列颈沟细胞。腹部的外壁由一至多层细胞构成，内有一个卵细胞，卵细胞与颈沟细胞之间有一个腹沟细胞。雌雄生殖器官成熟后，精子器内的精子逸出，在有水的条件下，游入发育成熟的颈卵器内。精子与卵细胞结合形成合子，合子在颈卵器中发育形成胚，而后发育成孢子体。在孢子体发育的同时，颈卵器腹部的壁细胞也分裂，膨大加厚，至孢子体形成时仍包在孢子体的外面。此外，颈卵器基部外围的一圈细胞也不断地分裂，最后在颈卵器外面形成一个套筒状的保护结构，称为假蒴萼。这样，受精卵的发育受到3层保护：颈卵器、假蒴萼和蒴苞。

地钱的孢子体很小，由孢蒴、蒴柄和基足组成，孢蒴（即孢子囊）内的造孢组织发育成孢子母细胞，经减数分裂产生许多单倍体的孢子。蒴柄很短，连接孢蒴与基足，基足伸

图 10-24 地钱的生殖托
A.雄生殖托 B.雌生殖托

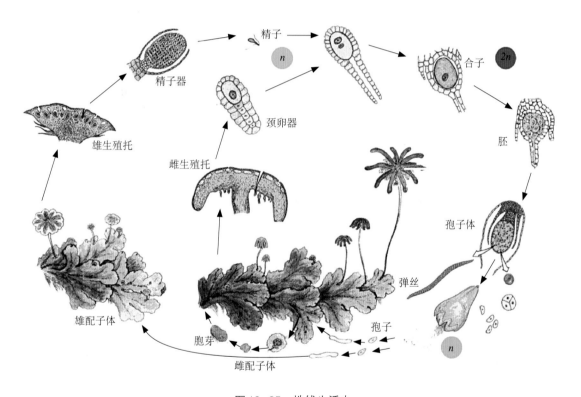

图 10-25 地钱生活史

入到配子体的雌托盘中吸取营养。孢蒴内的不育细胞分化为弹丝，孢蒴成熟后，顶端不规则纵裂，同型异性的孢子借助弹丝的弹动散布出来。在适宜的环境条件下，萌发形成仅有 6 ~ 7 个细胞的原丝体，每个原丝体形成一个叶状的配子体（图10-25）。

2. **角苔** 角苔（*Anthoceros punctatus* L.）属于角苔纲，角苔目（Anthocerotales），角苔科（Anthocerotaceae）。配子体为叶状体，有背腹面，腹面生有假根。角苔的叶状体结构简单，无组织分化，每个细胞含有一个大的叶绿体，叶绿体上仅具一个蛋白核。雌雄同株，颈卵器和精子器均埋于叶状体内。孢子体细长呈针状，基部有发达的基足埋于叶状体内，基足以上为孢子囊。孢子囊的基部组织有分生能力，因此孢子囊能继续生长。孢子囊的外壁由多层细胞构成，中央有由营养组织构成的蒴轴（columella），造孢组织形如长管，罩于蒴轴之外，经减数分裂后产生孢子和弹丝。孢子的成熟期不一，由下而上渐次成熟，孢子成熟后孢子囊壁由上而下逐渐纵裂成两瓣，孢子借弹丝的扭转力散出。蒴轴则残留于叶状体上。角苔的孢子体外壁上具有叶绿体，表皮上有气孔，能进行光合作用制造养料，在配子体死亡后，短期内能独立生活（图10-26）。

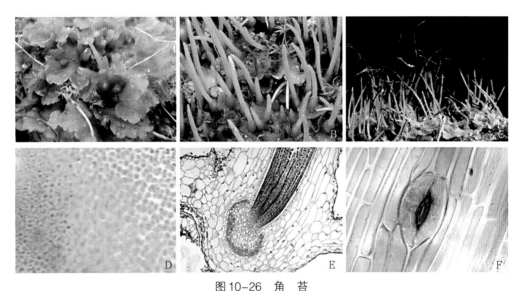

图10-26 角 苔
A.配子体 B.幼孢子体 C.成熟孢子体 D.配子体细胞结构 E.孢子体结构 F.孢蒴壁气孔

3. **葫芦藓** 葫芦藓（*Funaria hygrometrica* Hedw.） 属于藓纲，葫芦藓目（Funariales），葫芦藓科（Funariaceae），为土生喜氮的小型藓类，常于房屋墙角、沟边和林下等地成片生长。植物体（配子体）绿色，有茎、叶分化。茎直立，细而短（1～2 cm），常于基部分枝，假根由单列细胞构成，具分枝。茎由表皮、皮层和中轴构成，表皮、皮层由薄壁细胞组成，基本无胞间隙，中轴由纵向伸长的、细胞腔较小的薄壁细胞组成，但并不形成真正的输导组织；叶卵形或舌形，多生于茎的上部，叶片具一条明显的中肋（midrib），除中肋外，整个叶片均由一层细胞构成（图10-27）。

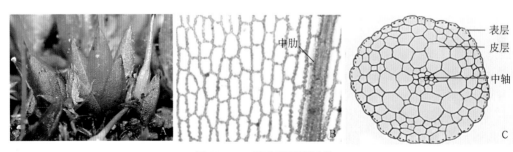

图10-27 葫芦藓的配子体
A.配子体外形 B.叶片结构 C.茎横切面

　　藓的配子体雌雄异株或同株异枝。产生精子器的枝顶端叶形较大，而且外张，数十个精子器聚生于枝顶中央。精子器棒状，外有一层不育细胞组成的壁，其内可产生多个具两条等长鞭毛的长形弯曲的精子。产生颈卵器的枝顶端叶片较窄而且紧包如芽，数个颈卵器生于枝顶中央。颈卵器形似长颈烧瓶，外有一层不育细胞组成的壁，内有一列颈沟细胞，腹部有一个卵细胞，卵上有一个腹沟细胞。成熟后，颈沟细胞和腹沟细胞解体，颈部顶端裂开。在有水的条件下，精子游入颈卵器与卵结合，形成合子。合子不经休眠，在颈卵器内分裂，发育成多细胞的胚。雌枝顶端所有颈卵器中的卵都可受精，但通常仅有一个颈卵器中的合子能发育成胚，余者或早或晚都败育。葫芦藓的胚细长形，继续发育成为孢子体。孢子体由孢蒴、蒴柄和基足3部分组成。孢蒴葫芦状，构造复杂，可分为蒴盖（operculum）、蒴壶（urn）和蒴台（apophysis）3部分。蒴盖覆盖于孢蒴顶端，外形似一顶小帽。蒴壶的构造复杂，最外层是一层表皮细胞，向内为多层细胞构成的蒴壁，其中有较大的细胞间隙，为气室；中央部分为蒴轴，蒴轴与蒴壁之间有孢原组织，孢子母细胞即来源于此。孢子母细胞经减数分裂产生多数孢子。蒴壶与蒴盖相邻处生有由表皮细胞加厚构成的环带（annulus），内生有蒴齿。蒴齿共32枚，分内外两轮，各16枚。蒴盖脱落后，蒴齿露在外面，能行干湿伸缩运动，孢子借蒴齿的运动散出。蒴台在孢蒴的最下部，蒴台的表皮上有气孔，并有含叶绿体的薄壁细胞，能进行光合作用（图10-28）。基足伸入到配子体组织吸取养料。蒴柄连接孢蒴和基足，初期快速生长，将孢蒴顶出颈卵器之外，被撕裂的颈卵器部分附着在孢蒴外形成蒴帽（calyptra），孢子体成熟后蒴帽自行脱落。葫芦藓的孢子体不能独立生活，虽在成熟前也有一部分组织含有叶绿体，可以制造一部分养料，但主要还是靠配子体供给，是一种寄生或半寄生的营养方式。孢蒴成熟后，孢子散发出去，遇到适宜环境萌发成绿色原丝体。原丝体为分枝的丝状结构，其上可产生多个芽体（bud），每个芽体进一步发育成新的配子体。至此，藓类植物完成了一个生活周期（图10-29）。葫芦藓雌雄同株异枝，这与图10-29有所不同。

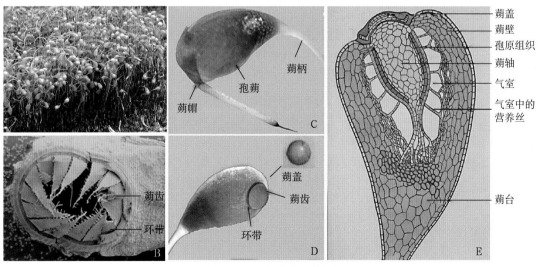

图10-28　葫芦藓的孢子体
A.孢子体外形　B.蒴齿　C.孢蒴及蒴帽　D.孢蒴口部　E.孢蒴的结构

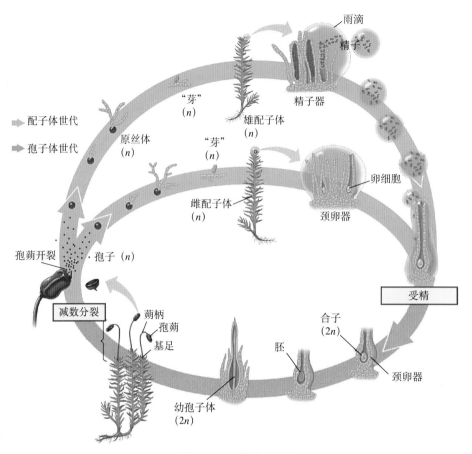

图10-29 藓的生活史

苔藓的经济意义主要有：①苔藓植物吸水能力很强，其吸水量可达植物体干重的15～20倍，是园艺上用于包装运输新鲜苗木的理想材料，还可用作花卉栽培的保湿通气基质或用以铺苗床。②有些苔藓植物可以药用，如金发藓（*Polytrichum commune*）有解毒止血作用；蛇苔（*Conocephalum conicum*）可解热毒，治疗疮痛肿和蛇咬伤等；仙鹤藓属（*Atrichum*）和金发藓属中一些植物的提取液有较强的抑菌作用；暖地大叶藓（*Rhodobryum giganteum*）对治疗心血管病有较好的疗效；泥炭藓（*Sphagnum*）可作代用药棉。③因其对大气中重金属、SO_2 等敏感，故可作为指示植物监测大气污染。④苔藓植物在水土保持、湖泊演替为陆地、陆地沼泽化等方面均有重要作用。

（二）蕨类植物

蕨类植物（Pteridophyta）又称羊齿植物，是进化水平最高的孢子植物，也是最原始的维管植物。蕨类植物的生活史具有明显的异形世代交替，但是其孢子体远比配子体发达。蕨类植物的孢子体和配子体均能独立生活，这是其他几门高等植物都没有的特征。

现存的蕨类植物大都是多年生草本，其孢子体一般都有根、茎、叶的分化。除极少数原始种类仅具假根外，其他都具有吸收能力较好的不定根。茎通常为根状茎，少数为直立的地上茎，原始的种类还兼具地上气生茎和根状茎。叶有小型叶（microphyll）和大型叶（macrophyll）之分。低等的类群均为小型叶，进化的类群多为大型叶。小型叶没有叶隙（leaf gap）和叶柄（stipe），只有一条单一不分枝的叶脉（vein）；大型叶有叶柄，维管束有或无叶隙，叶脉多分枝，常为一至多回羽状分裂的叶或为一至多回羽状复叶。有些蕨类植物还有营养叶和孢子叶之分。

蕨类植物的根、茎、叶内具有维管组织，维管组织由木质部和韧皮部组成。木质部多由管胞和木薄壁细胞组成，仅有少数种类具导管；韧皮部主要由筛胞或筛管和韧皮薄壁细胞组成，无伴胞。现存的蕨类植物中除了极少数种类，一般没有维管形成层，所以无次生结构。维管组织中的各种组成成分聚集形成中柱（stele），并按照维管组织排列方式的不同，形成了各种不同类型的中柱（图10-30），包括原生中柱（protostele）、管状中柱（siphonostele）、网状中柱（dictyostele）和具节中柱（cladosiphonic stele）等。其中原生中柱是最原始的类型，仅由木质部和韧皮部组成，无髓和叶隙，它又分为单中柱（haplostele）、星状中柱（actinostele）和编织中柱（plectostele），还有的蕨类植物具有两个以上的原生中柱，称为多体中柱

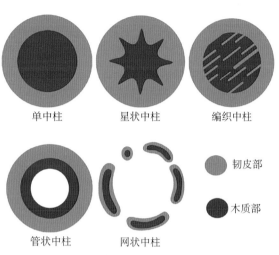

图10-30　蕨类植物的中柱类型横剖面图解

（polystele）；管状中柱的结构特点是中央有髓，维管组织围在髓外形成圆筒状，又可分为外韧管状中柱（ectophloic siphonostele）、双韧管状中柱（amphiphloic siphonostele）和多环管状中柱（polycyclic siphonostele）；网状中柱是由管状中柱演化而成，由于茎的节间较短，双韧管状中柱的许多叶隙互相重叠，从横切面上观察看，在髓的外方有一圈大小不同彼此分开的维管束；具节中柱是楔叶亚门所具有的中柱类型，维管束在茎中排列成一圈，中央为髓部，成熟时髓部组织破裂形成髓腔（medullary cavity），维管束为外韧维管束，木质部为内始式，由于木质部后来破裂，并在每个维管束的内侧形成小室腔，称为脊腔（carinal cavity）或维管束腔，因楔叶亚门节间中空，节处是实心，所以称其中柱为具节中柱。上述各类型的中柱，只在蕨类植物的茎中出现，它们进一步发展可演化为种子植物的真中柱（eustele）和星散中柱（atactostele）。

不同蕨类植物的孢子囊有不同的着生方式。在小型叶类型的蕨类植物中，孢子囊多单生于孢子叶的叶腋或叶基部，且由许多孢子叶密集于枝的顶端形成球状或穗状，称孢子叶球（strobilus）或孢子叶穗（sporophyll spike）；较进化的大型叶真蕨类植物，不形成孢子叶穗，孢子囊也不单生叶腋处，而是多个孢子囊聚集成不同形状的孢子囊群或孢子囊堆（sorus），生于孢子叶的背面或背面边缘，多数种类的囊群有膜质的囊群盖（indusium）保护。水生蕨类植物的孢子囊生在特化的孢子果（或称孢子荚，sporocarp）内。孢子囊中的孢子母细胞经减数分裂产生单倍体的孢子。孢子萌发后形成配子体。多数种类的孢子形态和大小一致，称为同型孢子（isospory）；少数种类的孢子囊有大小两种类型，分别产生大孢子（macrospore）和小孢子（microspore），称为异型孢子（heterospory）。大孢子萌发成雌配子体（female gametophyte），小孢子萌发成雄配子体（male gametophyte）。

蕨类植物的配子体形体微小，结构简单，生活期短。原始类型的配子体呈辐射对称的块状或圆柱状休，全部或部分埋在土中，无叶绿素，通过共生真菌而获得营养。绝大多数

蕨类的配子体为绿色，具背腹分化的叶状体，具单细胞假根，含叶绿素，能独立生活。

蕨类植物的有性生殖器官为精子器和颈卵器。颈卵器的腹部埋入配子体组织中。精子均具鞭毛，两条或多条。受精在有水条件下进行，合子不经休眠，分裂形成胚，幼胚暂寄生在配子体上，长大后配子体死亡，孢子体独立生活。

现存的蕨类植物约有12 000种，我国有2 600种，仅云南就有1 000余种，享有"蕨类王国"之称。关于蕨类植物的分类，各植物学家的意见颇不一致。我国蕨类植物学家秦仁昌（1978）将蕨类植物分为5个亚门：石松亚门（Lycophytina）、水韭亚门（Isoephytina）、松叶蕨亚门（Psilophytina）、楔叶亚门（Sphenophytina）和真蕨亚门（Filicophytina）。其中仅真蕨亚门为大型叶蕨类，进化水平最高，种类最多，达10 000余种，分布广，经济价值大。其他4个亚门均属小型叶蕨类，其中松叶蕨亚门有3种，我国仅有松叶蕨（Psilotum nudum）1种。水韭亚门约有70种，我国仅有3种，最常见的是中华水韭（Isoetes sinensis）。楔叶亚门约30种，我国有10种左右，但分布较广；石松亚门在小型叶蕨中种类最多，1 100多种，我国有60余种。本教材选择石松亚门、楔叶亚门和真蕨亚门中的代表属予以介绍。

1. **卷柏属**（*Selaginella*） 属石松亚门，卷柏目（Selaginellales），卷柏科（Selaginellaceae），约200种，我国50多种。

卷柏属的孢子体为多年生草本植物。茎直立或匍匐，二叉状或近单轴式分枝；小型叶，鳞片状（图10-31）；匍匐生长的种类具光滑无叶的根托（rhizophore），即无叶的枝，其顶端生多条不定根；叶的近轴面基部具叶舌（ligule）。茎分为表皮、皮层和中柱3部分。茎中常具2至多个原生中柱（多体中柱），皮层和中柱间有巨大的细胞间隙，一种辐射状排列的长形细胞连接皮层与中柱，这种长形细胞称为横桥细胞（trabecular cell 或 trabecular endodermis）（图10-31B）。卷柏属的初生木质部中有导管。孢子囊单生于孢子叶的腋部，有大、小孢子囊之分。着生大孢子囊的孢子叶称大孢子叶（macrosporophyll），着生小孢子囊的孢子叶称小孢子叶（microsporophyll）。大、小孢子叶密集枝端形成孢子叶穗（图10-31C和图10-31E）。大、小孢子叶的数目和在孢子叶穗中的着生位置因种而异。有的上部为小孢子叶，下部为大孢子叶；有的大、小孢子叶分列穗轴两侧，即一侧是大孢子叶，一侧是小孢子叶；有的种类仅在孢子叶穗基部有一个大孢子叶，其余均为小孢子叶。大孢子囊通常有一个大孢子母细胞，经减数分裂产生1～4个大孢子；小孢子囊中有许多小孢子母细胞，经减数分裂产生许多小孢子（图10-31 D）。

大、小孢子分别发育成雌、雄配子体。卷柏属的配子体极度退化，是在孢子壁内发育的。雄配子体是在未从孢子囊中散出的小孢子壁内发育的。小孢子首先进行一次不等分裂，产生大、小两个细胞，小的是原叶细胞（prothallial cell），以后不再分裂；大的细胞分裂几次形成精子。精子器外面的一层细胞为精子器壁，内有多个精原细胞，经分裂产生256个具双鞭毛的精子。卷柏的雄配子体是由一个原叶细胞（营养细胞）和一个精子器组成。雌配子体的初期发育也是在大孢子壁内，大孢子细胞核经过多次分裂，产生许多游离核，再由外向内产生细胞壁。当大孢子的壁裂开时，该处的细胞露出，变成绿色，并产生假根，有些细胞形成颈卵器。

小孢子的壁破裂后，释出精子，在有水条件下进入颈卵器与卵融合，受精卵不经休眠，在颈卵器内发育成胚。成熟的胚由胚柄、基足、根、茎端和叶组成。胚进一步发育成新一代的孢子体（图10-32）。

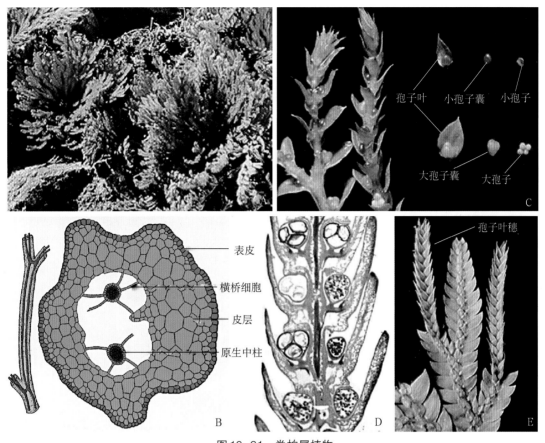

图 10-31　卷柏属植物

A.卷柏植物体　B.茎横剖面　C.孢子叶穗放大（伏地卷柏）　D.孢子叶穗纵切　E.茎、叶局部放大

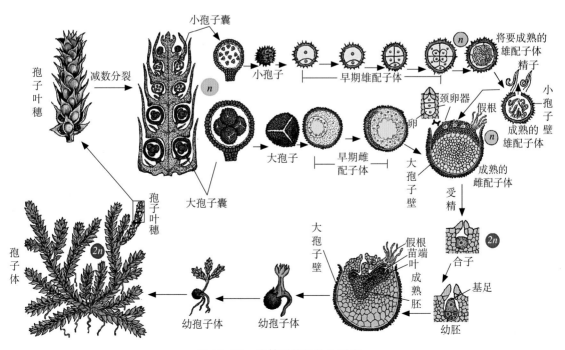

图 10-32　卷柏属植物的生活史

2. **木贼属**（*Equisetum*） 属楔叶亚门，木贼纲（Equisetinae），木贼目（Equisetales），木贼科（Equisetaceae）。楔叶亚门植物在古生代石炭纪曾盛极一时，有高大的木本，也有矮小的草本，现代仅存有木贼属。

木贼属的孢子体为多年生草本，具根状茎和气生茎，二者都有明显的节和节间，节间中空。根状茎棕色，蔓生地下，节上生不定根，有时还生出块茎，以进行营养繁殖。气生茎多为一年生，绿色，直立，有多条纵行突出的脊和下凹的沟槽相间排列。茎表面粗糙，富含硅质。气生茎有的无分枝，有的在节处具轮生分枝或不规则分枝。叶鳞片状，三角形，基部彼此联合成鞘状（图10-33）。茎的结构由表皮、皮层和中柱组成，表皮中有许多

图10-33　木贼属植物
A.木贼植物体　B.问荆营养枝及孢子叶穗

气孔，皮层细胞多层，近周边的机械组织非常发达。在皮层中对着茎表的每个凹槽处各有一个空腔，称槽腔（vallecular cavity），在茎的皮层中排列为一圈。每个维管束内侧各有一个空腔，称为脊腔，茎中央为大空腔，称为髓腔，该中柱被称为具节中柱（图10-34）。有的种类的气生茎有营养枝（sterile stem）和生殖枝（fertile stem）之分。营养枝绿色，具轮生分枝；生殖枝淡褐色，无分枝，于春季先于营养枝生出，其顶端产生一个毛笔头状的孢子叶穗（图10-33B）。孢子叶穗是由许多特化的孢子叶密集聚生而成，这种孢子叶称作孢囊柄（sporangiophore）。孢囊柄盾形，顶面为六角形的盘状体，下部有柄，柄周围有5～10个长筒形的孢子囊悬挂于盘状体下面。囊内有多个孢子母细胞，经减数分裂产生许多绿色的同型孢子。每个孢子的外壁分裂，特化为4条弹丝，螺旋状缠绕于孢子的外面，并共同固着在孢子周壁的一点上。弹丝在湿润时卷紧，干燥时可伸展弹动，有助于孢子的散发。

孢子散落后，生活力仅为几天，在适宜的条件下，萌发成微小的配子体。成熟的配子体具背腹性，基部为仅有几层细胞的垫状组织，向下生假根，向上产生许多薄而不规

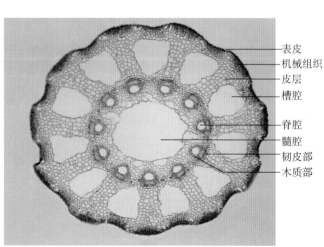

表皮
机械组织
皮层
槽腔
脊腔
髓腔
韧皮部
木质部

图10-34　木贼属茎的结构

则的带状裂片。绿色，能进行光合作用，单性或两性。颈卵器生于带状裂片的基部，精子器多生于裂片的先端或在颈卵器周围。精子器中产生多个螺旋形弯曲的多鞭毛精子。在有水的条件下，进入颈卵器与卵融合，形成受精卵，然后发育成胚。成熟的胚由基足、根、茎端和幼叶组成。胚进一步发育成孢子体（图10-35）。

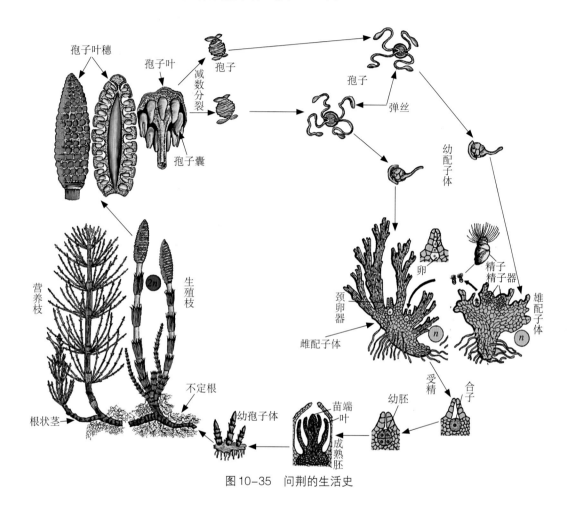

图10-35　问荆的生活史

木贼属植物为不易清除的田间杂草，多生于沙性土壤或溪边。孢子体可作磨光材料；有些种类可入药，全草入药有利尿、止血和清热的功效。我国常见的有问荆（*E. arvense*）、木贼（*E. hiemale*）和节节草（*E. ramosissimum*），后两种均无生殖枝和营养枝之分，枝端都产生孢子叶穗。

3. **蕨属（*Pteridium*）**　属真蕨亚门，薄囊蕨纲（Leptosporangiopsida），水龙骨目（Polypodiales），蕨科（Pteridiaceae）。本属约有6种，我国最常见的为一个蕨变种（*P. aquilinum* var. *latiusculum*）。

蕨属的孢子体为大型多年生草本植物（图10-36A），根状茎黑色，横走于数厘米以下的土层中，二叉分枝，生有许多不定根（图10-36B）。每年春季从根状茎上生出叶，幼叶拳卷（图10-36C），长成后的叶为2～4回羽状复叶，整个叶片呈阔三角形，叶柄粗壮。茎的横切面由外向内由表皮、皮层和维管组织组成，维管组织在茎内排成二环，称为多环中柱，在表皮下及二环维管束之间有机械组织（图10-37）。

图10-36　蕨的孢子体
A.植株　B.蕨类植物形态　C.蕨幼叶　D.小羽片背面观　E.孢子囊群

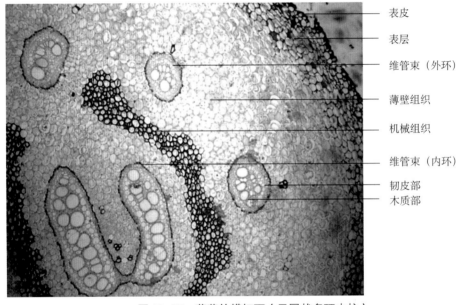

图10-37　蕨茎的横切面（示网状多环中柱）

蕨属为同型叶，无孢子叶和营养叶之分，同一叶既是营养叶，又可产生孢子囊。孢子囊生于小羽片背面，在边缘集生成连续的线形孢子囊群，小羽片边缘背卷将孢子囊群遮盖（图10-36D），这种结构称为假囊群盖，在囊群的内侧还有一层细胞构成的囊群盖（indusium）。也有些真蕨类植物的孢子囊群生于叶片的背面（图10-36E和图10-38A）。每个孢子囊扁圆形，具一个长柄，囊壁由一层细胞构成（图10-38B）。位于孢子囊中央线上有一列内切向壁和两个径向壁木质化加厚的细胞构成的环带（annulus）。环带约绕孢子囊 3 / 4 周，一端与孢子囊柄相连，另一端与裂口带相连。裂口带与环带是同一列细胞，其长度约是环带的 1 / 4。环带与裂口带共绕孢子囊一周。裂口带的细胞壁不增厚，其中有两个横向稍长的唇细胞（lip cell）。孢子囊内的16个孢子母细胞经减数分裂产生64个单倍体的孢子。

孢子成熟时，在干燥的条件下，环带细胞失水反卷，使孢子囊从唇细胞处横向裂开，将孢子弹出（图10-38C）。在适宜的条件下，孢子萌发形成心形的配子体（即原叶体）。

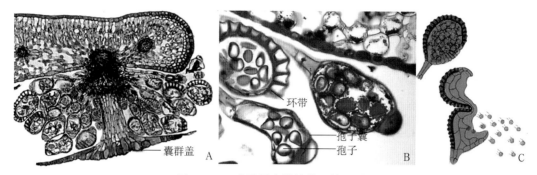

图10-38　蕨孢子囊的结构及其开裂
A.蕨孢子囊的结构　B.孢子囊局部放大　C.孢子囊的开裂

　　蕨的配子体宽约1 cm，绿色自养，背腹扁平，中部由多层细胞组成，周边仅有一层细胞厚，腹面生有许多单细胞假根（图10-39A）。蕨的配子体两性，颈卵器和精子器都生于腹面（图10-39B）。颈卵器较少，生于配子体前端凹入处后方，腹部埋入配子体中，颈部外露，并弯曲向配子体的后方和边缘（图10-39C）。精子器球形，突出配子体表面，内产数十个螺旋形多鞭毛精子（图10-39D）。在有水的条件下，精子进入颈卵器与卵融合，受精卵不经休眠而分裂发育成胚。成熟的胚由基足、初生根、茎和叶组成（图10-39E）。当茎、叶及根发育后，幼胚从配子体下面伸出，成为独立生活的孢子体，配子体亦随之死亡（图10-39F）。蕨的生活史为孢子体占优势的异形世代交替，孢子减数分裂型（图10-40）。

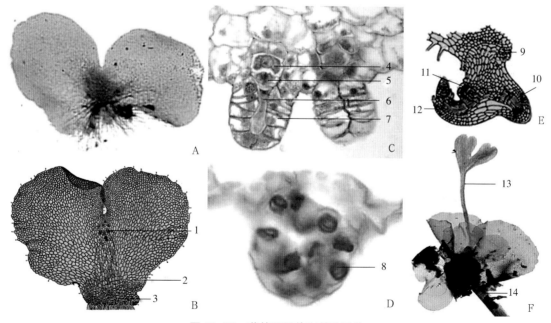

图10-39　蕨的配子体和幼孢子体
A.配子体外形　B.配子体腹面观　C.颈卵器放大　D.精子器放大　E.胚　F.从配子体腹面长出的幼孢子体
1.颈卵器　2.精子器　3.假根　4.卵　5.腹沟细胞　6.颈沟细胞　7.颈卵器壁　8.精子　9.基足　10.胚根　11.茎端
12.叶　13.初生叶　14.初生茎

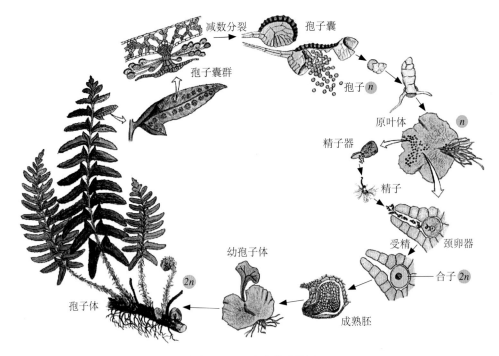

图 10-40　真蕨的生活史

真蕨类植物很多，其他常见的种类有海金沙（*Lygodium japonicum*）、芒萁（*Dicranopteris dichotoma*）、银粉背蕨（*Aleuritopteris argentea*）、桫椤（*Alsophila spinulosa*）、铁线蕨（*Adiantum capillus-veneris*）、肾蕨（*Nephrolepis auriculata*）、井栏边草（*Pteris multifida*）、贯众（*Cyrtomium fortunei*）、满江红（*Azolla imbricata*）、苹（*Marsilea quadrifolia*）、紫萁（*Osmunda japonica*）和槐叶苹（*Salvinia natans*）等（图10-41）。

图 10-41　真蕨亚门一些代表种类
A.海金沙　B.芒萁　C.银粉背蕨　D.桫椤　E.铁线蕨　F.肾蕨　G.井栏边草
H.贯众　I.满江红　J.苹　K.紫萁　L.槐叶苹

蕨类植物是一群古老的植物，3亿年以前，地球上木本蕨类植物极为繁盛，曾形成大面积的森林，由于地壳变动而被埋于地下，形成了如今的煤炭。

许多蕨类如蕨、紫萁、荚果蕨（*Matteuccia struthiopteris*）、毛轴铁角蕨（*Asplenium crinicaule*）和菜蕨（*Callipteris esculenta*）等的幼叶可作菜食。蕨的根状茎富含淀粉，可食用和酿酒。很多蕨类是有名的药材，如石松（*Lycopodium*），全草入药，有舒筋活血、祛风散寒、利尿通经之效。海金沙可治尿道感染，尿结石及烫火伤；金毛狗（*Cibotium barometz*）的根茎可补肝肾，强腰膝，鳞片能止刀伤出血；贯众的根状茎可驱虫解毒，治流感，也用作除虫农药；骨碎补（*Davallia mariesii*）能坚骨补肾，活血止痛；银粉背蕨有止血作用；槲蕨（*Drynaria fortunei*）能补骨镇痛、治风湿麻木；肾蕨可治感冒咳嗽、肠炎腹泻及产后浮肿；乌蕨（*Stenoloma chusanum*）可治疮毒及毒蛇咬伤；卷柏外敷治刀伤；苹可清热解毒、利水消肿；槐叶苹可治湿疹及虚痨发汗等。

石松的孢子是冶金工业的优良脱模剂，还常用于火箭、信号弹和照明弹制造。

有的蕨类植物是土壤和气候的指示植物。如钱线蕨、凤尾蕨（*Pteris nervosa*）、贯众等生于石灰岩及钙质土壤上，为强钙性土壤的指示植物；石松、芒萁等则为酸性土壤的指示植物；问荆的植物体内可积累金，每吨含金可高达140 g，对探矿有很大的参考价值；桫椤生长区表明为热带亚热带气候区；巢蕨（*Neottopteris nidus*）、车前蕨（*Antrophyum formosanum*）的生长地表明为高湿度气候环境。

满江红、槐叶苹、苹等可作肥料和饲料。不少蕨类植物的叶子富含单宁，不易腐烂和发生病虫害，且容易通气，是苗床覆盖或垫厩的极好材料。

许多蕨类植物形姿优美，有较高的观赏价值，如肾蕨、铁线蕨、卷柏、鸟巢蕨、荚果蕨、鹿角蕨（*Platycerium wallichii*）、桫椤、槲蕨、银粉背蕨、松叶蕨（*Psilotum nudum*）等已在温室和庭院中广泛栽培。江南卷柏（*Selaginella moellendorfii*）、千层塔（*Lycopodium serratum*）、乌蕨、翠云草（*Selaginella uncinata*）、阴地蕨（*Botrychium ternatum*）、水龙骨（*Polypodium nipponicum*）和黄山鳞毛蕨（*Dryopteris huangshanensis*），等等，也都是很好的观叶植物，不少种类正被引种驯化。

（三）裸子植物

裸子植物（Gymnospermae）是介于蕨类植物和被子植物之间的一群高等植物。它们既是最进化的颈卵器植物，又是较原始的种子植物。因其种子外面没有果皮包被，是裸露的，故称为裸子植物。

1.主要特征 与蕨类植物相比，其主要特征有如下几点。

（1）孢子体发达。裸子植物均为木本植物，大多数为单轴分枝的高大乔木，有强大的根系。茎的基本结构和被子植物双子叶木本茎大致相同，初生结构由表皮、皮层和维管柱3部分组成。长期存在着形成层，产生次生结构，使茎逐年增粗，并有明显的年轮（图10-42）。次生木质部主要由管胞、木薄壁细胞和

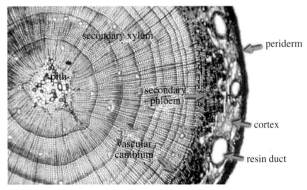

图10-42 松茎横切面示（次生结构）
cortex. 皮层　periderm. 周皮　resin duct. 树脂道　secondary phloem. 次生韧皮部　secondary xylem. 次生木质部　pith. 髓　vascular cambium. 维管形成层

木射线组成。除少数种类外，一般没有导管，无典型的木纤维。管胞兼具输导水分和支持的双重作用。因木质部主要由管胞组成，所以木材结构比较均匀，但其次生木质部中也有早材和晚材、边材和心材之分。韧皮部由筛胞、韧皮薄壁细胞和韧皮射线组成，无筛管和伴胞，少数种类的次生韧皮部中有韧皮纤维和石细胞。有些种类茎的皮层、韧皮部、木质部和髓中分布有树脂道，如松香、加拿大树胶等都是松柏类植物树脂道的分泌产物。

叶多为针形、条形或鳞形，极少数为扁平阔叶。松属的叶子为针形，有时称为松针。松针的结构可分为表皮、下皮层、叶肉组织和维管组织4部分（图10-43）。表皮是一层厚壁细胞，角质层较厚，气孔下陷，纵行排列成浅色的气孔带；下皮层在表皮之下，为1至数层木质化的厚壁细胞组成；下皮层之内为叶肉组织，其细胞壁内陷，形成皱褶，叶绿体多沿皱褶

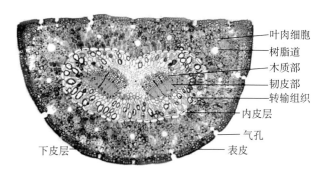

图10-43 松针叶的结构

分布，以扩大光合面积，叶肉组织中常有若干树脂道；叶肉组织内方有明显的内皮层，细胞内含有淀粉粒，细胞壁可增厚并木质化；中央是维管组织，有1～2个外韧维管束，即木质部在近轴面，韧皮部在远轴面，维管束周围是传递细胞（转输管胞和转输薄壁细胞），有助于叶肉组织与维管束之间的物质交流。松属叶的形态和结构都具旱生叶的特点，与其能适应低温和干旱的冬季环境相一致。

（2）具胚珠，产生种子。裸子植物的孢子叶大多聚生成球果状（stobiloid），称孢子叶球（strobilus），孢子叶球单生或多个聚生成各种球序，单性同株或异株。小孢子叶（雄蕊）聚生成小孢子叶球（雄球花，male cone），每个小孢子叶下面生有小孢子囊（花粉囊）。大孢子叶（心皮）丛生或聚生成大孢子叶球（雌球花，female cone），大孢子叶的近轴面（腹面）或边缘生有胚珠，因大孢子叶（心皮）边缘不相互接触闭合，即不形成子房，所以胚珠是裸露的。

胚珠是种子植物特有的结构，由珠心和珠被组成。珠心相当于蕨类植物的大孢子囊，珠被是珠心（大孢子囊）基部产生的附属物（有人认为是可育的大孢子叶），向上延伸包在珠心外面的保护结构。胚珠成熟后形成种子。种子的产生是植物界进化过程中的一个里程碑式的重大飞跃。由于生殖体（胚）受到了很好的营养（胚乳提供）和保护（种皮承担），后代能免受各种外界损伤，其寿命得到了惊人的延长，并大大地增加了散布的机会，因而能够成功繁衍，促使植物界有更大的发展，达到更高级的进化水平。

（3）配子体进一步退化，不能独立生活。裸子植物的小孢子（单核花粉粒）在小孢子囊（花粉囊）里发育成仅有4个细胞的雄配子体（成熟的花粉粒）。被风吹送到胚珠上，经珠孔直接进入珠被内，在珠心（大孢子囊）上方萌发产生花粉管，吸取珠心的营养，继续发育为成熟的雄配子体。即雄配子体前一时期寄生在花粉囊里，后一时期寄生在胚珠中，而不能独立生活。大孢子囊（珠心）里产生的大孢子，在珠心里发育成雌配子体。成熟的雌配子体由数千个细胞组成，近珠孔端产生2～7个颈部露在胚囊外面的颈卵器。颈卵器内仅含几个颈沟细胞、1个腹沟细胞和1个卵细胞。雌配子体（胚囊）全期寄生在孢子体的大孢子囊（珠心）中，而不能独立生活。

（4）形成花粉管，受精作用不再受水的限制。裸子植物的雄配子体（花粉粒）在珠心上方萌发，形成花粉管，进入胚囊，将2个精子直接送入颈卵器内。1个具功能的精子使卵受精，另1个被消化。受精作用不再受水的限制，能更好地在陆生环境中繁衍后代。

（5）具多胚现象。裸子植物中普遍存在两种多胚现象（polyembryony）。一为简单多胚现象（simple polyembryony），即由1个雌配子体上的几个颈卵器的卵细胞同时受精，形成多个胚；另一种是裂生多胚现象（clearage polyembryony），即由1个受精卵，在发育过程中，胚原组织分裂为几个胚的现象。在发育过程中，两种多胚现象可以同时存在，但通常只有1个能正常发育，成为种子中的有效胚。

在裸子植物中，描述生殖器官时，常有两套名词并用或混用。这是因为在19世纪中叶以前，人们不知道种子植物生殖器官中的一些结构和蕨类植物有系统发育上的联系，所以出现了两套名词。1851年，德国植物学家荷福马斯特（Hofmeister）将蕨类植物和种子植物的生活史完全贯通起来，人们才知道裸子植物的球花相当于蕨类植物的孢子叶球（穗），前者由后者发展而来。现将两套名词对照如表10-1所示。

表10-1　蕨类植物和种子植物生殖器官名词对照表

蕨类植物	种子植物
孢子叶球	球花，花
小孢子叶	雄蕊
小孢子囊	花粉囊
小孢子母细胞	花粉母细胞
小孢子	单核期花粉粒
雄配子体	花粉粒和花粉管
大孢子叶	珠鳞、珠领、珠托、套被，心皮
大孢子囊	珠心
大孢子母细胞	胚囊母细胞
大孢子	单核期胚囊
雌配子体	颈卵器以及胚乳，成熟期胚囊

2. 裸子植物的生活史　现以松属（*Pinus*）为例介绍裸子植物的形态和生活史（图10-44～图10-47）。

松属植物的孢子体为单轴分枝的常绿乔木，枝条有长枝和短枝之分。长枝上生有螺旋状排列的鳞片叶，鳞片叶的腋部生一短枝；短枝极短，顶端生有一束针形叶，通常2、3或5针一束，基部常有膜质的叶鞘。孢子叶球单性，同株。

雄球花（小孢子叶球）生于当年新枝基部的鳞片叶腋内，多数密集（图10-44）。每一雄球花由许多小孢子叶螺旋状排列在球花轴上构成。小孢子叶背面各生2个小孢子囊，囊内有许多小孢

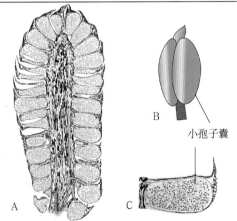

图10-44　松属小孢子叶球
A. 小孢子叶球纵切面　B. 小孢子叶背面观
C. 小孢子叶纵切面（示小孢子囊）

子母细胞，经减数分裂各形成4个小孢子（单核花粉粒）。小孢子外壁向两侧突出形成气囊，有利于风力的传播。在小孢子囊内，小孢子经过3次不等分裂，形成具4个细胞的花粉粒（雄配子体）。第一次分裂产生1个大的胚性细胞和1个小的第一原叶细胞；胚性细胞再进行一次不等分裂，产生1个大的精子器原始细胞和1个小的第二原叶细胞；精子器原始细胞又进行一次不等分裂产生1个大的管细胞和1个较小的生殖细胞。2个原叶细胞不久退化仅留痕迹。此时小孢子囊破裂，散出大量具气囊的花粉粒，随风飘扬（图10-45）。

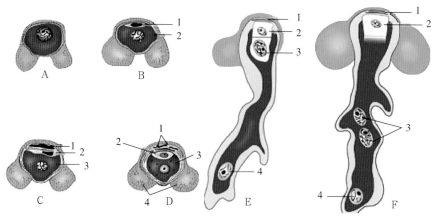

图10-45　松属雄配子体的形成

A. 小孢子　B. 小孢子萌发成早期雄配子体（1. 第一原叶细胞　2. 胚性细胞）　C. 早期雄配子体（1. 第一原叶细胞　2. 第二原叶细胞　3. 精子器原始细胞）　D. 成熟的花粉粒（1. 第一、二原叶细胞　2. 生殖细胞　3. 管细胞　4. 气囊）　E. 雄配子体萌发形成花粉管（1. 第一、二原叶细胞　2. 柄细胞　3. 体细胞　4. 管细胞）　F. 精子在花粉管中产生（1. 第一、二原叶细胞　2. 柄细胞　3. 精子　4. 管细胞）

雌球花（大孢子叶球）1或几个生于当年新枝顶端，由许多珠鳞（大孢子叶）螺旋状排列在球花的轴上构成。珠鳞背面基部有一个薄片称为苞鳞，腹面（近轴面）基部并生两个倒生胚珠。胚珠仅有1层珠被，顶端形成珠孔。珠心（大孢子囊）中有一个细胞发育成大孢子母细胞，经减数分裂形成链状排列的4个大孢子（链状四分体）。远珠孔端的1个大孢子以核型胚乳的方式发育成雌配子体，其余3个退化。雌配子体由数千个细胞组成，成熟雌配子体的近珠孔端分化出2～7个颈卵器，其余的细胞则为胚乳（n），它和被子植物由受精极核发育形成的胚乳（$3n$）有本质的区别（图10-46）。

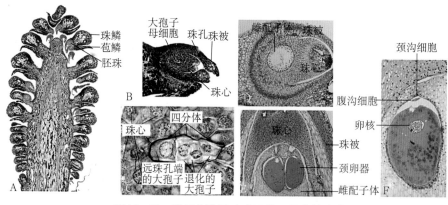

图10-46　松属大孢子叶球及雌配子体的发育

A. 大孢子叶球纵切面　B. 胚珠纵切面　C. 链状四分体　D. 早期雌配子体　E. 雌配子体珠孔端的颈卵器　F. 成熟的颈卵器 [示颈沟细胞、1个腹沟细胞和1个卵细胞（由于制片的原因，腹沟细胞和卵细胞分离）]

花粉粒随风飘落在雌球花上，再由珠鳞的裂缝降至胚珠的珠孔端，黏到由珠孔溢出的传粉滴中，并随着液体的干涸，被吸入珠孔内的花粉室中。半年后生出花粉管，并缓慢地经珠心组织而向颈卵器生长。在此过程中，生殖细胞在花粉管内分裂形成1个柄细胞和1个体细胞，体细胞再分裂为2个大小不等的不动精子（图10-45E和图10-45F）。当花粉管伸至颈卵器到达卵细胞处时，其先端破裂，管细胞、柄细胞及2个精子一起流入卵细胞的细胞质中，其中1个大的具功能的精子与卵核融合形成受精卵，其余3个解体。从传粉到受精约需13个月的时间。每个颈卵器中的卵均可受精，出现简单多胚现象，但一般只有1个能正常发育，其他则于中途相继停止生长。1个受精卵在发育过程中，可产生4个以上的幼胚，出现裂生多胚现象，但一般也只有1个幼胚能正常分化、发育，成为种子的成熟胚（图10-47）。

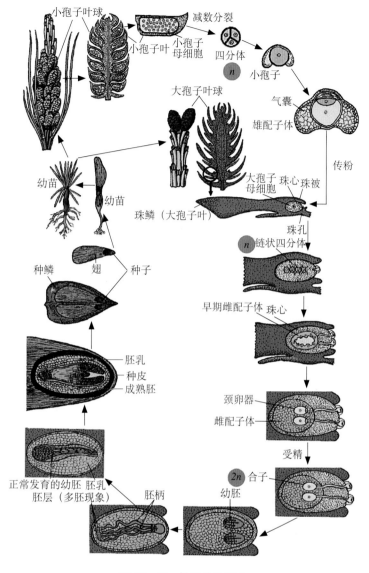

图10-47　松属的生活史

成熟胚由胚芽、胚根、胚轴和7～10枚子叶组成。包围胚的雌配子体发育为胚乳，珠心被分解吸收，仅在珠孔端残留一薄层。珠被发育成种皮，并分化为3层：外层肉质（不发达，最后枯萎），中层石质，内层纸质。胚、胚乳和种皮构成种子。裸子植物的种子是由3个世代的产物组成的：胚是新一代的孢子体（2n）；胚乳是雌配子体（n）；种皮是由珠被发育来的，属老一代的孢子体（2n）。所以说，裸子植物的种子是"三代同堂"。

在种子发育成熟的过程中，雌球花也不断地发育。珠鳞与苞鳞愈合并木质化而成为种鳞，珠鳞上的部分表层组织分离出来形成种子的翅，整个雌球花急剧长大变硬，成为松球果。种子成熟后，珠鳞张开，散出种子。在适宜的条件下，种子萌发，发育成新的孢子体（图10-47）。

3. 裸子植物的分类及用途　详见第十一章。

（四）被子植物

被子植物（Angiospermae）是现代植物界中最高级、最完善、最繁茂和分布最广的一个类群。自被子植物从中生代出现以来，迅速发展繁盛，现已知有近30万种，占植物界的半数以上。它与裸子植物比较，有5个显著的进化特征。

1. 具有真正的花　典型的被子植物花由花萼、花冠、雄蕊和雌蕊4个部分组成。被子植物花的各部分在数量和形态上变化多样，这些变化是在进化过程中，适应于虫媒、鸟媒、风媒或水媒的传粉条件，被自然界选择，得以保留，并不断加强形成的。

2. 具有雌蕊　雌蕊由心皮组成，包括子房、花柱和柱头3部分。胚珠包藏在子房内，得到子房的保护，避免昆虫的咬噬和水分的丧失。子房在受精后发育成果实，果实具有不同的色、香、味；多种开裂方式；果皮上常有各种钩、刺、翅、毛，果实所有这些特点，对于保护种子成熟，帮助种子散布有着十分重要的作用。

3. 具有双受精现象　双受精现象是指两个精细胞进入胚囊后，1个与卵细胞结合形成合子，另1个与2个极核结合形成三倍体的初生胚乳核，再发育成胚乳；幼胚以三倍体的胚乳为营养，使新植物体具有更强的生活力和适应性。

4. 孢子体高度发达，配子体寄生在孢子体上　被子植物的孢子体，在形态、结构和生活型方面，比其他各类植物更完善、更具多样性。有世界上最高大的乔木（杏仁桉，*Eucalyptus amygdalina* Labill.），高达156 m；也有非常小的草本（无根萍，*Wolffia arrhiza* Wimm.），每平方米水面可容纳300万个个体。有重达25 kg仅含一颗种子的果实［大王椰子，*Roystonea regia* (kunth) O. F. look］；也有5万颗种子仅重0.1 g的附生兰。有寿命长达几千年的龙血树（*Dracaena draco* L.）；也有几周内开花结籽完成生命周期的短命植物（如一些生长在干旱荒漠地区的十字花科植物）。有水生植物，也有在各种陆地环境中生长的植物。有自养植物，也有腐生和寄生植物。被子植物的输导组织更完善，木质部有导管，韧皮部有筛管和伴胞，使得体内物质运输更畅通。

5. 配子体进一步退化（简化）　被子植物的小孢子（单核花粉粒）发育为雄配子体，大部分雄配子体仅具2个细胞（2核花粉粒），其中一个营养细胞，一个生殖细胞，少数植物在传粉前生殖细胞分裂一次，产生2个精子，这类植物（如油菜、玉米和小麦等）的雄配子体为3核花粉粒。被子植物的大孢子发育的雌配子体称为胚囊，通常是8核或7细胞胚囊，即3个反足细胞、2个极核（或1个中央细胞）、2个助细胞和1个卵细胞。被子植物的雌雄配子体无独立生活的能力，终生寄生在孢子体上，结构比裸子植物更简化，更进化。

同蕨类植物和裸子植物相比，被子植物的上述特征，使它具备了在生存竞争中优于其他各类植物的内部条件。在植物进化史上，被子植物产生后，大地才变得郁郁葱葱，绚丽多彩，生机盎然。被子植物的出现和发展，不仅大大改变了植物界的面貌，而且促进了动物，特别是以被子植物为食的昆虫和相关哺乳类动物的发展，使整个生物界发生了巨大的变化。

第四节　植物界的发生和演化

目前，地球上生存有50余万种植物，它们的形态结构、营养方式和生活史类型各不相同。但从系统演化的角度看，它们都是由早期原始的生物经过几十亿年的演化发展而逐步形成的。对这一漫长的演化历史，没有完整的记录，也难以用实验方法去重复和证明，只能依据现有的地质数据、不完全的化石资料和现存各类群植物的特点，来推测它们之间的亲缘关系，了解植物界的发生过程和演化规律。

大多数研究表明，植物各类群之间的关系如图10-48所示，而菌类与它们关系甚疏，是独立演化的。原始鞭毛类（flagellates）是真菌和藻类的祖先。具叶绿素和其他色素的原始鞭毛生物演化为藻类，进而演化出高等植物各类群；无色素的原始鞭毛生物演化为菌类。两者起源时期相近且平行发展。以下简要介绍各类群植物的发生和演化历程。

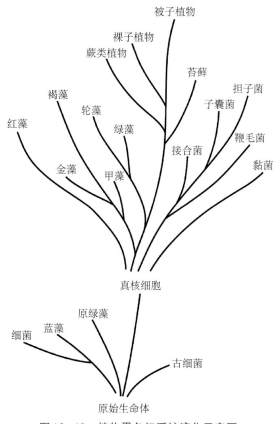

图10-48 植物界各门系统演化示意图

一、细菌和蓝藻的发生和演化

在植物界中，细菌和蓝藻是最原始的类群。据化石资料认定，在距今35亿年前，地球表面已有了细菌和蓝藻的分布。那么，它们是怎样产生的呢？

地球的历史大约有46亿年。太阳系最初是一团富含氢和氦的气态云，由于重力影响，气态云逐渐凝聚，变成一个盘旋的气团。随后成为分散的云块。气团的凝聚及碰撞摩擦产生巨大热量，在整个太阳系中形成若干熔融的个体，这些个体就逐渐变成了太阳、行星和卫星，地球是其中的一员。地球的冷却形成了坚硬的地壳。当氧和氢在高温下溶合成水蒸气并随着地球表面的冷却而凝结时，就形成了海洋。太阳光中极强的紫外线不断烘烤地球表面。放电和紫外线为复杂分子的形成提供能量，使碳、氢、氧和氮结合形成沼气、氨、二氧化碳，大气中的氧渐被耗尽。十几亿年的变迁，在原始海洋里积累了蛋白质、核酸、脂肪和碳水化合物，便形成了"有机汤"。"有机汤"中的化合物的偶然组合形成了原始的生命体。原始生命体具有裂殖和简单新陈代谢的能力，进而演化出了原核生物细胞。首先产生的是异养细菌，然后才相继出现了化能自养细菌和光合自养细菌。细菌在光合作用过程中是以H_2S或其他有机物作为还原底物，不能分解水分子和放出氧气，较蓝藻简单，因此蓝藻应于其后出现。蓝藻大约在距今35亿年前出现，最原始的蓝藻是一些简单的单细胞个体，直到距今17亿年前后，才出现了多细胞群体和丝状体。

因蓝藻光合过程中放出氧气，不仅使水中的溶解氧增加，也使大气中的氧气不断积累，而且逐渐在高空中形成臭氧层。氧气为好氧的真核生物的产生创造了条件，臭氧层可以阻挡一部分紫外线的强烈辐射，为生物生活在地球表面创造了条件。

二、真核藻类的发生和演化

真核藻类在距今15亿~14亿年前出现。据推测，那时大气中氧的含量已大于今日大气中氧含量的1%，一般认为真核细胞不会在此之前产生。至于真核细胞是怎样产生的问题，则有多个学说，其中主要有独立学说、渐进学说和内共生学说。独立学说认为原核细胞和真核细胞是各自独立的，分别由有机分子进化而来，两者之间并无亲缘关系；渐进学说认为真核细胞是由原核细胞通过自然选择和突变逐渐进化而来的；影响较大的是内共生学说（endosymbiosis theory），该学说认为真核细胞是由一种较大的厌氧异氧的原核生物吞噬了好氧细菌和蓝藻，未将其消化并逐渐发展成了固定的共生体，细菌演化成了线粒体，蓝藻演化成了叶绿体，该学说最大的问题是不能解释细胞核的来源。近年来发现甲藻、隐藻以及裸藻细胞的核质无蛋白质，细胞分裂时核膜不消失，称此种细胞核为中核（mesocaryon）。因此，有人认为细胞核的进化应是由原核经中核进化为真核的。

单细胞真核藻类又逐渐演化出丝状体、群体和多细胞类型。距今约9亿年前出现了有性生殖，有性生殖可使后代产生更多的变异，大大地加快了真核生物的进化和发展速度。自真核生物出现至4亿年前，在这10亿年间，是藻类急剧分化、发展和繁盛的时期。现代藻类几个主要门类在此时几乎都已产生。

各门藻类之间的关系如何呢？

其中红藻和蓝藻都含藻胆素、叶绿素a，而不含叶绿素b和叶绿素c，都无具鞭毛的游动细胞，所以两者应有较近的亲缘关系。有人推测红藻可能是原核的蓝藻演化来的，或二者有共同的祖先。

甲藻、金藻和褐藻都含叶绿素a和叶绿素c，而不含叶绿素b，所含叶黄素和胡萝卜素的种类接近，而且其含量超过叶绿素使藻体多呈黄褐色，游动细胞均具2条侧生鞭毛。因此，它们可能有较近的亲缘关系。其中甲藻具中核，应是最原始的，或是原核与真核的中间类型。

1975年美国藻类学家Lewin发现了具原核的含叶绿素a、叶绿素b，而不含藻胆素的原绿藻 [*Prochloron didemni* (Lewin) Lewin]。据此，人们推断，由原始的原核单细胞生物演化出了原绿藻类，再进化到真核的绿藻、轮藻。绿藻和轮藻所含的光合色素、贮存的养分、细胞壁成分和鞭毛类型等都与高等植物相同，由此推断，高等植物中的蕨类和苔藓可能是由绿藻和轮藻共同演化来的。

裸藻所含的光合色素与绿藻相似，但贮藏物质、鞭毛类型和繁殖方式与绿藻不同，且无细胞壁，因此它们的亲缘关系不明确。

三、黏菌和真菌的发生和演化

黏菌所含种类不多，是现代植物界中一个不引人注意的类群，对其发生和演化关系研究得不多，迄今仍不明确。

关于真菌的起源问题，至今尚无定论。但多数学者认为真菌与藻类共同起源于原始鞭毛生物，具色素的一支演化为藻类，无色素的一支演化为菌类，两者起源时间相近且平行发展。真菌则有其独立的系统演化过程：

鞭毛菌具游动孢子，水生。接合菌与鞭毛菌有相似的菌丝，只是在进化途中，游动孢子失去了鞭毛，形成了不动的孢子，并产生了接合生殖的特征。说明它们由水生向陆生演化的历程。

子囊菌不产生游动孢子和游动配子，子囊来源于两个细胞的结合，并形成子囊孢子，更适于陆地生活，它们可能是由接合菌中的某一支演化而来的。

担子菌陆生，次生菌丝为双核。与子囊菌的产囊丝（也是双核）来源相同，在有性生殖过程中，担子菌与子囊菌有很多相似之处。因此推断，担子菌应是由子囊菌演化而来的。

四、苔藓和蕨类植物的发生和演化

苔藓和蕨类植物的形态结构、生活史类型等均有显著的差别，目前看来，它们之间并没有直接的演化关系，它们很可能起源于同一个具世代交替的祖先植物，然后向着两个方向进化：一是朝着生活史中配子体占优势，孢子体寄生在配子体上，孢子体形态结构趋于简化的方向发展，最后形成苔藓植物；另一个方向是朝着孢子体占优势，而配子体趋于简化的方向发展，最终形成蕨类植物。

那么，苔藓和蕨类植物的这一共同祖先又是谁呢？1950年前后，人们在印度、非洲和日本发现的费氏藻（*Fritshiella tuberose* Iyengar）具有直立和匍匐枝的分化，匍匐枝生于地下，直立枝穿过很薄的土层，在土表形成丛状枝，外表有角质层，有世代交替现象，能适应陆地生活。人们推测，这种类型的藻类或许是苔藓与蕨类植物的共同祖先。

苔藓植物最早的化石发现于距今3.45亿～2.8亿年，植物体无真正的根等。对陆生环境的适应能力不如维管植物，所以它们虽然分布较广，但仍然多生于阴湿环境。至今尚未发现它们进化出高一级的新植物类群，因此一般认为它们只是植物界进化中的一个侧枝。

蕨类植物的原始类群——裸蕨（图10-49）出现于距今4.3亿～3.9亿年。裸蕨类的共同特征是小型草本，地下具横走且二叉分枝的根状茎，无真根，地上为主轴，二叉状分枝，无叶；孢子囊单生枝顶，孢子同型。裸蕨植物虽然

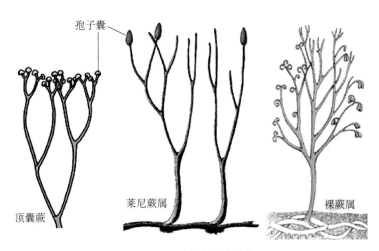

图 10-49　裸蕨类代表植物

只在地球上生存了3 000万年，但它们的出现则开辟了植物由水生发展到陆生的新时代，陆地从此披上了绿装，使植物界的演化进入了与以前完全不同的新阶段。

一般认为蕨类植物是由裸蕨植物分3条进化路线发展进化的。

一支为石松类。石松类植物是蕨类植物中最古老的一个类群，其历史可追溯到距今约3.7亿年前的早泥盆纪。刺石松属（*Baragwanathia*）和星木属（*Asteroxylon*）（图10-50）可作为原始石松类的代表。它们与裸蕨有一些相似之处，但茎上已分化出密生螺旋状排列的细长鳞片状突出物，即小型叶。后来，石松类植物向两个不同的方向发展，一是向草本方向发展，经过漫长的演化，发展成现存的石松和卷柏；另一方向是向木本类发展，到中石炭纪发展到鼎盛时期，出现了高达30～50 m，主茎粗约2 m的高大乔木，如鳞木属（*Lepidodendron*）和封印木属（*Sigillaria*）（图10-51）。但由于它们茎干高大而维管组织细小，枝叶繁茂而根系不深等，所以到二叠纪向三叠纪过渡时，随着地球气候日趋干旱，最终绝灭，成了该地层的主要造煤植物。

再一支是木贼类植物。木贼类差不多是与石松类平行发展的。原始木贼类的代表是海尼蕨属（*Hyenia*）和古芦木属（*Calamophyton*）（图10-52A和图10-52B）。它们是裸蕨植物和典型的木贼类之间的过渡类型，其茎干为二歧式分枝，是接近于裸蕨的特征；但茎枝上有节的分化，叶在茎枝上近似轮状排列，尤其是孢囊排列成疏松的孢子囊穗，孢子囊倒生并悬垂于反卷的小枝顶端，这和现代木贼的孢子囊倒生于孢囊柄上的情况非常相似。到石炭纪和早二叠纪，木贼类发展到了鼎盛阶段，种属很多，既有草本，也有高大的乔木。如芦木属（*Calamites*）

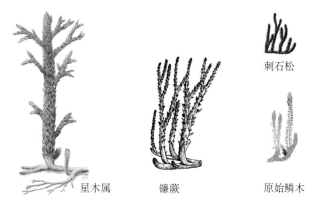

图10-50 化石石松类

图10-51 鳞木属（A）和封印木属（B）

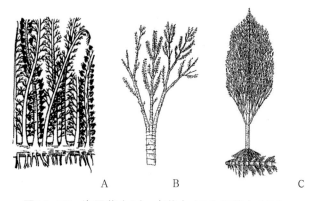

图10-52 海尼蕨（A）、古芦木（B）和芦木（C）

（图10-52C）就是其中之一，高达20～30 m，有形成层，根状茎上生不定根，节和间间明显，节间中空，枝在节部轮生，叶线形或披针形，仅具1条脉，且轮生于节部。孢子叶球具柄状的孢子叶和苞片。这些特征都与现代的木贼属植物非常相似。但到二叠纪末也因地球气候日趋干旱而最终绝灭，成了该地层的成煤植物之一。现存的木贼类植物只有一个属——木贼属，30余种，全为草本，它们是经过长期自然选择而生存下来的"幸存者"。

另一支是真蕨类植物。原始的真蕨类植物的代表是1936年发现于我国云南省泥盆纪地层中的小原始蕨（*Protopteridium minutum* Halle）（图10-53）及发现于中泥盆纪的古蕨属（古羊齿，*Archaeopteris*）（图10-54）。小原始蕨为二歧合轴式分枝的小植物，末级枝条扁化成二叉分枝的叶片状，孢子囊保留着裸蕨类顶生于枝端的特性；古蕨属具有大型二回羽状的真蕨形叶子，孢子囊以短柄着生在羽片或小羽片轴上。这些古代的真蕨被认为是从裸蕨进化到真蕨植物的过渡类型。真蕨植物在长期的地质年代中，并不像其他蕨类那样曾形成繁盛的植被，它们在石炭纪时大多绝灭了，后来在中生代的三叠纪和侏罗纪时，又发展出了一系列的新类群，其中的大多数生存至今。

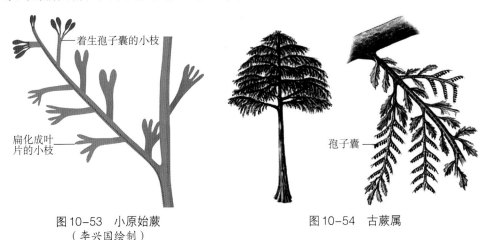

图10-53　小原始蕨　　　　　　　　　图10-54　古蕨属
（李兴国绘制）

真蕨植物较石松和木贼类植物更能适应陆生环境，体现在真蕨植物体的分化程度更高，类型也更加复杂多样。如真蕨植物体的外部产生出毛和鳞片，起保护作用；茎由直立的辐射对称向横走而具背腹性类型发展，减少了与干冷空气的接触；叶片由扁化到蹼化，最终发展成宽阔的羽状复叶，更有利于光合作用；孢子囊也大都有具保护功能的囊群盖，等等。虽然真蕨植物的发展超越了其他蕨类，但大多仍生长在热带和亚热带多雨湿润地区，要能更好地适应现代陆地的生活，还需有更高级类型的植物出现。

五、裸子植物的发生和演化

发现于泥盆纪的古蕨属不但是原始的真蕨类植物的祖先，也可能是裸子植物的祖先。古蕨属植物为高达18 m以上的塔形乔木，茎的最大直径为1.5 m，有形成层及次生组织，木质部成分是有具缘纹孔的管胞，根系发达，孢子囊单个或成串着生在不具叶片的小羽片上，孢子囊内有大、小两种孢子。尽管古蕨仍是以孢子进行繁殖，但它的外部形态、内部结构和生殖器官的特征更接近裸子植物，因而推测它可能是由原始蕨向裸子植物演化的一个早期阶段或过渡类型，所以人们称古蕨属为原裸子植物（Progymnospermae）或半裸子植物。到了晚泥盆纪、石炭纪，由原裸子植物演化出了更高级的类型——种子蕨

（Pteridospermae）。种子蕨植物体不很高大，主茎很少分枝，叶多为羽状复叶；种子外有一杯状包被，其上生有腺体，胚珠中央是一个大孢子发育成的颇大的雌配子体组织和颈卵器，珠心（大孢子囊）的顶端有一突出的喙，喙外又有一垣围之，喙和垣之间为花粉室，珠心之外有一厚的珠被（图10-55）。种子蕨是介于真蕨类植物和种子植物之间的一个过渡类型。

苛得荻（*Cordaitinae*）是由原裸子植物演化出的另一类原始裸子植物（也有人认为是由种子蕨演化来的）。植物体为高大乔木，茎中有类似被子植物胡桃（*Juglans*）的髓，叶皆是全缘的单叶，其上有许多粗细相等、分叉的、几乎是平行的叶脉；大、小孢子叶球分别组成松散的孢子叶球序，并在大、小孢子叶球的基部有多数不育的苞片；胚珠顶上，珠心和珠被完全分离（图10-56）。有胚珠，但还没有真正的种子。

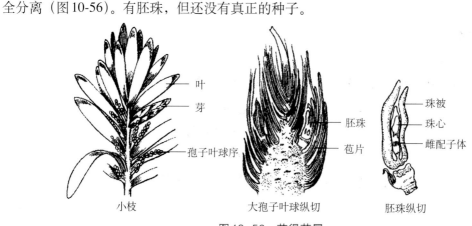

图 10-55 种子蕨

图 10-56 苛得荻属

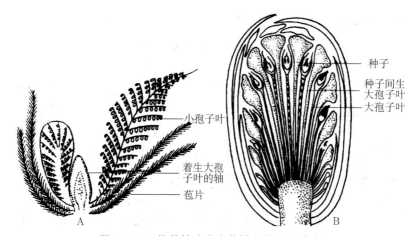

图 10-57 拟苏铁（本内苏铁）的孢子叶球
A. 本内苏铁孢子叶纵切面　B. 本内苏铁大孢子叶球纵切面

种子蕨中具单性孢子叶球的种类进一步演化发展成苏铁类（*Cycads*），具两性孢子叶球的演化发展成拟苏铁植物（*Cycadeoideinae*）（即本内苏铁，*Bennettitinae*）（图10-57）。拟苏铁类于白垩纪后期绝灭。

根据植物体的特征及孢子叶球的形态和组成等，人们推断，现存的银杏纲、松柏纲和红豆杉纲是由苛得获演化发展来的。至于买麻藤纲的起源和系统地位，至今尚未找到有力的线索，故难以确定。根据它们形体结构和明显的分节，被认为与木贼类植物有一定的亲缘关系；但从它们的孢子叶球的结构来看，其祖先曾具有两性的孢子叶球，而具有两性孢子叶球的，只有起源于拟苏铁类；但买麻藤植物木质部中具导管、精子无鞭毛、颈卵器趋于消失，以及类似花被结构（盖被）的形成和虫媒的传粉方式等，又是堪与被子植物相比拟的高级性状。

在漫长的历史发展过程中，由于地史、气候经过多次的重大变化，裸子植物的种系也随之多次演替更新，老的种系相继绝灭，新的种系陆续演化出来，并沿着不同的进化路线不断地更新、发展，繁衍至今。

六、被子植物的发生和演化

（一）被子植物发生的时间

到目前为止，发现最早的、可靠的被子植物化石是在距今约1.2亿年以前的早白垩纪。但到了距今9 000万～8 000万年前的晚白垩纪，被子植物在地球上的大部分地区占了统治地位。白垩纪中期被子植物"爆发式"出现，如此惊人的演化速率和在地球上的散布速度，是令人难以置信的。Axelvod指出，如果考虑地质历程中已经发现的主要植物化石的演化速度，要达到被子植物的那种多样性，需要7 000万～6 000万年的时间，据此推测，被子植物的祖先至少应当在二叠纪。综观植物发展史，出现如此大的间断也是罕见的。许多学者曾对此做过各种解释，但始终未揭开这个谜。

（二）被子植物的发生地

对于被子植物发生地的问题，主要有两种观点：高纬度起源说和低纬度起源说。目前多数学者支持后者，其根据是现存的和化石的木兰类在亚洲东南部和太平洋西南部占优势。现存的一些原始的科也多分布在低纬度地区，并在低纬度热带地区白垩纪地层中发现有最古老的被子植物单沟花粉。大陆漂移说和板块学说也支持低纬度学说。但这个问题并没有定论，还有许多问题需要进一步探讨。

（三）被子植物的祖先

有关被子植物的祖先问题，存在着各种不同的假说，有多元论、二元论和单元论，现分别简介如下。

1. 多元论 多元论（polyphyletic theory）认为被子植物来自许多不相亲近的祖先类群，彼此是平行发展的。如Wieland在1929年提出被子植物多元起源的观点，认为不同的被子植物类群的起源分别与本内苏铁、苛得获类、银杏类、松杉类以及苏铁类有关。Meeuse认为被子植物至少是从4个不同的祖先演化而来的。胡先骕1950年在《中国科学》上发表文章认为，双子叶植物是从多元的半被子植物起源的；单子叶植物不可能出自毛茛科，也需上溯至半被子植物，而其中的肉穗花类直接出自种子蕨的髓木类，与其他单子叶植物不同源。

2. 二元论 二元论（diphyletic theory）认为被子植物来自两个不同的祖先类群，二者不存在直接的关系，而是平行发展的。如Lam认为被子植物的单花被类、部分合瓣类以及少部分单子叶植物的大孢子囊起源于轴性器官，属轴生孢子类（stachyospore），应起源于盖子植物的买麻藤目；而多心皮类、离瓣花类及大部分单子叶植物的心皮是叶起源，大孢子囊起源于叶性器官，属叶生孢子类（phyllospore），起源于苏铁类。Engler认为柔荑花序的无花被类和有花被的多心皮类缺乏直接的关系，二者有不同的祖先，且是平行发展的。

3.单元论　单元论（monophyletic theory）认为所有的被子植物都是来源于一个共同的祖先。其理论依据是：被子植物具有许多独特和高度特化的特征，如筛管和伴胞的存在、雌雄蕊在花轴上排列的位置固定不变及结构的一致性、花粉管通过助细胞进入胚囊、双受精现象和三倍体胚乳等，很难想像这些性状能在不同的原始植物类群中独立地同时发生，从统计学上也证实，所有这些特征共同发生的概率不可能多于1次，因此认为被子植物只能来源于一个共同的祖先。现代多数植物学家持单元论的观点，如Hutchinson、Takhtajan和Cronquist。近几年兴起的分子系统学研究的结果也肯定了被子植物确属一个单元发生群。被子植物如确系单元起源，其祖先又是哪一类植物呢？推测很多，却无定论，但认为多心皮类中的木兰目为现代被子植物的原始类型的观点基本上是一致的，目前比较流行的是本内苏铁和种子蕨两种假说。

Lemesle（1946）主张起源于本内苏铁，他认为本内苏铁的两性孢子叶球和木兰属的花相似，种子无胚乳，仅具两枚肉质的子叶；次生木质部的构造亦相似。Takhtajan则认为本内苏铁的孢子叶球和木兰属花的相似是表面的，因为木兰属的小孢子叶分离，螺旋排列，而本内苏铁的小孢子叶为轮生，且在近基部合生，小孢子囊合生成聚合囊；再者，本内苏铁的大孢子叶退化为一个小轴，顶生一个直生胚珠，并在这种轴状大孢子叶之间还有种子间鳞，因此，要想像这种简化的大孢子叶转化为被子植物的心皮是很困难的；另外，本内苏铁类以珠孔管接受小孢子，而被子植物则是通过柱头进行传授粉。所有这些都表明被子植物起源于本内苏铁的可能性较小，因此，Takhtajan认为被子植物同本内苏铁目有一个共同的祖先，有可能从一群最原始的种子蕨起源。

至于哪一类种子蕨是被子植物的祖先，它们又是怎样演化成被子植物的等，都有不同的假说，但至今尚无统一的看法，其主要原因是因为现存被子植物种类繁多，关系错综复杂，再加上化石的贫乏，尤其是被子植物的化石极度贫乏，在很大程度上制约了对早期被子植物形态结构的了解，因而难以对其祖先类群做出准确的判断。其中的幼态成熟学说比较引人注意，如Arber、Takhtajan和Asama等认为，种子蕨的具孢子叶的幼年短枝生长受到强烈抑制和极度缩短变成孢子叶球，再进而变成原始被子植物的花，这种花再经过不断地幼态成熟突变，使幼苗阶段的花轴（花托）和叶器官（花被、雄蕊和雌蕊）更紧密地靠拢，最后演变成为进化的被子植物的花。按照幼态成熟学说，被子植物的雌配子体由种子蕨的雌配子体的游离核阶段突变而成；心皮是原始裸子植物大孢子叶的幼态成熟，单子叶植物的子叶是双子叶植物的子叶幼态成熟，等等。谷安根（1992）则提出种子蕨的幼态成熟应是其种子内幼胚时期发生的。至于是由哪种种子蕨通过幼态成熟演化出原始被子植物的问题，同样没有一致的意见。

（四）单子叶植物的起源

目前绝大多数学者认为双子叶植物比单子叶植物原始，而推测单子叶植物是从已绝灭的最原始的草本双子叶植物演化而来的，是单元起源的一个自然分支（Hutchinson、Takhtajan、Cronquist和田村道夫）。但是，具体是从哪一类祖先进化来的，现存单子叶植物中哪一群是原始的则有多种假说和推论。其中主要有两种起源说：一种是认为单子叶植物起源于具单沟花粉的水生无导管的睡莲目的一些类群，通过莼菜科（Cabombaceae）中可能已绝灭的原始种类进化到泽泻目，再演化出单子叶植物的其他分枝；另一种观点认为单子叶植物起源于陆生的多心皮、离生、原始的草本群毛茛类，但因其依据不同，却又得出不同的演化路线，依离生心皮为依据者认为单子叶植物的花蔺科（Butomaceae）、泽泻科（Alismataceae）和眼子菜科（Potamogetonaceae）等为原始类群，依解剖结构、化学成分为依据者认为百合目应是单子叶植物的原始类群。

上述看法均缺乏可靠的化石证据，仍需多学科的长期探索。

（五）被子植物系统演化的主要学说

研究被子植物的系统演化，首先要确定植物的原始类型和进化类型，而形成真正的花是被子植物区别于其他类群植物的最主要特征，被子植物的花从何发展而来，目前有两种不同的看法，即假花学说（pseudo-anthium theory）和真花学说（euanthium theory）。

1. **假花学说** 该学说认为被子植物的一朵花相当于裸子植物的一个孢子叶球序，主张被子植物是由高级裸子植物中的弯柄麻黄（*Ephedra campylopoda*）演化来的。一个雄蕊和心皮分别相当于一个极端简化的小孢子叶球和大孢子叶球。小孢子叶球的苞片演变为花被，大孢子叶球的苞片则演变为心皮，每个小孢子叶球的小苞片退化，只剩下1个雄蕊，而大孢子叶球的小苞片退化，只剩下胚珠着生于心皮上，

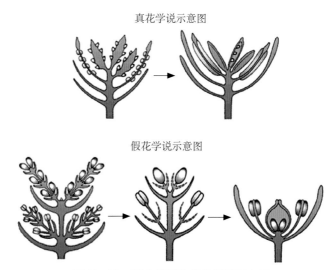

真花学说示意图

假花学说示意图

图10-58 假花学说和真花学说示意图

这样就由一个孢子叶球序演变成为被子植物的一朵花（图10-58）。由于麻黄的孢子叶球序以单性为主，且多是雌雄异株，所以原始的被子植物的花必然是单性花。因而，被子植物当中具单性花的柔荑花序类如杨柳科、胡桃科等，就被认为是最原始的代表。一个柔荑花序相当于一个孢子叶球总序。该学说的观点受到多数学者反对。假花学派的主要代表是德国的Engler（1887，1903）和奥地利的Wettstein（1935），又称恩格勒学派。

2. **真花学说** 该学说认为被子植物的一朵花相当于裸子植物的一个两性孢子叶球，主张被子植物是由原始裸子植物中早已绝灭的本内苏铁目（Bennettitales）中具两性孢子叶球的植物演化来的。孢子叶球基部的苞片演变成花被，小孢子叶演变成雄蕊，大孢子叶发展成雌蕊（心皮），孢子叶球的轴则逐渐缩短成花轴或花托。也就是说，由本内苏铁的两性孢子叶球演化成被子植物的两性花（图10-58）。因本内苏铁目着生孢子叶的轴很长，孢子叶的数目很多，且是两性虫媒花。依此理论，现代被子植物中的具有伸长的花轴，心皮多数、离生的两性整齐花，且是虫媒传粉的木兰目植物应是现代被子植物中较原始的类群。而柔荑花序类的单性花，单被（或无被）花，风媒传粉等特点是为适应环境而形成的较进化的性状。真花学说常被称为毛茛学派，以美国系统学家Bessey（1893，1897，1915）、德国的Hallallier（1912）及英国的Hutchinson（1926，1934，1959，1973）等为代表。当代四大分类系统，前苏联的Takhtajan（1954，1959，1980，1987）、美国的Cronquist（1968，1981，1988）和Thorne（1968，1976，）以及丹麦的R.Dahlgren（1975，1980，1986）等都是以真花学说为基础建立的。多数学者赞成这一学说。

上述两种学说都认为早期的被子植物都是木本植物，但最近发现的化石资料以及分子系统学的研究，得出了极具挑战性的结论。认为木兰目植物虽然保存了一系列被子植物花的可能的原始特征，如花部分离、同被等，但它并不是最早的被子植物。早期被子植物可能是个体较小的草本植物，其花小，花萼和花冠没有明显的区别，雄蕊的花丝不发达，花药呈瓣状开裂，花粉单沟，雌蕊由1个或几个离生心皮组成，柱头表面分化不明显。

（六）植物界的演化规律和演化路线

1. 演化规律 纵观植物界各类群的发生和演化，可将整个植物界的进化规律概括为以下两点。

（1）由简单到复杂。在营养体的结构和组成方面：由单细胞个体到群体、丝状体、片状体，再到茎叶体，最后发展成具根、茎、叶的多细胞个体；从无组织分化到有组织分化；植物体中各细胞的功能，从无分工到有明细的分工。在生活史中：由无核相交替到有核相交替再到具世代交替，世代交替又由配子体占优势的异型世代交替向孢子体占优势的异型世代交替发展。在生殖方面：由营养繁殖到无性生殖，进而演化出有性生殖，有性生殖又由同配生殖到异配生殖，最后演化到卵式生殖；以及从无胚到有胚等。

（2）由水生到陆生。因生命最早发生于水中，所以最原始的植物一般都在水中生活。随着地球沧海桑田的变化，植物也由水域向陆地发展。相应地，植物体的形态结构也逐渐地发生了更适应于陆地生活的转变。例如，植物体由无根到有假根再到真根的出现，由无输导组织到输导组织的形成及进一步地完善，有利于植物在陆生环境中对水分的吸收和输导；机械组织的加强，能使植物体成功地直立于地面；保护组织的分化，对调控水分蒸腾有重要作用；叶面积的发展，有利于营养物质的制造和积累；高等种子植物的精子失去鞭毛及花粉管的形成，使受精作用不再受水的限制。孢子体的逐渐发达和配子体的逐渐退化，也是对陆生环境的适应，原始的植物生活在水中，游动配子在水域条件下，能顺利结合，产生性细胞的配子体相应得到优势发展。在陆生环境下，配子体逐渐缩小，能在短暂而有利的时间内发育成熟，并完成受精作用；而由合子发育成的孢子体，获得了双亲的遗传性，具有较强的生活力，能更好地适应多变的陆地环境。因此，进化的陆生植物有着更为发达而完善的孢子体和愈加简化的配子体。

上述两点是植物界进化的一般规律。但不能因此就认为所有简单的结构都属原始的性状；同样，也不能认为凡是水生植物都是低等的种类。因为有些植物在适应新的环境条件时，某些器官和组织的结构反而从复杂走向简单。如颈卵器的结构，从苔藓植物到蕨类植物，再到裸子植物就越来越简单，演化到被子植物则已完全消失；又如生活在水中的浮萍、睡莲和金鱼藻等，维管束均极度退化，根也不发达，然而它们却都是比较高级的种子植物，因为它们是由陆地又返回到水中生活的。因此，绝不能把植物界的发展机械地理解成简单的、直线上升的演化过程。

虽然通过上升式演化使植物体逐渐复杂和完善是进化的总趋势，但某些种类在特殊的环境中，却朝着特殊的方向发展和变化。故而才形成了今天形形色色、种类繁多的植物界。

2. 演化路线 目前地球上生存有50余万种植物，它们的形态结构、营养方式和生活史类型各不相同，以其亲缘关系可分为若干类群。但从系统演化的角度看，它们都是由早期简单的原始生物经过几十亿年的发展演化而逐步产生的，这是一个漫长而复杂的历史过程。在这个过程中，有的类群繁盛了，有的衰退了，老的种类消亡了，新的种类产生了，地球上的生物在不断地更换面目，犹如一部电影或话剧，一场场、一幕幕，曾出现过不同的动人画面，但就其情节，总有一条主线贯穿始终。同样，植物界的演化，也有一条主线可循。现将其演化路线简要概括如下：

大约在46亿年前地球形成，在地球上首先从简单的无生命的物质演化出原始生命体。这些原始生命体与周围环境不断地相互影响，到了35亿年前，演化出了原核生物——细菌、蓝藻。这一过程经历了11亿年。又经历了约20亿年，到18亿～14亿年前，由原核生物演化出了真核生物——原始鞭毛生物，由原始鞭毛生物演化发展出各种真核藻类植物，真核藻类从开始出现到鼎盛时期，大约经历了10亿年。到4亿年前，由高等的绿藻类演化出了原始的蕨类植物。蕨类植物从发生、发展到衰退经历了1.2亿年，到2.8亿年前，由蕨类植物演化出了裸子植物，裸子植物在植物界称霸1亿年左右，又逐渐让位给了被子植物（表10-2）。当今世界，被子植物几乎在陆地上的各个角落的植被中都堪称霸主。这就是植物界演化中的一条主线。真菌是与真核藻类同期出现的一个侧枝，苔藓则是与蕨类植物同期出现的一个侧枝。植物界演化主干顶端的被子植物能繁盛多久，将来又会被谁取代，有待进一步的探究。

表10-2 地质年代和植物界进化情况及不同时期的优势植物

代	纪	距今年数（百万年）	主要植物类群进化情况	优势植物
新生代	第四纪	现代	被子植物占绝对优势，草本植物进一步发展	被子植物
		早期 2.5		
	第三纪	后期 25	经过几次冰期后，森林衰落；草本植物发生，植物界的面貌与现代相似	
		早期 65	被子植物进一步发展且占优势，世界各地出现大范围森林	
中生代	白垩纪	上 90	被子植物得到发展	裸子植物
		下 136	裸子植物衰退，被子植物逐渐代替了裸子植物	
	侏罗纪	190	裸子植物中松柏类占优势，原始裸子植物消失；被子植物出现	
	三叠纪	225	木本乔木状蕨类植物继续衰退，裸子植物继续发展	
古生代	二叠纪	上 260	裸子植物中苏铁类、银杏类、针叶类生长繁茂	蕨类植物
		下 280	木本乔木状蕨类植物开始衰退	
	石炭纪	345	巨大的乔木状蕨类植物如鳞木类、芦木类、木贼类、石松类等形成森林；同时出现了矮小的真蕨类植物；种子蕨类进一步发展	
	泥盆纪	上 360	裸蕨类逐渐消失	
		中 370	裸蕨类植物繁盛，种子蕨出现；苔藓植物出现	
		下 390	植物由水生向陆生演化，陆地上已出现了裸蕨类；可能出现了原始维管植物；藻类植物仍占优势	藻类植物
	志留纪	435		
	奥陶纪	500	海产藻类占优势，其他类型植物群继续发展	
	寒武纪	570	初期出现了真核细胞藻类，后期出现了与现在藻类相似的类群	
元古代		570～1 500		
太古代		1 500～5 000	生命开始，细菌、蓝藻出现	原核生物

本章提要

生物多样性是指地球上所有生物及其与环境形成的生态复合体，以及与此相关的各种生态过程的总和。我国是世界上生物多样性最丰富的国家之一。

鉴别植物种类，探索植物间亲缘关系，阐明植物界自然系统是植物分类的主要任务，植物分类在开发和利用植物资源等方面起着重要作用。植物分类方法包括人为分类和自然分类。植物分类单元主要有界、门、纲、目、科、属、种，种是分类的基本单位。

植物命名的方法为双名法，而检索表则是识别鉴定植物的工具，分为定距检索表和平行检索表。

植物界的基本类群，按两界系统包括藻类、菌类、地衣、苔藓、蕨类、裸子植物和被子植物等16个门。

藻类、菌类和地衣等是没有根、茎、叶分化的原植体植物，生殖器官是单细胞，合子萌发不形成胚而直接发育成新的植物体，属于低等植物。

藻类一般都具光合作用色素，属自养植物，多分布在水中。蓝藻门属原核生物，多种蓝藻有固氮能力，在农业上有重要意义，有些蓝藻可食用，有些种类可引起"水华"，给环境带来严重影响。绿藻门、轮藻门、红藻门和褐藻门等都是真核藻类，其中绿藻门种类最多，其光合色素、细胞壁的成分、贮藏物质和鞭毛类型等都与高等植物相同，繁殖方式多样，有性生殖有同配、异配和卵配，水绵则为接合生殖，生活史类型有合子减数分裂和孢子减数分裂，石莼为孢子减数分裂，具同型世代交替；轮藻门的植物体有类似根、茎、叶的分化，生殖器官结构也比较复杂，其生活史为合子减数分裂，具核相交替而无世代交替；红藻门所含色素与蓝藻相似，孢子无鞭毛，紫菜的生活史为配子体发达的异型世代交替。藻类为海水生态系统中唯一初级生产者，其经济价值为食用、药用和许多工业原料。

菌类一般不具光合色素，属典型的异养植物，菌类是自然界的分解者，在物质循环中起着很大的作用。细菌门属原核生物，繁殖方式为细胞直接分裂，依其形态可分为球菌、杆菌和螺旋菌3种基本类型。放线菌是介于细菌与真菌之间的中间类型，可提取多种抗生素。黏菌门是介于动物和植物之间的生物。

真菌门约20万种以上，共分5个亚门。鞭毛菌亚门和接合菌亚门为低等真菌，营养体为单细胞或无隔多核的菌丝组成的菌丝体；子囊菌亚门除极少数为单细胞外，均为有隔菌丝组成的菌丝体；担子菌亚门均为有隔菌丝组成的菌丝体。子囊菌和担子菌属高等真菌，大多数种类形成子实体。半知菌亚门的营养体均为有隔菌丝形成菌丝体，尚未发现其有性阶段。真菌的无性生殖特别发达，可形成多种类型的孢子，有性生殖可产生卵孢子（$2n$）、接合孢子（$2n$）、子囊孢子（n）和担孢子（n）。许多真菌可食用、药用；不少种类在食品、酿造、化工等工业上有较大的用途；有些真菌为动物、植物和人体的寄生菌。

地衣是由真菌和某些藻类共生的原植体植物，适应能力很强，是自然界中的"先锋"植物。

高等植物包括苔藓植物门、蕨类植物门、裸子植物门和被子植物门，大多陆生，植物体一般有根、茎、叶和维管组织的分化（苔藓除外）；生殖器官由多细胞构成；受精卵形成胚；生活史中具明显的世代交替。

苔藓植物门是一群小型的非维管陆生高等植物。外形为茎叶体或叶状体，具假根。有性生殖器官形成颈卵器和精子器，其生活史为配子体占优势的异型世代交替。孢子体不能独立生活，寄生于配子体上。

蕨类植物是一群具有根、茎、叶分化的进化水平最高的孢子植物，又是不产生种子的最原始的维管植物。生殖器官为颈卵器和精子器，生活史类型为孢子体发达的异型世代交替，配子体微小，但能独立生活。经济价值较大，不少种类可药用、食用、工业用、农业用和观赏用。

裸子植物是有维管组织，具颈卵器，产生花粉管并形成种子的高等植物。花粉管的产生，使受精作用脱离了水的羁绊；种子的形成有助于植物的散布、胚的保护和幼孢子体的成长。其生活史为孢子体发达的异型世代交替。孢子体多为高大的木本，可产生明显的次生木质部，无导管。配子体退化，寄生在孢子体上，雌配子体尚有颈卵器，只有一个精子在颈卵器内受精，有多胚现象。其种子由3个世代的产物组成：胚是新一代的孢子体，胚乳是雌配子体（n），种皮是老一代的孢子体，种子的外部没有果皮包被。

被子植物是植物界中最高级、最完善、最繁茂和分布最广的类群。其最显著的特征是：具有真正的花；具雌蕊，胚珠包被在子房内，形成果实；具双受精现象。

从系统演化的角度看，目前地球上生存的50余万种植物都是由早期简单原始的生物经过几十亿年的发展演化而逐步产生的，这是一个漫长的历史过程。地球的形成大约在46亿年前，细菌和蓝藻出现在35亿～33亿年前，经过20亿年的演化和发展，于15亿～14亿年前出现了真核藻类。真核藻类经过10亿年的演化和发展，于4亿年前出现了原始的登陆的蕨类植物。蕨类植物从发生、发展到衰退，经历了1.2亿年，其繁盛时期曾出现过不少高大的乔木，2.8亿年前由蕨类演化出了裸子植物，被子植物自出现到繁盛仅用了2 000万～3 000万年，具惊人的演化速率和散布速度。真菌是与真核藻类同期出现的一个侧枝，苔藓是与蕨类同期出现的一个侧枝。植物界的进化趋势是朝着有维管组织分化、孢子体占优势的方向发展。

关于被子植物的发生时间、发生地、可能的祖先及系统演化等问题均有多种学说，目前尚无定论，仍需多学科进行长期探讨。

复习思考题

1. 植物分类的方法有哪些？各种分类方法的依据是什么？

2. 什么是"双名法"？统一用拉丁文给植物命名有什么意义？

3. 请自选10种植物，用两种不同的检索表形式将它们加以区别。

4. 低等植物和高等植物有何不同？各自都包括哪些类群？并说明各类群的基本特征。

5. 蓝藻和细菌属于原核植物，它们与真核植物有何区别？

6. 请解释合子减数分裂和孢子减数分裂、核相交替和世代交替，并说明衣藻、石莼、水绵、轮藻、紫菜和海带的生活史各属哪种类型？

7. 真菌进行无性生殖和有性生殖时都产生哪些类型的孢子？各有什么特征？

8. 地衣有何特征？依其外部形态可分为哪几类？地衣有什么用途？

9. 苔藓有何特征？为什么说苔藓是植物系统演化中的一个旁支？它们有何用途？

10. 蕨类植物与苔藓植物相比，两者的主要区别是什么？3亿年前它为什么能成为地球上的优势类群？

11. 为什么说蕨类植物是最高等的孢子植物？又是最低等的维管植物？蕨类植物有什么

经济价值?

12. 裸子植物的主要特征是什么? 为什么说它们是介于蕨类植物和被子植物之间的一类维管植物?

13. 试述松属的生活史。

14. 与裸子植物相比,被子植物有哪些进化特征? 它们为什么会在较短的时间内得到迅猛的发展?

15. 试说明苔藓植物、蕨类植物、裸子植物和被子植物的演化趋势。

16. 你对植物界各类群的发生和演化有什么看法? 除了上升式演化外,你认为还有其他理论或因素可用来解释地球上植物多样性产生和发展的过程吗?

第十一章 种子植物分类

凡是能够产生种子的植物称为种子植物（spermatophyte）。种子的出现是植物界进化的一个重大飞跃。花粉管的形成，使受精过程完全摆脱了水因子的束缚。种子植物的配子体较孢子植物（sporophyte）的更为简化，不能独立生活，只能寄生在孢子体上。根据胚珠或种子外有无子房壁或果皮包裹，可将种子植物分为裸子植物（gymnospermae）和被子植物（angiospermae），前者胚珠或种子裸露，没有子房壁或果皮包被，不形成果实；后者胚珠或种子有子房壁或果皮包被，形成果实。

第一节 裸子植物分类

裸子植物在陆地生态系统中占有十分重要的位置，它是森林植被的主要成分。裸子植物是一群最进化的颈卵器植物，现代裸子植物的种类分属于4纲9目12科71属近800种。我国有4纲8目11科41属236种47变种。

裸子植物通常分为苏铁纲（Cycadopsida）、银杏纲（Ginkgopsida）、松杉纲（Coniferopsida）和盖子植物纲（Chlamydospermopsida）4个纲。

一、苏铁纲

苏铁纲是原始的裸子植物，现仅存苏铁科（Cycadaceae），1属约60种，分布于热带和亚热带地区。我国16种。

常绿木本，茎干粗大且常不分枝。叶有2种，鳞叶小且密被褐色毛，营养叶为大型的羽状复叶且集生于茎的顶部。雌雄异株，雄球果和雌球果生于茎的顶端。精子具多数鞭毛。

苏铁（*Cycas revoluta* Thunb.），常绿乔木，茎不分枝。大型羽状复叶集生于茎顶部。茎具发达的髓部和皮层，网状中柱，木质部内始式发育，形成层活动有限，由皮层发生形成层引起加粗生长。小孢子叶（雄蕊）扁平肉质，下面有许多由3～5个小孢子囊组成的小孢子囊群。大孢子叶密被黄褐色绒毛，上部羽状裂，下部柄两侧生2～6枚胚珠。种子橘红色，外层种皮肉质，胚有2枚子叶，胚乳丰富，源于雌配子体（图11-1）。

图11-1 苏铁
A.雄球花　B.雌球花　C.小孢子叶背面（示小孢子囊）　D.大孢子叶

本种为优美的观赏树种。茎内含淀粉，可供食用，但含毒性成分。种皮和种仁中含苏铁苷，具有肝脏毒性，不可食用。

二、银杏纲

银杏纲是单目、单科、单属，现仅存银杏（*Ginkgo biloba* L.）一种，我国特产，是著名的孑遗植物。世界各地均有栽培。

银杏为落叶乔木，具营养性长枝和生殖性短枝。茎的髓部不明显，次生木质部发达。单叶扇形，先端2裂或波状缺刻，具2叉分枝的叶脉，在长枝上互生，短枝上簇生。雌雄异株。雄球花柔软下垂，生于短枝顶端，每个小孢子叶具短柄，柄端生1对长形的小孢子囊，精子有多数鞭毛。雌球花有长柄，柄端分为两叉，叉端各有1胚珠，胚珠基部由珠领（collar）包围，常只有1个胚珠成熟。种子成熟时黄色，具3层种皮，外种皮肉质，中种皮骨质，内种皮纸质。胚有2枚子叶，胚乳肉质（图11-2）。

图11-2 银 杏
A.短枝及种子 B.大孢子叶球 C.小孢子叶球

银杏由于生长迅速，木材优良，树形美观，现多用于园林绿化和建筑材料。种子可食及供药用；叶入药，可制杀虫剂。

三、松 杉 纲

松杉纲共4目7科57属约600种，我国有4目7科36属209种44变种，是现代裸子植物中数目最多，分布最广的类群。乔木或灌木，茎的髓部小，次生木质部发达，由管胞组成，无导管，多具树脂细胞。花粉有气囊或无气囊，萌发时不产生游动精子。

1.松科（Pinaceae） 乔木，常有树脂。叶针形或线形，单生或簇生，螺旋排列。球花单性同株，雄球花腋生或单生枝顶，或多数聚生于短枝顶部。雄蕊多个，每个有2花药，花粉有气囊或无。雌球花由多数螺旋排列的珠鳞和苞鳞组成，每个珠鳞腹面有2枚倒生胚珠，花后珠鳞发育为种鳞。球果直立或下垂，当年或次年或第三年成熟。种鳞宿存或脱落，苞鳞露出或不露出。种子2，常于上端有膜质翅。胚有2～16枚子叶。

本科有10（11）属235种，主要分布在北半球。我国有10属108种，全国分布。松科是裸子植物中最大的科，占全部裸子植物种类的1/3左右。常见植物有油松（*Pinus tabulaeformis* Carr.），高大乔木，高可达25 m；针叶2针1束；雄球花在新枝下部聚生为穗状，球果宿存树上可达数年；4～5月开花，次年10月球果成熟。华山松（*Pinus armandii* Franch.），针叶5针一束（图11-3）。雪松 [*Cedrus deodara*（Roxb.）G.Don]，高大乔木，高可达50 m；针叶在长枝上辐射形伸展，短枝上簇生；雄球花长卵圆形或椭圆状卵圆形，雌球花小，卵圆形；球果熟时红褐色。我国的松科植物十分丰富，占全部松科种类的1/2左右，其中特有属如金钱松属（*Pseudolarix*）、银杉属（*Cathaya*），都是单种属，为孑遗植物。松科植物大多是优良木材和建筑材料，并在园林绿化中居重要地位。

图11-3　华山松
A.球果枝　B.雌球花　C.雌球花纵切（示大孢子叶腹面两个胚珠）
（彭卫东　摄）

2.柏科（Cupressaceae）　常绿乔木或灌木。叶交互对生或3～4叶轮生，少有螺旋状生；叶鳞形或刺形，或同株有两种叶。球花单性，同株或异株；雄球花有3～8对交互对生雄蕊，每雄蕊2～6花药，花粉无气囊；雌球花有3～16枚交互对生或3～4片轮生的珠鳞，全部或部分珠鳞有1至多个胚珠。苞鳞与珠鳞完全合生。球果圆球形或卵圆形，种鳞1至多个，熟时张开或肉质浆果状。种子有窄翅或无翅。

柏科有19属约125种，我国有8属46种，分布全国。本科植物多为优良用材树种和庭

图11-4　侧　柏
A.小孢子叶球　B.枝条　C.大孢子叶球

园观赏树木。常见植物有侧柏 [*Platycladus orientalis* (L.) Franco]，乔木；有鳞形叶，小枝扁平，排成平面；叶交互对生；雌雄同株，雄球花黄绿色，有6对交互对生雄蕊，雌球花近球形，蓝绿色；球果成熟前蓝绿色，有白粉，成熟后木质，红褐色；种鳞2，每种鳞内有种子2枚；3～4月开花，10月球果成熟（图11-4）。圆柏 [*Sabina chinensis* (L.) Ant.]，乔木，树冠在幼龄树尖塔形，在老树广圆形；叶有刺叶和鳞叶两种，刺叶生幼树上，老树全为鳞叶，中年树有两种叶，轮生；雌雄异株，雄球花椭圆形，球果圆球形，2年成熟；种子1～4粒。

3.杉科（Taxodiaceae） 常绿或落叶乔木。叶螺旋状散生，少为交互对生或近对生；叶多披针形、钻形、条形或鳞形，同株有叶2型或1型。球花，雌雄同株，单性；雄球花小，单生或簇生，或为圆锥花序状，花药3～4个，花粉无气囊；雌球花常顶生，珠鳞与苞鳞合生。球果当年成熟，种鳞宿存或脱落。种子2～9枚，子叶2～9个。

本科有9属12种，主产北温带。我国8属9种（特有1种，引种4种）。在我国，著名的杉科植物有杉木 [*Cunninghamia lanceolata* (Lamb.) Hook.]、水杉 [*Metasequoia glyptostroboides* Hu et Cheng]、台湾杉（*Taiwania cryptomerioides* Hayata）和水松 [*Glyptostrobus pensilis* (Staunt.) Koch] 等。

水杉为乔木，高达35 m，树皮脱落性，枝斜展。叶条形，淡绿色，在侧生小枝上叶排成2列，呈羽状，冬季与小枝同落。球果下垂，略呈球形，熟时深褐色，有长梗，种鳞木质，有11～12对，交互对生。能育种鳞有5～9粒种子，种子扁平，周围有翅，子叶2（图11-5）。水杉不仅是著名的活化石，也是优良的风景树木。

本纲的罗汉松科（Podocarpaceae）、三尖杉科（Cephalotaxaceae）和红豆杉科

图11-5 水 杉
A.球果 B.雌球花 C.枝条

（Taxaceae）3个科，胚珠生于盘状或漏斗状的珠托上，或由囊状或杯状的套被包围，但不形成球果。种子具肉质的假种皮或外种皮。这3科曾归于红豆杉纲。

其中的三尖杉科仅有三尖杉属（*Cephalotaxus*）（图11-6）1属，常绿小乔木，有近对生或轮生的枝条和鳞芽。雄球花6～11个组成球状总序，有2～5个雄蕊，但通常是3个有些悬垂的小孢子囊，小孢子无气囊；大孢子叶变态为囊状珠托，生于苞腋，成对组成雌球花，3～4对交互对生的雌球花组成雌球花序。胚珠具离生的大孢子囊。种子核果状，子叶2。该属有8～11种，主要分布东亚，尤其是我国的华中、华南和台湾省。我国有6种。植物全株含三尖杉生物碱，供制抗癌药物。三尖杉（*C. fortunei* Hook.f.）为我国特有，粗榧 [*C.

图11-6　三尖杉属
A.柱冠粗榧（*Cephalotaxus harringtonia*）雄球花　B.粗榧雌球花　C.三尖杉

sinensis（Rehd.et Wils.）Li] 是我国特有的第三纪孑遗植物，有重要的经济价值。

四、盖子植物纲

盖子植物纲是非常特化的一类裸子植物，共有3科3属80余种，即麻黄属（*Ephedra*）、买麻藤属（*Gnetum*）和百岁兰属（*Welwitschia*）（图11-7），我国有2科2属23种，即麻黄属和买麻藤属，分布遍及全国。

图11-7　盖子植物纲
A.翠绿麻黄（*Ephedra viridis*）　B.灌状买麻藤（*Gnetum gnemon*）　C.百岁兰

常为灌木或木质藤本，茎次生木质部具导管，无树脂道。叶对生或轮生，鳞片状或阔叶。球花单性同株或异株，外有类似花被的盖被（pseudoperianth）。胚珠1枚，珠被1～2层，颈卵器消失或极退化，精子无鞭毛。种子外由盖被发育而成的假种皮包围，形似果实，2枚子叶。

麻黄属为灌木，多分枝。叶退化成鳞片状。球花单性异株，雄球花序对生或3～4个轮生，雄球花具两片盖被，2～8个小孢子聚囊。雌球花序由成对或3～4对雌球花组成，雌球花基部具有数对苞片，顶端生有1～3个胚珠，每个胚珠由1个特别厚的肉质的囊状盖被包围。种子成熟后，被木质化的盖被或稀为肉质化的假种皮包围。

麻黄属有40多种，都是典型的旱生植物，分布于全世界的沙漠、半荒漠和干草原地区。我国约有14种，主要分布于我国西北部和北部。最普遍的是草麻黄（*Ephedra sinica* Stapf.），著名中药材，含麻黄碱，枝叶有镇咳、发汗、止喘和利尿等功效，根可止汗。

百岁兰属仅含一种百岁兰（*Welwitschia mirabilis*），终生只有两片带状叶子，寿命可达数百年。

第二节　被子植物分类

一、分类原则

被子植物是现代植物界最进化、最高级和分布最为广泛的一类植物，在地球上占有绝对优势。被子植物的分类，不仅要把近30万种植物安置在一定的纲、目、科、属、种中，还要建立起一个能反映各分类群之间亲缘关系的分类系统。这个系统要反映出各分类群哪些比较原始，哪些比较进化，各分类群之间在进化上彼此有怎样的联系。

首先，把近30万种被子植物安置在一定的纲、目、科、属、种中，主要以形态学特征为分类的主要指标，尤其以花和果实的形态特征作为标准，解剖学特征作为辅助性条件。

其次，要建立一个能够反映各分类群之间亲缘关系的分类系统，这是一项很困难的工作。这是因为不知被子植物哪些类群最原始，它们又是如何起源和演化的，而且几乎找不到任何花的化石，而花部特征又是被子植物分类的重要方面。这就使整个进化系统成为割裂的许多片段。然而，人们还是根据现有资料对被子植物的系统做了很多探索，并尽可能反映出它的起源和演化关系。

关于被子植物的进化系统，根据化石资料，大多数学者认为，被子植物起源于古代裸子植物本内苏铁，即它演化出的早期被子植物所具备的性状是原始的，如两性花、花被同形、花部离生、花部多数而不固定等；再由此推断出次生的、进化的性状。同时，再根据其他植物的化石，来推断出原始与进化性状，如最早出现的被子植物多是常绿、木本植物，而落叶、草本植物出现较晚，因此可推断前者是原始性状，后者是进化性状。基于上述认识，一般公认的形态构造的演化规律和分类原则如表11-1所示。

表11-1　被子植物性状演化规律及分类原则

	初生的、原始性状	次生的、较进化的性状茎
茎	1.木本 2.直立 3.无导管，只有管胞 4.具环纹、螺纹导管	1.草本 2.缠绕 3.有导管 4.具网纹、孔纹导管
叶	5.常绿 6.单生全缘 7.互生（螺旋状排列）	5.落叶 6.叶形复杂化 7.对生或轮生
花	8.花单生 9.无限花序 10.两性花 11.雌雄同株 12.花部呈螺旋状排列 13.花的各部多数而不固定 14.花被同形，不分化为萼片与花瓣 15.花部离生（离瓣花、离生雄蕊、离生心皮） 16.整齐花 17.子房上位 18.花粉粒具单沟 19.胚珠多数 20.边缘胎座、中轴胎座	8.花形成花序 9.有限花序 10.单性花 11.雌雄异株 12.花部呈轮状排列 13.花各部数目不多，有定数（3、4或5） 14.花被分为萼片和花瓣，或退化为单被花、无被花 15.花部合生（合瓣花、合生雄蕊、合生心皮） 16.不整齐花 17.子房下位 18.花粉粒具3沟或多孔 19.胚珠少数 20.侧膜胎座、特立中央胎座及基生胎座

（续）

	初生的、原始性状	次生的、较进化的性状茎
果实	21.单果、聚合果 22.真果	21.聚花果 22.假果
种子	23.有发育的胚乳 24.胚小、直伸、子叶2	23.无胚乳，种子萌发需要的营养贮藏于子叶中 24.胚弯曲或卷曲、子叶1
生活型	25.多年生 26.绿色自养植物	25.一年生 26.寄生、腐生植物

　　表中所述各种器官的演化，在多数情况下是互相关联的，因此在讨论发育时不应孤立地强调某一器官的特征。同时，在系统发育过程中，各个器官不是同步并进的，因而出现形形色色的支派类群。如在同一植物体上，有些性状相当进化，另一些性状则保留着原始性，而另一类较原始的植物恰在这方面具有较进化的性状。因此，在评价这两类植物的进化与原始的问题上，不能孤立强调某一器官的特征，而要全面分析，看这种原始的性状是否是由于各器官进化的不同步而形成的支派类群。

二、形态学术语

　　植物形态学把植物体及其各个器官的结构、特征、性状、质地区分为许多形态学类型，每个形态学类型给予一定的名称，并科学地确定其特定的概念，即是植物形态学术语。为了正确地鉴定和描述植物，必须熟练地、准确地掌握植物的形态术语，它是学习和研究植物分类学必备的基础知识。

　　（一）一般名称

　　1.根据性状分类　　根据植物性状，可将植物分为木本植物（wood plant）、草本植物（herb）和藤本植物（vine）。

　　（1）木本植物。木本植物是指植物体的木质部比较发达，一般比较坚硬，寿命较长。可分为4种。

　　①乔木（tree）：指有明显主干的高大树木，高达5 m以上，如杨树、槐树和七叶树等。

　　②灌木（shrub）：指主干不明显，常由基部分枝，呈丛生的，高不及5 m的木本植物，如月季、紫荆等。

　　③小灌木（undershrub）：高在1 m以下的低矮灌木。

　　④亚灌木（subshrub）：高在1 m以下的低矮植物，仅茎基部木质化，多年生，而上部枝草质并于花后或冬季枯萎。

　　（2）草本植物。植物体的木质部不发达，茎柔软，通常于开花结果后枯死的植物。

　　（3）藤本植物。植物体细而长，不能直立，只能依附其他物体，缠绕或攀缘向上生长的植物。根据质地可分为木质藤本和草质藤本，如葡萄、牵牛等。

　　2.根据生长环境分类　　根据植物生长环境，可分为4种。

　　（1）陆生的（terrestrial）。植物生长于陆地，通常茎生于地上，根生于地下。陆生环境丰富多样，生于沙漠的，根常有沙套，为沙生植物；生于盐碱地的，体内含有大量盐分，称盐生植物；生于高寒山地的，个体低矮，垫状，称高山植物等。

（2）水生的（aquatic）。植物体部分或全部沉浸在水中。生于沼泽地的，通气组织发达，为沼生植物等。

（3）附生的（epiphytic）。植物附着生长于他种植物体上，但能自养，无需吸取被附者的养料而独立生活的植物。

（4）寄生的（parasitical）。植物寄生于他种植物体上，营寄生生活的植物，如菟丝子以其特殊的吸根吸取寄主的养料。

3.**根据生活期长短分类**　根据植物生活期的长短，可分为3种

（1）一年生的（annual）。指植物的生活周期在1个生长季节内完成。种子当年萌发，生长，并于开花结实后枯死，生活期比较短。短者可数周，如十字花科和百合科的一些短命和类短命植物；长者仅数月，如春小麦、水稻、玉米和棉花等。

（2）二年生的（biennial）。生活周期在两个年份内完成，种子当年萌发，生长，第二年开花结实后枯死，如冬小麦、白菜和萝卜等。

（3）多年生的（perennial）。植物生活期在3年以上者，乔木、灌木年复一年地生长，长者可达千年之久。多年生草本则地上部分于当年开花结实后枯死，而地下部分多年生，年年萌发新的地上枝，即多次结实，如芦苇、苜蓿等；也有少数多年生植物，仅结实一次而全株枯死的，如新疆阿魏。

生长环境也可以改变植物的习性，如棉花、蓖麻等植物，在北方为一年生植物，在华南则变为多年生植物。

（二）根

根是植物在长期适应陆地生活过程中发展起来的器官，构成植物体的地下部分。根由种子幼胚的胚根发育而成，向地下伸长，使植物体固定在土壤中，并从土壤中吸取水分和养料。根一般不分节，不生芽。一株植物根的总体称为根系。

1.**根的种类**　根据发生部位不同，根可分为定根和不定根（adventitious root），定根包括主根（main root）和侧根（lateral root）两类。

（1）主根。种子萌发时，胚根突破种皮，直接生长而成主根，明显粗大，形成地下的主轴。

（2）侧根。指主根上发生的各级大小支根。

（3）不定根。指由茎、叶、老根上发生的根，这些根的位置不固定。

2.**根系类型**

（1）直根系（tap root system）。主根与侧根在形态上区别明显，一般在土壤中延伸较深，多为深根性。这是绝大多数双子叶植物根系的特征。

（2）须根系（fibrous root system）。主根不发达，由茎基部生出许多较长、粗细相似的不定根，这是大多数单子叶植物根系的特征。

（三）茎

茎由种子幼胚的胚芽向上生长而成，为植物体的中轴，通常在茎端和叶腋处生有芽，芽萌发后形成分枝。茎和枝条上着生叶的部位称节（node），两节之间的茎称节间（internode），叶柄与茎相交的内角为叶腋（leaf axil）。茎和分枝支持和调整叶子的分布，又是物质运输的通道。根据茎的生长习性，可将茎分为5类（图11-8）。

1.**直立茎（erect stem）**　茎垂直地面，直立生长，如小麦、玉米、向日葵等。

2.**平卧茎（decumbent stem）**　茎平卧地面，不能直立，如蒺藜、地锦等。

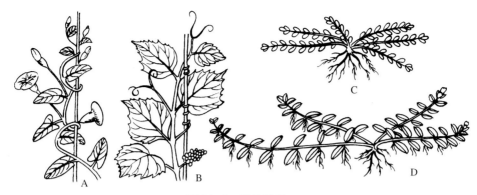

图 11-8　茎的种类
A.缠绕茎　B.攀缘茎　C.平卧茎　D.匍匐茎

3.**匍匐茎**（stolon or creeping stem）　茎平卧地面，节上生有不定根，如番薯、蛇莓等。

4.**攀缘茎**（climbing stem）　用各种器官攀缘于它物之上，如黄瓜、葡萄、南瓜等。

5.**缠绕茎**（twining stem）　茎不能直立，螺旋状缠绕于它物之上，如牵牛、菜豆等。

（四）叶

叶是由芽的叶原基发育而成的部分，通常绿色，有规律地着生在枝（茎）的节上，是植物进行光合作用，制造有机营养物质和蒸腾水分的器官。

1.**叶序**（phyllotaxy）　叶在茎或枝条上排列的方式称叶序，常见的有4类（图11-9）。

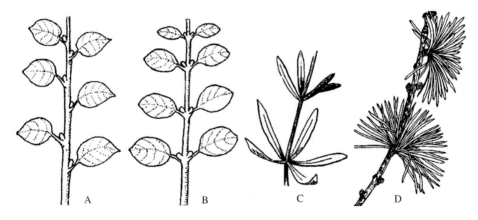

图 11-9　叶的排列方式
A.互生　B.对生　C.轮生　D.簇生

（1）叶互生（alternate）。每节上只着生1片叶，如棉花、杨树、苹果等。

（2）叶对生（opposite）。每节上相对着生2片叶，如丁香、女贞、石竹等。

（3）叶轮生（whorled）。3个或3个以上的叶着生在1个节上，如夹竹桃、茜草科植物等。

（4）叶簇生（fascicled）。2个或2个以上的叶着生于极度缩短的短枝上，如油松、银杏等。

2.**叶形**（leaf shape）　根据叶片长度与宽度的比例，最宽处所在的位置，以及表现的形象，将叶片区分为不同的形状，它是识别植物的重要依据之一。有关叶形的术语，同样也适合于托叶、萼片、花瓣等扁平器官（图11-10）。

（1）卵形（ovate）。形如鸡卵，长约为宽的2倍或较少，中部以下最宽，向上渐窄，如女贞。

（2）倒卵形（obovate）。是卵形的颠倒，如紫云英、泽漆。

（3）披针形（lanceolate）。长为宽的3～4倍，中部以下最宽，向上渐尖，如桃、柳。

（4）倒披针形（oblanceolate）。是披针形的颠倒，如细叶小檗。

（5）圆形（rotund）。轮廓近圆形，长宽近相等，如莲、圆叶鹿蹄草。

（6）椭圆形（ellipse）。中部最宽，而尖端和基部均圆，如玫瑰的小叶。

（7）宽椭圆形（broad ellipse）。长为宽的2倍或较少，中部最宽，如橙。

（8）长椭圆形（long ellipse）。长为宽的3～4倍，最宽处在中部，如芒果。

（9）条形（线形）（linear）。线状，长约为宽的5倍以上，且全部叶片近等宽，两边近平行，如小麦、水稻。

（10）剑形（gladiate）。长而稍宽，先端尖，常稍厚而强壮，形似剑，如凤尾丝兰。

（11）扇形（flabellate）。形状如扇，如棕榈。

（12）盾形（peltate）。形似盾，叶柄着生在叶的下表面，而不在叶的基部或边缘，如莲。

（13）心形（cordate）。长宽比例如卵形，但基部宽圆而微凹，全形似心脏。如紫荆、牵牛。

（14）管状（tube）。长超宽许多倍，圆管状，中空，常多汁，如葱。

（15）带状（zonate）。宽阔而特别长的条状叶，如高粱。

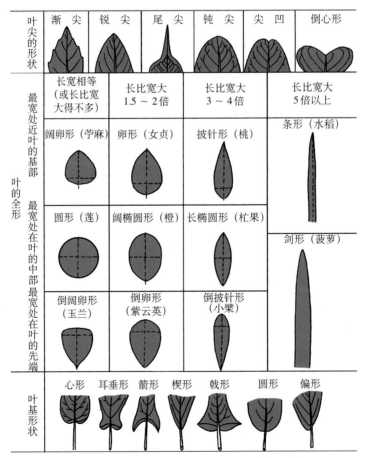

图 11-10　叶形、叶尖、叶基的基本类型图解

3.叶尖（leaf opex） 叶尖的形状主要有以下10类（图11-10）。

（1）渐尖（acuminate）。尖头延伸而有内弯的边，如杏、榆树。

（2）锐尖（acute）。尖头成一锐角形而有直边，如桑。

（3）尾尖（caudate）。先端成尾状延伸，如郁李。

（4）钝形（obtuse or mutinous）。先端钝或狭圆形，如厚朴、冬青卫矛。

（5）尖凹（retuse）。先端稍凹入，如黄檀。

（6）倒心形（obcordate）。先端宽圆而凹缺，如酢浆草。

（7）硬尖（cuspidate）。叶端有一利尖头，如锦鸡儿属植物。

（8）微缺（凹缺）（emarginate）。叶端有一稍显著的缺刻，如车轴草。

（9）凸尖（mucronate）。叶端中脉延伸于外而成一短锐尖，如胡枝子。

（10）截形（truncate）。叶端平截，几乎呈一直线，如鹅掌楸。

4.叶基（leaf base） 叶基的形状主要有以下9类（图11-10）。

（1）心形（cordate）。于叶柄连接处凹入成缺口，两侧各有一圆裂片，如番薯、牵牛。

（2）耳垂形（auriculate）。基部两侧各有一耳垂形的小裂片，如油菜。

（3）箭形（sagittate）。基部两侧的小裂片向后并略向内，如慈姑。

（4）楔形（cuneate）。中部以下向基部两边渐变狭状如楔子，如垂柳。

（5）戟形（hastate）。基部两侧的小裂片向外，如打碗花。

（6）圆形（rounded）。基部呈半圆形，如苹果。

（7）偏斜（oblique）。基部两侧不对称，如秋海棠。

（8）穿茎（overfoliate）。叶基部深凹入，两侧裂片相合生而包围茎，茎贯穿叶片中，如穿叶柴胡。

（9）下延（decurrent）。叶基向下延长，而着生在茎上成翅状，如飞廉。

5.叶缘（leaf margin） 叶片边缘称叶缘，常见的有以下6类（图11-11）。

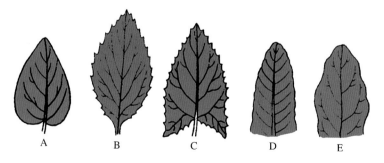

图11-11 叶缘的基本类型
A.全缘 B.锯齿 C.牙齿 D.钝齿 E.波状

（1）全缘（entire）。叶缘成一连续的平线，不具任何锯齿或缺刻，如大豆、玉米等。

（2）锯齿状（serrate）。边缘具尖锐的锯齿，齿端向前，如大麻、苹果等。

（3）牙齿状（dentate）。边缘具尖锐齿，两侧边近等边，齿端向外，如荚蒾等。

（4）钝齿状（crenate）。边缘具钝头的齿，如大叶黄杨等。

（5）波状（sinuous）。边缘起伏如微波，如茄子等。

（6）刺毛状（aristate）。叶缘刺芒状，如栓皮栎、冬青。

6.**叶裂类型** 叶片边缘常有深浅和形状不一的凹陷，此凹陷称缺刻（incise），两缺刻之间的叶片部分称裂片（lobe）。根据缺刻的深浅、裂片的排列方式，叶裂类型主要有下列几种（图11-12）。

（1）浅裂的（lobed）。叶片分裂不到半个叶片宽度的一半，如油菜等。

（2）深裂的（parted）。叶片分裂深于半个叶片宽度的一半以上，如葎草等。

（3）全裂的（divided）。叶片分裂达中脉或基部，如大麻等。

叶的分裂，又有羽状裂叶和掌状裂叶之分。

7.**脉序（venation）** 叶片中的叶脉是叶的输导系统，由维管束组成。脉序是叶脉的分枝方式，常见的有如下几种（图11-13）。

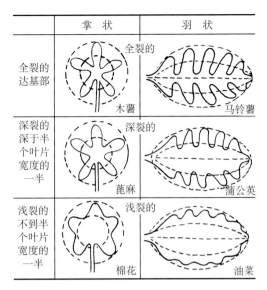

	掌 状	羽 状
全裂的达基部	全裂的 木薯	全裂的 马铃薯
深裂的深于半个叶片宽度的一半	深裂的 蓖麻	深裂的 蒲公英
浅裂的不到半个叶片宽度的一半	浅裂的 棉花	浅裂的 油菜

图11-12 叶裂形状图解

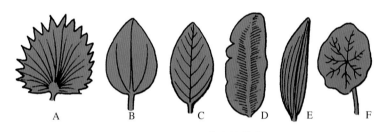

图11-13 脉序的种类
A.掌状脉 B.掌状三出脉 C.羽状脉 D.平行脉 E.弧形脉 F.射出脉

（1）网状脉（reticulate vein）。叶脉数回分枝后，联结组成网状，而最后一次的细脉梢消失在叶肉组织中，故为开放式，大多数双子叶植物的叶为网状脉。根据主脉数目和排列方式可分为以下3类。

①羽状脉（reticulate vein）：叶具一条明显的主脉（中脉），两侧生羽状排列的侧脉，如苹果等。

②掌状脉（palmate vein）：几条近等粗的脉由叶柄顶端射出，如棉花、番薯、南瓜等。

③射出脉（radiate vein）：盾状叶的脉都由叶柄顶端射向四周，如莲等。

（2）平行脉（parallel vein）。多数大小相似的显著的叶脉呈平行排列，由基部至顶端或由中脉至边缘，没有明显的分枝，但最后一次分枝的细脉梢汇合在一起，故为封闭式。大多数单子叶植物属此类型。

（3）弧形脉（arcuate venation）。叶片较阔短，叶脉自叶基发出汇合于叶尖，但中部脉间距离较远，呈弧状，如车前、马蹄莲。

8.**复叶（compound leaf）类型** 复叶是指2至多个小叶生在一个总叶柄或总叶轴上的叶。根据总叶柄的分枝、小叶数目和着生的位置，可分为以下几类（图11-14）。

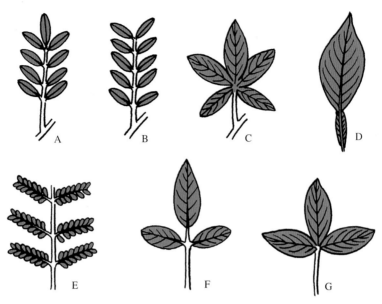

图11-14　复叶的类型
A.奇数羽状复叶　B.偶数羽状复叶　C.掌状复叶　D.单身复叶
E.二回羽状复叶　F.羽状三出复叶　G.掌状三出复叶

（1）羽状复叶（pinnately compound leaf）。小叶排列在总叶柄的每侧呈羽毛状。

①奇数羽状复叶（odd-pinnate）：顶生小叶存在，小叶数目为单数，如国槐、甘草。

②偶数羽状复叶（even-pinnate）：顶生小叶缺乏，小叶数目为双数，如花生、蚕豆。

总叶轴的两侧有羽状排列的分枝，此分枝称羽片（pinna），分枝上再生羽状排列的小叶，这样的叶子称二回羽状复叶（bipinnately compound leaf），若合欢、皂荚；若羽片像总叶柄一样再次分枝，称三回羽状复叶（tripinnately compound leaf），如防风、楝树；若依次羽片再次分枝，称多回羽状复叶（pinnately decompound leaf），如蒿属、南天竹。

（2）掌状复叶（palmately compound leaf）。数个小叶集生于总叶柄的顶端，展开如掌状，如鹅掌柴、七叶树。

（3）三出叶（ternately compound leaf）。仅有3个小叶生于总叶柄上。有羽状三出复叶与掌状三出复叶之分，前者是顶生小叶生于总叶柄顶端，两个侧生小叶生于总叶柄顶端以下，如大豆、草木犀；后者是3个小叶都生于总叶柄的顶端，如红车轴草等。

（4）单身复叶（unifoliate compound leaf）。两个侧生小叶退化，而其总叶柄与顶生小叶连接处有关节，如柑橘。

（五）花及花序

1.花序（inflorescence）　花序是指花在花序轴上的排列方式，花序生于枝顶端的，称顶生；生于叶腋的，称腋生。一朵花单独生于枝顶时称花单生。整个花序的轴，称花序轴（rachis）。如果花序轴自地表附近及地下茎伸出，不分枝，不具叶，称花葶（scape）。如果花序轴上有多数花，除顶花以外，其余各花都是由侧生的变态叶的叶腋生出，这种变态叶较小而简单，称苞片（bract），有些是苞片集生在花序的基部，称总苞（involucre）。花序分无限花序（indefinite inflorescence）和有限花序（definite inflorescence）两大类（图11-15）。

（1）无限花序。或称向心花序（centripetal inflorescence），也称总状花序（racemose

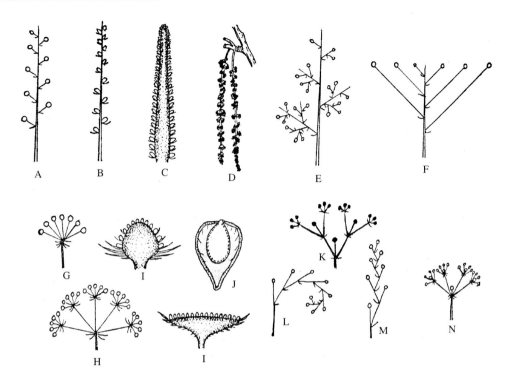

图11-15 花序的类型

A.总状花序 B.穗状花序 C.肉穗花序 D.柔荑花序 E.圆锥花序 F.伞房花序 G.伞形花序 H.复伞形花序 I.头状
花序 J.隐头花序 K.二歧聚伞花序 L、M.单歧聚伞花序 N.多歧聚伞花序

inflorescence)，其开花的顺序是花轴下部的花先开，渐及上部，或由边缘开向中心，花序轴
可继续生长。

①简单花序（simple inflorescence）：花轴上直接生长花，花轴不分枝，花有柄或无柄，
包括如下几种。

a.总状花序（raceme）：花有梗，排列在一不分枝且较长的花轴上，花轴能继续增长，
如油菜、萝卜等。

b.穗状花序（spike）：花轴直立，较长，花无柄，直接生长在花轴上呈穗状，如车前、
大麦等。

c.肉穗花序（spadix）：花轴肥厚肉质的穗状花序，如玉米雌花序。

d.柔荑花序（ament）：单性花排列于一细长的花轴上，通常下垂，花后整个花序或连果
一起脱落，如桑、杨、柳等。

e.伞房花序（corymb）：花轴长，花柄长短不等，下部花的花柄长，上部花的花柄渐短，
花排列在一个平面上，如梨、樱花、山楂等。

f.伞形花序（umbel）：花柄近等长或不等长，均生于花轴的顶端，状如张开的伞，如
人参。

g.头状花序（head）：花无柄，集生于一平坦或隆起的总花托（花序轴）上，而成一头
状体，如菊科植物。

h.隐头花序（hypanthodium）：花集生于肉质中空的总花托（花序轴）的内壁上，并被
总花托所包围，如无花果等。

②复合花序（compound inflorescence）：花轴具分枝，分枝上生长着简单花序。

a.圆锥花序（复总状花序）（panicle）：花序轴上分出1至数次分枝，分枝上形成总状花序，如玉米的雄花序、葡萄等。

b.复穗状花序（compound spike）：花序轴上有1～2次分枝，每小枝自成一个穗状花序，如小麦等。

c.复伞形花序（compound umbel）：花序轴顶端丛生数个长短相等的分枝，各分枝形成伞形花序，如胡萝卜、柴胡等。

d.复伞房花序（compound corymb）：花序轴上的分枝呈伞房状，每一分枝上又形成伞房花序，如华北绣线菊等。

（2）有限花序。或称离心花序（centrifugal inflorescence），也称聚伞花序（cymose inflorescence），花序中最顶点或最中心的花先开，渐及下边或周围，花序轴不再延长。

①多歧聚伞花序（pleiochasium）：从主轴分出两个以上分枝的聚伞花序，如泽漆等。

②二歧聚伞花序（dichasium）：每次具有两个分枝的聚伞花序，如卷耳、石竹等。

③单歧聚伞花序（monochasium）：主轴开花后，侧枝又在顶端开花，逐次继续下去，各次分枝的方向又有变化，包括以下两种。

a.螺旋状聚伞花序（helicoid cyme）：一侧发育而卷曲如螺旋的聚伞花序，如附地菜等。

b.蝎尾状聚伞花序（scorpioid cyme）：分枝在左右两侧交互产生而呈蝎尾状的，如射干、唐菖蒲、姜等的花序。

2.花的基本形态

（1）依花的组成状况。

①完全花（complete flower）：指一朵花中的花萼、花冠、雄蕊和雌蕊4部分都有，如油菜、桃。

②不完全花（incomplete flower）：指一朵花中的花萼、花冠、雄蕊和雌蕊4部分，任缺其1～3部分的，都是不完全花，如南瓜雄花和雌花、杨树的花。

（2）依雄蕊和雌蕊的状况。

①两性花（bisexual flower）：一朵花中雄蕊和雌蕊都存在而充分发育的，如小麦、棉花。

②单性花（unisexual flower）：一朵花中只有雄蕊或只有雌蕊存在而充分发育的，其中只有雄蕊的为雄花；只有雌蕊的称雌花；雌花和雄花生于同一植株上的，称雌雄同株（monoecism），如玉米、瓜类；雌花和雄花分别生于不同植株上的，称雌雄异株（dioecism），如大麻、杨、柳。

③中性花（neutral flower）：一朵花中雄蕊和雌蕊均缺少或发育不良，如向日葵头状花序边缘的花。

④杂性花（polygamous flower）：指一种植物既有单性花，又有两性花。

⑤不孕性花（sterile flower）：指雌蕊发育不正常，不结种子的花。

（3）依花被的状况。

①两被花（dichlamydeous flower）：一朵花同时具有花萼和花冠，如油菜。

②单被花（monochlamydeous flower）：只有花萼或花冠的花，一般只有花萼而无花冠，如桑、菠菜等。

③裸花（无被花）（achlamydeous flower）：一朵花中花萼和花冠都缺少的，如杨、柳。

④重瓣花（double flower）：在一些栽培植物中花瓣层数（轮）增多的花，如月季、蜀葵。

（4）依花被的排列状况。

①辐射对称花（actinomorphic flower）：一朵花的花被片大小、形状相似，通过它的中心，可以切成两个以上的对称面，也称整齐花（regular flower），如苹果、萝卜等。

②两侧对称花（bisymmetry flower）：一朵花的花被片大小、形状不同，通过它的中心，只能按一定方向切成一个对称面，也称不整齐花（irregular flower），如唇形花、蝶形花。

3.花萼（calyx） 花萼由萼片组成，萼片彼此完全分离的，称离萼（chorisepalous calyx），如油菜、枣；部分或完全合生的为合萼（gamosepalous calyx），如蔷薇、西瓜。有些植物具两轮萼片，外轮的称副萼（epicalyx），如锦葵科植物。菊科植物的萼片常变态成羽毛状、鳞片状、针状、刺状，称为冠毛（pappus）。

萼片通常在开花后脱落，但罂粟科植物的花萼在开花时即脱落，称早落（caducous）；也有些植物的花萼在果实成熟时依然存在，称宿萼（persistent calyx），如柿子、茄子。

4.花冠（corolla）

（1）花冠类型。由于花瓣离合、花冠筒长短、花冠裂片形状和深浅等不同，形成各种类型的花冠，主要有下列几种（图11-16）。

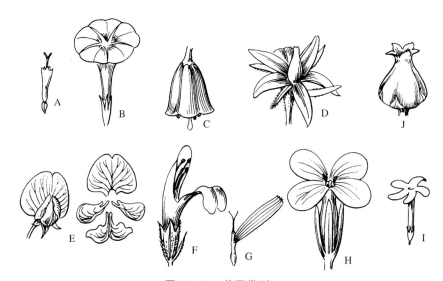

图11-16 花冠类型

A.筒状（向日葵） B.漏斗状（番薯） C.钟状（沙参） D.轮状（番茄） E.蝶形（豌豆） F.唇形（薄荷） G.舌状（向日葵） H.十字形（油菜） I.高脚碟状（丁香） J.坛状（乌饭树）

①辐射对称的花冠：

a.筒状（tubular）：花冠大部分合成一管状或圆筒状，花冠裂片向上伸展，如向日葵花序的盘花。

b.漏斗状（funnelform）：花冠下部呈筒状，并由基部渐向上扩大成漏斗状，如番薯、牵牛等。

c.轮状（verticillate）：花冠简短，裂片由基部向四周扩展，状如车轮，如番茄、茄子等。

d.十字形（cruciate）：由4个分离的花瓣排列成十字形，如油菜、萝卜等。

e.高脚碟状（hypocrateriform）：花冠筒下部为狭长圆筒形，上部突然水平扩展或成碟状，如丁香。

f.坛状（urceolate）：花冠筒膨大成卵形或球形，上部收缩成一短颈，然后短小的冠裂片向四周辐射状伸展，如乌饭树属。

g.钟状（campanulate）：花冠筒宽而短，上部扩大成钟形，如南瓜、桔梗等。

②两侧对称的花冠：

a.唇形（labiate）。花冠略成二唇形，如唇形科植物。

b.舌状（ligulate）。花冠基部成一短筒，上面向一边张开成扁平舌状，如蒲公英、向日葵花序的边花。

c.蝶形（papilionaceous）。花瓣5片，排列成蝶形，最上一瓣称旗瓣，两侧的两瓣称翼瓣，为旗瓣所覆盖，且常较旗瓣小。最下两瓣位于翼瓣之间，其下缘常稍合生，称龙骨瓣，如花生、刺槐、豌豆等。

有些植物的花冠是不对称的，如美人蕉。

（2）花瓣和萼片在花芽内的排列方式。

①镊合状（valvate）：指各片的边缘彼此接触，但不彼此覆盖，如番茄、茄子。

②旋转状（convolute）：指各片的边缘依次被上一片覆盖，即每一片的一个边缘被一片边缘覆盖，另一片边缘又覆盖另一片边缘，如棉花、石竹。

③覆瓦状（imbricate）：和旋转状相似，但在各片中，有一片或两片完全在外，另有一片或两片完全在内，其他为旋转状排列，如油菜、桃。

（3）距（calcar）：许多植物花的花萼或花瓣向下部伸长成一细管状，称距，常于花中内藏花蜜，如飞燕草、兰科植物。

5.雄蕊（stamen）　雄蕊因植物种类而异，常见的类型主要有以下几类（图11-17）。

（1）单体雄蕊（monadelphous stamen）。一朵花中的花丝联合成一体，而花药分离，如棉花、木槿等。

（2）二体雄蕊（diadelphous stamen）。一朵花中的雄蕊9个花丝联合，1个单生，成2束，如豌豆、刺槐等。

（3）多体雄蕊（polyadelphous stamen）。一朵花中的雄蕊的花丝联合成多束，如蓖麻、金丝桃等。

（4）聚药雄蕊（synandrium）。花药合生，花丝分离，如菊科植物。

（5）二强雄蕊（didynamous stamen）。雄蕊4个，2个长，2个短，如唇形科植物。

（6）四强雄蕊（tetradynamous stamen）。雄蕊6个，4个长，2个短，如十字花科植物。

（7）冠生雄蕊（epipetalous stamen）。一朵花的雄蕊着生在花冠上，如茄子、紫草、

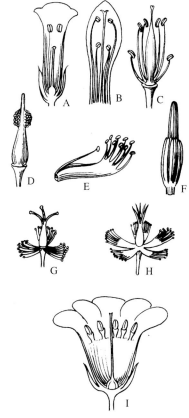

图11-17　雄蕊类型

A.无柄雄蕊　B.二强雄蕊　C.四强雄蕊　D.单体雄蕊　E.二体雄蕊　F.聚药雄蕊　G.三体雄蕊　H.五体雄蕊　I.冠生雄蕊

丁香。

（8）离生雄蕊（distinct stamen）。一朵花的雄蕊彼此完全分离，如桃、小麦。

（9）退化雄蕊（reduced stamen）。一朵花中雄蕊没有花药或稍具花药而不含正常花粉粒，或仅有雄蕊残迹，如葫芦的雌花。

6.雌蕊（pistil）　根据心皮的离合与数目，雌蕊可分为以下几种类型。

（1）单雌蕊（simple pistil）。一朵花中只有一个心皮构成的雌蕊称单雌蕊，如大豆、桃、杏等。

（2）离生单雌蕊（distinct pistil）。一朵花中有若干彼此分离的单雌蕊，如木兰、蔷薇、草莓等。

（3）复雌蕊（compound pistil）。一朵花中有一个由两个以上心皮合生构成的雌蕊。在复雌蕊中，有的子房合生，花柱、柱头分离，如梨；有的子房、花柱合生，柱头分离，如南瓜、向日葵；也有的子房、花柱、柱头全部合生，柱头呈头状，如油菜。

7.花托（receptacle）　花托是花柄膨大的顶部，是花各部分着生的地方。由于花托形状的变化，使花部着生的位置也发生了变化，将来形成的果实也发生改变，这些变化在研究植物分类和演化关系上很重要。

（1）花各部分在花托上着生的位置（图11-18）。

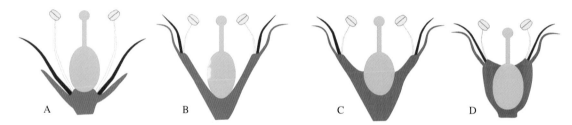

图11-18　子房的位置
A.子房上位（下位花）　B.子房上位（周位花）　C.半下位子房（周位花）　D.下位子房（上位花）

①上位子房（superior ovary）：又称子房上位，子房仅以底部和花托相连，花的其余部分均不与子房相连，其中又可分为两种情况。

a.上位子房下位花（hypogynous flower）：子房仅以底部和花托相连，萼片、花瓣、雄蕊着生的位置低于子房，如油菜、玉兰等。

b.上位子房周位花（perigynous flower）：子房仅以底部和杯状萼筒底部的花托相连，花被与雄蕊着生于杯状萼筒的边缘，即子房的周围，如桃、李等。

②半下位子房（half-inferior ovary）：又称子房半下位或中位，子房的下半部陷生于花托中，并与花托愈合，子房上半部仍露在外，花的其余部分着生在子房周围花托的边缘，故称周位花，如甜菜、马齿苋等。

③下位子房（inferior ovary）：又称子房下位，整个子房埋于下陷的花托中，并与花托愈合，花的其余部分着生在子房以上花托的边缘，故称上位花（epigynous flower），如南瓜、苹果等。

（2）花盘（disk）。花盘是花托的一种环状扩大部分，位于子房基部的周围或介于雄蕊和花瓣之间。通常呈杯状、环状等形状。

（3）蜜腺（nectary）。指花盘、变形的小花瓣、退化雄蕊和花瓣或雄蕊的基部能够分泌蜜汁的附属体。

8. 胎座（placenta）　胚珠着生的位置称胎座，有以下几种类型（图11-19）。

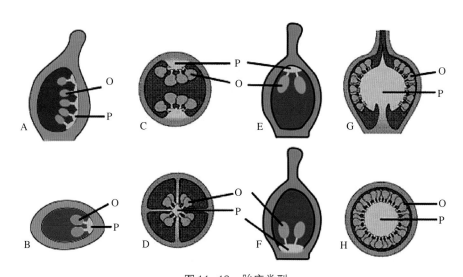

图11-19　胎座类型
A、B.边缘胎座　C.侧膜胎座　D.中轴胎座　E.顶生胎座　F.基生胎座　G、H.特立中央胎座
O.胚珠　P.胎座

（1）边缘胎座（marginal placenta）。单心皮，子房1室，胚珠生于腹缝线上，如豆科植物。

（2）侧膜胎座（parietal placenta）。两个以上的心皮所构成的1室子房或假数室子房，胚珠生于心皮的边缘，如油菜、黄瓜。

（3）中轴胎座（axile placenta）。多心皮构成的多室子房，心皮边缘于中央形成中轴，胚珠生于中轴上，如棉花、柑橘。

（4）特立中央胎座（free central placenta）。多心皮构成的1室子房，或不完全数室子房，子房腔的基部向上有1个中轴，但不达子房顶，胚珠生于此轴上，如石竹科、报春花科植物。

（5）基生胎座（basal placenta）和顶生胎座（apical placenta）。胚珠生于子房室的基部或顶部，前者如菊科植物，后者如瑞香科植物。

9. 胚珠（ovule）　胚珠的类型主要有以下几种（图11-20）。

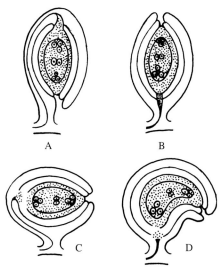

图11-20　胚珠类型
A.倒生胚珠　B.直生胚珠　C.横生胚珠　D.弯生胚珠

（1）直生胚珠（atropous ovule）。珠柄、合点、珠孔三者在一条直线上，如荞麦等。

（2）弯生胚珠（campylotropous ovule）。胚珠形成过程中，一边生长较快，使珠心弯曲，珠孔弯向下，合点与珠孔通过珠心连成弧线，如油菜、柑橘等。

（3）倒生胚珠（anatropous ovule）。胚珠的合点在上，珠孔朝向胎座，如小麦、水稻等。

（4）横生胚珠（amphitropous ovule）。胚珠在珠柄处成90°的扭转，胚珠和珠柄的位置成直角，珠孔偏向一侧，如锦葵、毛茛属植物。

10. 花程式与花图式

（1）花程式（flower formula）。把花的形态结构用符号及数字列成公式来表明的称花程式，通过花程式可以表明花各部分的组成、数目、排列、位置，以及它们彼此间的关系。

把花的各部分用一定的字母代表，通常用 K（calyx）代表花萼，用 C（corolla）代表花冠，用 A（androecium）代表雄蕊群，用 G（gynoecium）代表雌蕊群，用 P（perianthium）代表花被。花各部分的数目可用数字来表示，如果该部分缺少时就用"0"表示，数目很多就用"∞"表示，并把它们写于代表各部字母的右下角处。若某部分在一轮以上时就用"+"来表示，若某部分其个体相互联合就用"（ ）"表示。子房的位置可以在雌蕊的字母下边加一道横线表示上位子房（$\underline{G}$），在上面加一道横线表示下位子房（$\overline{G}$），上下各加一道横线表示半下位子房（$\overline{\underline{G}}$）。同时在心皮数目的后面用"："号隔开的数字表示子房室的数目。辐射对称花用"＊"表示，两侧对称花用"↑"表示，♀ 表示雌花，♂ 表示雄花，⚥ 表示两性花，书写在花程式的前面，现分别举例说明。

棉花 ＊ K $_{(5)}$ C $_5$ A $_{(\infty)}$ $\underline{G}$ $_{(3\sim5:3\sim5)}$

花生 ↑ K $_{(5)}$ C $_5$ A $_{(9)+1}$ $\underline{G}$ $_{1:1}$

小麦 ↑ K $_0$ C $_2$ A $_3$ $\underline{G}$ $_{(2:1)}$

苹果 ＊ K $_{(5)}$ C $_5$ A $_\infty$ $\overline{G}$ $_{(5:5)}$

百合 ＊ P $_{3+3}$ A $_{3+3}$ $\underline{G}$ $_{(3:3)}$

（2）花图式（flower diagram）。把花的各部分用其横切面的简图表示其数目、离合、排列等（图11-21和图11-22）。用一黑点表示花着生的花轴，用有肋的实心弧线表示苞片，有肋且带有线条的弧线表示花萼，无肋的实心弧线表示花冠，雄蕊和雌蕊就用花药或子房的切面形状表示，并注意各部分的位置分离或联合。

图11-21 辐射对称花（百合）与花图式

图11-22 两侧对称花（刺槐）与花图式

（六）果实类型

果实可分为3大类，即单果（simple fruit）、聚合果（aggregate fruit）和复果（multiple fruit）（图11-23）。

图 11-23　果实类型

A.浆果　B.核果（桃）　C.柑果　D_1、D_2.瓠果　E_1、E_2.梨果　F.荚果　G_1、G_2.蓇葖果（芍药、萝藦）　H.长角果和短角果（芸薹、荠菜）　I.蒴果背裂（棉花）　J.蒴果腹裂（牵牛）　K.蒴果孔裂（虞美人）　L.蒴果齿裂（女娄菜）　M.蒴果盖裂（马齿苋）　N.瘦果（蒲公英）　O.坚果（板栗）　P_1、P_2.颖果（小麦、玉米、水稻、纤毛鹅观草）　Q.翅果（白蜡）　R.分果（苘麻）　S.双悬果（茴香）　T.聚合瘦果　U.聚合核果（覆盆子）　V_1 ～ V_3.复果（无花果、菠萝蜜、菠萝）

　　1.单果　单果是由一朵花中的一个单雌蕊或复雌蕊发育而成。根据果皮及其附属部分成熟时的质地和结构，可分为肉质果（fleshy fruit）和干果（dry fruit）两类。

　　（1）肉质果。果实成熟后，肉质多汁。可分为以下几类。

①浆果（berry）：由1至数心皮组成，外果皮膜质，中果皮和内果皮肉质化，充满液汁，内含1至数粒种子，如茄、番茄、葡萄、柿的果实。茄、番茄除果皮外，胎座非常发达，也是食用的主要部分。

②核果（drupe）：由单心皮或合生心皮组成，种子1粒。外果皮较薄，肉质或革质；中果皮肉质肥厚；内果皮坚硬，包于种子外，构成果核，如桃、杏、核桃。

③柑果（hesperidium）：由复雌蕊形成，外果皮革质，有分泌腔；中果皮较疏松，分布有维管束；中间隔成瓣的部分是内果皮，向内生许多肉质多浆的汁囊，是食用的主要部分。中轴胎座，每室种子多数，如柑、枳、柚。

④瓠果（pepo）：为葫芦科植物所特有，是由下位子房发育而成的假果。花托与外果皮结合为坚硬的果壁。中果皮和内果皮肉质，胎座发达，如西瓜、南瓜等。

⑤梨果（pome）：由花筒和子房愈合一起发育而形成假果。花筒形成的果壁与外果皮及中果皮均肉质化，内果皮纸质或革质化，中轴胎座，如梨、苹果。

（2）干果。果实成熟时果皮干燥。依开裂与否可分为裂果（dehiscent fruit）与闭果（indehiscent fruit）两类。

①裂果：成熟后果皮裂开。根据其心皮数及开裂方式不同，又可分为下列几种。

a.荚果（legume）。由单雌蕊发育而成的果实。成熟时，沿腹缝线与背缝线裂开，果皮裂成两片，如豆类的果实。也有不开裂的荚果，如花生、刺槐等。

b.蓇葖果（follicle）。由单雌蕊发育而成的果实，成熟时仅沿一个缝线裂开（腹缝线或背缝线），如牡丹、玉兰、芍药等。

c.角果。由2心皮构成，具假隔膜，侧膜胎座，成熟后，果皮从两个腹缝线裂成两片而脱落，留在中间的为假隔膜。如十字花科植物的果实，其中如白菜、油菜等，角果细长，称长角果（silique）；荠菜、独行菜等角果很短，称短角果（silicle）。角果也有不开裂的，如萝卜。

d.蒴果（capsule）。由复雌蕊构成的果实，成熟时有各种开裂的方式。

室背开裂，背裂（loculicidal）：沿背缝线裂开的叫背裂，如棉花、百合、鸢尾。

室间开裂，腹裂（septicidal）：沿腹缝线或沿隔膜从中轴裂开的，如烟草、牵牛。

孔裂（poricidal）：从心皮顶端裂开一小孔，如罂粟、虞美人。

齿裂（denticidal）：从果实顶端裂成齿状，如石竹科植物。

周裂（circumscissile）：果实横裂为二，上部呈盖状，如车前、马齿苋。

②闭果。果实成熟后，果皮不裂开。分为以下几种。

a.瘦果（achene）：果实小，成熟时只含1粒种子，果皮与种皮分离，如向日葵由2心皮组成，荞麦由3心皮组成。

b.坚果（nut）：果皮坚硬，内含1粒种子，如板栗等。

c.颖果（caryopsis或grain）：由2～3心皮组成，1室含1粒种子，但果皮与种皮愈合，不易分开，可与瘦果相区别，谷粒去壳后的糙米和麦粒与玉米子粒都是颖果。

d.翅果（samara）：果皮延长成翅，如三角枫、榆属植物、臭椿等。

e.分果（schizocarp）：2个或2个以上的心皮组成，每室含1粒种子，成熟时，各心皮沿中轴分开，如胡萝卜、芹菜等伞形科植物的果实。

2.聚合果（aggregate fruit） 由一朵具有离生心皮雌蕊的花发育而成的果实，许多小果聚生在花托上。根据小果的不同，聚合果可分为多种，如草莓是许多小瘦果聚生在肉质的花托上，称为聚合瘦果；悬钩子是聚合核果；芍药和牡丹是聚合蓇葖果；莲是聚合坚果。

3.复果（聚花果）（multiple fruit）　由整个花序形成的果实。如桑葚是由一个柔荑花序上散生着多数单性花，每朵花有4个萼片和1个子房，子房成熟为小坚果，而萼片变为肉质多浆的结构，包围于小坚果之外。无花果则为盂状的花轴与轴上的各花组成。

第三节　被子植物分科

被子植物分为双子叶植物纲（木兰纲，Dicotyledoneae）和单子叶植物纲（百合纲，Monocotyledoneae），它们的主要区别如表11-2所示。

表11-2　被子植物两个纲的比较

双子叶植物纲	单子叶植物纲
主根发达，多为直根系	主根不发达，多为须根系
维管束环状排列	维管束星散排列
网状叶脉	平行或弧形叶脉
花部5数或4基数，少3数	花部常3基数，少4数
胚具两片子叶	胚具一片子叶
花粉粒具3个萌发孔	花粉粒具单个萌发孔沟

被子植物按2009年10月发表的APG Ⅲ分类系统，共包括59目413科，目以上的分类群，不再简单地分为双子叶植物纲和单子叶植物纲，而是分成多个大小不等的"分支"，如单子叶植物分支、真双子叶植物分支、蔷薇分支、菊分支等。该分类系统仍在不断完善中。本书选取最常见、比较重要的一些科做简要介绍，科的划分和《中国植物志》基本一致。

一、双子叶植物纲

（一）木兰科（Magnoliaceae）

$* P_{6 \sim 15} \ A_{\infty} \ \underline{G}_{\infty : 1 : 1 \sim \infty}$

木兰科有18属，335余种，主要分布于热带和亚热带地区。我国有14属，165种，集中分布于我国西南部、南部及中南半岛。我国北方具多种园艺栽培种。

形态特征：木本，树皮、叶和花有香气。单叶互生，全缘或浅裂；托叶大，包被幼芽，早落，在节上留有托叶环。花大，单生于枝顶或叶腋；两性，辐射对称；花被呈花瓣状，3数，多轮；雄蕊多数，分离，螺旋状排列于延长的花托下半部，花丝短，花药长；雌蕊多数，分离，螺旋状排列于延长的花托上半部，每心皮含胚珠多数至2个（图11-24）。聚合蓇葖果，个别为翅果；种子常悬挂于丝状的珠柄上，具小胚，胚乳丰富。染色体：$X=19$。

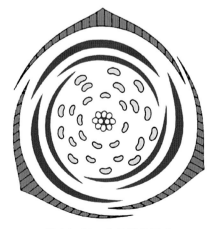

图 11-24　木兰科花图式

识别要点：木本。单叶互生，有托叶。花单生；花被3基数，两性，整齐花，常同被；雄、雌蕊多数分离，螺旋排列于伸长的花托上。蓇葖果。

1.**木兰属**（*Magnolia* L.） 花顶生，花被多轮，每心皮有胚珠1～2个，蓇葖果，背缝线开裂。荷花玉兰（洋玉兰）（*M. grandiflora* L.），叶常绿草质，花大，可供园艺栽培观赏。玉兰（*M.denudata* Desr.），落叶植物，先花后叶；花大，白色，花被3轮9片。各地栽培观赏；花蕾供药用（图11-25）。厚朴（*M. officinalis* Rehd.et Wils.），落叶乔木，叶顶端圆。我国特产，树皮、花和果实作药用，主要成分为厚朴酚，有镇定作用。在《中国植物志》（英文修订版）中，将开花后花托延长、果实圆柱形的种类从木兰属分出，成立玉兰属（*Yulania*）。

图 11-25 玉 兰
A.玉兰花（花被片三轮，每轮3片） B.雄蕊（腹面观和背面观） C.花纵切
D.C图局部放大（示雌蕊每室2胚珠）
（彭卫东 摄）

2.**鹅掌楸属**（*Liriodendron* L.） 叶分裂，先端截形，具长柄。单花顶生，萼片3，花瓣6。翅果不开裂。鹅掌楸（马褂木）（*L. chinense* Sarg.），叶3裂，中间裂片顶端截形；具翅小坚果组成聚合果。因其叶形奇特，常作园艺栽培观赏，树皮入药。

木兰科是现存被子植物中最原始的类群之一。其原始性状主要表现在木本、单叶、羽状脉、虫媒花、花单生、花部螺旋状排列、花药长、花丝短、单沟花粉、胚小、胚乳丰富等方面。

（二）毛茛科（Ranunculaceae）

$* (↑) K_{3\sim\infty} C_{3\sim\infty} A_\infty G_{\infty\sim 1:1:\infty\sim 1}$

毛茛约有60属，2 500种，广布世界各地，多见于北温带与寒带。我国有38属，约921种，全国分布。

形态特征：多年生至一年生草本，偶为灌木。叶基生或互生，稀对生，掌状分裂或羽状分裂，或为1至多回3小叶复叶或羽状复叶。花两性，辐射对称或两侧对称，单生或排成各种花序；花部分离，萼片3至多数，花瓣3至多数；雄蕊多数分离；心皮多数，离生，胚珠多数至1个（图11-26）。瘦果或蓇葖果，种子有胚乳。染色体：$X=6 \sim 10, 13$。

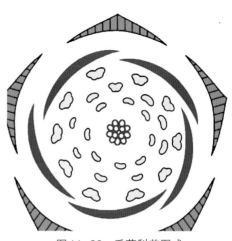

图11-26　毛茛科花图式

识别要点：草本。单叶分裂或复叶。花两性，5基数；雄蕊、雌蕊多数且离生，螺旋状排列于膨大的花托上。聚合瘦果。

1.毛茛属（*Ranunculus* L.）　直立草本。花黄色；萼片、花瓣各5，分离；花瓣基部有蜜腺；雄蕊与心皮均为多数，离生，螺旋状排列于突起的花托上。瘦果集成头状。毛茛（*R. japonicus* Thunb.），广布于我国各地，生于沟边和田边。全草外用为发泡药，治关节炎，也作土农药。茴茴蒜（*R. chinensis* Bge.），三出复叶；花黄色，顶生或腋生；瘦果卵圆形，微扁平，边缘有3条凸出的棱，聚合成椭圆或圆形。全草含原白头翁素，有毒，供药用。石龙芮（*R. sceleratus* L.）（图11-27），一年生草本；单叶，3深裂，每裂片再3 ~ 5浅裂；花黄色；瘦果倒卵形，聚合成长圆形。全草含毛茛油，种子与根入药，嫩叶捣汁可治恶疮痈肿，也治毒蛇咬伤。

图11-27　石龙芮
A.植株　B.花纵切
（彭卫东　摄）

2.铁线莲属（*Clematis* L.）　攀缘草本或木质蔓生藤本。羽状复叶对生。花萼4 ~ 5片，无花瓣，雄、雌蕊多数。瘦果集合成一头状体，具宿存的羽毛。毛蕊铁线莲（*C. lasiandra* Maxim.），落叶藤本，羽状三出复叶；花白色或淡紫红色，雄花花丝具长硬毛；瘦果柱头具羽毛状柔毛。茎藤入药，有通气效能。毛茛科植物含有各种生物碱，故多数为药用和有毒植物。

3.芍药属（*Paeonia* L.） 多年生草本或亚灌木。羽状或2回三出复叶。花大而美丽，单生枝顶或有时成束，红、黄、白、紫各色；萼片5，宿存，花瓣5～10；雄蕊多数，离心发育；心皮2～5，革质，离生。蓇葖果。牡丹（*P. suffruticosa* Andr.），常见园艺栽培植物，灌木，根皮入药，称为丹皮。芍药（*P. lactiflora* Pall.），草本，园艺栽培，根入药称赤芍、白芍。

芍药属在一系列外部和内部的形态特征上（染色体大，基数为5；维管束是周韧的，导管是梯纹的，纹孔具缘纹孔；花大，雄蕊离心发育，花粉粒大，外壁有网状纹孔，花盘存在，并包住雌蕊；种子萌发是留土的；胚在发育初期似裸子植物的银杏，有一个游离核的阶段，而与其他所有的被子植物不同）与毛茛科有显著区别，含有的化学成分也有明显差异，现已独立为芍药科（Paeoniaceae）。

本科植物是草本多心皮类的一个最原始的，似乎很早就由木兰科中单独演化出来的一个科，性状上具有原始性，但其中一些属已在虫媒传粉的道路上发展到了相当高级的程度。

（三）罂粟科（Papaveraceae）

$* K_2 C_{4 \sim 6, \infty} A_{\infty, 4 \sim 6} \underline{G}_{(2 \sim \infty : 1 : \infty)}$

罂粟科40属，约800种，分布于北温带。我国有19属，443种，南北均有分布。

形态特征：常为草本，具乳汁或有色液汁。基生叶具长柄，茎生叶多互生，常分裂，无托叶。花单生或成总状、聚伞或圆锥花序；花辐射对称；萼片2，早落，花瓣4～6或更多；雄蕊多数，离生或雄蕊6枚成2束；子房上位，2至多心皮组成1室，侧膜胎座，胚珠多数（图11-28）。蒴果，瓣裂或孔裂。染色体：$X=5 \sim 11$，16，19。

识别要点：草本，常具乳汁或有色液汁，无托叶。萼早落；雄蕊多数，分离；子房上位，侧膜胎座。蒴果。

图11-28 罂粟科花图式

1.罂粟属（*Papaver* L.） 草本，含白色乳汁。叶互生，羽状分裂。花单生于茎顶；花瓣4，鲜艳；子房一室，花柱短或无，柱头盘状。蒴果孔裂，种子多数。罂粟（*P. somniferum* L.），茎叶及萼片均被白粉；花大，绯红色。为庭园观赏植物。果实含乳汁，可制鸦片，有麻醉止痛、催眠镇疼、止泻止咳的功效。虞美人（*P. rhoeas* L.），花大，花瓣4，紫红色，基部有深紫色斑。花鲜丽，供观赏；果实入药，有镇痛止泻作用（图11-29）。

2.白屈菜属（*Chelidonium* L.） 草本，含黄色液汁。茎聚伞状分枝。叶互生，1～2回羽状深裂。伞形花序，子房1室，柱头2个。白屈菜（*C. majus* L.），具黄色液汁，叶被白粉。全草有毒，能镇痛止咳，消肿毒。

3.秃疮花属（*Dicranostigma* Hook.f.et Thoms.） 草本，植株蓝灰色。叶多基生。聚伞花序；花瓣4，橙黄色；雄蕊多数；2心皮合成1室，花柱极短，柱头2裂。秃疮花 [*D. leptopodum* (Maxim.) Frede.]，叶羽状全裂；花黄色。全草药用，有毒，能清热解毒、消肿、止痛、杀虫。

图 11-29 虞美人

A.茎叶 B.花 C.花蕾（示两个萼片早落） D.果实（示孔裂）
E.果横切，多心皮（示侧膜胎座向子房室强烈延伸）

（四）石竹科（Caryophyllaceae）

$* K_{4 \sim 5, (4 \sim 5)} C_{4 \sim 5} A_{8 \sim 10} G_{(5 \sim 2 : 1 : \infty)}$

石竹科75 ~ 80属，约2 000种，广布全世界，主产温带和寒带。我国有30属，390多种，全国各地分布。

形态特征：草本，茎节膨大，单叶对生。花两性，整齐，二歧聚伞花序或单生，5基数；萼片4 ~ 5，分离或结合成筒状，具膜质边缘，宿存；花瓣4 ~ 5，常有爪；雄蕊2轮8 ~ 10枚或1轮4 ~ 5枚；子房上位，特立中央胎座或基生胎座，偶不完全2 ~ 5室，下半部为中轴胎座，花柱2 ~ 5，胚珠多数至1。蒴果，顶端齿裂或瓣裂，胚弯曲包围外胚乳（图11-30）。染色体：X=6，9 ~ 15，17，19。

识别要点：草本，茎节膨大，单叶对生。花部5基数，雄蕊为花瓣的2倍，特立中央胎座。蒴果。

图 11-30 石竹科花图式

1.石竹属（Dianthus L.） 草本。花单生或圆锥状聚伞花序；萼结合成筒状，具5齿，花瓣5；雄蕊10，2轮；花柱2，特立中央胎座。蒴果。石竹（D. chinensis L.），多年生草本，叶条形或宽披针形；花白色或红色。栽培，供观赏，亦可药用。香石竹（康乃馨）（D. caryophyllus L.），叶狭披针形；花单生或2 ~ 3朵簇生，花色有白、粉红、紫红等。栽培，供切花用。

2.繁缕属（*Stellaria* L.）　一年或多年生草本。花序为顶生圆锥花序，稀单生叶腋；花白而小，萼片5，花瓣5，先端2深裂几达基部，有时无瓣；雄蕊10，子房1室，胚珠多数。蒴果。繁缕 [*S. media* (L.) Cyrill]，茎细弱，茎侧生1列短柔毛；花瓣比萼稍短，雄蕊5，柱头3裂。茎叶及种子供药用，嫩苗可食。

3.王不留行属（*Vaccaria* V. Wolf）　一年生草本，全体无毛。叶无柄，卵状披针形，具1脉。花具长柄，常成伞房状或圆锥状聚伞花序；萼管状，外具5棱，花瓣淡红色；子房1室。蒴果卵形，包于宿萼内。王不留行 [*V. segetalis* (Neck.) Garcke]，茎直立；苞片叶质，花瓣淡红色，雄蕊很少露出花冠外，花柱2；蒴果顶端4裂。常见麦田杂草，种子入药，称"留行子"，有利尿消炎、止血之效。

4.蝇子草属（*Silene* L.）　一年或多年生草本，茎常具黏质。叶披针形。花单生或成聚伞花序；萼钟形且肿胀；雄蕊10枚与花瓣合生，花柱3个。蒴果顶端3～6齿裂或瓣裂。麦瓶草（*S. conoidea* L.），一年生草本；萼筒圆锥状，基部特别膨大，先端逐渐狭缩。常见农田杂草，全草可药用，能止血，调经活血。嫩草可食。女娄菜（*S. aprica* Turcx. ex Fisch. et Mey.）一年生或二年生草本，全株密被灰色短柔毛。基生叶叶片倒披针形或狭匙形；茎生叶叶片倒披针形、披针形或线状披针形。花萼卵状钟形（图11-31）。

图11-31　女娄菜
A.植株　B.花　C.花纵剖　D.子房横切（示中轴胎座）　E.蒴果　F.茎（示叶对生，节部膨大）
（彭卫东　摄）

本科常见植物还有无心菜（*Arenaria serpyllifolia* L.），一年生草本，茎簇生，叶卵形无柄，花单生枝腋，蒴果卵形。常见杂草，全草药用，可清热明目。

（五）蓼科（Polygonaceae）

$$* P_{(3\sim6),\ 3\sim6}\ A_{6\sim9}\ G_{(2\sim4:1:1)}$$

蓼科约有50属，1 120余种，分布全球，主产北温带。我国有13属，约238种，分布于南北各地。

形态特征：多为草本，茎节膨大。单叶互生，全缘，有鞘状抱茎的膜质托叶。花小，常两性，辐射对称；花被片3～6个，花瓣状，宿存；雄蕊常6～9；子房上位，由3(2～4)心皮合成，1胚珠，花柱2～3个（图11-32）。瘦果，常包于花后增大的花被内。染色体：$X=6～11$，17。

识别要点：多为草本，茎节膨大，有膜质托叶鞘。花两性，单被。瘦果，常包于增大的花被中。

1.酸模属（*Rumex* L.）　草本，茎大部具叶，花两性或单性，淡绿色，具柄，花被6个深裂，外面3枚小而弯曲，里面3枚扩大而成翅，翅被常有1小瘤体；雄蕊6，子房3棱，花柱3。瘦果。酸模（*R. aetosa* L.），叶基箭形，嫩叶和嫩茎供蔬食。

2.沙拐枣属（*Calligonum* L.）　灌木。叶互生，退化成鳞片。花两性，花被5片；雄蕊12～18，基部联合；子房4棱，花柱4。瘦果直或弯曲，常具翅或刺毛。沙拐枣（*C.mongolicum* Turcz.），枝曲折；花被粉红色；瘦果直或稍弯曲。优等饲用植物和固沙植物。

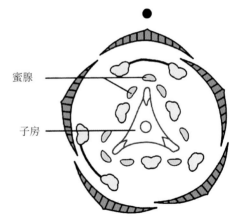

图11-32　蓼科（蓼属）花图式

蜜腺

子房

3.荞麦属（*Fagopyrum* Mill.）　草本，茎具细节沟纹。叶互生，三角形或箭形。花两性，花被5深裂；雄蕊8枚；花柱3，子房三棱形。荞麦（*F. esculentum* Moench.），草本，茎红色，叶基部心形；花白色或淡红色；瘦果卵状三棱形（图11-33）。种子磨粉供食用。

4.蓼属（*Polygonum* L.）　草本，节明显。花被有色彩，常5裂；雄蕊常8个。瘦果为宿存花被所包。扁蓄（*P. aviculare* L.），平卧草本；花数朵，腋生；瘦果卵形，有3棱。全草入药，能利尿通淋，杀虫止痒，主治淋症、小便不利、黄疸及各类寄生虫病。西伯利亚蓼（*P. sibiricum* Laxm.），叶矩圆形或披针形；花序圆锥状顶生，花黄绿色，花被5深裂，雄蕊7～8；瘦果三棱形。药用的还有水蓼（辣蓼）（*P. hydropiper* L.）等。

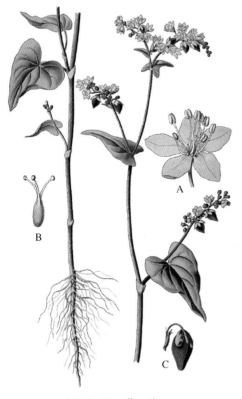

图11-33　荞　麦
A.花　B.雌蕊　C.瘦果

（六）藜科（Chenopodiaceae）

$* K_{5~1} C_0 A_{2~5} \underline{G}_{(2~5:1:1)}$

藜科约有100属，1 400种，主要分布于温带和寒带的海滨或土壤多含盐分的地区。我国有42属，190种，主要分布于北部，尤以西北荒漠地区为多。

形态特征：草本，稀灌木，植株常有泡状粉（图11-34）。单叶，互生，无托叶。花小，淡绿色，两性或单性；萼片2～5裂，宿存，或无；无花瓣；雄蕊常与萼片同数而对生；雌蕊由2～5个心皮合成，1室1胚珠，子房上位，基生胎座。胞果（utricle）（果皮薄，囊状，不开裂，内含1个种子）或瘦果，胚常为环形，具外胚乳。染色体：$X=6$，9。

识别要点：草本。单叶互生。花小，单被，草质；雄蕊与萼片常同数对生。胞果，常包藏于扩大的花萼或花苞中，胚环形。

图11-34　藜　科
A.藜　B.藜的花　C.菠菜的花　D.藜科花图式
（彭卫东　摄）

1.甜菜属（*Beta* L.）　草本。根通常肥厚，多浆汁。茎具条棱。叶宽大，基生叶丛生，茎生叶具长柄。花两性，常2～3朵团集。胞果下部陷在硬化的花被内。甜菜（*B. vulgaris* L.），花绿色，在叶腋集成球状，柱头3裂，3心皮；胞果外有宿存花萼。根肥大，含糖分多，供制糖用，叶作蔬菜或饲料。莙荙菜（*B. vulgaris* var. *cicla* L.），叶基生，卵形或长圆状卵形，叶柄宽大而扁。叶作蔬菜或饲料。

2.驼绒藜属［*Ceratoides*（Tourn.）Gagnebin.］　灌木，全株密被星状毛。叶全缘。花单性，同株。雄花序短穗状，生于枝顶；花被片4；雄蕊4；雌花腋生，无花被；小苞片2合生成雌花管，管外具4束毛，柱头2。胞果直生。驼绒藜［*C. latens*（J.F.Gmel.）Reveal.et Holm-gren］，叶具1明显中脉；雄花序紧密，雌花1～2朵腋生，结果时花管外被4束长毛。本种为荒漠区重要的牧草。

3.滨藜属（*Atriplex* L.）　草本，常有粉。花单性，雌雄同株；团伞花序腋生。雄花被5裂，雄蕊3～5；雌花2苞片，无花被。胞果包于宿存的苞片内。滨藜［*A. patens*（Litw.）Iljin.］，叶边缘具不规则的锯齿。生于盐碱滩地、湖边、河岸和固定沙丘上。果实药用，具清肝、明目等功效。

4. 菠菜属（*Spinacia* L.） 草本。叶具柄。花单性，雌雄异株；雄花为顶生的穗状花序或圆锥花序，花被片4～5裂，雄蕊与花被片同数；雌花簇生于叶腋，花被合成球形，后包果实。菠菜（*S. oleracea* L.），根圆锥状，带红色，茎中空，叶戟形或卵形；胞果扁平。是很好的蔬菜，富含纤维素及磷和铁；并可用于缓下药（图11-34）。

5. 藜属（*Chenopodium* L.） 草本，有粉粒。花两性，簇生于叶腋或排列为聚伞花序；花被片5，绿色，背面中央略肥厚或具隆脊，果实被花被片包围。藜（*C. album* L.），茎直立，无毛，具沟槽及绿色、红色或紫色的条纹，嫩时被白色粉粒（图11-34）。为宅旁、园圃及田间常见杂草。全草入药，止泻、治痢疾、止痒。灰绿藜（*C. glaucum* L.），叶面淡绿，叶背灰白色；花两性，柱头二裂；胞果扁球形，果皮膜质。是盐碱地的指示植物，茎叶可提取皂素。

6. 地肤属（*Kochia* Roth.） 草本，茎基部常木质化，有柔毛，枝条细弱。叶无柄，线形或椭圆形。花小，两性或雌性，无梗，无苞。花被片在结果后具横生翅状附属物。地肤[*K. scoparia*（L.）Schrad.]，嫩叶可作菜，整个植株作扫帚；种子入药，为利尿剂，有收敛消炎作用。

7. 碱蓬属（*Suaeda* Horsk.ex Scop.） 草本。叶片肉质，半圆柱形。花两性，3至数朵聚集成团伞花序；花具苞片及2小苞片；花被片5，雄蕊5，柱头2～5。碱蓬（*S. glauca* Bge.），叶线状丝形，灰绿色，肉质。种子含油量约25%，供食用或制肥皂，全草药用，能清热消积。

8. 梭梭属（*Haloxylon* Bunge） 灌木或乔木，枝对生，具关节。叶对生，退化成鳞片状或不发育。花两性，单生，小苞片2；花被片5，膜质，离生；雄蕊5，生于杯状花盘上；柱头2～5。梭梭[*H. ammodendron*（C.A.Mey）Bunge]，叶退化成鳞片状，三角形，先端钝；花着生于二年生枝条的侧生枝上。荒漠区重要的饲料，亦为优良固沙树种。

（七）苋科（Amaranthaceae）

$* P_{3~5} A_{5~1} \underline{G}_{(2~3:1:1)}$

苋科约70属900种，广布于热带和温带。我国约有15属，约44种，南北均有。

形态特征：多为草本。单叶对生或互生，常全缘，无托叶。花小，两性，稀单性，穗状、头状或圆锥花序；花单被，多为干膜质，3～5片，花下常有1枚干膜质苞片和2枚小苞片；雄蕊常与花被片同数且对生，多为5枚；子房上位，由2～3心皮组成1室，常有胚珠1枚（图11-35）。胞果，稀浆果或坚果。染色体：$X=7$，17，18，24。

识别要点：草本。单叶，无托叶。花小，萼片膜质，雄蕊与之对生。胞果，常盖裂。

1. 苋属（*Amaranthus* L.） 一年生草本。叶互生有柄。花单性同株或异株或杂性；花常绿色；花被片5，宿存；雄蕊5，稀1～4，花丝离生；子房具1直生胚珠。苋（*A. tricolor* L.），又称雁来红，高达1.5 m，叶卵状椭圆形至披针形，绿、紫或绿紫相杂；穗状花序，花杂性，

图11-35 苋科花图式

萼片与雄蕊各3个；胞果盖裂，作菜用。尾穗苋（*A. caudatus* L.），花单性，穗状花序特长，下垂，萼片与雄蕊各5个。作菜用，种子供食用，亦可入药，能滋补强身。反枝苋（*A. retroflexus* L.）（图11-36），圆锥花序，萼片与雄蕊各5个，苞片和小苞片干膜质钻形，具尖。可作菜用，亦可入药，有明目、利大小便、去寒热之功效。皱果（*A. viridis* L.），植株无毛，叶面常具'V'字形斑；萼片和雄蕊各3个（有时2个）；果皮皱，不裂，可作菜用。

2.牛膝属（*Achyranthes* L.）草本。茎直立，方形，有条纹，节膨大。叶对生。花两性，穗状花序；花被片4～5；雄蕊常5枚，花丝下部合生，其间有退化雄蕊；子房1室，1胚珠。胞果包于宿存花被内。牛膝（*A. bidentata* Bl.），根圆柱形，茎较细弱，节部膝状膨大。根酒制后，能补肝肾，强筋骨。

3.青葙属（*Celosia* L.）草本。茎直立，圆形或有条棱。叶互生。花两性，穗状花序；苞片3个，呈花被片状，比花被片短；花被片5，干膜质，有肋纹；雄蕊5枚，基部结合。胞果。鸡冠花（*C. cristata* L.），花序顶生，扁平鸡冠状，紫色、淡红色或黄色，作观赏植物。

（八）牻牛儿苗科（Geraniaceae）

$* (\uparrow) K_{4\sim5} C_{4\sim5} A_{5,10\sim15} \underline{G}_{(3\sim5:3\sim5:1\sim2)}$

牻牛儿苗科有6属，约780种，分布于温带和亚热带。我国有2属，54种，各地均有分布。

形态特征：草本或亚灌木。单叶，互生或对生，浅裂或深裂成复叶。花两性，单生于叶腋或组成伞形、聚伞或伞房花序；萼片5，稀为4；花瓣5，稀为4；雄蕊5或10～15；子房上位，心皮5～3枚，合生为5～3室，每室有胚珠1～2（图11-37）。蒴果室间开裂，有时果瓣自基部向上

图11-36 反枝苋
A.雄花 B.雌花 C.雌蕊 D.雌花纵切 E.果实 F.种子 G.种子解剖

图11-37 牻牛儿苗属花图式

反卷或旋卷，顶部与心皮柱联结，每果瓣具1种子。染色体：$X=8 \sim 13$，16，23，25。

识别要点：花基本上为5基数。蒴果通常有长喙，室间开裂，有时果瓣自基部带种子向上反卷，常无胚乳。

1.牻牛儿苗属（*Erodium* L' Her. ex Aiton） 草本。茎常有膨大的节或丛生呈短缩茎。叶通常羽状分裂，有托叶。伞形花序或单生花；雄蕊10，2轮，有药雄蕊与萼片对生，无药雄蕊常退化为鳞片状，与花瓣对生；子房5室，每室胚珠2。蒴果有长喙。牻牛儿苗（太阳花）（*E.stephanianum* Willd.），叶对生，二回羽状深裂或全裂；萼片基部下延，具药雄蕊5，与5个退化雄蕊互生；蒴果具长2.5 ~ 4 cm的喙。全草供药用。

2.老鹳草属（*Geranium* L.）有托叶。花1 ~ 3，整齐，无距；萼片和花瓣5，覆瓦状排列；具有与花瓣互生的腺体；雄蕊10；子房5心皮组成5室。蒴果有喙，果瓣5，成熟时由基部向背卷，与中轴分离，仅先端联合（图11-38）。鼠掌老鹳草（*G.sibiricum* L.），多年生草本，根不具块根；基生叶常5深裂，茎生叶对生，3深裂；总花梗具花1朵，花白色或淡红色，花柱在花后引长。全草入药，能清热解毒，祛风活血，又能治无名肿毒。

图11-38　老鹳草
A.植株　B.果实

（九）十字花科（Brassicaceae或Cruciferae）

$$ * K_4 C_4 A_{2+4} \underline{G}_{(2:2:1\sim\infty)} $$

十字花科有330属，约3 500种，广布于全世界，主要分布于北温带。我国产102属，412种，全国分布。

形态特征：草本，单叶互生，无托叶。花两性，辐射对称，总状花序或圆锥花序；花萼4，每轮2片；花瓣4，每轮2片，十字形排列，基部常成爪，花托上有密腺，常与萼片对生；雄蕊6，外轮2个短，内轮4个长，为四强雄蕊；子房上位，由2心皮结合而成，常有1个次生的假隔膜，把子房分成假2室，亦有横隔成数室的，侧膜胎座，柱头2，胚珠多数（图11-39）。长角果或短角果，2瓣分裂，少数不裂。种子无胚乳，胚弯曲。染色体：$X=4 \sim 15$，多数是6 ~ 9。

识别要点：草本。花两性，十字花冠，4强雄蕊，

图11-39　十字花科花图式

2心皮，有假隔膜，侧膜胎座。角果。

1.油菜属（芸薹属）（*Brassica* L.） 一年生至二年生草本。单叶，有时基部羽状分裂。总状花序，花黄色，花瓣具爪。长角果，种子球形，子叶对褶。芸薹（油菜）（*B. rapa* L. var. *oleifera* DC.），种子含油量40%左右，供食用，嫩茎、嫩叶作菜用（图11-40）；卷心菜（*B.oleracea* var.capitata L.），顶生叶球供食用；花椰菜（菜花）（*B. oleracea* var. *botrytis* L.），顶生球形花序供食用；白菜（*B. rapa* L. var. *glabra* Regel），原产我国北部，为东北、华北冬春两季的重要蔬菜；青菜（小白菜）（*B. chinensis* L.），叶不结球，倒卵状匙形，叶柄有狭边，为常见蔬菜；擘蓝（*B. oleracea* var. *gongylodes* L.），地上近地面处有块茎，肉质可食；芥菜 [*B. juncea*（L.）Czern. et Coss.]，种子称芥末，作调味品。

图11-40 油 菜
A.花 B.去掉萼片和花瓣示四强雄蕊 C.长角果（去掉一个心皮，示假隔膜和侧膜胎座）
（彭卫东 摄）

2.萝卜属（*Raphanus* L.） 叶大，羽状分裂。花淡红色或紫色。长角果串珠状，不开裂。萝卜（*R. sativus* L.）为重要蔬菜。红萝卜（*R. sativus* f. *sinoruber* Makino），直根赤紫色，叶柄及叶脉常带紫色。大青萝卜（*R. sativus* var. *acanthiformis* Mak.），直根地上部分绿色，地下部分白色，叶狭长。

3.荠菜属（*Capsella* Medik.） 一年或二年生草本，茎直立，纤细。单叶全缘或提琴状羽裂。花白色，总状花序。短角果倒心形。荠菜 [*C. bursa-pastoris*（L.）Medic.]，常见杂草，分布极广，幼茎和叶可作菜用。

4.播娘蒿属（*Descurainia* Schur.） 草本。叶2～3回羽状分裂。总状花序无苞片；花黄绿色或黄色；萼片直立，早落。长角果线形，有细梗。播娘蒿 [*D. sophia*（L.）Schur.]，麦田主要杂草之一，与小麦同时越冬，麦熟前果熟，种子含油量40%，有利尿消肿、祛痰定喘之效，具开发价值。

5.离子芥属（*Chorispora* R.Br.ex DC.） 一年或多年生草本。茎多由基部分枝，叶具长毛或头状腺毛，全缘或羽裂。花黄色或紫色。长角果不开裂。离子芥 [*C. tenella*（Pall.）

DC.]，常见麦田杂草，嫩株可食，具辛辣味。

此外，本科还有很多药用植物，如菘蓝（*Isatis tinctoria* L.）和大青（*Isatis indigotica* Fort.）的根，作"板蓝根"入药。蔊菜［*Rorippa montana*（Wall.）Small.］、独行菜（*Lepidium apetalum* Willd.）、播娘蒿等种子作"葶苈子"入药。另外，萝卜的种子称莱菔子，根称地枯蒌，均入药。

（十）葫芦科（Cucurbitaceae）

♂ $* K_{(5)}\ C_{(5)}\ A_{1+(2)+(2)}$；♀ $* K_{(5)}\ C_{(5)}\ \overline{G}_{(3:1:\infty)}$

葫芦科约123属，800余种，主产于热带和亚热带。我国有35属，151种，多分布于南部和西南部，北部所见多为栽培种。

形态特征：草质或木质藤本。茎匍匐或攀缘，具侧生卷须。常单叶互生，有时为鸟足状复叶。花单性，雌雄同株或异株；单生或为总状花序或圆锥花序；萼筒漏斗状、钟状或筒状，花萼5裂；花冠合生，5裂；雄蕊5枚，分离或各式合生，花药常弯曲成"S"形；心皮3，子房下位，有3个侧膜胎座，胚珠多枚，柱头3个。瓠果，肉质或最后干燥变硬，不开裂或瓣裂或周裂；种子多数，扁平。茎内多为复并生维管束，且常有钟乳体（图11-41和图11-42）。染色体：$X=7\sim14$。

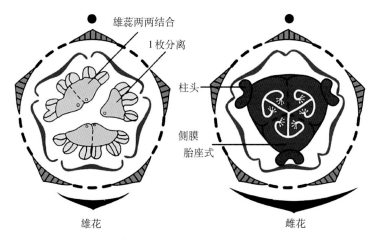

图11-41　葫芦科花图式

识别要点：蔓生草本，有卷须，叶掌状分裂。花单性，5基数，聚药雄蕊，3心皮，侧膜胎座，下位子房。瓠果。

本科植物多为重要蔬菜或食用瓜类。现将栽培的主要属列检索表于下，并附主要种及用途于后：

1.花冠钟状，裂片裂至中部………………………………（1）南瓜属（*Cucurbita*）［南瓜（*C. moschata* Duch.）和笋瓜（*C. maxima* Duch.）］。

1.花冠轮状，5深裂或离瓣。

　2.雄花的萼筒短，花药分离。

　　3.雄蕊贴生在萼筒的喉部，萼的基部具2～3个鳞片，果肉质，3瓣裂或不裂…（2）苦瓜属（*Momordica*）［苦瓜（*M.charantia* L.）］，果可作蔬菜，果有多数瘤状突起，果味苦稍甘。

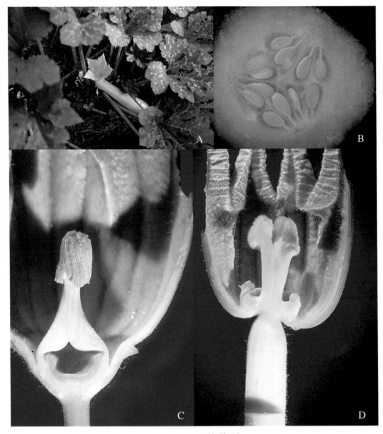

图11-42　葫芦科
A.西葫芦植株　B.黄瓜果实横切　C.西葫芦雄花　D.西葫芦雌花

3.雄蕊插生在萼筒上。

    4.雄花序为总状花序；药室多曲，似"S"形；成熟果实干燥，顶端盖裂…（3）丝瓜属（*Luffa*）[丝瓜，*L.cylindrica*（L.）Roem.]，嫩果可炒食，成熟后维管束网称丝瓜络，可药用和洗涤器具用。

    4.雄花单生或簇生；药室"U"字形；果肉质，不开裂。

      5.萼片钻状，全缘。

        6.药隔先端不引长；卷须2～3分叉…（4）西瓜属（*Citrullus*）[西瓜，*C.lanatus*（Thunb.）Mansteld.]，肉瓤多汁而甜，为很好的瓜果。品种很多，有些品种专供食用瓜子。

        6.药隔先端超出花药并引长；卷须不分叉…（5）甜瓜属（*Cucumis*）[甜瓜（*C.melo* L.）]，重要瓜果，品种很多，如哈密瓜、白兰瓜、菜瓜、黄金瓜等；[黄瓜（*C.sativus* L.）]，重要蔬菜。

      5.萼的裂片叶状，具锯齿…（6）冬瓜属（*Benincasa*）[冬瓜（*B.hispida* Cogn.）]，果做羹汤或炒菜。

2.雄花在萼筒伸长，花药结合成头状，花瓣离生；叶柄顶端具两个腺体…（7）葫芦属（*Lagenaria*）[葫芦，*L.siceraria*（Molina）Standl.]，果嫩时可作菜食，老时可做容器。

    此外，可作药用和园艺观赏的有栝楼（瓜蒌）（*Trichosanthes kirilowii* Maxim.），根圆柱形，根的制品称天花粉，瓜皮为瓜蒌皮，种子称瓜蒌仁，均入中药。喷瓜（*Ecballium elaterium* A.Rich.），蔓生，多年生草本，无卷须，成熟果实从果柄处脱落，并由此处喷射出果肉黏液和棕色的种子，远达6～10 m，常栽培赏果。绞股蓝 [*Gynostemma pentaphyllum* (Thumb.) Makino]，草质藤本，茎柔弱，卷须分2叉或稀不分叉；叶鸟足状，5～7小叶；雌雄异株，花序圆锥状；果实球形，熟时变黑色。分布于陕西南部及长江以南各地。果实含绞胶蓝皂苷，具有明显的抗疲劳、抗衰老、降血脂、镇静和催眠等功效。

（十一）山茶科（Theaceae）

$$* K_{5} C_{5,(5)} A_{(\infty)} G_{\underline{(2\sim10:2\sim10:2\sim\infty)}}$$

山茶科有19属，600种，分布于热带和亚热带。我国有12属，274种，主要分布于长江以南，尤其西南地区。

形态特征：乔木或灌木。单叶互生，常革质，无托叶。花常两性，辐射对称，单生叶腋；萼片4至多数，花瓣5，分离或稍连生；雄蕊多数，多轮，分离和稍结合为5体；子房上位，中轴胎座（图11-43）。蒴果、核果状果或浆果，种子含油质。染色体：X=15，21。

萼片
花瓣
雄蕊
雌蕊
小苞片

图11-43　山茶科花图式

识别要点：常绿木本。单叶互生。花常两性，整齐，5基数；雄蕊多数，数轮；子房上位，中轴胎座。常为蒴果。

1.茶 [*Camellia sinensis*（L.）O.Ktze.] 常绿灌木；叶卵圆形，表面叶脉凹入，背面叶脉凸出；花白色，有柄，萼片宿存；果瓣不脱落（图11-44）。长江流域及以南各地盛栽。茶树原产我国，栽培和制茶至少已有2 500年的历史。茶叶内含咖啡碱、茶碱、可可碱和挥

图11-44　茶

发油等，具有兴奋神经中枢及利尿作用；根入药，能清热解毒；种子油可食，并且是很好的润滑油。

2.油茶（*Camellia oleifera* Abel）常绿灌木；花无柄，萼片脱落；果瓣与中轴一起脱落。种子含油，供食用和工业用，是我国南方山区主要的木本油料作物。

（十二）锦葵科（Malvaceae）

$$* K_5 C_5 A_{(\infty)} \underline{G}_{(3\sim\infty : 3\sim\infty : 1\sim\infty)}$$

锦葵科约100属，1 000多种，分布于温带及热带。我国有19属，81种，分布于全国各地。

形态特征：木本或草本，茎皮多纤维。单叶互生，稀为复叶，托叶有或无，叶具掌状脉。花两性，辐射对称；萼片5～3，常基部合生，其下常有由苞片变成的副萼（accessory calyx）；花瓣5片，旋转状排列，近基部与雄蕊管连生；雄蕊多数，花丝联合成管状，为单体雄蕊；子房上位，由3至多心皮组成，3至多室，中轴胎座，花柱单一，上部常分裂，与心皮同数（图11-45和图11-46）。蒴果或分果，种子有胚乳。染色体：X=5～22，33，39。

识别要点：纤维发达，单叶。花5基数，具副萼，单体雄蕊，花药1室。蒴果或分果。

1.**棉属**（*Gossypium* L.） 一年生灌木状草本。叶掌状分裂。副萼3或5，萼成杯状。蒴果3～5瓣，背缝开裂；种子表皮细胞延伸成纤维。中棉（*G. arboreum* L.），叶掌状深裂；副萼顶端有3齿，花冠淡黄色，具暗紫色心。我国黄河以南各地种植。草棉（*G. herbaceum* L.），叶5～7半裂；副萼广三角形，花黄色，中心紫色。适于西北各地区栽培，生长期短，仅120 d左右。陆地棉（*G. hirsutum* L.），叶常3裂；花黄色，副萼3。原产中美洲，我国普遍栽培。海岛棉（*G. barbadense* L.），叶3～5裂；花淡黄带紫，副萼5。我国南方亚热带种植。

2.**木槿属**（*Hibiscus* L.） 木本或草本。副萼5片，全缘，花萼5齿裂，花冠钟形；单体雄蕊大，花柱5分枝，中轴胎座。蒴果。木槿（*H. syriacus* L.），灌木，叶3裂，基出3大脉，栽培作绿篱。

3.**锦葵属**（*Malva* L.） 草本。叶掌状浅裂。花单生或簇生于叶腋，苞叶3，花白色、粉红色、淡紫或黑紫色。分果圆盘状，种子肾形。锦

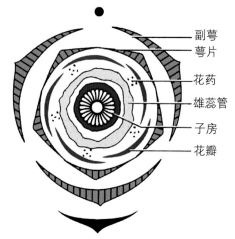

图11-45 锦葵科花图式

（图中标注：副萼、萼片、花药、雄蕊管、子房、花瓣）

图11-46 锦葵科
A.芙蓉葵 B.芙蓉葵的花解剖(去掉两个花瓣，将花丝筒掰开) C.蜀葵

葵（*M. sinensis* Cavan.），株高60～90 cm，叶肾形，5～7浅裂；花蓝紫色。野锦葵（*M. rotundifolia* Cavan.），多年生草本，株高20～50 cm，叶圆肾形；花白色、浅蓝色或淡粉红色。

4.蜀葵属（*Althaea* L.） 一年生或多年生草本，全体被柔毛。花大型，紫红或淡红白色，单生于叶腋或成顶生总状花序，苞片6～9，心皮多数。分果盘状，分果瓣约30。蜀葵[*A. rosea*（L.）Cavan.]，野生或栽培，花、种子和根皮入药，能通便利尿。

5.苘麻属（*Abutilon* Mill.） 草本或亚灌木。花单生于叶腋或顶生，花白、橙黄或红色，心皮8～20，柱头头状。分果瓣具2长芒，种子肾形。苘麻（*A. theophrasti* Medicus.），纤维可制绳索，种子油可制肥皂和油漆。

（十三）大戟科（Euphorbiaceae）

♂ $* K_{0 \sim 5} C_{0 \sim 5} A_{1 \sim \infty}$；♀ $* K_{0 \sim 5} C_{0 \sim 5} \underline{G}_{(3 : 3 : 1 \sim 2)}$

大戟科约322余属，8 910种，主要分布于热带。我国有75属，406种，主要分布于长江以南各地。

形态特征：草本或木本，多含乳汁。单叶，稀为复叶，互生，有时对生，具托叶。聚伞花序或杯状聚伞花序，或总状花序和穗状花序；花单性，双被、单被或无被；有花盘或腺体；雄蕊5至多数，有时较少或只有1个，花丝分离或合生；子房上位，常3室，每室有1～2个悬垂胚珠。蒴果，少为浆果或核果；种子有胚乳。染色体：X=7～11，12。

识别要点：常具乳汁。单叶，基部常有2腺体。花单性，子房上位，常3室，中轴胎座，胚珠悬垂。

1.蓖麻属（*Ricinus* L.） 一年生草本，生长在热带及亚热带则为灌木或小乔木。单叶互生，盾形，掌状深裂。由多个聚伞花序排列成顶生的圆锥花序，雄花着生于花序下部；萼片膜质3～5，灰白绿色；雄蕊多数，花丝合生成多束；雌花着生于花序上部，密集，萼片5，早落，子房3室，每室有胚珠1粒。蒴果常具软刺，分裂成3个2瓣裂的分果片。蓖麻（*R. communis* L.），种子含油率69%～73%，为重要油料作物，其油主要为工业用，为优良润滑油，叶可饲蓖麻蚕（图11-47）。

2.大戟属（*Euphorbia* L.）草质、木质或无叶的肉质植物，有乳状汁。叶互生或对生。杯状聚伞花序，外面围以绿色杯状总苞，内含多数或少数雄花及1雌花；无花被；雄花仅具1雄蕊，花丝与花柄间有关节；雌花单生于杯状聚伞花序的

图11-47 蓖 麻

中央而突出于外，3心皮，子房3室，每室有1胚珠，花柱3，上部分为2叉。蒴果。泽漆（*E. helioscopia* L.），草本；叶倒卵形或匙形；茎顶端具5片轮生状苞，多歧聚伞花序顶生。全草入药，亦可作农药。甘遂（*E. kansui* Liou），本种与泽漆相似，不同在于此种叶线状披针形或狭披针形。一品红（*E. pulcherrima* Willd.），灌木；上部的叶较狭，开花时朱红色，很美丽。原产墨西哥一带，常栽培供观赏（图11-48和图11-49）。

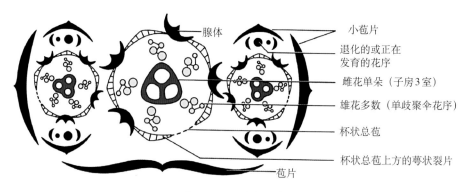

图11-48　大戟属花图式

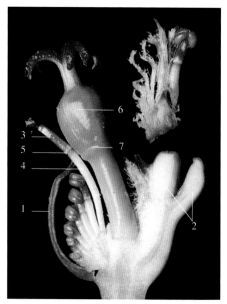

图11-49　大戟属（一品红）的杯状聚伞花序

1.总苞　2.蜜腺　3.花丝　4.花柄　5.花丝与花柄连接处　6.雌蕊　7.花柄和雌蕊连接处有隔痕

（引自马炜梁，2009）

3.**橡胶树属**（*Hevea* Aubl.）高大乔木，有乳汁。三出复叶，叶柄顶端有腺体。花小，单性同株，圆锥状聚伞花序；萼5齿裂，无花瓣。蒴果。橡胶树（*H. brasiliensis* Muell.-Arg.），优良橡胶植物。

4.**油桐属**（*Vernicia* Lour.）乔木，常具乳汁。叶全缘，3～7裂，叶柄长，近端具2腺体。花雌雄同株。核果大型，种子富含油质。油桐 [*V. fordii* (Hemsl.) Airy-Shaw]，叶卵状或卵状心形；花白色；果皮平滑。种仁含油46%～70%，油称桐油，为我国特产，是油漆和涂料工业的重要原料。

此外，本科的乌桕 [*Sapium sebiferum* (L.) Roxb.] 为重要工业油料作物；巴豆（*Croton tiglium* L.）有剧毒，为强烈泻药。

大戟科的营养体和化学特征及花粉形态，在同一科中差别很大，因此关于它的系统位置，不同学者有不同见解，一般认为，大戟科与锦葵科关系较密切。

（十四）蔷薇科（Rosaceae）

$$* K_{(5)} \ C_5 A_{5\sim\infty} \ \underline{G}_{1\sim\infty} \cdot \overline{G}_{(2\sim5:2\sim5:2)}$$

蔷薇科有95～125属，2 825～3 500种，全世界分布，主产北半球温带。我国有55属，950种，全国各地均产。

形态特征：草本，灌木或乔木，常有刺及明显皮孔。单叶或复叶，互生，托叶常附生于叶柄上而成对。花两性，辐射对称，花托凸隆或凹陷，花被与雄蕊常愈合成碟状、钟状、杯状、坛状或圆筒状花筒（花托筒或萼筒）；花萼、花冠、雄蕊看起来似从花托上长出；雄蕊多数且离生；子房上位或下位，心皮多数至1个，分离或各种方式联合，花柱分离或合生，每心皮有1至数个倒生胚珠（图11-50和图11-51）。核果、梨果、瘦果或蓇葖果，种子无胚乳（图11-52）。染色体：$X=7 \sim 9$，17。

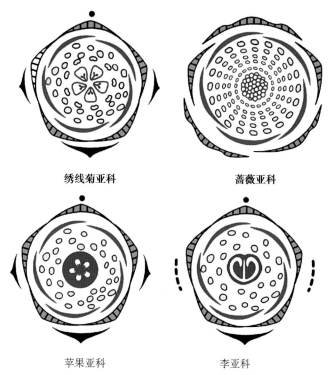

绣线菊亚科　　　　　蔷薇亚科

苹果亚科　　　　　李亚科

图11-50　蔷薇科4个亚科的花图式

图11-51　蔷薇科4个亚科花的比较
A.绣线菊亚科(绣线菊属)　B.蔷薇亚科（月季）　C.李亚科（桃）　D.苹果亚科（梨）
（A引自http://www.phytoimages.siu.edu；B ~ D彭卫东　摄）

图11-52　蔷薇科4个亚科果实的比较
A.绣线菊亚科（绣线菊属）　B.蔷薇亚科（草莓）　C.李亚科（　桃）　D.苹果亚科（苹果）

识别要点：叶互生，常有托叶。花两性整齐，花部5基数，花被与雄蕊常结合成花筒。种子无胚乳。本科根据花筒、花托、雌蕊群和果实特征分为4个亚科。

亚科Ⅰ：绣线菊亚科（Spiraeoideae）

木本。常无托叶。花筒浅杯状，花托下凹，心皮通常5个（12 ～ 1），分离或基部联合，子房上位。聚合蓇葖果。

1.绣线菊属（Spiraea L.）　小灌木，单叶。萼片和花瓣各5；雄蕊15 ～ 60；心皮2 ～ 5，分离。华北绣线菊（S. fritschiana Schneid.），叶片卵形，幼时被柔毛；复伞房花序顶生于当年生枝上；蓇葖果直立。绣球绣线菊（S. blumei G.Don），枝细，开展；叶片菱状卵形至倒卵形；伞形花序着生于短枝顶端，有总花梗，花序绣球状。根及果实可供药用。

2.珍珠梅属［Sorbaria（Ser.）A.Br.］　奇数羽状复叶，互生。花小，为顶生圆锥花序；花瓣5；雄蕊20 ～ 50；心皮5，稍合生。珍珠梅［S. kirilowii（Regel）Maxim.］，圆锥花序无毛，雄蕊20，花柱稍侧生。栽培供观赏。

亚科Ⅱ：蔷薇亚科（Rosoideae）

木本或草本。叶互生，托叶发达。花筒坛状或碟形，花托下凹或凸起，子房上位，心皮多数。聚合瘦果。

1.蔷薇属（Rosa L.）　灌木或草本，皮刺发达。羽状复叶，托叶和叶柄连生。花筒坛状，花托下凹；萼片5，花瓣5；雄蕊多数；心皮多数，分离。聚合瘦果集于肉质花筒内，称为蔷薇果（hip）。蔷薇（R. multiflora Thunb.），落叶灌木，茎细长，有刺；伞房花序，花瓣粉红色；蔷薇果球形，红色；园艺栽培作绿篱及庭院绿化。月季（R. chinensis Jacq.），常绿或半常绿灌木，茎直立，具弯刺或无刺；花重瓣，深红色或粉红色；蔷薇果球形，黄红色；著名园艺绿化植物。玫瑰（R. rugosa Thunb.），落叶灌木，茎粗壮，丛生，刺细长直立；花单瓣或重瓣，紫红或白色；蔷薇果扁球形；为著名园艺绿化植物，鲜花含芳香油，是高级香水、香皂及化妆香精的原料。

2.草莓属（Fragaria L.）　多年生小草本，具根状茎。茎细，直立。羽状三出叶。花白色，离生心皮多数，着生于球状突起的花托上。球状花托肉质可食。草莓（*F. ananassa* Duch.），聚合果，肉质花托可食用，为常见水果。

本亚科还有地榆（*Sanguisorba officinalis* L.），根为收敛止血药。龙芽草（*Agrimonia pilosa* Ledeb.），全草入药为收敛药。蛇莓 [*Duchesnea indica*（Andrews）Focke.]，具长匍匐茎，三出复叶，全草入药。

亚科Ⅲ：苹果亚科（Maloideae）

木本，有托叶。花筒杯状，花托下凹，心皮2～5，下位子房，每室有胚珠1～2个。梨果。

1. 苹果属（*Malus* Mill.）　叶近椭圆形。花柱基部结合。果肉无石细胞，果实苹果形。苹果（*M. pumila* Mill.），全国广泛栽培，品种很多，如"红富士"、"秦冠"等。果鲜食或制果汁及酿酒。垂丝海棠 [*M. halliana*（Voss）Koehne]，果柄细长，花下垂。栽培供观赏，并可作苹果的砧木。

2. 梨属（*Pyrus* L.）　叶近卵形。花柱2～5，分离。果肉有石细胞，果实梨形。白梨（*P. bretschneideri* Rehd.），果实黄色，具细密斑点。品种很多，果实供食用。沙梨 [*P. pyrifolia*（Burm.f.）Nakai]，果实近球形，先端微下凹，褐色，具斑点。果食用，并作药用。

3. 山楂属（*Crataegus* L.）　灌木或小乔木。单叶互生，有锯齿，分裂。伞房花序；心皮1～5个，与花托合生，下位子房。梨果圆形至卵圆形，红色，果粉质或肉质，成熟时心皮骨质，小核果状。山楂（*C. pinnatifida* Bunge），果鲜食，制果酱、果糕并药用。

此亚科还有木瓜 [*Chaenomeles sinensis*（Thouin）Koehne]，果长椭圆形，暗黄色，木质。果药用，治关节痛、肺病等。枇杷 [*Eriobotrya japonica*（Thunb.）Lindl.]，产于长江流域，果食用，叶药用，北方栽培供观赏。石楠（*Photinia serrulata* Lindl.）为常见园艺栽培绿化树。

亚科Ⅳ：李亚科（Prunoideae）

木本。单叶，有托叶，叶基常有腺体。花筒凹陷呈杯状，花托下凹，心皮1，子房上位，胚珠1～2，斜挂。核果，内含1粒种子。

李亚科共10属，约400种，许多是著名的果树。其中的桃属（*Amygdalus*）、杏属（*Armeniaca*）、樱属（*Cerasus*）、桂樱属（*Laurocerasus*）、稠李属（*Padus*）、李属（*Prunus*）常合并到李属，近年来也有较多的分子证据支持合并。

李亚科常见4属检索表

1. 幼叶多为席卷式，少数为对折式；果实有沟，外面被毛或被蜡粉。
   2. 侧芽3，两侧为花芽，具顶芽；花1～2，常无柄，稀有柄；子房和果实常被短柔毛，极稀无毛；核常有孔穴，极稀光滑；叶片为对折式；花先叶开…………………………………………………………………桃属 *Amygdalus* L.
   2. 侧芽单生，顶芽缺。核常光滑或有不明显孔穴。
      3. 子房和果实常被短柔毛；花常无柄或有短柄，花先叶开……………………………………………………………………………………………杏属 *Armeniaca* Mill.
      3. 子房和果实均光滑无毛，常被蜡粉；花常有柄，花叶同开………………………………………………………………………………………………李属 *Prunus* L.
1. 幼叶常为对折式，果实无沟，不被蜡粉，枝有顶芽。子房光滑；核平滑，有沟，稀有孔穴······樱属 *Cerasus* Mill.

蔷薇科由木兰科和毛茛科进化而来，因为它们都是两性花，异被花，5基数，花被两轮。通过花萼结合，花被轮状排列，定数，演化为蔷薇科植物。

（十五）豆科（Fabaceae 或 Leguminosae）

$*（↑）K_{5,(5)} C_5 A_{10,(9)+1,(\infty)} \underline{G}_{(1:1:1\sim\infty)}$

豆科约650属，18 000种，为双子叶植物中第二大科。我国有167属，1 673种，全国各地均有分布。

形态特征：草本，灌木或乔木。叶常为羽状复叶或三出复叶，少有单叶；叶柄基部有叶枕；常具托叶。花序多样，花两性，常两侧对称，少有辐射对称；萼片5个，少有4个，多少合生；花冠多为蝶形或假蝶形；雄蕊10个，少有多数，联合成二体或单体或分离；心皮1个，上位子房，1室，常具多个胚珠（图11-53和图11-54）。荚果，种子无胚乳。染色体：

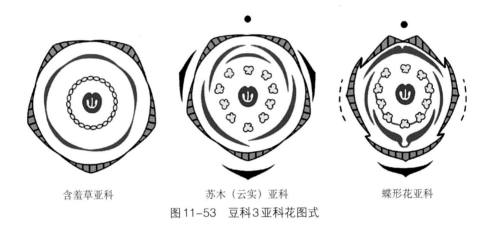

含羞草亚科　　　　　苏木（云实）亚科　　　　　蝶形花亚科

图11-53　豆科3亚科花图式

图11-54　豆科（蝶形花亚科，紫藤）

A.花　B.花纵切　C.旗瓣和翼瓣　D.两个龙骨瓣基部分离顶端联合

（彭卫东　摄）

$X=5 \sim 14$。

识别要点：叶常为羽状或三出复叶，有叶枕。花冠多为蝶形或假蝶形；雄蕊为二体、单体或分离。荚果。本科根据花的形状及花瓣排列方式，分为3个亚科。

亚科Ⅰ：含羞草亚科（Mimosoideae）

$* K_{3 \sim 6} C_{3 \sim 6, (3 \sim 6)} A_{\infty, 3 \sim 6} \underline{G}_{(1:1)}$

木本，稀草本。1～2回羽状复叶。花辐射对称，穗状或头状花序；雄蕊多数，稀与花瓣同数。荚果有的具有次生横隔膜。染色体：$X=8，11 \sim 14$。

合欢属（*Albizia* Durazz.）二回羽状复叶，互生。花萼具5齿；花冠中部以下合生；雄蕊20～50枚，花丝基部合生成管，花丝长为花冠数倍。荚果扁，带状，不开裂或迟裂。合欢（*A. julibrissin* Durazz.），乔木；头状花序，萼片，花瓣小，不显著，花丝细长，淡红色。栽培作行道树；树皮和花作药用。

亚科Ⅱ：云实亚科（Caesalpinoideae）

$\uparrow K_{(5)} C_5 A_{10} \underline{G}_{(1:1)}$

木本。花两侧对称；花瓣上向覆瓦状排列（最上方之花瓣位于最内方）；雄蕊10或较少，分离，或各式联合。荚果，有的有横隔膜。染色体：$X=6 \sim 14$。

1.**皂荚属**（*Gleditsia* L.） 落叶乔木，茎和枝通常具分枝的粗刺。叶互生或簇生，一回和二回偶数羽状复叶，常并存于同一植株上；小叶歪斜，有锯齿或全缘。花杂性或单性异株；萼片3～5；花瓣3～5，稍不等；雄蕊6～10，荚果扁平，有1至多数种子。皂荚（*G. sinensis* Lam.），刺圆锥状，分枝；一回羽状复叶；荚近伸直。荚果煎汁可代皂；枝刺、荚瓣和种子可入药。

2.**紫荆属**（*Cercis* L.） 落叶灌木或乔木。单叶互生，全缘。花先开或与叶同时开放；雄蕊10，分离。荚果扁，狭长方形。紫荆（*C. chinensis* Bange），单叶，圆心形；花紫色簇生，假蝶形花冠。栽培供观赏，树皮、花梗为治疮要药。

另外，本亚科还有云实（*Caesalpinia sepiaria* Roxb.），有刺灌木，二回羽状复叶，花黄色。产长江以南各地。苏木（*C. sappan* L.），灌木或乔木，有疏刺，二回羽状复叶。分布于我国南部和西南部。心材红色，可提取红色染料；根可提取黄色染料，干燥的心材供药用等。

亚科Ⅲ：蝶形花亚科（Papilionoideae）

$\uparrow K_{(5)} C_5 A_{(9)+1, (5)+(5), (10), 10} \underline{G}_{(1:1)}$

木本至草本。单叶、3小叶复叶或1至多回羽状复叶，有托叶和小托叶，叶枕发达。花两侧对称；花萼5裂，具萼管；蝶形花冠，花瓣下向覆瓦状排列；雄蕊10，常为两体雄蕊，成（9）与1或（5）与（5）之2组，也有10个全部连成单体雄蕊或全部分离的。荚果。染色体：$X=5 \sim 13$。

1.**槐属**（*Sophora* L.） 乔木或灌木。奇数羽状复叶。雄蕊10，分离。荚果念珠状。可作行道树，并为优良的蜜源植物；花和荚果入药，有清凉收敛、止血降压作用；叶和根皮有清热解毒作用，如槐（*S. japonica* L.）。

2.**刺槐属**（*Robinia* L.） 乔木或灌木。奇数羽状复叶；托叶刺状；小叶全缘，具小托叶。腋生总状花序下垂。荚果带状，长椭圆形。刺槐（洋槐）（*R. pseudoacacia* L.），乔木，有托叶刺；花白色，芳香。作行道树和庭园观赏植物。

3.**大豆属**（*Glycine* Willd.） 草本。羽状复叶具3小叶，有小托叶。总状花序腋生，在植株下部的常单生或簇生；萼筒钟状，上部两裂生通常合生；花瓣均具长瓣柄。荚果条形，扁，种子间有隔膜。大豆 [*G. max* (L.) Merr.]，全株被褐色长硬毛；荚果带状矩圆形，密被长硬毛，种子椭圆形或卵圆形，绿色、褐色和黑色。是重要的油料作物。

4. 菜豆属（*Phaseolus* L.） 草本，常被钩状毛。花着生于膨大的节上；花瓣的龙骨瓣狭长，螺旋状卷曲 1 ~ 5 圈；花柱亦卷曲，上部的内侧或周围有毛。荚果线形或圆柱形，种子 2 至多数。菜豆（*P. vulgaris* L.），缠绕草本，侧生小叶偏斜；总状花序比叶短，小苞片宿存；荚果顶端有喙。为重要的粮食作物。

5. 落花生属（*Arachis* L.） 荚果生于土中。叶为 4 个小叶的羽状复叶。花生（*A. hypogaea* L.），草本；偶数羽状复叶；花小，黄色，单生于叶腋，或 2 朵簇生；受精后子房柄迅速伸长，向地面弯曲，使子房插入土中，膨大而成荚果。

6. 锦鸡儿属（*Caragana* Fabr.） 灌木。叶互生或簇生，偶数羽状复叶或假掌状复叶；叶轴脱落或宿存并硬化成针刺；托叶宿存并硬化成针刺。花单生或簇生于短枝上，花梗具关节。荚果圆筒形或披针形等。柠条锦鸡儿（*C. korshinskii* Kom.），树皮金黄色或绿黄色，幼枝被白色柔毛；小叶 6 ~ 8 对，先端具短尖头；花冠黄色；荚果披针形。是重要的固沙和水土保持树种。

7. 黄耆属（*Astragalus* L.） 草本。奇数羽状复叶。花序总状或密集成头状。花萼片管状或钟状，有时萼筒膨大，成囊状；花瓣近相等或翼瓣、龙骨瓣较短。荚果条形、矩圆形或球形，肿胀。黄耆 [*A. membranaceus* (Fisch.) Bunge.]，羽状复叶有 11 ~ 27 小叶；花冠黄色或淡黄色。是重要的药用植物。

8. 草木犀属（*Melilotus* Adans.）草本。羽状复叶具 3 小叶，顶端 1 枚小叶具短柄。总状花序细长；花萼钟状，萼齿近等长；花冠白色或黄色，旗瓣无爪。荚果短，矩圆形或卵形，不开裂；种子 1 ~ 2 粒，肾形，黄色或黄褐色。黄香草木犀 [*M. officinalis* (L.) Desr.]，植株有香气；托叶披针形，基部宽；花冠黄色；荚果先端具短喙，种子 1 粒，矩圆形，褐色。重要牧草，绿肥及蜜源植物。

9. 车轴草属（*Trifolium* L.） 草本。掌状复叶常为 3 小叶。花序近头状或穗状；花瓣与雄蕊管合生，凋后不脱落。荚果小，不开裂，常包于花萼中。白车轴草（*T. repens* L.），匍匐茎节上生根、叶及花序；小叶 3；花冠白色或略带粉红色，子房线形。优良牧草，水土保持草种及蜜源植物；全草药用，能清热、凉血。

10. 苜蓿属（*Medicago* L.） 草本。三出羽状复叶，互生；小叶上端有细锯齿。花冠黄或紫色。荚果螺旋状或环状弯曲，不开裂，光滑或有刺毛。紫花苜蓿（*M.sativa* L.），主根长达 2 ~ 5m，多分枝；花紫色；荚果螺旋形，疏散毛。黄花苜蓿（*M.falcata* L.），茎斜升或平卧；花黄色；荚果扁，镰刀形。均为优良牧草，亦可作绿肥及蜜源植物。

11. 野豌豆属（*Vicia* L.） 草本。偶数羽状复叶；叶轴末端常成卷须。花 1 至数朵簇生于叶腋或排成总状花序；花柱圆柱形，顶部背面有一丛髯毛或顶部周围具柔毛。荚果扁，条形。蚕豆（*V. faba* L.），茎近方形；花的旗瓣有黑紫色斑条纹，翼瓣有浓黑斑纹。是全世界普遍栽培的豆类作物。

12. 豌豆属（*Pisum* L.） 草本。偶数羽状复叶，有小叶 2 ~ 8 枚，叶轴顶端具分枝的卷须，托叶大，叶状。雄蕊筒先端截形或近截形；花柱扁，花柱内侧具髯毛。荚果扁平，开裂；种子多数。豌豆（*P. sativum* L.），攀缘草本。是全世界普遍栽培的豆类作物。

13. 甘草属（*Glycyrrhiza* L.） 草本，根常有甜味，植株通常有腺毛。奇数羽状复叶。

总状或头状花序生于叶腋；萼齿5，不等长；龙骨瓣背部结合。荚果卵形或条状矩圆形，有时弯曲，光滑或具腺毛。甘草（*G. uralensis* Fisch.），根粗壮，外部褐色，内部黄色；小叶7～17枚；总状花序常较叶短，花冠紫色；荚果密集成球形，弯曲成镰形或环形，表面密被刺毛或腺毛。根入药，能清热解毒、润肺止咳、调和诸药。

14.棘豆属（*Oxytropis* DC.） 多年生草本，半灌木或灌木，植株被毛。奇数羽状复叶，部分种类的叶柄硬化呈针刺状；托叶合生。花的龙骨瓣顶端具喙；二体雄蕊；花柱内弯。荚果常膨胀，开裂；腹缝线常向内延伸成隔膜，1室或不完全2室。刺叶柄棘豆（*O. aciphylla* Ledeb.），垫状小灌木，全株呈球状株丛；叶轴宿存，呈针刺状，小叶2～3对；花冠紫红色；荚果硬革质，矩圆形，隔膜发达，近2室。为良好的饲用植物。

本科植物常具根瘤，是根与根瘤细菌的共生体，有固氮作用，其中不少是绿肥植物。

许多分类学家都将豆科分为含羞草亚科、云实亚科和蝶形花亚科3个亚科，柯朗奎斯特倾向于按照被子植物分科的习惯界限，将3个亚科单独为3个科，即含羞草科、云实科和蝶形花科。不管如何分类，都承认这3个科或亚科是一个以荚果联系起来的自然类群。

豆科植物的演化趋势是雄蕊群由不定数到定数的结合，花冠由整齐趋向不整齐。

豆科起源于蔷薇科的梅亚科或与梅亚科有一共同的祖先。由单一的心皮演化为荚果，但还保留着结合的萼筒、发达的托叶和5基数、轮状排列的花。

（十六）杨柳科（Salicaceae）

♂ * $K_0 C_0 A_{2\sim\infty}$；♀ * $K_0 C_0 G_{(2:1:\infty)}$

杨柳科有3属，约620种，主产北温带。我国有3属，347种，全国分布。

形态特征：木本。单叶互生，有托叶。花单性，雌雄异株，稀同株；柔荑花序，常先叶开放，花托外具膜质苞片；无花被，有1杯状花盘或2腺状鳞片；雄蕊2至多数；子房2心皮合成1室，侧膜胎座，胚珠多数，向上而倒生（图11-55）。蒴果，2～4瓣裂，种子细小多数，由珠柄长出很多柔毛，无胚乳，胚直立。染色体：$X=19$，22。

识别要点：木本，单叶互生。花单性，雌雄异株，柔荑花序，无花被，侧膜胎座。蒴果，种子基部具丝状长毛。

1.杨属（*Populus* L.） 乔木，常具顶芽，冬芽具数枚鳞片。柔荑花序下垂；苞缘多细裂，每苞内有1花，基部有1杯状花盘；雄花雄蕊多数；雌花雌蕊由2～4心皮合生。毛白杨（*P. tomentosa* Carr.），叶三角状卵形，背面有密毡毛，防护林及绿化主要树种。小叶杨（*P. simonii*

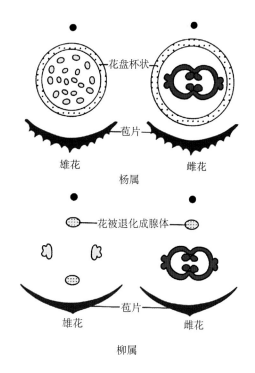

图11-55　杨属和柳属花图式

Carr.），树皮灰绿色，小枝黄褐到红褐色，叶菱状倒卵形或菱状椭圆形；雄蕊8～9枚；蒴果2～3瓣裂；为主要造林树种之一。响叶杨（*P. adenopoda* Maxim.），芽大，圆锥形；叶卵形，并具两个显著腺体，叶面光滑，背面灰绿色；蒴果具短梗；主要绿化树种。山杨（*P. davidiana* Doda），树皮灰绿或灰白色，光滑；叶形多变化，边缘有波状浅齿；蒴果卵状圆锥形。强阳性树种，对土壤要求不严，分布广，为中国北方和西南的成林树种。胡杨（*P. diversifolia* Schrenk），树皮灰白色，小枝淡灰褐色，有毛；叶形变化大，叶缘有 11 ~ 15 锯齿或全缘。生于荒漠地带及地下水位较高的盐碱地带，为荒漠地带及盐碱地的造林树种之一。钻天杨（*P. nigra* var. *italica* Koehne），有短树干和紧密上升枝条，形成一窄柱状树顶，树皮暗灰色，老时有沟裂；叶三角形或菱状卵形。原产欧洲南部及亚洲西部，我国西北地区广泛栽植，为防护林、行道树树种。

2. 柳属（*Salix* L.） 乔木，无顶芽，冬芽仅有1个鳞片。叶披针形。柔荑花序直立；苞片全缘，雄蕊常2。蒴果两裂。垂柳（*S. babylonica* L.），枝细弱下垂，叶狭披针形；苞片线状披针形。根系发达，保土能力强，是河堤造林树种（图11-56）。旱柳（*S. matsudana* Koidz.），小枝直立或开展，叶披针形；雌花具2个腺体。多生于河岸或平原，并常栽培。

杨柳科因不具花被、单性花、柔荑花序、合点受精等特征，一向被归在柔荑花序类里。由于有2 ~ 4个侧膜胎座和多数胚珠等特征，又把它归入侧膜胎座类。

图11-56 垂 柳
A.雄花序　B.雌花序　C.蒴果
（彭卫东　摄）

（十七）壳斗科（Fagaceae）

♂ * K $_{(4-7)}$ C $_0$ A $_{4 \sim 7}$ ；♀ * K $_{(4 \sim 7)}$ C $_0$ $\overline{G}$ $_{(3 \sim 7 : 3 \sim 7 : 2)}$

壳斗科有7 ~ 12属，900 ~ 1 000种，主要分布于北半球温带和亚热带。我国有7属，294种，分布几乎遍及全国。

形态特征：乔木，稀灌木。单叶互生，革质，羽状脉，有托叶。花单性，雌雄同株，无花瓣，雄花排成柔荑花序，每苞有1花，萼片4 ~ 7裂，雄蕊与萼同数，花丝细长，花药2室，纵裂，退化雄蕊细小或缺；雌花单生或3朵雌花二歧聚伞式生于1总苞内，总苞由多数鳞片组成；萼4 ~ 7裂，与子房合生，子房下位，3 ~ 7室，每室胚珠2个，但只有1个发育成种子，花柱宿存。坚果单生或2 ~ 3个生于总苞中，总苞呈杯状或囊状，称为壳斗（cupule），壳斗半包或全包坚果，外有鳞片或刺，成熟时不裂，瓣裂或不规则撕裂；种子无胚，子叶肥厚。染色体：$X=12$。识别要点：木本。单叶互生，羽状脉直达叶缘。雌雄同株，无花瓣，雄花呈柔荑花序，雌花2 ~ 3朵生于总苞中，子房下位，3 ~ 7室。坚果外被壳斗（图11-57）。

图 11-57 壳斗科
A.板栗雄花 B.板栗坚果 C.壳斗科花图式

1.栗属（*Castanea* L.） 常落叶乔木，小枝无顶芽，借侧芽延长。雄花为直立柔荑花序，花被片6，雄蕊10～20枚；雌花单独或2～5朵生于有刺总苞中，花柱6～9，常宿存于果端。坚果深褐色，1～3颗聚生于总苞中，成熟时总苞4裂。板栗（*C. mollissima* Bl.），叶背具星状柔毛；果实较大，富含淀粉，可炒、煮食；木质坚硬，可供建筑用。茅栗（*C. seguinii* Dode），叶背密生鳞片状腺体；果实较小，富含淀粉，可食。木材优质，总苞及树皮可提制栲胶，也是板栗嫁接的砧木。

2.栎属（*Quercus* L.） 多为落叶乔木。雄花序下垂，雌花1～2朵簇生，子房3～5室。总苞鳞片覆瓦状或宽刺状。栓皮栎（*Q. variabilis* Bl.），单叶互生，叶缘具刺芒状细锯齿，叶脉直达齿尖，叶背淡绿色，无毛；坚果短圆锥状。为北方温带主要成林树种。辽东栎（*Q. liaotungensis* Koidz），叶硬纸质，倒卵形，边缘具5～7对波状锯齿，叶背无毛；壳斗缘薄。常与油松、白桦混生成林。

壳斗科植物是亚热带及温带森林的主要建群种，在我国，整个热带常绿林以本科栲属、青冈属、柯属和栎属等树种组成了森林上层的优势层，同时混有水青冈属种类。温带阔叶林则以栎属植物为森林上层的优势种。

本科著名经济植物有：柞栎刺（*Q. dentata* Thunb.），叶片可养柞蚕。没食子栎（*Q. infectoria* L.），寄生没食子蚜，刺激叶而成的是瘿即没食子，可作收敛药。

（十八）桑科（Moraceae）

♂ $* K_{4\sim6} C_0 A_{4\sim6}$ ； ♀ $* K_{4\sim6} C_0 G_{(2:1:1)}$

桑科约53属，1 400种，主产热带和亚热带。我国有12属，153种，主产长江流域以南各地，西北地区也有分布。

形态特征：木本，常有乳汁，具钟乳体。单叶互生，托叶明显，早落。花单性同株或异株，聚伞花序常集成头状、穗状、圆锥状花序或隐于密闭的花托中而成隐头花序；花单被，雄花萼4裂，雄蕊4，与萼对生；雌花萼4裂，雌蕊由2心皮结合而成，子房1室，花柱

2，胚珠1个；胎座基生或顶生（图11-58）。瘦果、坚果、浆果常成复果；种子具胚乳或缺，胚弯曲。染色体：$X=12 \sim 16$。

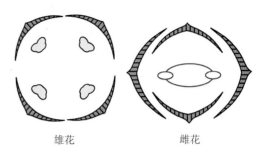

雄花　　　　　　雌花

图11-58　桑科花图式

识别要点：木本，常具乳汁。单叶互生。花单性，单被，雄蕊与萼片同数而对生；上位子房，2心皮1室。复果。

1.桑属（*Morus* L.）穗状花序；子房被肥厚肉质花萼包裹。复果。桑（*M. alba* L.），叶卵形或阔卵形，有时3裂；雄花为下垂柔荑花序，雌花排成密集穗状花序；坚果被以肥厚的萼再聚合成紫色复果，称为桑葚。桑叶饲蚕；桑葚、根内皮（桑白皮）、桑叶、桑枝均可作药用（图11-59）。

图11-59　桑　科
A.桑（雄株）　B.桑葚　C.组成桑葚的一朵花　D.构树（雄株）
（彭卫东　摄）

2.榕属（*Ficus* L.）有乳汁，托叶大而抱茎。隐头花序，花单性同株，雄花具被片2～6片，雄蕊12枚；能育雌花具较长花柱，另一种为不育瘿花，花柱短，常有瘿蜂产卵于子房，在产卵的过程中传粉。隐头果倒卵状。无花果（*F. carica* L.），落叶灌木；叶掌状。栽培，果可食。

3.构属（*Broussonetia* L.）有乳汁。雄花序为圆柱状或头状聚伞花序，雌花序集成头状。核果聚合成复果。构树 [*B. papyrifera* (L.) Vent.]，枝粗而开展，叶被粗绒毛；雌雄异株；复果头状，成熟后每个核果果肉红色。栽培供绿化、药用（图11-59）。

另外，本科常见的植物还有柘树 [*Cudrania tricuspidata* (Carr.) Bureau ex Lavall.]，落叶灌木或小乔木；叶草质；雌雄花序皆头状；复果近球形，肉质红色。根皮入药。律草 [*Humulus scandens* (Lour.) Merr.]，一年生草本；叶掌状5～7裂，叶表面疏生刚毛；雄花序圆锥状，雌花序腋生，近球形。常见杂草，全草供药用。忽布（啤酒花）（*Humulus lupulus* L.），多年生草本；茎叶粗糙具小钩刺，叶卵形，不裂或3～5裂；雄花序圆锥状，雌花序卵圆形或椭圆形。雌花苞片基部腺体芳香爽口，可作啤酒配料，并有防腐之效。西北地区广泛栽培，品种较多。

本科的大麻属（*Cannabis*）和葎草属（*Humulus*）常独立成大麻科（Cannabaceae）。

（十九）鼠李科（Rhamnaceae）

$$* K_{5\sim4} C_{5\sim4\sim0} A_{5\sim4} \underline{G}_{(4\sim2:4\sim2:1)}$$

鼠李科约50属，900多种，分布于温带及热带。我国有13属，137种，南北均有分布。

形态特征：乔木或灌木，常有刺。单叶，常互生，多有托叶。花小，两性或单性，辐射对称，聚伞、穗状、伞形、总状或圆锥花序；萼4～5裂，花瓣4～5或缺；雄蕊4～5，与花瓣对生，花盘肉质；子房上位或一部分埋于花盘内，2～4室，每室有1个胚珠，花柱2～4裂（图11-60）。核果或蒴果。染色体：$X=10\sim13$。

识别要点：常木本，有刺。单叶。花4～5数，两性，雄蕊与花瓣对生，有花盘，子房上位。核果或蒴果。

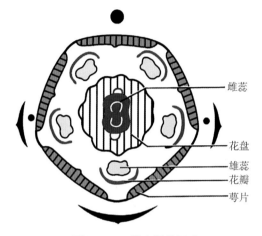

图11-60 鼠李科花图式

1.枣属（*Ziziphus* Mill.） 落叶或常绿乔木或灌木。枝红褐色，光滑。叶脉明显，叶柄短，托叶刺状。聚伞花序腋生，花5～10裂，子房陷入花盘内。核果，近球形或长圆形。枣（*Z. jujuba* Mill.），小枝有细长刺，叶3出脉；花盘黄绿色，花盘大而明显；核果大，卵圆形或长圆形，深红色，味甜。是良好的蜜源植物，核果称枣子，可生食或晒枣干，果皮入药可健脾生血。酸枣 [*Z. jujuba* Mill.var. *spinosa*（Bge.）Hu]，叶与果实较小，果味酸。可作枣的砧木，酸枣仁为传统中药（图11-61）。

图11-61 鼠李科
A.酸枣 B.枣
（彭卫东 摄）

2.枳椇属（*Hovenia* Thunb.） 落叶乔木。叶互生，基出脉3，具长柄，无托叶。腋生或顶生聚伞花序，总花梗分枝成熟后肉质具扭转，花两性，黄绿色，5数，子房3室。核果球形，外果皮革质。拐枣（*H. dulcis* Thunb.），叶卵形；种子扁圆而色黑。果柄肥大肉质，可生食；果实入药，为清凉利尿剂。

本科常见植物还有冻绿（*Rhamnus utilis* Decne.），灌木或小乔木；聚伞花序顶生或腋生；核果球形，黑色，多数着生于小枝下部。叶和果可作绿色染料。

（二十）葡萄科（Vitaceae）

$$* K_{5 \sim 4} \; C_{5 \sim 4} \; A_{5 \sim 4} \; \underline{G}_{(2:2:2)}$$

葡萄科约14属，900种，多分布于热带及温带地区。我国有8属，146种，南北均产。

形态特征：藤本，常具与叶对生的卷须，借卷须攀缘。单叶或复叶，有托叶。花两性或单性异株，整齐，排成聚伞花序或圆锥花序，常与叶对生；花萼4～5齿裂，花瓣4～5，分离，有时顶部黏合成帽状而整体脱落；花盘杯状或分裂，雄蕊4～5，与花瓣对生，上位子房，2心皮2室，每室常有2个胚珠（图11-62）。浆果，种子有胚乳。染色体：X=11～14，16，19，20。

图11-62　葡萄科花图式

识别要点：藤本，常具与叶对生的卷须。花序与叶对生，花4～5数，两性，雄蕊与花瓣对生，有花盘，子房上位。浆果。

1.葡萄属（*Vitis* L.）　卷须与叶对生，单叶，掌状分裂，稀复叶。圆锥状聚伞花序，与叶对生；花小，淡绿色，花瓣顶端黏合成帽状，脱落。浆果球形，具2～4粒种子。葡萄（*V. vinifera* L.），卷须分枝，叶圆形或卵圆形，通常3～5裂，小枝平滑或具柔毛；浆果紫黑而被白粉，富含汁液（图11-63）。原产亚洲西部，现普遍栽培，品种很多，为著名果品；果实味美，可生食或制葡萄干，酿制葡萄酒；根和藤药用。毛葡萄（*V. quinquangularis* Rehd.），小枝及叶柄具灰白色或豆沙色珠丝状柔毛。果味甜可食，亦可酿酒；根皮药用。刺葡萄[*V. davidii* (Carr.) Foex.]，幼枝具皮刺，野生。果可酿酒或生食，根药用。秋葡萄（*V. romanetii* Roman.），幼枝具腺状刚毛，单叶互生，野生。果可食或酿酒。复叶葡萄（*V. piasezkii* Maxim.），幼枝具褐色柔毛或粗腺毛，叶为具3～5小叶的掌状复叶。野生，果味甜酸，供生食或酿酒。

2.乌蔹莓属（*Cayratia* Juss.）　卷须分叉，掌状或鸟足状复叶。花两性，5基数，腋生聚伞花序或伞形花序，花瓣开时向外

图11-63　葡　萄

A.花枝　B.果枝　C.花蕾　D.开花时花瓣帽状脱落　E.花，花冠已脱落　F.子房纵切　G.种子

展，不粘合成帽状。浆果。乌蔹莓 [*C. japonica* (Thunb.) Gagnep.]，叶为鸟足状复叶，小叶5片；浆果倒卵形，黑色。生于低山、路边及灌丛中。全草入药，有清热解毒、活血散瘀、消肿利尿之效。

（二十一）芸香科（Rutaceae）

$* K_{5\sim4} C_{5\sim4} A_{10\sim8, \infty} \underline{G}_{(5\sim4, \infty : 5\sim4, \infty : 1\sim\infty)}$

芸香科约155属，1 600种，分布于热带及温带。我国有22属，约126种，南北均产。

形态特征：木本或藤本，稀草本；全体含芳香挥发油，常具刺。单叶或复叶，常具透明油腺点；叶互生，偶对生。花两性，辐射对称；萼片4～5，花瓣4～5，离生；雄蕊8～10枚，花丝分离或合生，着生于杯状肉质花盘周围；雌蕊由4～5心皮（或多数）组成，多合生，子房上位，每子房室1～2个胚珠（图11-64）。柑果、浆果、核果或蒴果。染色体：$X=7\sim9$，11，13。

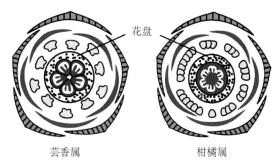

花盘

芸香属　　　　　柑橘属

图11-64　芸香科花图式

识别要点：多木本，常具刺。单身复叶或复叶，叶上常见透明腺点，无托叶。花部4～5，花盘明显。柑果或浆果。

1.**柑橘属**（*Citrus* L.）　常绿乔木或灌木。单身复叶互生。花常两性，单生或数朵簇生或排成总状花序；花萼杯状，5裂，结果时增大，花瓣4～5；雄蕊为花瓣的4～6倍，花丝合生成若干束，子房多室，每室胚珠1至多数。柑果，种子多数。原产亚洲亚热带和热带地区，本属植物是常见的果树。柑橘（*C. reticulata* Blanco.），枝通常有刺；叶革质，翼叶狭长，宽达3 mm；花单生或2～3朵簇生或排成短总状花序；果皮薄，易与果肉剥离，瓤囊9～13瓣，中心柱大而疏松。我国长江以南地区广泛栽培。此种的果实，市场上有"柑"

图11-65　甜　橙
A.花　B.花纵切　C.单身复叶

和"橘"之分，这两类果实的植物母体形态上极相似，很难区分，只是果实形态稍有差异。"柑"果皮通常粗糙，线状维管束贴生于瓤囊外壁上；"橘"的果皮平滑，果皮剥离时，瓤囊外壁上的线状维管束容易随之脱离；柑橘品种很多，以潮州柑、蕉柑、四川泸柑最为著名。柑橘的果皮即陈皮入药，有化痰、和胃之效。甜橙 [*C. sinensis* (L.) Osbeck]（图11-65），翼叶宽 3 ~ 8 cm；果形多样，果皮厚，不易与果剥离。果皮药用，种子可榨油。品种多，以新会甜橙、湖南衡山湘橙等最有名。柚 [*C. grandis* (L.) Osbeck]，翼叶宽 2 ~ 4 cm，叶缘具明显齿缺；总状花序或兼具 2 ~ 4 花簇生于叶腋；果皮厚，不易与果肉分离，果大，直径 10 ~ 20 cm。根叶及果皮入药，有消食化痰、理气散结之效。品种多，以广西容县产的沙田柚为最佳。柠檬（*C. imonia* Osbeck）也是重要水果之一。

2. 花椒属（*Zanthoxylum* L.） 乔木或灌木，常有皮刺。奇数羽状复叶。花小，多单性。蓇葖果，外果皮有油点，内果皮薄革质，种子1粒。花椒（*Z. bungeanum* Maxim.），茎干常具增大的皮刺，皮刺基部扁宽；奇数羽状复叶；蓇葖果球形，红色至紫红色。全国除东北之外均有栽培。果皮为调味香料。竹叶花椒（*Z. armatum* DC.），小枝光滑，皮刺斜弯；叶轴具翅，下面具刺，小叶披针形，基部有刺；果实卵圆形，有毒。

花椒属植物果实、根、茎、叶均作药用，具有镇痛、麻醉、抑菌、杀虫、抗癌等功效。

（二十二）胡颓子科（Elaeagnaceae）

$$* K_{(2 \sim 4)} C_0 A_{4 \sim 8} \underline{G}_{(1:1:1)}$$

胡颓子科有3属，约90种，主要分布于亚洲东南部。我国有2属，74种，遍布全国各地。

形态特征：灌木或乔木，植株被银白色或黄褐色的鳞片或星状毛。单叶常互生。花单性、两性或杂性；单生、簇生或为总状花序；萼筒顶端 2 ~ 4 裂，在子房上方收缩，无花瓣；雄蕊 4 ~ 8；子房上位，1心皮1室1胚珠（图11-66）。坚果或瘦果为肉质花萼所包围，呈浆果状或核果状。

识别要点：灌木或乔木，植株被银白色或黄褐色的鳞片或星状毛。单叶互生。花单性、两性或杂性；总状花序；单被花；子房1室，1胚珠。肉质花萼包被坚果或瘦果。

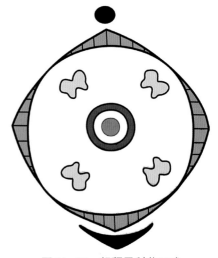

图11-66 胡颓子科花图式

1. 胡颓子属（*Elaeagnus* L.） 常具枝刺。叶互生，具短柄。花两性或杂性，单生或 2 ~ 4 朵簇生于叶腋；萼筒上部4裂，下部紧包子房；雄蕊4，花丝极短。坚果为肉质花萼所包围，呈核果状。沙枣（*E. angustifolia* L.），落叶乔木或小乔木，幼枝密被银白色鳞片；叶矩圆状披针形至线状披针形，被银白色鳞片；花 1 ~ 3 朵生于小枝下部叶腋；萼筒里面黄色，外面银白色；花盘筒状；果实椭圆形，熟时黄色或粉红色，密被银白色鳞片（图11-67）。栽培或野生。果实味甜而微酸，可生食，或酿酒、制果酱，亦可药用。

2. 沙棘属（*Hippophae* L.） 枝有刺，幼枝被银白色鳞片或星状毛。叶互生，有时对生。花单性，雌雄异株，雌株花序轴发育成小枝或棘刺；雄花花萼2裂，雄蕊4枚，2枚与萼裂片互生，2枚对生；雌花单生叶腋，花萼囊状，顶端2齿裂。坚果为肉质花萼包围，呈浆果状，熟时橘黄色或橘红色。中国沙棘（*H. rhamnoides* subsp. *sinensis* Rousi），灌木或小乔木，具顶生和腋生棘刺；单叶近对生，狭披针形，上面绿色，疏生白色盾形鳞片，下面银白色，

图 11-67 沙 枣
A.花枝　B.花纵切　C.鳞片　D.果实

被鳞片；果实球形，橘黄色，多汁，有强烈酸味。果可生食，也可制饮料、果酱、酿酒；种子可榨油；叶可制茶或入药。

（二十三）蒺藜科（Zygophyllaceae）

$* \mathrm{K}_{5 \sim 4}\ \mathrm{C}_{5 \sim 4}\ \mathrm{A}_{5 \sim 4,\ 8 \sim 10,\ 15}\ \underline{\mathrm{G}}_{(5 \sim 3 : 5 \sim 3 : 1 \sim \infty)}$

蒺藜科约27属，350余种，主产热带、亚热带和温带的干旱地区。我国有6属，33种，主要分布于西北地区。

形态特征：灌木或草本，枝条常具关节。单叶或羽状复叶，对生或互生，托叶小。花单生或为聚伞花序；花两性，辐射对称；萼片5，少4，离生少，基部合生；花瓣5，少4，常具花盘；雄蕊与花瓣同数或为之2～3倍，花丝基部或中部常有鳞状附属物；子房上位，中轴胎座，3～5室（图11-68）。蒴果、核果、浆果或分果。染色体：$X=6$，8～13。

识别要点：2小叶至羽状复叶，少单叶，托叶宿存。花丝基部常具鳞状附属物，花盘发达，子房4～5室，花柱单一。

图 11-68　蒺藜科花图式

1.**蒺藜属**（*Tribulus* L.）　草本。偶数羽状复叶，对生。花单生，花瓣黄色；雄蕊10枚；心皮5合生。分果具棘刺和短硬毛。蒺藜（*T.terrestris* L.），一年生，茎平卧，广布南北方，生于干旱荒地及路旁（图11-69）。

2.**白刺属**（*Nitraria* L.）　又名泡泡刺。灌木，小枝具刺。单叶，肉质。单歧聚伞花序；花黄绿色；雄蕊15枚；3心皮合生。核果，常有汁液。西伯利亚白刺（*N. sibirica* Pall.），爬生小灌木。分布于西北至北部干旱地区，生于盐渍化荒漠、干旱坡地及沙丘；为重要的防风固沙植物，果可食，果核可榨油。《中国植物志》（英文修订版）中，已将白刺属划归白

图 11-69 蒺 藜

A.植株　B.果实（1.果实背面 2.果实腹面 3.分果）

刺科（Nitrariaceae）。

3.骆驼蓬属（*Peganum* L.）　多年生草本。叶 3 ～ 5 全裂，互生。花单生，花瓣白色；雄蕊 15 枚；子房 3 室。蒴果。骆驼蓬（*P. harmala* L.），植株光滑无毛，叶裂片条状披针形。分布于西北各省（区），生于干旱坡地及轻盐渍化荒地。种子可榨取轻工业用油。《中国植物志》（英文修订版）中，已将本属划归骆驼蓬科（Peganaceae）。

4.霸王属（*Zygophyllum* L.）　多年生草本或小灌木。2 小叶至羽状复叶，肉质，对生。萼片和花瓣 4 ～ 5 枚；雄蕊 8 或 10；心皮 4 ～ 5。蒴果，具 3 ～ 5 纵棱或翅。霸王 [*Z. xanthoxylum*（Bunge）Maxim.]，小灌木，小叶 1 对；花 4 数。产于我国西北各地，生长于戈壁荒漠。

（二十四）木犀科（Oleaceae）

$* K_{(4),\,(5\sim12),\,0}\; C_{(4),\,(5\sim12),\,0}\; A_{2,\,4}\; \underline{G}_{(2:2:2)}$

木犀科约 28 属，400 余种，广布温带和热带地区，亚洲尤为丰富。我国有 10 属，160 种，南北各地均有分布。

形态特征：乔木，直立或藤状灌木。单叶或复叶，对生，无托叶。聚伞花序或聚伞式圆锥花序，稀花单生和簇生；花常两性，辐射对称；花萼、花冠均 4 裂，有时多达 12 裂；雄蕊 2，稀 4 枚；2 心皮复雌蕊，子房上位，2 室，每室胚珠 2 枚（图 11-70）。翅果、蒴果、核果或浆果。染色体：$X=10 \sim 24$。

识别要点：木本。叶对生。花被 4 裂，整齐，雄蕊 2，子房上位，2 室，每室 2 胚珠。

图 11-70　木犀科花图式

1.丁香属（*Syringa* L.） 落叶灌木或小乔木，小枝顶芽常缺。单叶。聚伞式圆锥花序；花萼小，宿存，花冠漏斗状、高脚碟状或近辐状；雄蕊2，内藏或伸出花冠筒。蒴果，背缝开裂。紫丁香（*S. oblata* Lindl.），小枝、幼叶、花梗无毛或被腺毛；叶卵形至肾形；花紫色。我国长江以北地区普遍栽培，供观赏；花可提制芳香油，嫩叶可代茶。毛紫丁香 [*S.oblata* var.*giraldii* (Lemoine) Rehd.]，小枝、幼叶、花梗被柔毛。白丁香（*S. oblata* var. *alba* Hort.ex Rehd.），叶片较小，花白色。暴马丁香 [*S. reticulata* (Blume) Hara]，乔木；花白色，花丝伸出花冠筒外。树皮及枝入药，消炎、镇咳，花可提制香精。

2.女贞属（*Ligustrum* L.） 小乔木和灌木。单叶对生。雄蕊2，每子房室各具2胚珠。浆果状核果。女贞（*L. lucidum* Ait.），枝叶无毛，叶革质。产江南、陕、甘地区，果称为女贞子，补肾养肝，明目；枝叶也可放养白蜡虫；也可作庭院观赏树种。

3.连翘属（*Forsythia* L.） 落叶灌木。枝空心或有片状髓。花黄色，先叶开放。蒴果，种子有翅。连翘 [*F. suspensa* (Thunb.) Vahl]，枝中空，单叶或三出复叶；花单生。原产我国北部和中部，常栽培，果实含连翘粉、甾醇化合物、齐墩果叶酸等，清热解毒药。金钟花（*F. viridissima* Lindl.），枝节间有片状髓（图11-71）。全国各地均有栽培。

图11-71 金钟花
A.花 B.花冠展开 C.花冠脱落后的花

4.茉莉属（*Jasminum* L.） 灌木。三出复叶或羽状复叶，稀单叶。浆果。茉莉 [*J. sambac* (L.) Ait.]，常绿灌木；单叶，背面脉腋有黄色簇毛；花白色，芳香。我国各地栽培。花提取香精和薰茶，花、叶、根也可入药。

（二十五）柿树科（Ebenaceae）

♂ * $K_{(3\sim7)}$ $C_{(3\sim7)}$ $A_{3\sim7,\,6\sim14}$ ； ♀ * $K_{(3\sim7)}$ $C_{(3\sim7)}$ $G_{(2\sim16:\,2\sim16:\,1\sim2)}$

柿树科3属，约500种，分布于热带和亚热带地区。我国有1属，60种，产西南至东南，尤以南部最盛。

形态特征：灌木或乔木，木材多黑褐色。单叶互生，全缘，无托叶。花单生或伞形花序，通常单性，雌雄异株；花萼3～7裂，宿存，花冠3～7裂，钟状或壶状，裂片旋转状排列；雄蕊与花冠裂片同数、2倍或更多，分离或结合成束，常着生于花冠筒基部；子房上位，2～16室，每室有下垂胚珠1～2（图11-72）。浆果。染色体：X=15。

识别要点：灌木或乔木。单叶全缘，常互生。花单性，萼宿存，花冠裂片旋转状排列。浆果。

柿树属（*Diospyros* L.）花单性异株，雌花单生，雄花成聚伞花序；花萼、花冠常4，偶3～7裂；雄蕊

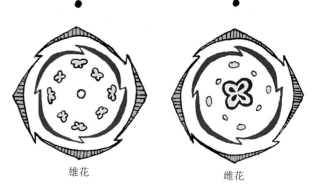

雄花　　　　　　　雌花

图11-72　柿树科花图式

常8～16；子房4～12室，花柱2～6。浆果大型，具膨大的宿萼（图11-73）。柿树（*D. kaki* L.f.），落叶乔木；叶卵状椭圆形至倒卵形。原产我国，为著名果树，果食用或制柿饼，果、叶入药，柿漆可涂渔网和雨伞；栽培历史悠久，品种很多。君迁子（*D. lotus* L.），乔木；叶椭圆形至矩圆形，上面密生脱落性柔毛，背面近白色；宿萼深4裂；果球形或椭圆形，蓝黑色。原产我国，果食用或酿酒，富含维生素C；实生苗为柿树的砧木。老鸦柿（*D. rhombifolia* Hemsl.），灌木，小枝无毛；果橙黄色。果制柿漆，根、枝药用，活血利肾。本属植物的心材黑褐色，统称乌木。

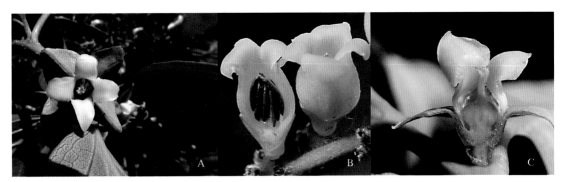

图11-73　柿树科
A.柿树雌花　B.君迁子雄花、雄花纵剖　C.君迁子雌花纵剖
（彭卫东　摄）

（二十六）胡桃科（Juglandaceae）

♂ * $P_{3\sim6}A_{3\sim\infty}$；♀ * $P_{3\sim5}\overline{G}_{(2:1:1)}$

胡桃科共9属，60余种，分布于北半球温带及亚洲的热带地区。我国有7属20种，各地均产。

形态特征：木本。羽状复叶，互生，无托叶。花单性，雌雄同株；雄花成下垂的柔荑花序，花被3～6裂，与苞片合生，雄蕊3至多数；雌花单生、簇生或为穗状花序，花被3～5浅裂，与子房连生，2心皮复雌蕊，子房下位，1室1胚珠（图11-74）。核果或坚果，种子无胚乳。染色体：X=16。

识别要点：落叶乔木。羽状复叶，互生。花单性，同株，单花被，雄花序柔荑状，子房下位。核果或坚果。

1.**枫杨属**（*Pterocarya* Kunth.） 树皮富含纤维。总状果序下垂，坚果两侧具2片由小苞片发育而成的翅。枫杨（*P. stenoptera* C.DC），乔木，枝具片状髓，裸芽；叶轴具狭翅，叶缘具锯齿；两果翅斜展近直角，长于果体。南北各地均产，栽培作行道树，也可作胡桃的砧木；果可榨油，制肥皂或润滑油；叶可杀虫。

2.**胡桃属**（*Juglans* L.）果大形，核果状，外果皮肉质，干后成纤维质，主要由苞片及花被发育而成，内果皮硬骨质，有雕纹。胡桃（核桃）（*J. regia* L.），小叶5～9，无毛；果核具2纵脊（图11-75）。我国各地有栽培，新疆有野生，为重要的木本油料植物，种子榨油入药，果核可制活性炭；木材坚实，可制枪托等。野核桃（*J. cathayensis* Dode），小叶9～17，枝叶被毛；果核极厚，具6～8纵脊。产江南至黄河流域，作核桃的砧木。核桃楸（*J. mandshurica* Maxim.），枝叶被毛；果核具8脊。产东北、华北，北方各地栽培，用途同核桃，也可作核桃的砧木。

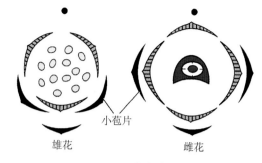

图11-74 枫杨花图式

（二十七）伞形科（Apiaceae 或 Umbelliferae）

$$* K_{(5)} C_5 A_5 \overline{G}_{(2:2:1)}$$

伞形科有250～440属，3 300～3 700种，分布于北温带、亚热带或热带地区。我国有100属，614种，全国均有分布。本科有许多著名的药用植物及多种常见蔬菜，另有少数有毒植物。

图11-75 胡桃

A.枝条 B.雌花枝 C.果枝 D.雄花背面观 E.雄蕊 F.雌花 G.雌花纵切 H.核果去掉部分果皮 I.果核纵切 J.果核横切 K.种子

形态特征：草本，常含挥发性油而具异味。茎常中空。叶互生，多为1至多回复叶或裂叶，叶柄基部膨大，或呈鞘状抱茎。伞形或复伞形花序；花两性，多辐射对称；花萼和子房结合，裂齿5或不明显，花瓣5；雄蕊5；2心皮复雌蕊，子房下位，2室，每室1胚珠，花柱2，基部膨大成上位花盘（图11-76）。双悬果，成熟时从2心皮合生面分离成2分果，悬在心皮柄上；种子胚乳丰富，胚小。染色体：$X=4～12$。

识别要点：草本，常有异味。复叶或裂叶，叶柄基部膨大成鞘状抱茎。伞形或复伞形花序；子房下位。双悬果。本科的分类及属、种鉴定主要依据果实的特征。因此了解基本的专用术语，对于正确鉴定该科植物至关重要。

① 接合面（commissure）：指心皮的连接面，即合生面。

② 背腹压扁（depressed）：指果向接合面的压扁。

③ 两侧压扁（bilateral compressed）：指果向接合面相垂直的压扁。

④ 主棱（main rib）：指每一分果背面纵向突起的肋条（棱脊），其下具维管束，有3种。

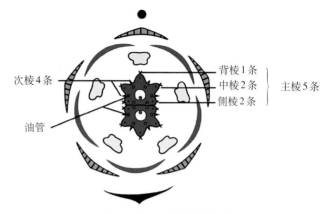

次棱4条
背棱1条
中棱2条
侧棱2条
主棱5条
油管

图 11-76 伞形科花图式

⑤ 背棱（dorsal rib）：指位于背部中央的主棱，1条。

⑥ 侧棱（lateral rib）：指位于背部两侧的主棱，2条。

⑦ 中棱（medial rib）：指位于背棱与侧棱之间的主棱，2条。

⑧ 次（副）棱（secondary rib）：指位于主棱与主棱之间的纵行肋条。

⑨ 棱槽（vallecula）：指棱与棱之间的纵行凹槽。

⑩ 油管（vitta）：指主棱间的果皮内贮有挥发性油的内分泌管道。

1.**胡萝卜属（*Daucus* L.）** 2～3回羽状裂叶。复伞形花序；萼齿不明显，花瓣5，白色。果略背腹压扁，主棱不明显，4条次棱翅状，具刺毛，每一次棱下有1条油管，合生面2条。胡萝卜（*D. carota* L. var. *sativa* DC.），具肥大肉质直根。原产欧亚大陆，全球广泛栽培；根作蔬菜，富含胡萝卜素，营养丰富（图11-77）。野胡萝卜（*D. carota* L. var. *carota*），

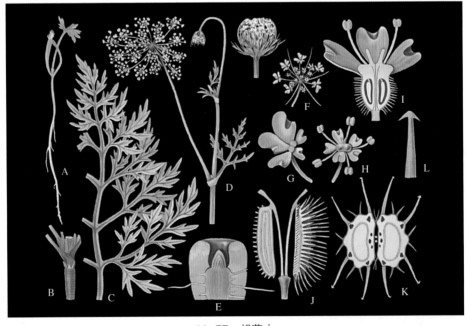

11-77　胡萝卜

A.幼苗　B.叶柄基部扩大抱茎　C.叶　D.复伞形花序　E.肥大直根　F.一个花序分支　G.花序边缘的花　H.花序中间的花　I.花纵剖面　J.双悬果　K.果实横切　L.果实的刺毛

其形态近似胡萝卜，唯其根较细小，多见于山区。

2.**旱芹属**（*Apium* L.）　芹菜（*A. graveolens* L. var. *dulce* DC.），一年生或二年生草本，全株无毛；基生叶1～2回羽状全裂，茎生叶3全裂；复伞形花序，伞幅7～16，花小，绿白色；果近圆形至椭圆形，果棱尖锐。原产西南亚、北非和欧洲，我国各地栽培作蔬菜。全草及果入药，清热止咳、健胃、利尿和降压。

3.**茴香属**（*Foeniculum* Mill.）　有香味草本。叶3～4回羽状全裂。复伞形花序，萼齿不明显，花瓣黄色。果侧扁，光滑，每棱有1油管。小茴香（*F. vulgare* Mill.），各地栽培，嫩茎叶作蔬菜，果实作调料，并可入药，祛风祛痰、散寒、健胃。

4.**芫荽属**（*Coriandrum* L.）　芫荽（*C. sativum* L.），一年生草本，全株无毛，有香气；基生叶1～2回羽状全裂，茎生叶2～3回羽状深裂；复伞形花序，伞幅2～8，小总苞片条形，花梗4～10；花小，白色或淡紫色；果近球形，光滑，果棱稍凸起。各地栽培，茎叶作蔬菜和调味香料，有健胃消食的作用；果实可提芳香油，入药有祛风、透疹、健胃、祛痰之效。

5.**柴胡属**（*Bupleurum* L.）　草本，稀为灌木。单叶全缘，叶脉平行或弧形。复伞形花序，总苞片叶状，小苞片数枚；萼齿不明显，花瓣黄色。果卵状长圆形，两侧略压扁，每棱槽内有油管1～6条，合生面2～6条。北柴胡（*B. chinensis* DC.），叶倒披针形或剑形，中上部较宽，先端急尖。分布于华东、华中及北方各地。根入药，主治风热感冒、百日咳、风疹等。

本科药用植物还有当归 [*Angelica sinensis* (Oliv.) Diels]、防风 [*Saposhnikovia divaricata* (Turcz.) Schischk.]、川芎（*Ligusticum wallichii* Franch.）、白芷 [*Angelica dahurica* (Fisch.) Benth.et Hook. ex Fravch. et Savat.]、独活（*Heracleum hemsleyanum* Diels）、珊瑚菜（北沙参）（*Glehnia littoralis* F. Schmidt. ex Miq.）、前胡（*Peucedanum praeruptorum* Dunn）、蛇床 [*Cnidium monnieri* (L.) Cuss.] 及阿魏属（*Ferula* L.）等多种；其他经济植物有孜然（*Cuminum cyminum* L.）、莳萝（*Anethum graveolens* L.）等。

（二十八）杜鹃花科（Ericaceae）

$$* (\uparrow) K_{5\sim4} C_{(5\sim4)} A_{10\sim8, 5\sim4} \underline{G}, \overline{G}_{(2\sim5:2\sim5:\infty)}$$

杜鹃花科约125属，4 000种，亚热带山区分布最多。我国22属，约826种，主要分布于西南地区的高山地带。

形态特征：灌木或亚灌木，稀小乔木。单叶互生，少数对生或轮生，多革质，无托叶。花两性，多辐射对称；单生或为总状花序、伞形花序和圆锥花序；花萼宿存，花冠漏斗状、坛状、钟状，花冠裂片与花萼

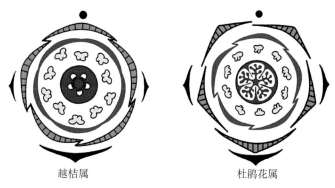

越桔属　　　　　杜鹃花属

图11-78　杜鹃科花图式

同数；雄蕊为花冠裂片数的2倍或同数，花药常具芒状附属物；子房上位或下位，数室（图11-78）。果实多为蒴果，种子多数。染色体：X=8，11～13。

识别要点：灌木。单叶互生。花冠整齐或稍不整齐；雄蕊常为花冠裂片的倍数，常分

离，心皮4～5，中轴胎座，胚珠多数。

1.杜鹃花属（*Rhododendron* L.） 常为灌木。叶互生，全缘，少数具细齿。顶生伞形总状花序，有时单生或数朵聚生；萼5裂，花冠轮状、钟状或漏斗状，5裂，常两侧对称；雄蕊5或10，花药无附属物；子房5～10室。蒴果，室间开裂。杜鹃（*R. simsii* Planch.），落叶灌木，叶纸质或革质，卵形至披针形，具细齿，两面有糙伏毛，下面更密；花2～6朵簇生枝顶，花萼5深裂，有糙伏毛和睫毛，花冠宽漏斗状，鲜红色或深红色；雄蕊10；蒴果卵球形，密被糙伏毛。著名的观赏花卉；全株可供药用（图11-79）。

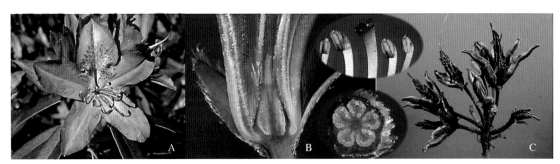

图11-79 杜鹃花属
A.花 B.花纵剖、子房横切及花药与柱头 C.果实
（引自 http://www.phytoimages.siu.edu）

2.北极果属（*Arctous* Niedenzu） 落叶小灌木。叶互生，聚集于枝顶，叶缘具细锯齿，无托叶。花2～5朵排成顶生的短总状花序或簇生；萼4～5裂，花冠坛形，有4～5个裂片；雄蕊8～10，花药背部具2枚附属物。浆果球形，黑色或红色。北极果［*A. alpinus*（L.）Niedenzu］，垫状小灌木；叶倒卵形或倒披针形，常有疏长睫毛；短总状花序基部有3～4片叶状苞片，花萼5裂，雄蕊8，花药具芒状附属物；浆果初时红色，后变黑紫色。可作盆景材料；果实有毒，食之呕吐或胃痛。

（二十九）夹竹桃科（Apocynaceae）

$$* K_{(5)} \ C_{(5)} \ A_5 \ \underline{G}_{2:1\sim\infty:1\sim\infty} , \ G_{(2:1\sim2:1\sim\infty)}$$

夹竹桃科约155属，2 000种，分布于热带或亚热带地区。我国有44属，145种，主要分布于长江以南各地，少数分布于北部及西北部。

形态特征：木本、藤本或多年生草本，具乳汁或水液。单叶对生或轮生，稀互生，无托叶。花两性，整齐，单生或呈聚伞花序；花萼5裂，花冠合瓣，常5裂，喉部常有鳞片或毛；雄蕊5，着生于花冠上；心皮2，离生或合生，胚珠1至多数（图11-80）。果实多为2个蓇葖果，有时为浆果或核果，种子常一端被毛。染色体：X=8～12。

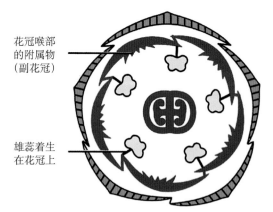

图11-80 夹竹桃科花图式

识别要点：木本，具乳汁。单叶对生或轮生。花冠喉部常具附属物，花冠裂片旋转覆瓦状排列；花药常箭形，互相靠合。蓇葖果，种子常具丝状毛。

1.**夹竹桃属**（*Nerium* L.） 常绿直立灌木，含水液。叶轮生，革质，羽状脉。伞房状聚伞花序顶生；花萼里面基部有腺体，花冠漏斗状，喉部有5枚撕裂状的附属物；雄蕊基部有尾状附属物，花药顶端具丝状附属物。夹竹桃（*N. oleander* L.），叶3～4枚轮生或枝下部叶对生，狭披针形；花冠花冠紫红色、粉红色、橙红色、白色或黄色，或在重瓣品种中多至15～18枚（图11-81）。著名的观赏花卉；茎皮纤维为优良的混纺原料；种子可榨油供制润滑油；全株含配糖体，误食能致死。

2.**罗布麻属**（*Apocynum* L.） 草本或半灌木，具乳汁。叶常对生。圆锥状聚伞花序顶生或腋生；花冠圆筒状钟形，副花冠鳞片状；雄蕊生于花冠筒基部，内藏。罗布麻（*A. venetum* L.），枝对生或互生，圆柱形，紫红色或淡红色；叶椭圆状披针形至卵状长圆形，全缘或具细齿；花冠紫红色或粉红色，

图11-81 夹竹桃

里面具肉质花盘。茎皮为良好纤维，可作纺织和造纸原料；嫩枝叶入药，有清凉泻火、降压强心、利尿安神的功效。花期长，为良好的蜜源植物。

APGⅢ分类系统已将萝藦科合并到夹竹桃科，本教材未做合并处理。

（三十）茄科（Solanaceae）

$* K_{(5)} C_{(5)} A_5 \underline{G}_{(2:2:\infty)}$

茄科约95属，2 300多种，分布于热带及温带地区。我国有20属，101种，各地均有分布。本科有多种重要的蔬菜和药用植物，野生植物多有毒，勿误食。

形态特征：草本或灌木。单叶全缘，分裂或羽状复叶，互生，无托叶。花两性，辐射对称，单生或为聚伞花序；花萼常5裂，宿存，花冠5裂，形状各式；雄蕊5，着生于花冠筒上，与花冠裂片互生，花药2室，有时黏合，纵裂或孔裂；2心皮复雌蕊，子房上位，中轴胎座，2室，稀为假隔膜隔成3～5室（图11-82）。浆果或蒴果，种子具胚乳。染色体：X=7～12，17，18，20～24。

识别要点：花两性，整齐，5基数；花萼宿存，花冠轮状；冠生雄蕊与冠裂片互生，花药常孔裂。浆果或蒴果。

图11-82 茄科花图式

1.**茄属**（*Solanum* L.） 多为草本。单叶，稀复叶。花冠筒短，辐状或浅钟状；子房2

室。浆果。茄（*S. melongena* L.），全株被星状毛；花单生。栽培蔬菜，花色、果形及颜色均有极大变异，浆果食用，根、茎入药。马铃薯（*S. tuberosum* L.），羽状复叶，小叶近相同；花序顶生。原产美洲热带地区，广为栽培，块茎食用或提制淀粉（图11-83）。龙葵（*S. nigrum* L.），蝎尾状聚伞花序，腋外生；浆果黑色。广布全世界，全草入药。

图11-83 马铃薯
A.植株　B.花　C.块茎

2.**枸杞属**（*Lycium* L.）　灌木，常有刺。花单生或簇生叶腋。浆果。宁夏枸杞（*L. barbarum* L.），花萼常2中裂，花冠裂片边缘无色。分布于西北和华北，果甜，为滋补药。枸杞（*L. chinense* Mill.），花萼常3裂，花冠裂片边缘具缘毛。果甜，后味微苦，果和根均入药。

3.**烟草属**（*Nicotiana* L.）　草本，常被腺毛。圆锥状聚伞花序顶生。蒴果，种子多而微小。烟草（*N. tabacum* L.），叶大，花红色。原产南美洲，现南北广泛栽培。叶为卷烟和烟丝的原料；植株含烟碱（尼古丁），有毒，可作农药杀虫剂，亦可药用。莫合烟（*N. rustica* L.），茎短粗，叶小，花黄色，新疆多产。

4.**番茄属**（*Lycopersicon* Mill.）　番茄（*L. esculentum* Mill.），全株被黏质腺毛，不整齐的羽状复叶；聚伞花序腋外生；花药靠合，纵裂；浆果，假隔膜分隔成3～5室。原产南美洲，现世界各地广泛栽培。果为蔬菜或水果。

5.**辣椒属**（*Capsicum* L.）　辣椒（*C. annuum* L.），花单生，白色，萼齿浅。浆果无汁，有空腔，味辣。原产南美洲，现世界各地普遍栽培；我国已有数百年栽培历史。重要的蔬菜和调味品。本种有若干变种，如供菜用的菜椒 [*C. annuum* var. *grossum*（L.）Sendt.]、供观赏的朝天椒 [*C. annuum* var. *conoides*（Mill.）Irish] 等。

本科常见的药用植物还有曼陀罗（*Datura stramonium* L.）、洋金花（*D. metel* L.），全株剧毒，含莨菪碱和东莨菪碱；天仙子（莨菪）（*Hyoscyamus niger* L.），有毒；颠茄（*Atropa belladonna* L.）含阿托品（atropine）、颠茄碱等。供观赏的有夜香树（*Cestrum noctrunum* L.）、碧冬茄（矮牵牛）（*Petunia hybrida* Vilm.）等，原产南美洲，我国有栽培。

（三十一）茜草科（Rubiaceae）

$$* K_{(4 \sim 5)} \ C_{(4 \sim 5)} \ A_{4 \sim 5} \ \overline{G}_{(2 \sim 5 : 2 \sim 5 : \infty \sim 1)}$$

茜草科约660属，11 500种，主产热带与亚热带。我国有97属，700余种，多数产于西南至东南和西北部。

形态特征：草本或木本。单叶对生或轮生，托叶2。花两性，稀单性，辐射对称，4～5基数，单生或排成各种花序；花萼筒与子房合生，花冠辐状、筒状、漏斗状或高脚碟状，4～5裂；雄蕊与花冠裂片同数而互生，着生于花冠筒上；子房下位，通常2室，胚珠多数至1。蒴果、核果或浆果，种子有胚乳。染色体：$X=6 \sim 17$（图11-84）。

识别要点：单叶对生或轮生，具托叶。花整齐，4或5基数；子房下位，2室，胚珠多数至1枚。

1.茜草属（*Rubia* L.） 草本，茎被粗毛。叶4～8片轮生。花5基数，花冠辐状或短钟状；每子房室1胚珠。浆果。茜草（*R. cordifolia* L.），多年生蔓生草本，茎方形，有倒刺；叶常4片（2片为正常叶，余为托叶）轮生，卵状心形；果球形，黑色（图11-85）。全国大部分地区有分布。根含茜草素、茜根酸等，药用。

2.拉拉藤属（*Galium* L.） 蓬子菜（*G. verum* L.），多年生草本，基部稍木质，茎有4棱，被短柔毛；叶6～10片轮生，边缘反卷；聚伞花序顶生和腋生，花冠辐状，黄色；果瓣双生，近球形，无毛。广布种，多型，变种较多。

3.栀子属（*Gardenia*） 栀子（*G. jasminoides* Ellis），灌木；叶对生或3叶轮生；花冠高脚碟状；浆果黄色，有5～9条翅状直棱。分布于我国南部和中部，常庭院栽培。果含栀子苷，药用，清热泻火、凉血、消肿；另含番红花色素苷基，可作黄色染料。

图11-84　茜草科花图式

图11-85　茜　草

4.咖啡属（*Coffea* L.） 灌木或小乔木。花丛生叶腋，花冠高脚碟状。核果，有两枚种子。咖啡（*C. arabica* L.），叶薄革质，矩圆形或披针形；聚伞花序簇生叶腋，无总梗；浆果椭圆形。种子含生物碱，药用或作饮料。

药用植物还有金鸡纳树（*Cinchona ledgeriana* Moens）、钩藤［*Uncaria rhynchophylla*

(Miq.) Jacks.]、巴戟天（*Morinda officinalis* How）等。观赏植物有香果树（*Emmenopterys henryi* Oliv.）、龙船花（*Ixora chinensis* Lam.）和六月雪 [*Serissa foetida* （L.f.） Comm.] 等。

（三十二）旋花科（Convolvulaceae）

$* K_5 C_{(5)} A_5 \underline{G}_{(2\sim3:2\sim3:2)}$

旋花科约58属，1 650种，广布全球，主产美洲和亚洲的热带与亚热带。我国有20属，约129种，南北均有分布。

形态特征：缠绕或匍匐草本，稀木质藤本，常具乳汁。单叶互生，无托叶。花两性，5基数，辐射对称，单生或为聚伞花序，有苞片；萼片5枚，常宿存，花冠钟状或漏斗状，5浅裂；雄蕊5，生于花冠筒基部，与花冠裂片互生，常具环状或杯状花盘；复雌蕊，心皮多2～3，子房上位，中轴胎座，多2～3室，每室胚珠常2枚（图11-86）。蒴果，少浆果。染色体：X=7～15。

识别要点：茎缠绕或匍匐，常有乳汁。花5基数，花冠漏斗状，常具花盘。蒴果。

图11-86 旋花科花图式

1.甘薯属（*Ipomoea* L.） 草本，茎缠绕或匍匐。花冠漏斗状或钟状；雄蕊和花柱内藏；子房2或4室，胚珠4；花粉粒球形，有刺。甘薯（番薯、红薯）[*I. batatas* （L.） Lam.]，蔓生性草本，具块根，茎斜升或匍匐，具乳汁；叶全缘或3～5裂；萼片顶端芒尖。原产美洲热带地区，我国南北广泛栽培。块根食用，可提制淀粉，茎叶为优质饲料。蕹菜（空心菜）（*I. aquatica* Forsk.），水生或陆生草本，茎中空，无毛；叶全缘或波状，偶基部有粗齿；萼片顶端钝，具小短尖头，无毛。原产我国，各地常栽培。嫩茎及叶作蔬菜。

2.旋花属（*Convolvulus* L.） 草本或半灌木，茎缠绕或平卧，少直立。叶全缘或分裂。花单生或簇生叶腋，苞片生花梗中部，远离花萼；花冠漏斗形或钟形；子房2室，每室2胚珠。蒴果近球形。田旋花（*C. arvensis* L.），多年生草本，具根状茎，叶戟形，具乳汁；花冠粉红色。为农田习见杂草，全草入药，滋阴补虚。刺旋花（*C. tragacanthoides* Turcz.），半灌木，全株被银灰色绢毛，多分枝，具刺；花冠粉红色。分布于华北和西北地区，生山前荒漠。

3.打碗花属（*Calystegia* R.Br.） 草本，茎多缠绕。叶全缘或分裂。花多单生叶腋，苞片2，较大，包藏花萼。蒴果。打碗花（*C. hederacea* Wall.），一年生草本，叶顶端钝尖；粉红色花冠长2～2.5 cm。全国广布，农田习见杂草，全草入药。篱打碗花 [*C. sepium* （L.） R.Br.]，多年生草本，叶顶端短渐尖或急尖；花冠粉红色，长4～6 cm。分布几乎遍及全国，多见于地边或路旁。

4.牵牛属（*Pharbitis* Choisy） 草本，茎多缠绕，常被硬毛。聚伞花序1至数花，腋生；花冠漏斗状，紫红色或白色；子房3室，每室胚珠2枚，柱头头状。蒴果。圆叶牵牛 [*P. purpurea* （L.） Voigt]，叶心形。裂叶牵牛 [*P. nil* （L.） Choisy]（图11-87），叶常3裂；原产美洲热带地区，其种子称牵牛子（黑白二丑），药用，也作观赏。《中国植物志》（英文修订版）已将牵牛属合并到番薯属。

庭园常见栽培的观赏植物有月光花 [*Calonyction aculeatum* （L.） House]，原产美洲热

图11-87　裂叶牵牛
（彭卫东　摄；果实图引自网络）

带地区；另有原产南美洲的茑萝属（*Quamoclit* Mill.）植物。

（三十三）玄参科（Scrophulariaceae）

↑$K_{4\sim5,(4\sim5)}$ $C_{(4\sim5)}$ $A_{4,2,5}$ $G_{(2:2:\infty)}$

玄参科约220属，4500种，广布世界各地。我国有61属，681种，南北均产，主要分布于西南地区。本科有多种重要的药用植物和经济树种，有些是常见的观赏植物和农田杂草。

形态特征：草本，稀木本。单叶，对生，稀互生或轮生，无托叶。花两性，常两侧对称，稀辐射对称，排成各种花序；萼片4～5，分离或合生，宿存；花冠合生，多为二唇形，裂片4～5；雄蕊4，二强，稀2或5，着生于花冠筒上并与花冠裂片互生；花盘环状或一侧退化；2心皮复雌蕊，子房上位，2室，中轴胎座，胚珠多数（图11-88）。蒴果，多2或4瓣裂，常具宿存花柱，种子具胚乳。染色体：X=6～16，18，20～26，30。

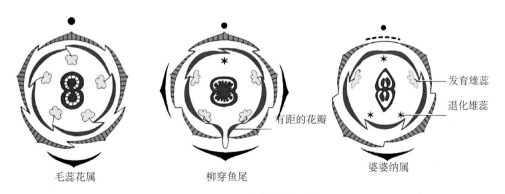

图11-88　玄参科花图式

识别要点：多为草本。单叶，常对生。花两性，常两侧对称，花萼4～5，宿存，花冠常二唇形；雄蕊常4，二强；子房2室。蒴果。

1.婆婆纳属（*Veronica* L.） 草本或半灌木。花被常4裂，花冠筒短，常辐状；雄蕊2。蒴果压扁或肿胀，顶端微缺。婆婆纳（*V. didyma* Tenore），一年生草本；叶对生，叶片三角状圆形；总状花序顶生，苞片叶状，互生；蒴果近肾形，密被柔毛。分布于华东、华中、西北和西南地区，生荒地、路旁。北水苦荬（*V. anagallis-aquatica* L.），多年生水生或沼生草本，具根状茎；总状花序腋生；蒴果卵圆形。广布于长江以北及西南、西北各地。全草药用。

2.泡桐属（*Paulownia* L.） 落叶乔木。叶对生。花冠不明显唇形，裂片近相等。蒴果木质或革质，室背开裂。本属植物均为阳性速生树种，木材轻，易加工，耐酸耐腐，防湿隔热，为家具、航空模型、乐器及胶合板等的优良用材；花大而美丽，可供庭园观赏和作行道树（图11-89）。毛泡桐 [*P. tomentosa* (Thunb.) Steud.]，花淡紫色，果长3～4 cm。原产我国，南北栽培。泡桐（*P. fortunei* Hemsl.），花白色，果长6～8 cm。分布南方，北方有栽培。

图11-89　泡桐的花
A.花　B.撕去上唇两个花瓣，可见雄蕊四，二强
（彭卫东　摄）

3.地黄（*Rehmannia glutinosa* Libosch.） 多年生草本，被黏毛；叶互生，缘具粗齿；花冠唇形；蒴果，藏于宿萼内。分布于华北、华中、陕西、甘肃等地，生山坡及路边。块根及其加工品分别作为鲜地黄、生地黄和熟地黄药用，属大宗常用中药材。

重要的药用植物还有毛地黄（*Digitalis purpurea* L.），原产欧洲，现广为栽种，为强心要药；阴行草（*Siphonostegia chinensis* Benth.）、玄参（*Scrophularia ningpoensis* Hemsl.）等。常见观赏植物有原产欧洲的金鱼草（*Antirrhinum majus* L.），原产美洲的蒲包花（*Calceolaria crenatiflora* Car.）、炮仗竹（*Russelia equisetiformis* Schlecht.et Cham.）等。

（三十四）唇形科（Lamiaceae或Labiatae）

$\uparrow K_{(5)} C_{(4～5)} A_{2+2, 2} \underline{G}_{(2:4:1)}$

唇形科约220属，3 500种，近代分布中心为地中海和小亚细亚，是当地干旱地区植被的主要成分。我国96属，约807种，分布于全国各地，尤以西部干旱地区分布最多。本科植物几乎都含芳香油，可提取香精，其中160余种可供药用，有的种类还可栽培供观赏，或作调味蔬菜。

形态特征：草本稀灌木，常含挥发性芳香油。茎四棱形。单叶，稀复叶，对生或轮生，无托叶。轮伞花序，通常再组成穗状或总状等各式花序；花两性，多两侧对称；花萼分裂，宿存；花冠合生，5裂，唇形；雄蕊4枚，二强，或2枚，着生于花冠筒上；下位花盘全缘或2 ~ 4裂；2心皮复雌蕊，子房上位，常4裂,4室，每室含1胚珠（图11-90）。4个小坚果，种子有少量胚乳或无。染色体：$X=5 \sim 11$，13，$17 \sim 30$。

识别要点：茎四棱。单叶对生。轮伞花序，唇形花冠，二强雄蕊，子房2心皮，4室。4个小坚果。

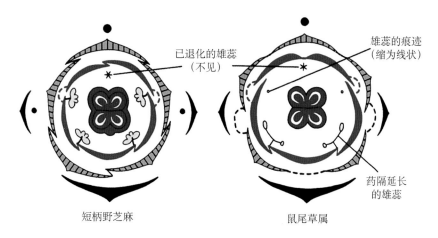

图11-90 唇形科花图式

1.**薄荷属**（*Mentha* L.） 芳香草本。叶背有腺点。花序常腋生，花萼5裂，花冠4裂，近整齐，雄蕊4。薄荷（*M. haplocalyx* Briq.），具根状茎；叶两面有毛；轮伞花序腋生。我国各地均有野生或栽培，产量为世界第一位。全草含薄荷油，药用或为高级香料。

2.**鼠尾草属**（*Salvia* L.） 草本，稀半灌木。轮伞花序组成顶生及腋生的假总状或圆锥花序；花萼2唇形，花冠上唇弯曲而大；雄蕊2，另2雄蕊退化，花丝短，与花药有关节相连，典型的虫媒传粉植物。丹参（*S. miltiorrhiza* Bunge），多年生草本；羽状复叶，小叶常3 ~ 5，两面被柔毛；根肥厚，外红内白，名丹参。分布于华北、华东、华中及陕西等地。根的主要活性成分是丹参ⅡA，具有抗菌、抗氧化、抗动脉粥样硬化、降低心肌耗氧量以及抗肿瘤等作用。一串红（*S. splendens* Ker.-Gawl.），单叶；苞片、花萼色艳。我国各地栽培，供观赏。

3.**夏枯草属**（*Prunella* L.） 多年生草本。花萼二唇状，萼齿极不相等，果期下唇向上斜伸，以致喉部闭合，花冠上唇盔状。欧夏枯草（*P. vulgaris* L.），全株具白色粗毛；轮伞花序排成顶生假穗状花序。广布欧、亚、美等洲，我国南北均有分布。全草入药，清肝明目，消肿散结。

4.**夏至草属**（*Lagopsis* Bunge） 草本。叶近圆形，掌状分裂。花萼5齿，顶端刺状尖，花冠上唇全缘，下唇3裂，花冠筒藏于萼内，内无毛环；雄蕊、花柱藏于花冠筒内。夏至草 [*L. supina* (Steph.) Knorr.]，多年生斜升草本，茎叶被微柔毛；轮伞花序疏花，苞片刺状，弯曲，花冠白色，稀粉红色。分布全国各地，生路旁及荒地。常见杂草，亦可药用（图11-91）。

5.**益母草属**（*Leonurus* L.） 草本。下部叶掌状3裂。花萼近漏斗状，5脉，萼齿近等大；花冠筒内具柔毛或毛环，檐部二唇形，下唇3裂，中裂片凹顶。益母草（*L. japonicus* Houtt.），一年生或二年生草本，茎有倒向糙毛，叶两形；苞片刺状，花冠上唇全缘，下唇3，粉红色。分布全国各地。全草为妇科良药，果名茺蔚子，活血调经，清肝明目。

本科香料植物有罗勒属（*Ocimum* L.）、百里香属（*Thymus* L.）、薰衣草属（*Lavandula*

图 11-91 夏至草
A.花枝　B.轮伞花序　C.花冠展开　D.雌蕊

L.)、迷迭香属（*Rosmarinus* L.）等多种；药用植物还有裂叶荆芥属（*Schizonepeta* Briq.）、黄芩属（*Scutellaria* L.）、藿香属（*Agastache* Clayt.）、紫苏属（*Perilla* L.）、活血丹属（*Glechoma* L.）、香薷属（*Elsholtzia* Willd.）等；供观赏的有五彩苏 [*Coleus scutellarioides* (L.) Benth.]、青兰属（*Dracocephalum* L.）等。

（三十五）忍冬科（Caprifoliaceae）

$$* (\uparrow) K_{(4 \sim 5)} C_{(4 \sim 5)} A_{4 \sim 5} \overline{G}_{(2 \sim 5 : 2 \sim 5 : 1 \sim \infty)}$$

忍冬科约有5属，207种，主产北半球。我国有5属，66种，分布于全国各地。

形态特征：木本。单叶对生，少奇数羽状复叶，常无托叶。花两性，辐射对称或两侧对称，4或5基数；聚伞花序，或由聚伞花序构成各种花序或数朵簇生；花萼筒与子房贴生，裂片4～5，花冠合瓣，裂片4～5；雄蕊与花冠裂片同数而互生，着生于花冠筒上，无花盘；子房下位，2～5室，每室具1至多数胚珠（图11-92）。浆果、蒴果或核果，种子有胚乳。染色体：$X=8 \sim 12$。

图 11-92 忍冬科
A.忍冬科花图式　B.金银木果实　C、D.金银木花枝

识别要点：常木本。叶对生，无托叶。花5基数，辐射对称或两侧对称，子房下位。

1.忍冬属（*Lonicera* L.）　直立或攀缘灌木。单叶全缘。花常双生，有时3朵并生，花冠二唇形或几乎5等裂。浆果。忍冬（*L. japonica* Thunb.），常绿藤本，茎向右缠绕；花双生叶腋，花冠白色（有时淡红色），凋落前变为黄色，故又称金银花。我国南北均产，花蕾入药，含木犀草素（luteolin）、忍冬苷（lonicerin）等，清热解毒。

2. 荚蒾属（*Viburnum* L.）　常绿灌木。顶生圆锥花序或伞形花序式的聚伞花序，有些种类的缘花放射状，不结实，花冠辐状。核果。荚蒾（*V. dilatatum* Thunb.），叶宽倒卵形至椭圆形，边缘具齿；复伞形花序。广布于陕西、河南、河北及长江以南地区。

供药用的主要有忍冬属、接骨木属（*Sambucus*）等，供观赏的有荚蒾属、锦带花 [*Weigela florida*（Bunge）A.DC.]、大花六道木（*Abelia grandiflora* Rehd.）等。

（三十六）紫草科（Boraginaceae）

$$* \ K_{(5), 5} \ C_{(5)} \ A_5 \ G_{(2:4:1)}$$

紫草科约156属，2 500种，分布于世界各地，温带及热带较多。我国有47属，294种，全国各地均有分布，尤以西部为多。

形态特征：草本，稀灌木，常被粗硬毛。单叶互生，常全缘，无托叶。单歧或二歧聚伞花序；花两性，辐射对称；萼片5枚，分离或基部合生，花冠辐状、漏斗状或钟状，5裂，喉部常有附属物；雄蕊5，冠生；子房上位，2心皮2室，常4深裂成4室，每室1胚珠，花柱常单一，生于子房顶部或子房4裂片间的基部（图11-93）。4个小坚果或核果。染色体：*X*=4，10，13。

识别要点：草本，常被硬毛。单歧聚伞花序，花5基数，花冠喉部常有附属物，2心皮复雌蕊，子房常4深裂。4小坚果。

1.聚合草属（*Symphytum* L.）　多年生草本。叶宽大，茎生叶基部有时下延。聚伞花序；花萼5裂，果后稍增大，

图11-93　紫草科花图式

花冠筒状，蓝紫色或黄色，喉部与筒部附属物披针形，合拢成圆锥状。小坚果常具瘤点或皱纹，或光滑。聚合草（*S. officinale* L.），原产西亚和北非，我国各地栽培，作饲用植物（图11-94）。

图11-94　聚合草
A.植株　B.花冠展开　C.花冠脱落后的花（示雌蕊子房四裂）
（彭卫东　摄）

2.紫草属（*Lithospermum* L.） 一年生或多年生草本，被糙伏毛。聚伞花序生枝端；花萼5深裂，花冠筒状，白色或蓝色，筒部无附属物，喉部有毛或皱折；雄蕊5内藏。小坚果光滑或有瘤状小突起。紫草（*L. erythrorhizon* Sieb.et Zucc.），多年生草本；花冠白色；小坚果光滑，白色带褐色。分布于东北、华北、华中及西南等地，生于向阳山坡、草地或灌丛间。根习称硬紫草，入药，治天花、麻疹等，浸制软膏外用，治火伤、湿疹等。

3.勿忘草属（*Myosotis* L.） 一年生或多年生草本。花序生茎枝端，无苞片。萼小，5裂，花冠5裂，高脚碟状，蓝色、玫瑰色或白色，喉部有鳞片状附属物；雄蕊5内藏。小坚果有光泽。勿忘草（*M. silvatica* Hoffm.），多年生草本；花冠蓝色，喉部黄色，檐部直径5～8 mm。分布于北部、华中及西南等地，多见于山地林缘或林中。湿地勿忘草（*M. caespitosa* Schultz），花冠淡蓝色，檐部直径约3 mm。分布于北方及云南，生于山地、溪边草地。

本科常见杂草有斑种草（*Bothriospermum chinense* Bge.），全株被刚毛；花冠白色，喉部有5个小鳞片；小坚果肾形。盾荚果（*Thyrocarpus glochidiatus* Maxim.），全株被淡黄色刚毛，基生叶呈篦形；小坚果盘状，外缘具10～12个锥状刺。狼紫草（*Lycopsis orientalis* L.）一年生草本，被长硬毛；花冠筒中部弯曲。

（三十七）菊科（Asteraceae或Compositae）

$* （↑） K_{0～∞} C_{(5)} A_{(5)} \overline{G}_{(2:1:1)}$

菊科有1 600～1 700属，约240 000种，广布全世界，热带较少。我国约248属，约2 336种，全国各地均有分布。本科植物的用途极广，有数百种药用植物和观赏花卉，还有多种油料作物、蔬菜及经济植物；农田杂草种类也很多。

形态特征：草本或木本，有的具乳汁。叶多为单叶，互生，稀对生或轮生，无托叶。花两性或单性，稀中性，5数；头状花序单生或多数再排成各式花序，头状花序外被总苞（periclinium），花序托有托片形成的窝孔或无，有时有毛；

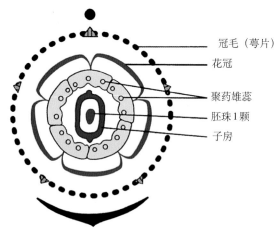

冠毛（萼片）
花冠
聚药雄蕊
胚珠1颗
子房

图11-95 菊科花图式

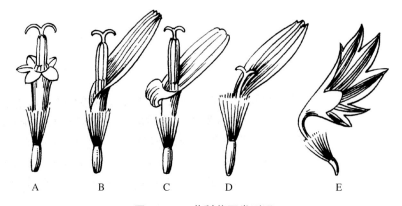

图11-96 菊科花冠类型图
A.筒状花 B.舌状花 C.二唇状花 D.假舌状花 E.漏斗状花

萼片退化，变态成鳞片状、刺毛状或毛状，称为冠毛（pappus），常宿存；花冠合生，筒状、舌状，稀二唇状或漏斗状，辐射对称或两侧对称；雄蕊5个，聚药雄蕊；2心皮复雌蕊，子房下位，1室1胚珠，花柱顶端2裂。瘦果，常连宿萼，种子无胚乳（图11-95和图11-96）。染色体：$X=8 \sim 29$。

识别要点：多为草本。头状花序，有总苞；花冠筒状或舌状，聚药雄蕊，子房下位。瘦果顶端常有冠毛或鳞片。

菊科分亚科、分族检索表

1.头状花序，有筒状花，或边缘有假舌状、漏斗状花；植物体无乳汁…………………………
………………………………………………………………筒状花亚科（Asteroideae）
　2.花药基部钝或微尖。
　　3.花柱分枝圆柱形，上端有棒槌状或稍扁而钝的附器；头状花序盘状，有同型的筒状
　　　花；叶通常对生…………………………………………………泽兰族（Eupatorieae）
　　3.花柱分枝上端非棒槌状，或稍扁而钝；头状花序辐射状，边缘常有假舌状花，或盘状
　　　而无假舌状花。
　　　4.花柱分枝通常一面平一面凸形，上端有尖或三角形附器，有时上端钝；叶互生
　　　　……………………………………………………………………紫菀族（Astereae）
　　　4.花柱分枝通常截形，无或有尖或三角形附器，有时分枝钻形。
　　　　5.冠毛不存在，或鳞片状、芒状、冠状。
　　　　　6.总苞片叶质；头状花序辐射状，稀冠状。
　　　　　　7.花序托通常有托片；叶对生或下部对生，稀互生…………………………
　　　　　　　…………………………………………………向日葵族（Heliantheae）
　　　　　　7.花序托无托片；叶互生，少对生…………………………………………
　　　　　　　………………………………………………………堆心菊族（Helenieae）
　　　　　6.总苞片全部或边缘干膜质；头状花序盘状或辐射状；叶互生…………………
　　　　　　…………………………………………………………春黄菊族（Anthemideae）
　　　　5.冠毛通常毛状；头状花序辐射状或盘状；叶互生………………………………
　　　　　…………………………………………………………千里光族（Senecioneae）
　2.花药基部锐尖，戟形或尾形；叶互生。
　　8.花柱上端无被毛的节，分枝上端截形，无附器，或有三角形附器。
　　　9.冠毛通常毛状，有时无冠毛；头状花序盘状或辐射状………………………………
　　　　……………………………………………………………………旋覆花族（Inuleae）
　　　9.冠毛不存在；头状花序辐射状………………………………………………………
　　　　…………………………………………………………………金盏花族（Calenduleae）
　　8.花柱上端有稍膨大而被毛的节，节以上分枝或不分枝；头状花序，有同型筒状花，有
　　　时有不结实的漏斗状缘花；植株具刺或无。
　　　10.头状花序各有一朵小花，密集成复头状花序…………………………………………
　　　　…………………………………………………………………蓝刺头族（Echinopsideae）
　　　10.头状花序有多数小花，不集成复头状花序…………………………………………
　　　　…………………………………………………………………菜蓟族（Cynareae）

1.头状花序全为舌状花，花柱分枝细长，无附器；植物体有乳汁⋯⋯⋯⋯⋯⋯⋯⋯⋯⋯⋯⋯
⋯⋯⋯⋯⋯⋯⋯⋯⋯⋯⋯舌状花亚科（Liguliflorae）（仅1族）菊苣族（Cichorieae）

紫菀族（Astereae）：

1.紫菀属（*Aster* L.） 多年生草本。头状花序异型，总苞片数层；缘花假舌状，雌性，通常1层，盘花筒状。瘦果扁压，倒卵形，冠毛粗毛状。紫菀（*A. tataricus* L.f.），植株被粗毛，假舌状花蓝紫色。我国北方有分布。根入药，润肺、化痰、止咳；栽培可作切花。原产北美洲的荷兰菊（*A. novi-belgii* L.），广为栽培，供观赏。

向日葵族（Heliantheae）：

2.向日葵属（*Helianthus* L.） 一年生或多年生草本。下部叶常对生，上部叶互生。头状花序单生，或排成伞房状，顶生，外轮总苞片叶状；缘花假舌状，中性，黄色；盘花筒状，两性，结实；花序托多平坦，具托片。瘦果倒卵形，稍扁压，冠毛鳞片状。向日葵（*H. annuus* L.），一年生草本；头状花序直径20～35 cm；种子含油量22%～37%，有的高达55%，为重要的油料作物（图11-97）。菊芋（*H. tuberosus* L.），多年生草本；头状花序直径约10 cm。块茎可食用，又名洋姜，亦可提制酒精及淀粉，叶作饲料。

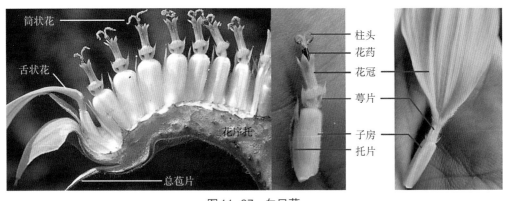

筒状花
舌状花
花序托
总苞片

柱头
花药
花冠
萼片
子房
托片

图11-97 向日葵

3.苍耳（*Xanthium sibiricum* Patrin.） 一年生草本。叶互生，三角状卵形或心形，3～5裂，边缘具不规则锯齿。头状花序顶生或腋生，单性同株，总苞结成囊状，外面具钩刺。分布全国各地，生于平原或低山丘陵。习见杂草；果药用，苍耳子油可作油漆、油墨及肥皂的原料。

春黄菊族（Anthemideae）：

4.蒿属（*Artemisia* L.） 草本或半灌木，常有异味。叶常分裂。头状花序小，多个排成总状或圆锥状，总苞片边缘膜质；花同型，筒状；缘花雌性，2～3齿裂；盘花两性，结实或否。瘦果无冠毛。黄花蒿（*A. annua* L.），一年生草本；叶2～3回羽状全裂或深裂，异味浓；雌花与两性花均结实。广布全国各地，生于干旱草原、山丘或农垦区。农田杂草，亦可入药。茵陈蒿（*A. capillaris* Thunb.），半灌木；叶二回羽状深裂；雌花结实，两性花不育。分布欧亚大陆，我国广布。本种多变异，在华东、东南部为半灌木，我国中部地区为多年生草本，在新疆及中亚为一年生或二年生草本。猪毛蒿（*A. scoparia* Waldst.et Kit.），全草入药，可治肝炎，在西北地区作牧草，家畜喜食。

5.菊属［*Dendranthema*（DC.）Des Moul.］ 多年生，稀二年生草本。叶分裂或不分裂。头状花序单生枝端或伞房状排列；总苞片边缘常干膜质；缘花1至多层，雌性，假舌状；盘花筒状，两性，花药顶端有椭圆形附属物，两种花均结实。瘦果具较多纵肋，无冠毛。菊花［*D. morifolium* (Ramat.) Tzvel.］，原产中国，为栽培种，是著名的观赏花卉。据记载，菊花至少有3 000余年的栽培历史，花、叶变异很大，品种繁多，达2万余个，我国也有7 000多个品种；花亦可药用。野菊［*D. indicum* (L.) Des Moul.］，野生或栽培，除新疆外，广布全国各地。变种及栽培品种也较多；花序及全草药用，清热解毒。

菜蓟族（Cynareae）：

6.蓟属（*Cirsium* Mill.） 二年生或多年生草本，常具刺。叶具齿或分裂。头状花序再集成圆锥状，总苞多层，外层较短，有刺，花序托有刺毛；花同型，筒状，两性，均结实。瘦果常四棱形，冠毛多层，羽状。刺儿菜［*C. setosum* (Willd.) M.Bieb.］，多年生草本，根状茎长，茎直立；叶全缘或齿裂，有刺；雌雄异株，雌株的头状花序、总苞及花冠均较雄株的大，花冠红紫色。广布全国各地，生荒地、路旁，是农田习见的恶性杂草；全草入药，嫩茎叶可作猪饲料。

菊苣族（Cichorieae）：

7.蒲公英属（*Taraxacum* Wigg.） 多年生草本。叶基生，莲座状，羽状分裂。头状花序单生于花葶上，舌状花黄色；瘦果有喙，冠毛毛状。蒲公英（*T.mongolicum* Hand.-Mazz.），广布全国各地，全草药用，清热解毒（图11-98）。

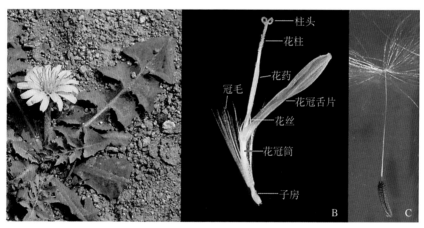

图11-98 蒲公英
A.植株 B.舌状花 C.果实与冠毛

8.莴苣属（*Lactuca* L.） 一年生或多年生草本。叶全缘或羽状分裂。总苞圆筒形，多层，花序中的小花较少，不超过30朵；舌状花白色、黄色、淡红色或蓝紫色。瘦果扁，有喙，冠毛细。莴苣（*L. sativa* L.），头状花序生枝端，排成伞房状圆锥花序，花黄色。原产欧亚，全国各地均有栽培，亦有野生；栽培变种较多，有莴笋（*L.sativa* var.*angustata* Irish.），茎髓部发达，肉质；生菜（*L.sativa* var.*romana* Hort.），卷心莴苣（*L.sativa* var.*capitata* DC.）等。

9.苦苣菜属（*Sonchus* L.） 一年生或多年生草本。茎上部有腺毛或无。头状花序有80朵以上的小花；冠毛有极细的柔毛杂以较粗的直毛。瘦果极扁压，上端狭窄，无喙。苦苣菜（*S. oleraceus* L.），一年生草本；叶柔软无毛，羽状深裂。广布全国各地，为世界广布种，生路边、田野等。

菊科是被子植物进化历程中最年轻的科之一，化石仅出现于第三纪的渐新世。菊科也是被子植物中最大的一个科，不仅属种数、个体数最多，而且分布也最广。菊科植物的快速发展和分化，与其特别的繁殖生物学特性有着紧密的联系。

菊科植物的萼片变态成冠毛、刺毛，并宿存，有利于果实远距离传播；部分种类具块茎、块根、匍匐茎或根状茎，有利于营养繁殖的进行；花序及花的构造与虫媒传粉的高度适应，有利于传粉和结实。头状花序（特别是辐射状花序）的结构，在功能上如同一朵花一样，外围1至多层总苞片，起着花萼一样的保护作用，舌状的缘花具有一般虫媒花冠所共有的作用——招引传粉昆虫，而中间集中大量的盘花，则有效地增大了受粉率和结实率；聚药雄蕊，药室内向开裂，使花粉粒留在花药筒内，当昆虫来访时，引起花丝收缩或花柱的伸长，柱头及其下面的毛环将花粉推出花药筒，有利于传粉。

菊科植物绝大部分是虫媒花，风媒传粉种类很少，它们的花药通常是分离的，花柱伸出花冠筒外，花粉变得干燥，不具蜜腺，且常常是单性花，如苍耳属（*Xanthium*）植物即是风媒传粉。菊科植物通常还是异花传粉，即雄蕊先于雌蕊成熟；只在特殊情况下，或得不到昆虫传粉时，才进行自花传粉，例如，花色不显著的蒿属，常行自花传粉。

二、单子叶植物纲

（一）泽泻科（Alismataceae）

$* K_3 C_3 A_{6 \sim \infty} \underline{G}_{6 \sim \infty : 6 \sim \infty : 1 \sim \infty}$

泽泻科有约13属，100种，广布于全球。我国有6属，18种，南北均有分布。其中一些植物的球茎可食用或药用。

形态特征：水生或沼生草本。有根状茎。叶常基生，鞘开裂，叶形变化较大。花两性或单性，辐射对称；聚伞式伞形、总状或圆锥花序；花被2轮，外轮3片绿色，萼片状，宿存，内轮3片花瓣状，脱落；雄蕊6至多数，稀为3枚；心皮6至多数，稀为3枚，分离，螺旋状排列于凸起的花托上或轮状排列于扁平的花托上；子房上位，1室，胚珠1或数个，花柱宿存（图11-99）。瘦果，种子无胚乳。染色体：$X=5 \sim 13$。

识别要点：水生或沼生草本。花在花序轴上轮生，外花被萼片状，宿存。

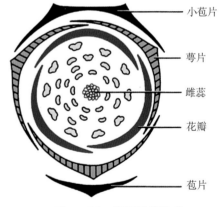

小苞片
萼片
雌蕊
花瓣
苞片

图11-99 泽泻科花图式

1.泽泻属（*Alisma* L.） 花两性，花托扁平；雄蕊6，轮生；心皮少数至多数，离生。瘦果革质，轮生。泽泻（*A. plantago-aquatica* L.），具地下球茎；沉水叶条形或披针形；挺水叶宽披针形、椭圆形至卵形；花瓣白色，粉红色或浅紫色，花瓣边缘具粗齿。花较大，花期较长，用于花卉观赏。过去常与东方泽泻（*A. orientale* (Samuel.) Juz.）混杂入药（图11-100）。

2.慈姑属（*Sagittaria* L.） 多有地下球茎。出水叶箭形，有长柄，水下叶条形。花单性，少两性，花托膨大，雄蕊与心皮均多数，螺旋状排列。瘦果。慈姑（*S. sagittifolia* L.），多年生草本；腋生匍匐茎顶端膨大成球茎；出水叶上下裂片近相等；花药紫色。广布欧洲、北美洲至亚洲，我国南北均有分布，生浅水或沼泽地，南方多栽培，也为水田杂草；球茎可食，也可制淀粉，叶可供饲用。

泽泻科属于泽泻目，被认为是单子叶植物中最古老的类群之一。在克朗奎斯特的分类系统中，泽泻目被看作是一个靠近百合纲进化干线基部的旁枝，一个保留着若干原始特征的残遗类群。

（二）棕榈科（Arecaceae 或 Palmae）

$* P_{3+3} A_{3+3} G_{3:1\sim3:1,(3:1\sim3:1)}$

棕榈科有183属，约2 450种，主要分布于热带和亚热带地区。我国18属，77种，主要分布于南部至东南部各省。本科多为重要的纤维、油料、淀粉和观赏植物。

形态特征：乔木，少藤本，茎常覆盖不脱落的叶基，叶簇生茎顶。花小，辐射对称，两性或单性，同株或异株，有时杂性。肉穗花序，生于叶间或叶下，佛焰苞各式；花有小苞片，萼片3，分离或合生，花瓣3，分离或合生；雄蕊6，2轮，少为多数；子房上位，心皮3，分离或基部合生，胚珠1（图11-101）。浆果或核果，外果皮常多纤维，胚小，有胚乳。$X=13\sim18$。

识别要点：木本，树干不分枝。大型叶丛生于树干顶部。肉穗花序，花3基数。

1. 棕榈属（*Trachycarpus* H.Wendl.） 常绿乔木。叶掌状分裂，裂片多数顶端浅2裂。花常单性异株，多分枝的肉穗状或圆锥状花序；佛焰苞显著。果实肾形或球形。棕榈 [*T. fortunei* (Hook.f.) H.Wendl.]，分布于长江以南各地，广泛栽培。除供观赏外，叶鞘纤维可制绳索、地毯等；幼叶可制扇、帽等；果实和叶鞘纤维也可药用（图11-102）。

2. 椰子属（*Cocos* L.） 椰子（*C.nucifera* L.），常绿乔木。叶羽状全裂或为羽状复叶。花雌雄同株，成分枝的肉穗花序，雄花有6片花被和6个雄蕊，雌花具3室子房，每室1胚珠。果实大型，外果皮革质，中果皮纤维质，内果皮骨质坚硬。椰子广泛分布于热带海岸，用途很多。木材供建筑；叶供编织；果实是著名的果品。

此外，油棕（*Elaeis guineensis* Jacq.）是重要的油料植物；槟榔（*Areca cathecu* L.）种

图11-100 泽泻
A.植株 B.花序 C.花 D.花纵剖 E.雌蕊 F.聚合果 G.果实 H.种子

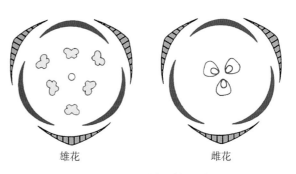

雄花　　　　　雌花

图11-101 棕榈科花图式

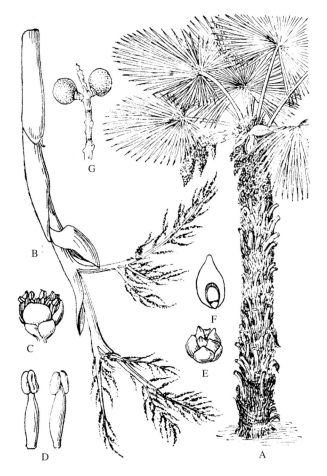

图 11-102　棕　榈
A.植株全形　B.雄花序　C、D.雄花　E.雌花　F.子房纵剖面　G.果实

子含单宁和多种植物碱，为传统中药。但槟榔含致癌物，2003年 IARC(国际癌症研究中心)
认定槟榔为一级致癌物。

（三）天南星科（Araceae）

$* P_{0, 4 \sim 6} A_{1 \sim 8} \underline{G}_{(3, 2 \sim 15 : 1 \sim \infty : 1 \sim \infty)}$

天南星科约110属，3 500多种，主要
分布于热带和亚热带。我国有26属，181种，
主要分布于南方。

形态特征：草本，稀木质藤本。汁
液乳状、水状或有辛辣味，常有草酸钙结
晶。具根状茎或块茎。叶基生或茎生，单
叶或复叶，基部常有膜质鞘。花两性或单
性，成肉穗花序，具佛焰苞；花被缺或为
4～6个鳞片状体；单性同株时，雄花常
生于肉穗花序上部，雌花生于下部，中部
为不育部分或是中性花；雄蕊（1）4～6

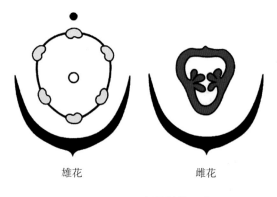

雄花　　　　　雌花

图 11-103　天南星科花图式

（8）；雌蕊由（2）3（～15）心皮组成，子房上位，1至多室（图11-103）。浆果。染色体：$X=7～17$。

识别要点：常草本，具根状茎或块茎。叶有长柄，基生或茎叶互生，网状叶脉。肉穗花序具佛焰苞，雄花生于花序上部，雌花生下部。浆果。

1.**菖蒲属**（*Acorus* L.） 菖蒲（*A. calamus* L.），多年生沼泽草本，根状茎粗大，有香气；叶剑状条形，有明显中肋；花两性，花被片6。生于浅水池塘、水沟及溪涧湿地。全草芳香，可作香料、驱蚊；根状茎入药，能开窍化痰，辟秽杀虫。

2.**半夏属**（*Pinellia* Tenore） 半夏 [*P. ternata* (Thunb.) Breit.]，多年生草本，块茎小球形；一年生的叶为单叶，卵状心形，2～3年生的叶为3小叶的复叶；佛焰苞绿色，上部呈紫红色；花序轴顶端有细长附属物；浆果红色。分布于我国南北各地。虎掌（*P. pedatisecta*）叶片鸟足状分裂，裂片6-11（图11-104）。

图11-104 虎 掌
A.果实　B.块茎　C.植株

3.**天南星属**（*Arisaema* Mart.） 天南星（*A. consanguineum* Schott），多年生草本，有块茎；掌状复叶具7～23小叶，辐射状排列；花序轴顶端有棍棒状附属物。广布于黄河流域以南各地。

本科的天南星、半夏、虎掌是传统的燥湿化痰中药，在我国应用已有2 000多年的历史。现代研究表明，此类植物具有抗肿瘤、抗生育和抗心律失常等药理作用，并普遍含有外源性凝集素。

（四）百合科（Liliaceae）

* $P_{3+3} A_{3+3} G_{(3:3:\infty)}$

百合科约250属，3 500余种，广布世界各地，尤以温带和亚热带最多。我国57属，726

种，各地均有分布，以西南部最盛。

形态特征：多年生草本，稀木本。常具根状茎、鳞茎或块茎。单叶，多基生，茎生叶互生，稀为对生、轮生或退化为鳞片状。有伞形、总状、穗状、圆锥状等各式花序类型；花两性，稀单性，辐射对称；花被片6枚，2轮，花瓣状，分离或合生；雄蕊6枚，与花被片对生；3心皮复雌蕊，子房上位，3室，中轴胎座，每室胚珠少数至多数（图11-105）。蒴果或浆果，种子有胚乳。染色体：$X=3 \sim 27$。

识别要点：单叶。花被片6，花瓣状，2轮，雄蕊6与之对生；子房上位，3室，中轴胎座。蒴果或浆果。

图11-105 百合科花图式

1.葱属（*Allium* L.） 多年生草本，有刺激性葱蒜味。具根状茎或鳞茎。叶扁平或中空而呈圆筒状。伞形花序，幼时外被一膜质的总苞片；花被分离或基部合生。蒴果近三棱形。习见栽培植物有大葱（*A. fistulosum* L.），鳞茎棒状；叶圆形中空。原产亚洲，现各地栽培供食用；鳞茎及种子可入药。洋葱（*A. cepa* L.），鳞茎大而呈扁球形，鳞叶肉质。原产西亚，各地广泛栽培，食用。大蒜（*A. sativum* L.），鳞茎由数个或单个肉质鳞芽（蒜瓣）组成，外被共同的膜质鳞被；叶扁平，花葶（蒜薹）圆柱形。原产西亚或欧洲，各地广泛栽培，食用或药用。韭菜（*A. tuberosum* Rottl.ex Spreng.），具根状茎，鳞茎狭圆锥形，鳞被纤维状；叶扁平，花葶（韭薹）三棱形。原产东亚、南亚，各地广泛栽培，食用，种子药用。

2.萱草属（*Hemerocallis* L.） 多年生草本，常具块根。叶基生，带状。聚伞花序顶生，常排成圆锥状；花大，花被基部合生成漏斗状；雄蕊生于花被管喉部，背着药。蒴果。多栽培，供观赏；花蕾干制品称金针菜或黄花菜供食用；根供药用。黄花菜（*H. citrina* Baroni），又名金针菜，花较大，黄色，芳香。萱草（*H. fulva* L.），花橘红色，无香味。

3.百合属（*Lilium* L.） 多年生草本。茎直立，具茎生叶，鳞茎的鳞片肉质，无鳞被。花单生或排成总状花序，大而美丽；花被漏斗状。百合（*L. brownii* F. E. Brown），鳞茎直径约5 cm；叶倒披针形至倒卵形，3～5脉，叶腋无珠芽；花被片乳白色，微黄，外面常带淡紫色。分布于南方及黄河流域。各地常栽培，供观赏；鳞茎供食用、药用，润肺止咳，清热安神。卷丹（*L. tigrinum* Ker.-Gawl.），叶腋常有珠芽；花橘红色，有紫黑色斑点。广布全国，用途同百合（图11-106）。

4.郁金香属（*Tulipa* L.） 多年生草本。具鳞茎，外被干膜质鳞片。叶基生，花茎无叶或有叶状苞片。花直立，花被分离；雄蕊6枚。蒴果。郁金香（*T. gesneriana* L.），叶3～5枚，条状披针形至卵状披针形；花单生，红色、白色或黄色，几乎无花柱，柱头大而鸡冠状。广为栽培的花卉，品种繁多。

图11-106 卷 丹

本科药用植物尚有贝母属（*Fritillaria* L.）、黄精属（*Polygonatum* Mill.）、麦冬（*Ophiopogon* Ker.-Gawl.）、土麦冬属（*Liriope* Lour.）、知母属（*Anemarrhena* Bunge）、菝葜属（*Smilax* L.）等植物；观赏植物尚有风信子（*Hyacinthus orientalis* L.）、万年青［*Rohdea japonica*（Thunb.）Roth.］、玉簪［*Hosta plantaginea*（Lam.）Aschers.］、文竹（*Asparagus setaceus* Jessop）、芦荟［*Aloe vera* var. *chinensis*（Haw.）Berg.］、吊兰（*Chlorophytum elatum* R. Br.）、虎尾兰（*Sansevieria trifasciata* Prain.）等多种。

（五）鸢尾科（Iridaceae）

$* (\uparrow) P_{3+3} A_3 \overline{G}_{(3:3:\infty)}$

鸢尾科70～80属，约1 800种，分布于热带和温带。我国约3属，61种，主产北部、西北和西南地区。

形态特征：多年生草本，有根状茎、球茎或鳞茎。叶多基生，狭长，条形或剑形，常于中脉对折，2列生，基部套折成鞘状抱茎。花单生、数朵簇生或多花排成总状、聚伞及圆锥花序，两性，辐射对称或两侧对称，由苞片内抽出；花被片6枚，花瓣状，2轮，基部常合生；雄蕊3枚，生于外轮花被基部；3心皮复雌蕊，子房下位，通常3室，中轴胎座，每室胚珠多数，花柱3裂，有时花瓣状（图11-107）。蒴果，背裂。染色体：X=3～18，22。

图11-107 鸢尾科花图式

识别要点：草本，有根状茎、球茎或鳞茎。叶常对折，2列生，叶鞘套折。花被片6，花瓣状，雄蕊3枚，子房下位，3室，花柱3裂。蒴果。

1.鸢尾属（*Iris* L.） 有根状茎。叶基生，基部抱茎，成套折状。花被片下部合生成筒状，外轮3片较大，反折，内轮3片较小，直立；花柱3，呈花瓣状。鸢尾（*I. tectorum* Maxim.），又名蓝蝴蝶，叶剑形，宽2～3.5 cm；花蓝紫色，外轮花被片具深褐色脉纹，中部有鸡冠状突起和白色髯毛。分布于长江流域，各地亦多有栽培，供观赏和药用（图11-108）。马蔺（马莲）（*I. lactea* Pall. var. *chinensis* Koidz.），植株基部有红褐色、纤维状的枯萎叶鞘；叶条形，宽不过1cm；花蓝紫色，外轮花被片中部有黄色条纹。分布于北方各地及华东和西藏，习见于平原草地及轻度盐渍化草甸。可栽作地被植物及观赏，叶可作编

图11-108 鸢尾
A.植株 B.花局部（示雄蕊和外轮花被片对生，在花瓣状花柱下方）
（彭卫东 摄）

织及造纸材料，种子入药。

2.射干属（*Belamcanda* Adans.） 射干 [*B. chinensis*（L.）DC.]，根状茎横走，断面鲜黄色，地上茎丛生；叶宽剑形，基部套折，互生，成2列；花序顶生，2～3歧分枝的伞房状聚伞花序；花橙黄色，有红色斑点；种子黑色。全国各地均有分布。多生于山坡、草地、沟谷及滩地，或栽培。根状茎入药，清热解毒，祛痰利喉，散瘀消肿。

本科药用植物尚有番红花（*Crocus sativus* L.），花柱及柱头供药用，即藏红花。原产欧洲南部，我国各地常见栽培。

（六）石蒜科（Amaryllidaceae）

$$* P_{3+3} \; A_{3+3} \; \overline{G}_{(3:3:\infty)}$$

石蒜科约100属，1 200余种，主产温带。我国有10属，34种，分布于全国各地。本科有多种著名花卉，部分植物药用。

形态特征：多年生草本，具鳞茎或根状茎。叶基生，线形或带状，全缘。花两性，常成伞形花序，生花茎顶端，下有膜质苞片或总苞片；花被片6枚，花瓣状；雄蕊6枚；3心皮复雌蕊，子房下位，3室，中轴胎座，每室胚珠多数（图11-109）。蒴果或为浆果状，种子有胚乳。染色体：X=6～12，14，15，23。

识别要点：草本，有鳞茎或根状茎。叶线形，基生。花被片6枚，花瓣状，雄蕊6，下位子房，3室。蒴果。

图11-109 石蒜科花图式

1.石蒜属（*Lycoris* Herb.） 具鳞茎，花后抽叶，或有些种类叶枯后抽花茎；叶带状或条状。花茎实心；花漏斗状，花被管长或短；花丝分离，花丝间有鳞片。石蒜 [*L. radiata*（L'Her.）Herb.]，鳞茎宽椭圆形；叶冬季生出，秋季开花时已无叶；花红色，花被裂片边缘皱缩，开展而反卷，雌、雄蕊伸出花被外很长。分布于华东至西南各地，各地有栽培，供观赏和药用；鳞茎有毒，催吐、祛痰、消炎、解毒、杀虫，一般用于疮肿。忽地笑 [*L. aurea*（L'Her.）Herb.]，花大，鲜黄或橘黄色。鳞茎含加兰他敏，是治疗小儿麻痹后遗症的有效药物。

2.水仙属（*Narcissus* L.） 鳞茎卵圆形。基生叶与花葶同时抽出，花葶中空。花高脚碟状，副花冠长筒形，似花被，或短缩成浅杯状。水仙（*N. tazetta* L. var. *chinensis* Roem.），花白色，有鲜黄色的杯状副花冠。原产浙江和福建，各地多作盆景栽培观赏；鳞茎可供药用。

3.君子兰属（*Clivia* Lindl.） 多年生常绿草本。根系肉质粗大，叶基部形成假鳞茎。叶2列交互叠生，宽带形，革质，全缘，深绿色。花葶自叶腋抽出，直立扁平，伞形花序顶生；花漏斗状，黄色至红色。浆果球形，成熟时紫红色。君子兰（*C. miniata* Regel），叶宽大，光滑；花橙黄至深红色。园艺变种、品种较多，各地广泛栽培，尤以东北为盛（图11-110）。垂笑君子兰（*C. nobilis* Lindl.），本种叶片较大花君子兰稍窄，叶缘有坚硬小齿；花被片也较窄，花开放时下垂。各地广泛栽培。

本科栽培观赏植物尚有朱顶兰（*Hippeastrum vittatum* Herb.），花红色；文珠兰（*Crinum asiaticum* L. var. *sinicum* Baker），花白色，芳香；晚香玉（*Polianthes tuberosa* L.），花乳白色，浓香；葱莲 [*Zephyranthes candida*（Lindl.）Herb.]（花白色）等多种。

图 11-110 君子兰

（七）莎草科（Cyperaceae）

$P_0 A_{1\sim3} \underline{G}_{(2\sim3:1:1)}$

莎草科约106属，5 400种，广布全世界，以寒带、温带地区为多。我国有33属，865种，分布于全国各地，生于沼泽、湿润草地及高山草甸。本科多种植物可作造纸和编织原料，部分植物供药用、食用、观赏或作草坪植物。

形态特征：多年生，稀一年生草本。常具根状茎；地上茎（秆）实心，常三棱柱形，无节。叶基生或秆生，通常3列，叶片狭长，有时叶片退化，仅存叶鞘，叶鞘闭合。花序由小穗排列成穗状、总状、圆锥状、头状或聚伞状花序，有时单生，花序下面通常有1至多枚叶状、刚毛状或鳞片状总苞片；小穗由2至多数具鳞片的花组成；花两性或单性，基部常具膜质鳞片（颖片），鳞片在小穗轴上螺旋状排列或2列；花被缺或退化为下位刚毛；雄蕊3枚，稀2～1枚；2～3心皮复雌蕊，子房上位，1室1胚珠，花柱1，柱头2～3（图11-111）。小坚果，或有时为苞片所形成的囊苞所包裹，三棱形、双凸形、平凸形或球形；种子具胚乳。染色体：$X=5\sim60$。

识别要点：茎常三棱形，实心，无节。叶常3列，叶鞘闭合。小穗组成各式花序。小坚果。

图 11-111 莎草科花图式

1.莎草属（*Cyperus* L.） 叶基生。聚伞花序简单或复出，有时短缩成头状，基部具叶状总苞片数枚；小穗稍压扁，小穗轴宿存不断落，颖状鳞片2列；花两性，无下位刚毛，花柱常3裂。小坚果三棱形。莎草（*C. rotundus* L.），又称香附子，多年生草本，根状茎匍匐，细长，茎端生长圆形块茎；叶鞘常裂成纤维状；复穗状花序在秆顶排成辐射状，小穗有花10～36朵。块茎名香附子，内含香附油、香附油精，可作香料，入药能理气解郁，调经止痛，也是常见的田间杂草。碎米莎草（*C. iria* L.），一年生草本，秆丛生，纤细，扁三棱状，叶鞘红棕色；小穗矩圆形，有花6～22朵，鳞片黄色。分布全国大多数地区，生于田间、山坡、路旁，为常见杂草。异型莎草（*C. difformis* L,），一年生草本，秆丛生，扁三棱状；小穗多数密集成头状花序，鳞片中间淡黄色，两侧深紫红色，边缘白色，雄蕊2。分布于我国北部至南部多数地区，生于田间或水边，习见杂草。

2.薹草属（*Carex* L.） 多年生草本，具根状茎。叶3列互生。小穗单性或两性；花单性，具鳞片，无花被；雄花具3雄蕊；雌花子房外包有苞片形成的囊苞（果囊），花柱突出于囊外，2～3裂。小坚果藏于果囊内。针叶薹草（*C. onoei* Franch. et Sav.），秆疏丛生，钝三棱形；叶初时微扁平，后内卷成针状；小穗3～5枚，雄雌顺序，果囊革质，平凸状，柱头2裂。分布于北部及西藏等地，生于湿草地。乌拉草（*C. meyeriana* Kunth），秆丛生，粗糙；小穗2～3，雄小穗圆筒形，顶生，雌小穗近球形。分布于东北，号称"东北三宝"之一，可作保温填充物、编织和造纸用。

3.荸荠属（*Eleocharis* R.Br.） 秆丛生或单生，具根状茎。叶仅有叶鞘而无叶片。总苞片缺，小穗1，顶生，常有多数两性花，鳞片螺旋状排列；花有下位刚毛4～8条，花柱基部膨大成各种形状，宿存于小坚果顶端。荸荠 [*E.tuberosa* (Roxb.) Roem.et Schult.]，匍匐根状茎细长，顶端膨大成球茎，秆丛生，圆柱状，有多数横隔膜。各地栽培，球茎供食用，也供药用，清热生津，开胃消积，明目化痰（图11-112）。

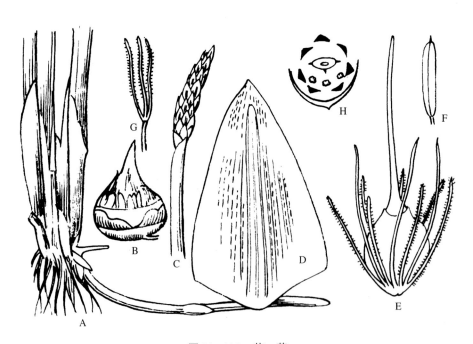

图11-112 荸荠

A.植株的一部分 B.球茎 C.花序 D.颖片 E.小坚果 F.花药 G.柱头 H.花图式

本科常见植物还有飘拂草属（*Fimbristylis* Vahl.）、嵩草属（*Kobresia* Willd.）、扁莎草属（*Pycreus* Beauv.），广布于南北各地。高秆扁莎草（*P. exaltatus* Retz.）、咸水草（*Cyperus malaccensis* Lam.var.*brevifolium* Bocklr.）、荆三棱（*S.yagara* Ohwi）、蒲（席）草 [*Lepironia articulata* (Retz.) Domin] 等可作造纸和编织原料；伞莎草（*Cyperus alternifolius* L.）、大伞莎草（*C.papyrus* L.）为引入栽培的观赏植物，苞叶伞状，也是插花常用材料；白颖薹草 [*Carex duriuscula* C.A.Mey. subsp. *rigescens* (Franch.)S. Y. Liang et Y. C. Tang]、异穗薹草（*C. heterostachy* Bge.）、扁穗莎草（*Cyperus compressus* L.）等可作草坪植物。

（八）禾本科（Poaceae 或 Gramineae）

$$\uparrow P_{2\sim3} \; A_{3,\,3+3} \; G_{(2\sim3:1:1)}$$

本科约700属，11 000种。我国有226属，1 795种。禾本科是被子植物中的一个大科，广布于世界各地，它是陆地植被的主要成分，尤其是各种类型草原的重要组成成分，在温带地区尤为繁茂。

禾本科植物具有重要的经济价值，它是人类粮食的主要来源，同时也为工农业提供了丰富的资源。很多禾本科植物是建筑、造纸、纺织、酿造、制糖、制药、家具及编织的主要原料，少数植物可作蔬菜。在畜牧业方面，它是动物饲料的主要来源。在环保绿化方面，它是水土保持、堤岸防护、防风固沙、改良土壤的重要植物，也是组成观赏竹林和草坪的重要植物。另外，许多禾本科植物也是常见的农田杂草。

本科划分亚科的意见不一，通常分为2个亚科，即竹亚科（Bambusoideae）和禾亚科（Agrostidoideae），前者为木本，叶具柄和关节；后者为草本，叶无柄。也有分为3个亚科（竹亚科、早熟禾亚科、黍亚科）、5个亚科（竹亚科、稻亚科、早熟禾亚科、画眉草亚科、黍亚科）、6个亚科或7个亚科等。为便于教学，本书仍沿用2个亚科的分法。

形态特征：一年生、越年生或多年生草本，少为木本（竹类）。地下常具根状茎或无。地上茎称为秆，常于基部分枝，节明显，节间中空，少实心。单叶互生，2列；叶由叶鞘、叶片组成，叶鞘与叶片交接的叶环处，常有膜质或纤毛状叶舌，或缺少，有时两侧具叶耳；叶鞘包秆，常开裂；叶片狭长，纵向平行脉。花序由许多小穗组成穗状、总状或圆锥状花序；小穗由1至数朵小花和2枚颖片（总苞片）组成；花小，两性，少单性，每一小花基部有2枚稃片（苞片），包裹其内的浆片及雌雄蕊，外稃常具芒；浆片（鳞被，退化花被）2或3枚，细小，常肉质；雄蕊3枚，少6枚或1～2枚，花丝细长，花药丁字形着生；雌蕊1，由2～3心皮构成，子房上位，1室1胚珠，花柱2，稀为3或1，柱头多呈羽毛状（图11-113）。颖果，稀为浆果或胞果，种子富含胚乳。染色体：$X=2\sim23$。

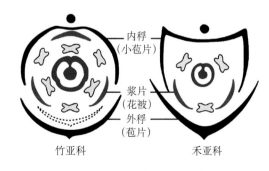

图 11-113　禾本科花图式

识别要点：茎秆圆柱形，节明显，节间常中空。叶2列，叶鞘常开裂，常有叶舌或叶耳。小穗组成各式花序。颖果。

本科植物花小，构造简单，无鲜艳色彩，花被退化，花丝细长，花药丁字着生而易摇动，花粉粒细小干燥，柱头羽毛状等特征，为典型的风媒传粉植物。

1.**小麦属**（*Triticum* L.）　一年生或越年生草本。穗状花序直立；小穗有花3～9朵，两侧压扁，无柄，单生于穗轴各节；颖长卵形，有3至数脉，主脉隆起成脊。小麦（*T. aestivum* L.），颖近革质，5～9脉，顶端有尖头，外稃具芒；颖果椭圆形，腹面有深纵沟。北方主栽粮食作物，品种很多；麦粒入药可养心安神，麦芽助消化；麦麸为家畜的好饲料，麦秆可作编制品及造纸（图11-114）。同属栽培植物还有硬粒小麦（*T. durum* Desf.）、圆锥小麦（*T. turgidum* L.）、波兰小麦（*T. polonicum* L.）、东方小麦（*T. turanicum* Jakubz.）等。

内稃
柱头
子房
浆片
E
F

图11-114 小 麦
A.花序 B.小穗 C.小穗解剖 D.幼果示白色的果皮 E.花 F.果实
1.外颖 2.内颖 3.第一朵小花 4.第二朵小花 5.第三朵小花。

2.大麦属（*Hordeum* L.） 多年生或一年生草本。穗状花序，小穗3枚同生一节，各含1花。颖果与内稃黏着而不易分离。大麦（*H. vulgare* L.var.*vulgare*），一年生草本；颖果成熟时黏着于稃体内不脱出。南北各地栽培，栽培类型及品种较多，常见有啤酒大麦和饲用大麦；主要品系有六棱大麦（3小穗均结实，横切面呈六角形）、四棱大麦（3小穗均结实，但中央小穗贴近穗轴，横切面呈四角形）、二棱大麦（3小穗仅中央小穗结实）等；果为制啤酒及麦芽糖的原料，亦可作面食，麦芽助消化，秆可供编织或造纸。青稞（*H. vulgare* var.*nudum* Hook.f.）、三叉大麦 [*H. vulgare* var.*trifurcatum*（Schlecht.）Alef.]，皆为大麦的变种，果实成熟时易脱离稃体，前者外稃顶端不裂，芒直伸；后者外稃顶端3裂，芒弯曲或无。西北、西南各地栽培，为冷凉山区粮食作物。

3.稻属（*Oryza* L.） 一年生或多年生草本。圆锥花序顶生；小穗含3小花，仅1花结实，2不育小花退化，仅存极小外稃，位于孕花之下，颖极退化成2半月形边缘，附着于小穗柄的顶端；孕花外稃坚硬，具5脉，雄蕊6枚。水稻（*O. sativa* L.），一年生栽培作物；退化外稃锥状，无毛，孕花外稃与内稃被细毛。我国是栽培水稻最早的国家之一，至少有7 000余年的历史，现栽培面积和产量占世界第一位；稻为主栽粮食作物之一，分为旱稻和水稻两大类，前者植于山地和旱地，后者广植于水田中；其中又分粳、籼、糯等品系，糯稻米黏性大；稻米可制淀粉、酿酒、造米醋，米糠可制糖、提炼糠醛或作饲料，稻秆为牛饲草和造纸原料，谷芽和糯稻根药用，前者健脾开胃、消食，后者止盗汗（图11-115）。

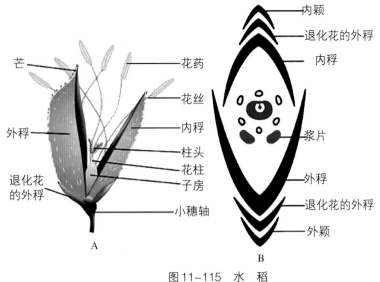

图11-115 水 稻
A.小穗 B.花图式

4.粟属（*Setaria* Beauv.） 一年生或多年生草本。圆锥花序紧密，呈圆柱状，小穗含1 ~ 2花，单生或簇生，全部或部分小穗下托以1至数枚刚毛（不育小枝）；小穗背腹压扁，脱节于杯状的小穗柄上，常与宿存的刚毛分离；颖不等长，第一小花雄性或中性，第二小花两性。粟（小米、谷子）[*S. italica* (L.) Beauv.]，一年生栽培作物；花序常下垂，长10 ~ 40 cm，直径1 ~ 5 cm。原产我国，为古老的栽培作物，栽培历史7 000年以上，现为北方栽培的杂粮。谷粒可供煮粥、酿酒、造醋，营养丰富。同属还有狗尾草 [*S. viridis* (L.) Beauv.]，刚毛绿色或紫色；金色狗尾草 [*S. glauca* (L.) Beauv.]，刚毛黄色，簇生小穗仅1个可育。皆为习见杂草，广布全国各地；全草入药或作饲草。

5.蜀黍属（*Sorghum* Moench） 一年生或多年生草本。秆实心。圆锥花序顶生，分枝轮生，小穗孪生，无柄小穗两性，有柄小穗雄性或中性；外颖背部凸起或扁平，熟时变硬而有光泽，内颖舟形，具脊。高粱（蜀黍）[*S. cernuum* (Ard.) Host]，一年生高大栽培作物。原产中国等地，广为栽培，北方较多，为重要杂粮之一。谷粒有红色和白色，供食用、酿酒、制饴糖，种子及根入药，前者治呕吐、泄泻，后者制浮肿。苏丹草 [*S. sudanense* (Piper) Stapf]，原产非洲，各地栽培作饲用牧草和鱼类的饲饵。

6.玉米属（*Zea* L.） 仅1种。玉米（玉蜀黍、包谷、包米）(*Z. mays* L.)，一年生高大草本。秆实心，基部生有支持根。叶带形。花单性同株；雄花序圆锥状，顶生，雄小穗孪生，每小穗有2花，雄蕊3；雌花序肉穗状，腋生，为苞叶包藏，雌小穗孪生，每小穗有2花，第一小花不孕，第二小花结实。原产墨西哥，世界各地广为栽培，为主要粮食作物。穗轴可提制淀粉、葡萄糖、油脂及糠醛；胚芽供食用，也可榨油；花柱入药，利尿消肿，可治肾炎、高血压、糖尿病、肝炎等症。

7.甘蔗属（*Saccharum* L.） 多年生高大草本。秆实心。圆锥花序顶生；小穗孪生，其一有柄，穗轴易逐节脱落；每小穗含2花，仅第二花两性，结实。甘蔗（*S. officinarum* L.），秆粗大，节间较短，深紫褐色或绿色。南方多有栽培，为制糖的重要原料。蔗渣可制酒精、作饲料，或为造纸及压制隔音板与尼龙的原料，蔗梢及叶可作饲料，鲜秆入药，生津止渴。

8.画眉草属（*Eragrostis* Wolf） 多年生或一年生草本。圆锥花序；小穗两侧压扁，含数朵花，两颖不等长，具1脉，常宿存；小花呈覆瓦状排列，外稃无芒，具3脉。画眉草[*E. pilosa* (L.) Beauv.]，一年生草本，节下无腺点；圆锥花序，分枝1～5枚，单生、簇生或轮生，外颖无脉。分布全国各地，路旁、地边、荒地习见。

9.披碱草属（*Elymus* L.） 多年生草本，无根状茎。小穗1～2(4)枚并生于穗轴各节，含2至数花，脱节于颖之上和各小花之间；颖和外稃无脊。老芒麦（*E. sibiricus* L.），花序下垂，小穗2并生穗轴各节，颖片明显短于第一小花。分布北部及西南，生于山地草甸。为优良牧草。披碱草（*E. dahuricus* Turcz.），花序直立，穗轴中部各节具2小穗，上下各节仅具1小穗。分布北方各地及西南，生草甸及地埂渠边。为优良牧草。

10.刚竹属（毛竹属）（*Phyllostachys* Sieb. et Zucc.） 秆散生，圆筒形，在分枝的一侧扁平或有沟槽，每节有2分枝。毛竹（南竹）（*P. pubescens* Mazel ex H.de Lehaie），高大乔木状竹类，新秆有毛茸与白粉，老秆无毛，秆环平，箨环突起，各节具1环，小枝具叶2～8。分布长江流域及陕西、河南。用途甚广，一般4～5年生的秆可选伐利用，供建筑、制器具、编织、造纸等用，笋供食用。刚竹（桂竹）（*P. bambusoides* Sieb.et Zucc.），秆环隆起，各节呈明显的2环，新秆绿色，常无粉，老秆深绿色，小枝具叶3～6。分布黄河流域至江南各地。秆质强韧，为重要用材竹种，可编织多种器具，用途颇广。

本科其他经济作物尚有黑麦（*Secale cereale* L.）、黍（*Panicum miliaceum* L.）、莜麦[*Avena chinensis* (Kisch.) Metzg.]、燕麦（*A. sativa* L.）等，为杂粮，也作精饲料；薏苡（*Coix lacryma-jobi* L.），各地有栽培，颖果含淀粉和油，可供面食或酿酒，也可作饲料或药用；菰[*Zizania caduciflora* (Turcz.) Hand.-Mazz.]，秆基为一种黑穗菌（*Ustilago edulis*）寄生后，变为肥嫩而膨大，称茭白或茭笋，为蔬菜。重要的牧草有雀麦属（*Bromus*）、偃麦草属（*Elytrigia*）、黑麦草属（*Lolium*）、异燕麦属（*Helictotrichon*）、赖草属（*Leymus*）、新麦草属（*Psathyrostachys*）、冰草属（*Agropyron*）、鸭茅属（*Dactylis*）、羊茅属（*Festuca*）、梯牧草属（*Phleum*）、看麦娘属（*Alopecurus*）等的许多种类。芦苇属（*Phragmites*）、芨芨草属（*Achnatherum*）等许多属的植物为造纸原料。重要的草坪植物有结缕草属（*Zoysia*）、野牛草属（*Bucholoe*）、狗牙根属（*Cynodon*）、剪股颖属（*Agrostis*）、早熟禾属（*Poa*）、羊茅属、黑麦草属、冰草属等属的一些植物。习见农田杂草还有稗属（*Echinochloa*）、马唐属（*Digitaria*）、拂子茅属（*Calamagrostis*）等的一些植物。毒麦（*Lolium temulentum* L.）、欧毒麦（*L.persicum* Boiss.et Hoh.）、醉马草[*Achnatherum inebrians* (Hance) Keng]为有毒植物，前两种为我国重要的检疫杂草。

（九）兰科（Orchidaceae）

$$\uparrow P_{3+3} A_{1\sim2} \overline{G}_{(3:1:\infty)}$$

兰科为被子植物第二大科，约800属，25 000种，广布全球，主产热带、亚热带，南美洲与亚洲最为丰富。我国有194属，1 388种，主产南方地区。本科有2 000余种可作观赏植物，其中不少名贵花卉各地多有栽培，还有许多是药用植物。

形态特征：多年生草本，陆生、附生或腐生。陆生和腐生者具根状茎或块茎，有须根；附生的常具肉质假鳞茎和肥厚的气生根。单叶多互生，叶鞘常抱茎。花单生或排成总状、穗状和圆锥花序，顶生或腋生；花两性，稀单性，两侧对称；花被片6，2轮；外轮3萼片常花瓣状，中萼片有时凹陷与花瓣靠合成盔，两侧萼片略歪斜，离生或靠合；内轮3片，两侧为花瓣，中央1片特化为唇瓣（lip），因子房作180°的扭转，而使唇瓣位于前下方；唇瓣形态复杂，有时3裂或中部缢缩，基部常有囊或距；雄蕊和花柱、柱头完全愈合成合蕊柱（gynostemium），呈半圆柱状；雄蕊2轮，仅外轮1枚中央雄蕊或内轮2枚侧生雄蕊能育，花药2室，花粉粒黏成2～8个花粉块；3心皮合生雌蕊，子房下位，侧膜胎座；柱头3，侧生2枚能育，常粘合，另1不育，呈小突起，为蕊喙，或柱头3合单成柱头而无蕊喙（雄蕊为2时）（图11-116）。蒴果，种子极多，细小，无胚乳。染色体：$X=6～29$。

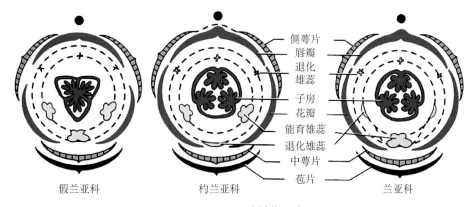

图11-116 兰科花图式

识别要点：陆生、附生或腐生草本。花两侧对称，花被片6，内轮具1唇瓣。雄蕊1或2，与花柱、柱头结合成合蕊柱，花粉结合成花粉块；子房下位，侧膜胎座。蒴果，种子微小。

兰科植物的花通常较大而艳丽，有香味，两侧对称，形成唇瓣，唇瓣基部的距内、囊内或蕊柱基部常有蜜腺，易引诱昆虫；雄蕊与花柱及柱头结合成合蕊柱，花粉黏结成块，且下有黏盘，柱头有黏液，利于传粉。兰科植物的花，结构奇特，高度特化，是对昆虫传粉高度适应的表现，是单子叶植物中虫媒传粉的最进化类型（图11-117）。

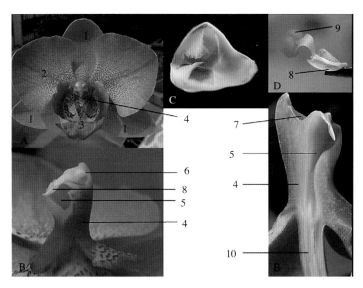

图11-117 蝴蝶兰花的结构图
A.花 B.合蕊柱 C.药帽 D.花粉块 E.花纵切
1.萼片 2.侧花瓣 3.唇瓣 4.合蕊柱 5.柱头 6.花药 7.药床 8.黏盘 9.花粉块 10.子房
（彭卫东 摄）

1.建兰［*Cymbidium ensifolium*（L.）SW.］ 有假鳞茎；叶2～6枚丛生，带形，外弯；花葶直立，总状花序有花3～7朵，苞片远比子房短；花浅黄绿色，清香，萼片狭披针形，花瓣较短，唇瓣不明显3裂，花粉块2个。夏秋开花，著名观赏花卉，各地常栽，品种很多，根、叶入药。墨兰［*C. sinense*（Andr.）Willd.］，叶宽2～3.5cm，深绿色，冬末春初开花；春兰［*C. goeringii*（Rchb.f.）Rchb.］，叶狭带形，花单生，春季开花；还有惠兰（*C. faberi* Rolfe），台兰（*C. floribundum* var. *pumilum*）、寒兰（*C. kanran* Makino）等。

2.白芨［*Bletilla striata*（Thunb.）Rchb.f.］ 陆生，块茎扁压，有黏性；茎粗壮，叶4～5，披针形；花序具3～8花，紫红色，唇瓣3裂，花粉块8个。产南方各地。块茎药用，补肺止血，消肿生肌；花艳丽，栽培供观赏。

3.天麻（*Gastrodia elata* Bl.） 腐生草本；块茎横生，肉质，长椭圆形，表面有环节；茎直立，黄褐色，节上具鞘状鳞片；总状花序顶生；花黄褐色，萼片与花瓣合生成斜歪筒状，口偏斜，顶端5裂。分布于全国大部分地区，主产西南，现多栽培。块茎入药，称天麻，熄风镇惊，通络止痛，常用于治疗多种原因引起的头晕目眩和肢体麻木、神经衰弱、小儿惊风及高血压等症。

4.红门兰属（*Orchis* L.） 陆生草本，具块茎或根状茎。唇瓣基部有距；花粉块黏盘藏在黏囊中；柱头1个。广布红门兰（*O. chusua* D. Don），块茎长圆形，肉质；叶常2～3片；花1至十余朵，多偏向一侧，紫色，子房强烈扭曲，合蕊柱短。产东北、西北至西南等地。

本科栽培观赏植物尚有卡特兰属（*Cattleya*）、兜兰属（*Paphiopedilum*）、万带兰属（*Vanda*）、虾脊兰属（*Calanthe*）、贝母兰属（*Coelogyne*）、蕾丽兰属（*Laelia*）、米尔顿兰属（*Miltonia*）、蝴蝶兰属（*Phalaenopsis*）等。药用植物还有石斛属（*Dendrobium* SW.）、手掌参属（*Gymnadenia* R. Br.）、斑叶兰属（*Goodyera* R. Br.）等。

第四节　被子植物分类系统

由于被子植物种类繁多，古老的原始类型和中间类型已大部分绝灭，而化石资料还不丰富，考证不足，因此，要建立一个反映被子植物客观系统演化进程的分类系统，还非常困难。长久以来，植物分类学家根据被子植物形态演化的趋势，结合古植物学和其他学科提供的分类信息，给出了各种各样的分类系统，但尚无完全统一的看法和比较完美的分类系统。在当前，影响较大的分类系统，主要有以下4个。

一、恩格勒系统

德国植物学家恩格勒（A. Engler）于1892年编制的一个分类系统。在他与普兰特（K. Prantl）合著的《植物自然分科志》（1897年）和他自己所著的《植物自然分科纲要》中均应用了他的系统。该系统的要点如下：

①赞成假花学说，认为柔荑花序类植物，特别是轮生目、杨柳目最为原始。

②花的演化规律是：由简单到复杂；由无被花到有被花；由单被花到双被花；由离瓣花到合瓣花；花由单性到两性；花部由少数到多数；由风媒到虫媒。

③认为被子植物是二元起源的；双子叶植物和单子叶植物是平行发展的两支；在《植物自然分科纲要》一书中，将单子叶植物排在双子叶植物前面，1964年该书的第12版，由迈启耳（Melchior）修订，已将双子叶植物排在单子叶植物前面。

④恩格勒系统包括整个植物界，将植物界分为13门，1～12门为隐花植物，第13门为种子植物门。种子植物门分为裸子植物亚门和被子植物亚门。裸子植物亚门分为6个纲，被子植物亚门分为单子叶植物纲和双子叶植物纲。

⑤恩格勒系统图是将被子植物由渐进到复杂化而排列的，不是由一个目进化到另一个目的排列方法，而是按花的构造、果实种子发育情况，有时按解剖知识，在进化理论指导下做出了合理的自然分类系统（图11-76）。恩格勒系统是被子植物分类学史上第一个比较完善的分类系统。到目前为止，世界上除英法以外，大部分国家都应用该系统。我国的《中国植物志》及多数地方植物志和植物标本室，都曾采用该系统，它在传统分类学中影响很大。然而，该系统虽经Melchior修订，但仍存在着某些缺陷。比如将柔荑花序类作为最原始的被子植物，把多心皮类看作是较为进化的类群等，这种观点，现在赞成的人已经不多了。

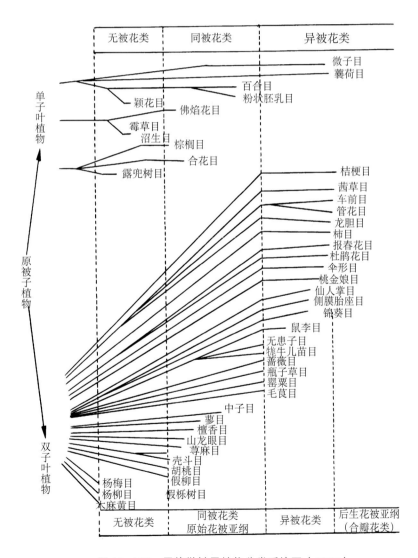

图11-118　恩格勒被子植物分类系统图（1897）

二、哈钦松系统

哈钦松（J. Hutchinson），英国著名植物分类学家，著有《有花植物科志》一书，分两册于1926年和1934年出版，在书中发表了自己的分类系统。到1973年已经几次修订，原先的332科增至411科。该系统要点如下：

①赞成真花学说，认为木兰目、毛茛目为原始类群，而柔荑花序类不是原始类群。认为被子植物是单元起源的；单子叶植物起源于毛茛目。

②花的演化规律是：花由两性到单性；由虫媒到风媒；由双被花到单被花或无被花；由雄蕊多数且分离到定数且合生；由心皮多数且分离到定数且合生。

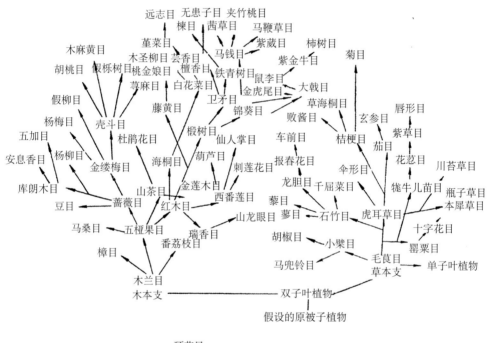

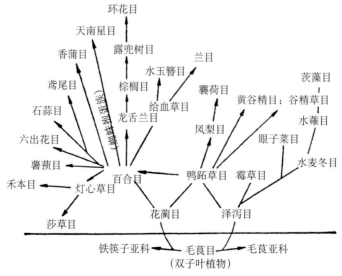

图 11-119 哈钦松被子植物分类系统图（1973）

③双子叶植物在早期就分为草本群、木本群两支。木本支以木本植物为主，其中有后来演化为草本的大戟目、锦葵目等，以木兰目最原始。草本支以草本植物为主，但也有木本的小檗目等，以毛茛目最原始。分单子叶植物为3大支：萼花群12目29科，瓣花群14目34科，颖花群3目6科（图11-77）。

哈钦松系统把多心皮类作为演化起点，在不少方面正确阐述了被子植物的演化关系，有很大进步。但这一系统坚持把木本和草本作为第一级区分，因此导致许多亲缘关系很近的科（如草本的伞形科和木本的五加科等）远远地分开，占据着很远的系统位置，人为性较大，故这个系统很难被人接受。半个世纪以来，许多学者对多心皮系统进行了多方面的修订。塔赫他间系统、克朗奎斯特系统都是在此基础上发展起来的。

三、塔赫他间系统

塔赫他间（A. Takhtajan），前苏联植物学家，于1954年出版了《被子植物起源》一书，发表了自己的系统，到1980年已作过多次修改。该系统的要点如下：

①赞成真花学说，认为被子植物可能来源于裸子植物的原始类群种子蕨，并通过幼态成熟演化而成；主张单元起源说。

②认为两性花、双被花、虫媒花是原始的性状。

③取消了离瓣花类、合瓣花类、单被花类（柔荑花序类）；认为杨柳目与其他柔荑花序类差别大，这与恩格勒和哈钦松系统都不同。

④草本植物由木本植物演化而来；双子叶植物中木兰目最原始，单子叶植物中泽泻目最原始；泽泻目起源于双子叶植物的睡莲目。

⑤1980年发表的分类系统中，分被子植物为2纲，10亚纲，28超目。其中木兰纲（双子叶植物纲）包括7亚纲，20超目，71目，333科；百合纲（单子叶植物纲）包括3亚纲，8超目，21目，77科；总计92目，410科（图11-120）。

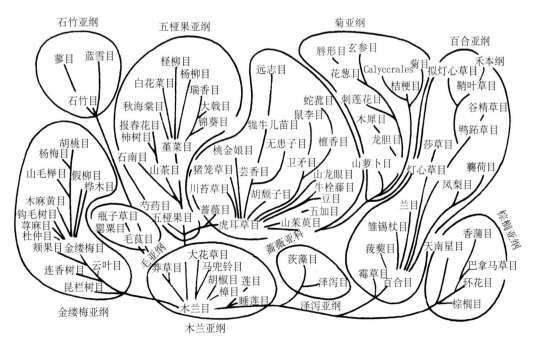

图 11-120　塔赫他间被子植物分类系统图（1980）

塔赫他间的分类系统，打破了离瓣花和合瓣花亚纲的传统分法，增加了亚纲，调整了一些目、科，各目、科的安排更为合理。如把连香树科独立为连香树目，把原属毛茛科的芍药属独立成芍药科等，都和当今植物解剖学、细胞分类学的发展相吻合，比以往的系统前进了一大步。但不足的是，增设"超目"分类单元，科数也过多，似乎太繁杂，不利于学习与应用。

四、克朗奎斯特系统

克朗奎斯特（A. Cronquist），美国植物分类学家，1957年在所著《双子叶植物目科新系统纲要》一书中发表了自己的系统，1968年所著《有花植物分类和演化》一书中进行了修订，1981年又做了修改。其系统要点如下：

①采用真花学说及单元起源观点，认为有花植物起源于已绝灭的原始裸子植物种子蕨。

②木兰目为现有被子植物最原始的类群。单子叶植物起源于双子叶植物的睡莲目，由睡莲目发展到泽泻目。

③现有被子植物各亚纲之间都不可能存在直接的演化关系。

④分被子植物为木兰纲（双子叶植物）和百合纲（单子叶植物）。木兰纲包括6个亚纲，64目，318科；百合纲包括5亚纲，19目，65科；合计11亚纲，83目，383科（图11-121）。

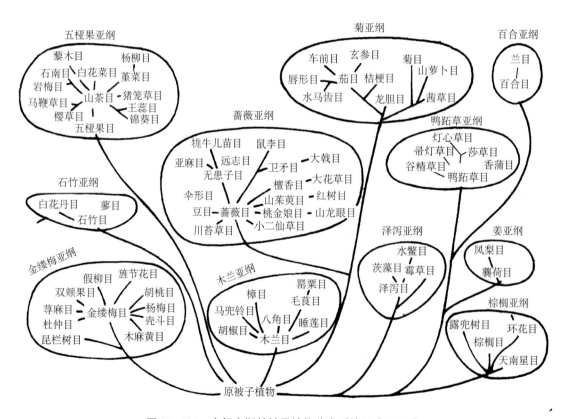

图11-121 克朗奎斯特被子植物分类系统图（1981）

克朗奎斯特系统接近于塔赫他间系统，但个别亚纲、目、科的安排仍有差异。该系统简化了塔赫他间系统，取消了"超目"，科的数目有了压缩，在各级分类系统的安排上，似乎比前几个分类系统更为合理，更为完善。但对其中的一些内容和论点，又存在着新的争论。例如，单子叶植物的起源问题，塔赫他间和克朗奎斯特都主张以睡莲目发展为泽泻目，塔赫他间还具体提出了"莼菜—泽泻起源说"。但日本的田村道夫提出了由毛茛目发展为百合目的看法。我国的杨崇仁等，在1978年，从5种化学成分的比较上，也认为单子叶植物的起源不是莼菜—泽泻起源，而应该是从毛茛—百合起源。他们所分析的5种化学成分中的异奎啉类（一种生物碱）在单子叶植物中多见于百合科，在双子叶植物中，毛茛科是这种化学成分的分布中心。而睡莲目迄今未发现有这种生物碱的存在。

五、被子植物APG III分类法

被子植物APG III分类法是被子植物种系发生学组（APG）继1998年APG I及2003年APG II之后，花了6年半修订的被子植物分类法，于2009年10月正式在《林奈学会植物学报》发表。APG III承认了早前版本的所有45目，并新接受了14个目，共计59目，共计415个科。

无油樟目、睡莲目及木兰藤目形成了被子植物的基底旁系群，而木兰类植物、单子叶植物及真双子叶植物则形成了被子植物的核心类群，其中金粟兰目及金鱼藻目各别是木兰类及真双子叶植物的旁系群。

在单子叶植物之下，鸭跖草类植物成为了其核心类群，而在真双子叶植物之下，蔷薇类及菊类则是核心真双子叶植物最主要的两大分支。其中，蔷薇类的核心类群主要由豆类植物（即APG II里的真蔷薇 I）及锦葵类植物（真蔷薇 II）组成；菊类的核心则由唇形类（真菊 I）及桔梗类（真菊 II）植物组成。

被子植物的主要分类如下：

- 被子植物 angiosperm
  - 无油樟目 Amborellales
  - 睡莲目 Nymphaeales
  - 木兰藤目 Austrobaileyales
  - 金粟兰目 Chloranthales
  - 木兰类植物 magnoliids
    - 白桂皮目 Canellales
    - 樟目 Laurales
    - 木兰目 Magnoliales
    - 胡椒目 Piperales
  - 单子叶植物 monocots
    - 菖蒲目 Acorales
    - 泽泻目 Alismatales
    - 天门冬目 Asparagales
    - 薯蓣目 Dioscoreales
    - 百合目 Liliales
    - 露兜树目 Pandanales

- 无叶莲目 Petrosaviales
- 鸭跖草类植物 commelinids
  - 棕榈目 Arecales
  - 鸭跖草目 Commelinales
  - 禾本目 Poales
  - 姜目 Zingiberales
  - 多须草科 Dasypogonaceae（目未定）
- 金鱼藻目 Ceratophyllales
- 真双子叶植物 eudicots
  - 毛茛目 Ranunculales
  - 清风藤科 Sabiaceae（目未定）
  - 山龙眼目 Proteales
  - 黄杨目 Buxales
  - 昆栏树目 Trochodendrales
  - 核心真双子叶植物 core eudicots
    - 洋二仙草目 Gunnerales
    - 虎耳草目 Saxifragales
    - 五桠果科 Dilleniaceae（目未定）
    - 智利藤目 Berberidopsidales
    - 檀香目 Santalales
    - 石竹目 Caryophyllales
    - 蔷薇类植物 rosids
      - 葡萄目 Vitales
      - 豆类植物 fabids（真蔷薇一类植物 eurosids Ⅰ）
        - 葫芦目 Cucurbitales
        - 壳斗目 Fagales
        - 蔷薇目 Rosales
        - 豆目 Fabales
        - 酢浆草目 Oxalidales
        - 金虎尾目 Malpighiales
        - 卫矛目 Celastrales
        - 蒺藜目 Zygophyllales
      - 锦葵类植物 malvids（真蔷薇二类植物 eurosids Ⅱ）
        - 锦葵目 Malvales
        - 十字花目 Brassicales
        - 十齿花目 Huerteales
        - 无患子目 Sapindales
        - 美洲苦木目 Picramniales
        - 燧体木目 Crossosomatales
        - 桃金娘目 Myrtales

- 牻牛儿苗目 Geraniales
- 菊类植物 asterids
  - 山茱萸目 Cornales
  - 杜鹃花目 Ericales
  - 唇形类植物 lamiids（真菊一类植物 euasterids I）
    - 绞木目 Garryales
    - 龙胆目 Gentianales
    - 茄目 Solanales
    - 唇形目 Lamiales
    - 紫草科 Boraginaceae（目未定）
    - 二歧草科 Vahliaceae（目未定）
    - 茶茱萸科 Icacinaceae（目未定）
    - 管花木科 Metteniusaceae（目未定）
    - 五蕊茶科 Oncothecaceae（目未定）
  - 桔梗类植物 campanulids（真菊二类植物 euasterids II）
    - 绞木目 Garryales
    - 冬青目 Aquifoliales
    - 南鼠刺目 Escalloniales
    - 菊目 Asterales
    - 鳞叶树目 Bruniales
    - 伞形目 Apiales
    - 川续断目 Dipsacales
    - 盔瓣花目 Paracryphiales

✐ 本 章 提 要 ——— — — — — —

　　能够产生种子的植物称种子植物，包括裸子植物和被子植物两大类。

　　现存裸子植物共有12科，71属，800余种；我国有11科，40属，250余种。裸子植物通常分为苏铁纲、银杏纲、松杉纲和盖子植物纲。裸子植物在陆地生态系统中占有十分重要的位置，它是森林植被的主要成分；同时，有些种类又是良好的观赏植物和著名的孑遗植物，如苏铁、银杏、水杉等。

　　被子植物是现代植物界最高级、最繁茂和分布最广泛的一类植物，在地球上占有绝对的优势。现知约有1万余属，近30万种，我国有2700多属，约3万种，且有新种不断出现。

　　熟练掌握和运用被子植物的分类原则及描述植物器官的形态特征，特别是花、果实和种子等生殖器官的形态特征，对于准确认识和鉴别不同类群植物至关重要。

　　被子植物分为双子叶植物和单子叶植物，两者在根系类型、茎的维管束组成和排列、脉序、花的基数、子叶数目等方面都有明显的区别。本章从地理分布、形态特征、常见植物等方面分别对46个（双子叶植物37科，单子叶植物9科）具有重要分类地位和较高经济价值的科做了比较系统的介绍。各科植物的主要形态特征如下：

双子叶植物纲

（1）木兰科。木本，单叶互生，花单生，雌、雄蕊多数，螺旋状排列于花托上，聚合果。木兰科是现存被子植物最原始的类群之一。

（2）毛茛科。草本，叶裂或复叶，萼、瓣各5，雄、雌蕊多数，离生，聚合瘦果和蓇葖果。芍药属（*Paeonia* L.），因其植物体含有牡丹酚苷和芍药苷，染色体基数$X=5$，染色体极大等特征，而不同于毛茛科中的其他植物，故不少分类学者将芍药属从毛茛科中分出，成立了芍药科或牡丹科（Paeoniaceae）。为了教学方便，本书仍将该属置于毛茛科。

（3）罂粟科。草本，常有汁液，萼片2，早落，花瓣4，侧膜胎座，蒴果。

（4）石竹科。草本，节膨大，单叶对生，双花被5数，特立中央胎座，蒴果。

（5）蓼科。草本，茎节膨大，有膜质托叶鞘，花两性，单被，瘦果藏于增大的花被中。

（6）藜科。草本或木本，单叶互生，花小，草质淡绿，单被，宿存，胞果。

（7）苋科。草本，单叶互生或对生，花小，单被干膜质，宿存，胞果，盖裂。

（8）牻牛儿苗科。草本，常单叶，花5基数，蒴果常有长喙，有时果瓣自基部带种子向上反卷。

（9）十字花科。草本，单叶互生，十字形花冠，四强雄蕊，角果，具假隔膜。本科植物经济用途很大，既有许多蔬菜（如萝卜、白菜、甘蓝），又有油料植物（如油菜）。

（10）葫芦科。草质藤本，具卷须，叶掌状分裂，花单性同株，三体或聚药雄蕊，子房下位，瓠果。本科大部分瓜类是著名的水果和蔬菜，如西瓜、黄瓜、南瓜。

（11）山茶科。常绿木本，单叶互生，花5基数，雄蕊多数，数轮，中轴胎座，蒴果。日常生活中饮用的各种茶，大多出自本科。

（12）锦葵科。草本或木本，单叶，具副萼，单体雄蕊，蒴果或分果。棉花是著名的纤维植物。

（13）大戟科。植株常具乳汁，单叶，花单性，基部有2个腺体，中轴胎座，蒴果。

（14）蔷薇科。叶互生，常有托叶，花被5数，雄蕊5倍数，核果、梨果、蓇葖果和瘦果。根据花筒、花托、雌雄蕊和果实特征分为绣线菊亚科、蔷薇亚科、梨亚科和李亚科。本科多为观赏植物和果树，如苹果、梨、桃、玫瑰、月季、草莓。

（15）豆科。羽状或三出复叶，常有托叶，花冠多蝶形，雄蕊二体或分离，荚果。根据花的形状及花瓣排列方式，将其分为含羞草亚科、云实亚科和蝶形花亚科。本科大多数植物有固氮作用，有些种类是食用豆类和优良牧草，如豌豆、大豆、苜蓿、刺槐、花生。

（16）杨柳科。木本，单叶互生，柔荑花序，无花被，单性异株，蒴果，种子具长毛。

（17）壳斗科。木本，单叶互生，雄花为柔荑花序，雌花2～3朵生于总苞中，子房下位，坚果外被壳斗。

（18）桑科。木本，常有乳汁，单叶互生，花单性，单被，4数，复果。

（19）鼠李科。木本，有刺，单叶，花4～5数，两性，有花盘，核果或蒴果。

（20）葡萄科。藤本，具与叶对生的卷须，花4～5数，有花盘，浆果。果实是著名的水果。

（21）芸香科。茎常有刺，多复叶，常具油腺点，花4～5数，有花盘，柑果、蒴果或核果。柑橘是著名的水果。

（22）胡颓子科。木本，植株被鳞片或星状毛，花两性、单性或杂性，萼4或2裂，雄蕊4，单雌蕊，核果。

（23）蒺藜科。复叶或单叶，花5基数，具花盘，花丝有附属物，蒴果、核果或分果。

（24）木犀科。木本，叶对生，花被4裂，雄蕊2，蒴果、核果或翅果。

（25）柿树科。木本，单叶全缘，花单性，雌雄异株，萼宿存，浆果。

（26）胡桃科。木本，复叶，花单被，单性，雌雄同株，子房下位，核果或坚果。

（27）伞形科。草本，有异味，复叶或裂叶，叶柄基部膨大，伞形花序，子房下位，双悬果。本科有许多著名的药用植物和蔬菜，如芹菜、胡萝卜、茴香、柴胡、当归等。

（28）杜鹃花科。灌木，花两性，5基数，4～5心皮，中轴胎座，蒴果。

（29）夹竹桃科。常具乳汁，叶常对生或轮生，花冠喉部具附属物，蓇葖果。

（30）茄科。聚伞花序，花5基数，萼宿存，花冠轮状，浆果或蒴果。本科有多种重要蔬菜和药用植物，如辣椒、马铃薯、番茄、烟草、枸杞等。

（31）茜草科。叶对生或轮生，花4～5基数，冠生雄蕊，子房下位，蒴果、浆果或核果。代表植物有咖啡等。

（32）旋花科。缠绕茎，常具乳汁，花5基数，萼宿存，花冠漏斗形，常具花盘，蒴果。

（33）玄参科。叶常对生，萼宿存，花冠常二唇形，二强雄蕊，蒴果。本科有多种重要的药用植物和经济树种，如泡桐、地黄、玄参等。

（34）唇形科。茎四棱，叶对生，轮伞花序，唇形花冠，二强雄蕊，4个小坚果。本科植物几乎都含芳香油，可提取香精，多种植物有药用价值，如薄荷、丹参、益母草。

（35）忍冬科。常木本，叶对生，无托叶，花5基数，多蒴果。

（36）紫草科。植株被硬毛，聚伞花序，花5基数，花冠喉部具附属物，4个小坚果。

（37）菊科。头状花序，具总苞，花冠筒状、舌状，聚药雄蕊，子房下位，冠毛宿存，瘦果。根据花序中小花的性质和植物体有无乳汁分为管状花亚科和舌状花亚科。菊科是双子叶植物最为进化的类群。本科植物经济用途极广。

单子叶植物纲

（1）泽泻科。水生或沼生草本，叶基生，萼片和花瓣各3枚，雄蕊6至多数，离生雌蕊，聚合瘦果。泽泻科是单子叶植物中较为原始的类群。

（2）棕榈科。木本，树干不分枝，大型叶丛生于树干顶部，肉穗花序，花3基数。

（3）天南星科。具根状茎或块茎，叶有长柄，基生或茎叶互生，网状叶脉，肉穗花序具佛焰苞，雄花生于花序上部，雌花生于下部，浆果。

（4）百合科。常具根茎、鳞茎或块根，花被片6，雄蕊6，3心皮复雌蕊，蒴果或浆果。本科有多种蔬菜、药用和观赏植物，如百合、葱、韭菜、郁金香等。

（5）鸢尾科。具根茎或球茎，叶2列套折，花被片6，雄蕊3，花柱3，子房下位，蒴果。

（6）石蒜科。具鳞茎或根茎，花被片6，雄蕊6，3心皮复雌蕊，子房下位，蒴果。

（7）莎草科。茎常三棱，实心，叶3列，叶鞘闭合，小穗组成各式花序，小坚果。本科有多种著名花卉，如水仙、君子兰等。

（8）禾本科。秆圆，中空，节明显，叶2列，叶鞘开裂，小穗组成各式花序，颖果。禾本科通常分为禾亚科和竹亚科，前者是木本，叶具柄和关节，后者为草本，叶无柄。本科与人类的生活关系最为密切，是人类粮食的主要来源，也是单子叶植物中风媒传粉最特化的植物类群。

（9）兰科。陆生、附生或腐生草本，花两侧对称，花被片6，有唇瓣，雄蕊1或2形成合蕊柱，子房下位，蒴果。兰科是单子叶植物中虫媒传粉最特化的植物，大多数植物具有观赏价值，如各种兰花。

目前，影响较大，能够被人们普遍认可的分类系统主要有恩格勒系统、哈钦松系统、塔赫他间系统和克朗奎斯特系统。其中塔赫他间系统和克朗奎斯特系统是以形态学特征为主，系统总结了前人的分类经验，并综合了近代交叉学科（如解剖学、细胞学、孢粉学、生物化学等）的研究成果，所以无论是系统中分类单元的排序，还是对各类群进化地位的认识都更合乎逻辑和客观规律。

复习思考题

1.裸子植物分几个纲？各举一代表植物说明各纲的主要形态特征。

2.简述被子植物分类的形态学术语及大戟科、壳斗科、伞形科、菊科、莎草科、禾本科、兰科等科的分类术语。

3.为什么木兰科和毛茛科是被子植物中最原始的类群？

4.为什么泽泻科是单子叶植物中最原始的类群？

5.为什么菊科是双子叶植物中最进化的类群？简述该科的繁殖生物学特性。

6.为什么禾本科是单子叶植物中风媒传粉最特化的类群？

7.为什么兰科是单子叶植物中虫媒传粉最特化的类群？

8.蔷薇科、豆科植物分为几个亚科？列表比较各亚科的区别。

9.书写出木兰科、毛茛科、石竹科、十字花科、葫芦科、杨柳科、锦葵科、大戟科、伞形花科、玄参科、茄科、旋花科、唇形科、紫草科、菊科、泽泻科、鸢尾科、百合科、禾本科、兰科等科植物的花程式。

10.任意列举被子植物几个科或一个科中的几个属，用检索表的形式将它们区别开来。

11.通过解剖花的结构，绘出油菜、豌豆、棉花、番茄、蒲公英、鸢尾、葱等植物的花图式。

12.观察并记录校园内被子植物主要科的植物，比较同一科不同物种的相似特征。

13.根据所学分类知识，说明被子植物在国民经济中的重要作用。

参 考 文 献

陈机.1996.植物发育解剖学（上、下册）[M].济南：山东大学出版社.

福斯特ＡＳ，小吉福德ＥＭ.1983.维管植物比较形态学[M].李正理，张新英，李荣敖,等,译.北京：科学出版社.

高信曾.1978.植物学（形态解剖部分）[M].北京：人民教育出版社.

韩贻仁.2001.分子细胞生物学[M].北京：科学出版社.

郝水.1986.有丝分裂与减数分裂[M].北京：高等教育出版社.

贺士元.1987.植物学（下册）[M].北京：北京师范大学出版社.

贺学礼.1998.植物学[M].北京：世界图书出版公司.

贺学礼.2001.植物学[M].西安：陕西科学技术出版社.

胡适宜.1983.被子植物胚胎学[M].北京：人民教育出版社.

胡适宜.2005.被子植物生殖生物学[M].高等教育出版社.

华东师范大学.1982.植物学（上册）[M].北京：高等教育出版社.

华东师范大学.1982.植物学（下册）[M].北京：高等教育出版社.

李扬汉.1982.植物学（上册）[M].第2版.北京：高等教育出版社.

李扬汉.1987.植物学（中册）[M].第2版.北京：高等教育出版社.

李扬汉.1984.植物学[M].上海：上海科学技术出版社.

李正理，张新英.1983.植物解剖学[M].北京：高等教育出版社.

刘穆.2001.种子植物形态解剖学导论[M].北京：科学出版社.

陆时万.1991.植物学（上册）[M].第2版.北京：高等教育出版社.

马炜梁.2009.植物学[M].北京：高等教育出版社.

斯特斯ＣＡ.1986.植物分类学与生物系统学[M].韦仲新，缪汝槐，谢翰铁,译.北京：科学出版社.

斯特斯ＨＥ.1986.植物分类学简论[M].石铸,等,译.北京：科学出版社.

孙敬三，朱至清.1988.植物细胞的结构与功能[M].北京：科学出版社.

滕崇德.1991.植物学[M].长春：东北师范大学出版社.

托马斯Ｌ罗斯特，迈克尔Ｇ巴伯.1981.植物生物学[M].周纪伦，邵德明，徐七菊,译.北京：高等教育出版社.

汪劲武.1985.种子植物分类学[M].北京：高等教育出版社.

汪堃仁，薛绍白，柳惠图.1998.细胞生物学[M].第2版.北京：北京师范大学出版社.

王芳礼.1986.英汉种子植物名词词典[M].武汉：湖北辞书出版社.

吴国芳.1992.植物学（下册）[M].第2版.北京：高等教育出版社.

吴万春.1999.植物学[M].广州：华南理工大学出版社.

小川和朗，黑信一昌.1983.植物细胞学[M].薛德榕,译.北京：科学出版社,

谢成章.1984.被子植物形态学[M].武汉：湖北科学技术出版社.

新疆八一农学院. 1987. 植物分类学[M]. 北京：农业出版社.

徐汉卿. 1996. 植物学[M]. 北京：中国农业出版社.

徐是雄，朱澂. 1996. 植物细胞骨架[M]. 北京：科学出版社.

严楚红. 1959. 孢子植物形态学[M]. 北京：高等教育出版社.

杨弘远. 2009. 植物生殖-寻幽探秘[M]. 北京：科学出版社.

杨继. 1999. 植物生物学[M]. 北京：高等教育出版社.

杨世杰. 2002. 植物生物学[M]. 北京：科学出版社.

余叔文. 1998. 植物生理与分子生物学[M]. 第2版. 北京：科学出版社.

翟中和. 1995. 细胞生物学[M]. 北京：高等教育出版社.

哈里斯 J G，哈里斯 M W. 2001. 图解植物学词典[M]. 王宇飞，等，译. 北京：科学出版社.

张景钺. 1965. 植物系统学[M]. 北京：人民教育出版社.

张耀甲. 1994. 颈卵器植物学[M]. 兰州：兰州大学出版社.

郑国锠. 1992. 细胞生物学[M]. 第2版. 北京：高等教育出版社.

郑湘如，王丽. 2001. 植物学[M]. 北京：中国农业大学出版社.

中国科学院植物研究所. 1979. 中国高等植物科属检索表[M]. 北京：科学出版社.

中国科学院植物研究所. 1972—1982. 中国高等植物图鉴[M]. 北京：科学出版社.

中山大学，南京大学. 1982. 植物学（下册）[M]. 北京：人民教育出版社.

周纪纶. 1981. 植物生物学[M]. 北京：高等教育出版社.

周仪，王慧，张述祖. 1987. 植物学（上册）[M]. 北京：北京师范大学出版社.

周仪. 1993. 植物形态解剖实验[M]. 修订版. 北京：北京师范大学出版社.

周云龙. 1999. 植物生物学[M]. 北京：高等教育出版社.

Alberts B. 1994. Molecular biology of the cell[M]. 3th ed. London: Garland Publishing Inc.

Alvarez-Buylla E R, Benítez M, Corvera-Poire A, et al. 2010. Flower development[C]// American Society of Plant Biologists.The Arabidopsis Book,doi:10.1199/tab.0127.[S.l.]: American Society of Plant Biologists.

Benlloch R, Berbel A, Serrano-Mislata A, et al. 2007. Floral initiation and inflorescence architecture: a comparative view[J]. Annals of Botany, 100: 659-676.

Berleth T,Chatfield S. 2009. Embryogenesis: pattern formation from a single cell[C]// American Society of Plant Biologists.The Arabidopsis Book,doi: 10.1199/tab.0126.[S.l.]: American Society of Plant Biologists.

Buchanan B B, Gruissem W, Jones R L. 2000. Biochemistry & molecular biology of plants[M]. Maryland: Courier Companies, Inc.

Cosgrove D J. 2005. Growth of the plant cell wall[J]. Nature, 6: 850-861.

Crang R,Vassilyev A. Plant anatomy[M].New York:McGraw-Hill Higher Education.

Doblin M S, Kurek I, Jacob-Wilk D, et al. 2002. Cellulose biosynthesis in plants: from genes to rosettes[J]. Plant & Cell Physiology, 43: 1 407-1 420.

Drewsa G N,Koltunow A M G. 2011. The Female gametophyte[C]// American Society of Plant Biologists.The Arabidopsis Book,doi: 10.1199/tab.0155.[S.l.]: American Society of Plant Biologists.

Evert R F. 2006. Esau's Plant anatomy[M]. 3th ed. New York:John Wiley & Sons Inc.

Hiscock S J,Allen A M. 2008. Diverse cell signalling pathways regulate pollen-stigma interactions: the search for consensus[J]. New Phytologist, 179: 286-317.

Huang B Q,Russell S D. 1994. Fertilization in *Nicotiana tabacum*: cytoskeletal modifications in the embryo sac during synergid degeneration[J]. Planta, 194: 200-214.

Huang X Y, Niu J, Sun M X, et al. 2013. CYCLIN-DEPENDENT KINASE G1 is associated with the spliceosome to regulate CALLOSE SYNTHASE5 splicing and pollen wall formation in Arabidopsis[J]. Plant Cell,doi/10.1105/tpc.112.107896.

Laux T. 2003.The stem cell concept in plants: a matter of debate[J]. Cell, 113: 281-283.

Lersten N R. 2004. Flowering plant embryology[M]. Oxford: Blackwell Publishing.

Mascarenhas J P. 1993. Molecular mechanisms of pollen tube growth and differentiation[J]. Plant Cell, 5: 1303-1314.

Mongrand S, Stanislas T, Bayer E M F, et al. 2010. Membrane rafts in plant cells[J]. Trends in Plant Science, 15: 656-63.

Okuda S, Tsutsui H, Shiina K, et al. 2009. Defensin-like polypeptide LUREs are pollen tube attractants secreted from synergid cells[J]. Nature,58: 357-561.

Owen H A,Makaroff C A. 1995. Ultrastructure of microsporogenesis and microgametogenesis in Arabidopsis thaliana (L.) Heynh. ecotype Wassilewskija (Brassicaceae) [J]. Protoplasma, 185: 7-21.

Qiu Y, Liu R, Tian H. 2008. Calcium regulation of megaspore degeneration during megasporogenesis in lettuce (Lactuca sativa L.) [J]. Sex Plant Reproduction, 21: 197-204.

Ramessar K, Capell T, Twyman R M, et al. 2010. Going to ridiculous lengths-European coexistence regulations for GM crops[J]. Nature Biotechnology, 28: 133-136.

Roppolo D, Rybel B D, Tendon V D, et al. 2011. A novel protein family mediates Casparian strip formation in the endodermis[J]. Nature, 473: 380-383.

Rowen P H, Evert R F. 1986. Biology of plants[M]. 4th ed. New York:Worth Publishers Inc.

Scheible W,Pauly M. 2004. Glycosyltransferases and cell wall biosynthesis: novel players and insights [J]. Current Opinion in Plant Biology, 7: 285-295.

Scheres B, Benfey P, Dolan L. 2002. Root development[C]// American Society of Plant Biologists.The Arabidopsis Book, doi: 10.1199/tab.0101. [S.l.]: American Society of Plant Biologists.

Thompson B E,Hake S. 2009. Translational biology: from Arabidopsis flowers to grass inflorescence architecture[J]. Plant Physiology, 149: 38-45.

Tsukaya H. 2002. Leaf development. American Society of Plant Biologists.The Arabidopsis Book, doi: 10.1199/tab.0072. [S.l.]: American Society of Plant Biologists.

Yu H S, Hu S Y, Russell S D. 1992. Sperm cells in pollen tubes of Nicotiana tabacum L.: three-dimensional reconstruction, cytoplasmic diminution, and quantitative cytology[J]. Protoplasma, 168:172-183.

Zhu T, Mogensen H L, Smith S E. 1993. Quantitative, three-dimensional analysis of alfalfa egg cells in two genotypes: Implications for biparental plastid inheritance[J]. Planta, 190: 143-150.

图书在版编目（CIP）数据

植物学/张宪省主编．—2版．—北京：中国农业出版社，2014.8（2018.12重印）

普通高等教育农业部"十二五"规划教材　全国高等农林院校"十二五"规划教材　面向21世纪课程教材

ISBN 978-7-109-19252-2

Ⅰ．①植…　Ⅱ．①张…　Ⅲ．①植物学-高等学校-教材　Ⅳ．①Q94

中国版本图书馆CIP数据核字（2014）第141782号

中国农业出版社出版

（北京市朝阳区麦子店街18号楼）

（邮政编码 100125）

责任编辑　刘　梁

北京通州皇家印刷厂印刷　　新华书店北京发行所发行

2003年8月第1版　2014年8月第2版

2018年12月第2版北京第7次印刷

开本：787mm×1092mm　1/16　印张：20.5

字数：495千字

定价：63.50元

（凡本版图书出现印刷、装订错误，请向出版社发行部调换）